이상한 미래 연구소

이상한 미래 연구소

잭 와이너스미스, 켈리 와이너스미스 지음
곽영직 옮김

시공사

이 책을 우리 부모님들께 바칩니다.

패트리샤 스미스*Patricia Smith*, 칼 스미스*Carl Smith*

그리고

필리스 와이너*Phyllis Weiner*, 마틴 와이너*Martin Weiner*

부모님들이 안 계셨다면 이 책은 완성되지 못했을 겁니다.

이 분들은 우리를 길러주셨고, 아플 때 돌봐주셨으며,

우리가 책 때문에 바쁠 때 우리 딸 에이다*Ada*를 봐주셨습니다.

그리고 우리가 힘들 때마다 잠깐 쉴 수 있도록 배려해주셨습니다.

우리의 꿈이 실현될 수 있게 해주신 데 대해 항상 감사드립니다.

이 책은 우리 책이지만, 동시에 부모님들의 책입니다.[1]

---

1 물론 인세는 우리가 받습니다. 부모님들에 대한 마음이 그렇다는 거죠.

contents

미래의 당신에게 일어날 일들

이상한 미래 연구소

이 책은 미래를 예측하는 많은 책들 중 하나다. 다행스럽게도 미래를 예측하는 건 쉬운 일이다. 모든 사람들이 나름대로 미래를 예측한다. 그러나 예측이 딱 들어맞게 하는 건 좀 더 어렵다. 하지만, 솔직히 당신의 예측이 맞았는지 진짜로 관심을 가지는 사람이 얼마나 될까?

2011년에 "미래를 예측하는 사람들은 그저 허풍을 떠는 것일까?"[1] 라는 제목의 연구 결과가 발표되었다. 이 연구에서는 전문가 26명의 미래 예측 능력을 평가했다. 전문가들의 미래 예측 능력은 '상당히 정확함'부터 '대부분 틀림'까지 다양했다.[2]

---

1 해밀턴대학의 공공정책 전공 학생들로 이루어진 팀이 이 연구를 수행했다. 사실 이 연구는 표본이 매우 적었다. 그럼에도 불구하고 우리가 가지고 있는 편견을 확인해주었기 때문에 우리는 이 연구 결과를 믿기로 했다.
2 재미있는 사실은 법률 학위를 소지하고 있는 사람들의 예측이 틀릴 가능성이 컸다는 점이다.

대부분의 사람들에게 이 연구 결과가 재미있었던 이유는 몇몇 인물들이 그냥 멍청이가 아니라, 통계에 대해서도 멍청이였기 때문이었다. 대중을 대상으로 하는 과학 저술가들인 우리에게 좀 더 흥미로웠던 점은, 바로 전문가들이 자신의 미래 예측 솜씨와 상관없이 아직도 그 일을 계속 하고 있다는 것이었다! 실제로 사람들에게 가장 널리 알려진 유명 인사들의 미래 예측 능력이 가장 떨어지는 경우가 많았지만, 그 사실이 그들의 명성에 별 영향을 준 것 같지는 않았다.

미래 예측 능력과 성공 사이에 아무런 연관성이 없다면, 우리도 성공한 사람들에 속할 가능성이 있다. 어쨌든, 대부분의 미래학자들은 그저 몇몇 말 많은 정치가들의 발언을 바탕으로 가까운 미래에 무슨 일이 일어날지를 예측하려고 애를 쓰고 있지 않은가? 그들은 50년 안에 우주로 가는 엘리베이터를 설치하는 것이 가능할지, 또는 우리가 가까운 미래에 뇌에 저장된 정보를 클라우드에 업로드할 수 있을 것인지를 예측하려고 하지 않는다.[3] 기계가 새로운 간이나 신장, 심장을 만들어낼 것이라거나 몸속을 돌아다니면서 질병을 치료하는 작은 로봇이 병원에서 사용될 것이라는 예측도 하려 하지 않는다.

솔직히 말해 이 책에서 소개하는 기술들 중 어떤 것이라도 완전한 형태로 현실화되는 시기가 언제일지를 정확히 예측하기는 너무 어렵다. 새로운 기술은 현재의 기술이 조금씩 개선되면서 그 결과가 축적되어 만들어지는 것이 아니다. 레이저나 컴퓨터의 경우에서와 같이, 기술적인 도약은 대개 직접적인 관련이 없는 서로 다른 영역에서 이루어진 발전을 기초로 한 것이 많다. 만약 놀라운 발견이나 발명이 이루어졌다고 해도, 그것이 시장에서 받아들여지는 건 또 다른 문제다.

---

3 어디에서나 인터넷 접속을 통해 저장된 데이터를 이용하거나 업로드, 다운로드할 수 있는 중앙 컴퓨터의 저장 공간을 클라우드라고 한다. 이 책이 잘되면 애플 i-클라우드에, 잘되지 않는다면 아마존 클라우드에 올라갈 것이다.

그렇다. 1920년에서 온 시간여행자들이 있다면 그들은 우리가 하늘을 날아다니는 자동차를 가지고 있으리라고 생각했을 것이다. 그러나 날아다니는 자동차 같은 건 아직 없다. 그런 건 아무도 원하지 않는다. 그건 자동차계의 체스복싱[4] 같다고 할 수 있다. 가끔 볼 때는 즐거울 수 있어도, 평소에는 2가지가 따로따로 있기를 바라게 된다.

우리는 이 책에서 우리가 내놓을 예측이 틀릴 수 있을 뿐만 아니라 바보 같을지도 모른다는 사실을 잘 알고 있다. 그래서 미래를 예측하는 다른 책들에서 얻은 전략들을 몇 가지 사용하기로 했다.

먼저, 몇 가지 기본적인 예측을 할 것이다. 우리는 컴퓨터의 계산 속도가 점점 빨라질 것이고, 화면의 해상도가 점점 향상될 것이며, 유전자를 해독하는 비용이 점점 저렴해질 것이라고 예측한다. 그리고 미래에도 하늘은 푸른색일 것이고, 강아지는 귀여울 것이며, 파이는 맛있을 것이라고 예측한다. 또한 암소는 "음매"라고 똑같은 소리로 울고 있을 것이며, 예쁘게 수놓은 손수건은 여전히 엄마에게만 사랑받을 것이라고 자신 있게 예측한다.

---

4 실제로 이런 스포츠가 있다. 러시아에서 인기가 있다고 한다. 체스복싱에서는 어느 한 사람이 질 때까지 두뇌를 겨루는 체스와 체력을 겨루는 권투를 번갈아 한다.

이상한 미래 연구소

몇 년 후에 우리의 예측이 정확했는지 확인해주기 바란다. 하지만 우리의 예측에 시간이 명시되어 있지 않다는 점을 잊지 말기 바란다. 그러니 우리의 예측에 대한 여러분의 평가는 '정확함'과 '아직 틀리지는 않음' 중 하나여야 한다.

이렇게 기본적인 예측을 한 다음에는, 더 나아가 몇 가지 예측을 덧붙일 것이다. 우리는 앞으로 20년 안에 재사용 로켓 덕분에 로켓 발사 비용이 30~50퍼센트 절감될 것이라고 예측한다. 그리고 30년 안에 혈액 검사를 통해 대부분의 암을 진단할 수 있을 것이며, 50년 안에 나노 바이오 머신이 대부분의 유전자 이상에 기인한 질병을 치료할 수 있을 것이라고 예측한다.

그렇게 하면 모두 11가지 미래 예측이 완성된다. 만약 11가지 미래 예측 중에서 8가지만 들어맞아도, 우리는 천재로 불리게 될 것이다. 아, 그리고 기본적인 예측 중 하나라도 실현된다면 "유전자의 미래를 예측한 부부, 이번에는 미래에 우주여행 경비가 저렴해질 것이라고 말하다!"와 같은 제목의 기사를 쓸 수도 있을 것이다.

미래를 예측하는 건 어렵다. 정말로 어렵다. 새로운 기술은 참신한 아이디어를 가진 천재의 독자적인 창작품이 아니다. 미래에는 더욱 그럴 것이다. 미래의 기술은 발전 단계에서부터 여러 가지 중간 단계의 기술을 필요로 할 것이고, 그런 중간 단계의 기술들 중 대부분이 처음 발견되었을 때는 별 소용이 없어 보일 것이다.

이 책에서도 최근에 개발된 소자 중 하나를 다룰 예정인데, 바로 '스퀴드SQUID'라고 불리는 초전도 양자 간섭소자다. 이 소자는 매우 섬세한 장치로, 뇌 안에 형성된 미세한 자기장을 감지해 머리에 구멍을 뚫지 않고도 사람들의 사고 패턴을 분석할 수 있게 해준다.

이런 물질이 대체 어떻게 발견된 것일까? 일단, 초전도체는 에너지의 손실 없이 전류가 흐를 수 있도록 하는 물질이다. 전류를 비교적 잘 전달하지만 약간의 에너지 손실은 피할 수 없는 도체(예를 들면 구리선)와는 다르다.

초전도체의 발견은 약 200년 전에 시작되었다. 마이클 패러데이Michael Faraday가 유리 용기를 만들다가 우연히 유리관 안에 잡혀 있는 기체에 높은 압력을 가해 기체를 액체로 변화시켰다. 빅토리아 시대에는 텔레비전이 없었으므로, 당시 몇몇 사람들만 기체를 액화할 수 있다는 아이디어에 놀라워했다.

그러나 곧 압력을 가하는 것보다 냉각하면 더 쉽게 기체를 액화할 수 있다는 사실이 밝혀졌다. 이 발견으로 인해 냉장 기술이 발전했고, 수소나 헬륨과 같이 쉽게 액화하지 않는 기체도 액화할 수 있게 되었다. 액체 수소와 액체 헬륨이 만들어지자 이것을 이용해 모든 물질을 아주 낮은 온도로 냉각하는 것도 가능해졌

이상한 미래 연구소

다. 예를 들면 헬륨은 섭씨 −268.9도에서 액체로 변한다. 아무 물체에나 액체 헬륨을 부으면 액체 상태의 헬륨이 기체로 변하면서 물체의 열을 빼앗아가, 그 물체를 −268.9도로 냉각한다.[5]

점차 과학자들은 도체를 아주 낮은 온도로 냉각하면 어떤 일이 일어날지 궁금해졌다. 도체는 온도가 낮아질수록 저항이 작아져 전류가 잘 흐른다. 쉽게 설명하면 도체는 전자가 흘러가는 파이프라고 할 수 있다. 그러나 완벽한 파이프는 아니다. 구리 도선의 경우 구리 원자들이 전자들의 운동을 방해한다.

우리가 '열'이라고 하는 건 사실 원자나 분자 들의 무작위한 운동에 의한 에너지다. 구리 도선을 가열하면 구리 원자들이 더 활발하게 운동하면서 전자의 흐름을 방해한다. 마치 길을 걸을 때 앞에 있는 사람이 계속 왔다 갔다 하면 걸어가기가 불편해지는 것과 비슷하다. 원자 수준에서 보자면 원자들이 활발하게 왔다 갔다 할 때 전자들이 구리 원자들과 충돌할 가능성이 커지고, 그러면 전자들과의 충돌로 인해 다시 구리 원자들의 운동이 더 활발해진다. 노트북 컴퓨터를 한동안 충전하면 충전기가 엄청나게 뜨거워지는 이유도 바로 이것이다.

액체 헬륨을 도체에 부으면 왔다 갔다 하던 구리 원자의 운동 에너지가 헬륨 원자로 옮겨 갔다가 외부로 날아가 버린다. 그렇게 되면 구리 원자들이 이제 덜 왔다 갔다 하므로 전자들은 훨씬 더 적은 저항을 받는다. 온도가 낮아지면 낮아질수록 전자는 더 쉽게 구리 원자들 사이를 지나갈 수 있다.

---

5 이 현상을 더 잘 이해하려면 뜨거운 팬 위에 차가운 물을 붓는다고 생각해보자. 팬은 많은 에너지를 물에 전달하면서 식는다. 물을 계속 부으면 팬의 온도가 더 빨리 내려간다. 차가운 물의 온도가 섭씨 10도라면, 물을 계속 부었을 때 팬의 온도도 결국 10도가 될 것이다. 그런 다음에는 물의 온도와 팬의 온도가 같기 때문에 열이 한쪽에서 다른 쪽으로 흘러가지 않는다. 마치 우리 몸과 비슷한 정도로 젖어 있는 수건으로 몸을 닦으려고 하는 것과 같다. 마른 수건으로 닦아야 몸을 말릴 수 있다. 마찬가지로, 더 차가운 액체가 없다면 물체를 냉각할 수 없다.

당시에는 온도를 더욱 낮춰 원자들이 거의 움직이지 못하게 하면 어떤 일이 일어날 것인지에 대해 많은 논란이 있었다. 일부 과학자들은 아주 낮은 온도에서는 전자조차 더 이상 움직일 수 없으므로 전기 전도도가 사라질 것이라고 주장했고, 다른 일부 과학자들은 전기 전도도는 대단히 좋아지겠지만 다른 특별한 일이 일어나지는 않을 것이라고 주장했다.

그래서 연구자들은 극도로 낮은 온도에서 어떤 일이 일어나는지를 알아보기 위해 아주 낮은 온도의 기체를 금속 원소 위에 부었다. 그러자 이상하게도, 일부 금속의 경우 특정한 온도까지 냉각되자 완전한 도체(초전도체)가 되었다. 금속이 초전도체 상태가 될 정도로 온도를 낮게 유지하고, 이 금속 내에 고리 형태의 전류가 흐르도록 하면 이 전류는 사라지지 않고 영원히 흐른다. 그저 재미있는 과학 현상 정도로 보일 수도 있겠지만, 우리는 이것을 바탕으로 온갖 별나고 흥미로운 일들을 해낼 수 있게 되었다. 예를 들어 초전도체에 만들어진 고리 전류는 자기장을 만들어낼 수 있다. 이것은 곧 초전도체가 자신에게 가해지는 전류의 크기만큼 강력해지는 영구 자석이 될 수 있다는 뜻이다.

이후 1960년대에 브라이언 조지프슨Brian Josephson이라는 학자가 초전도체를 배열해 자기장의 작은 변화를 감지해내는 방법을 발견했다(그는 노벨물리학상을 받았지만 현재는 케임브리지대학에서 '물의 기억력water memory'이나 상온 핵융합 같은 말도 안 되는 걸 연구하면서 시간을 보내고 있다). 현재 조지프슨 소자라고 불리는 이 장치는 마침내 뇌 안의 미세한 자기장을 감지하는 장치인 스퀴드 소자의 개발을 가능하게 했다.

그렇다면 이제 이렇게 생각해보자. 만약 200년 전에 어떤 사람이 우리에게 다가와 "사람의 머릿속에서 일어나는 변화를 감지할 수 있는 장치를 만드는 방법이 뭡니까?"라고 물었다고 하자. 그때 우리가 "우선 유리관 안에 기체를 가두는

이상한 미래 연구소

방법을 알아내야 합니다."라고 대답했을까?

아닐 것이다. 실제로, 가장 최근 단계의 기술적 도약인 조지프슨 소자(다시 한 번 말하지만 이것은 물에도 정보를 저장할 수 있다고 믿는 어떤 인간에 의해 발견되었다)조차 그것이 처음 제안되었을 때는 이론적으로 불가능하다고 생각한 사람들이 많았다. 조지프슨 소자 내부에서 일어나고 있는 일들은 최초로 기체를 액화시키는 데 성공한 패러데이가 죽고 나서도 오랜 시간이 흐른 후에야 이론적으로 설명될 수 있었다.

기술 개발이 가지는 이 우연적인 성격이 바로 초소형 슈퍼컴퓨터는 벌써 개발되었지만 달 기지는 아직 건설되지 않은 이유다. 달 기지는 예전부터 많은 사람들이 그 가능성을 예측한 반면 초소형 슈퍼컴퓨터는 예상한 사람이 거의 없었는데 말이다.[6]

이 책에서 소개하는 모든 기술들에도 이 같은 예측 불가능성이 내포되어 있다. 우주로 향하는 엘리베이터를 건설하는 건 어쩌면 화학자들이 탄소 원자를 배열해 가느다란 선을 만들 수 있느냐에 달려 있을지도 모른다. 우리가 원하면 어떤 형태로든 변할 수 있는 물질을 만들어내는 건 어쩌면 우리가 흰개미의 행동을 얼마나 잘 이해하느냐에 의해 결정될지도 모른다. 우리가 의학용 나노로봇을 개발하는 건 우리가 얼마나 종이접기의 원리를 잘 이해하는지에 달려 있을 수도 있다. 아니면 이 모든 것을 해내더라도 우리가 기대했던 결과와는 아무 상관이

---

6 이런 종류의 일들이 사람들에게 심각한 고통을 안겨주기도 한다. 최근 발행된 〈MIT 테크놀로지 리뷰MIT Technology Review〉 표지에 나온 그림처럼 말이다. 그림 속에는 우주비행사 버즈 올드린Buzz Aldrin 이 "당신은 우리에게 화성 식민지를 약속해놓고, 실제로는 페이스북을 주었네요."라고 말하고 있었다. 하지만 공정하게 말하자면 화성 식민지는 수조 달러가 필요하고 페이스북은 공짜다. 굳이 페이스북을 선택한 건 좀 간사했다는 사실을 짚고 넘어갈 필요가 있다. 만약 위키피디아를 선택했다고 가정해보자. "당신은 우리에게 화성 식민지를 약속해놓고, 지구인이라면 누구든 무료로 이용할 수 있고 잘 정리되어 있는 인간의 모든 지식을 주었네요."

없을 수도 있다. 역사에는 꼭 그래야 한다는 법칙이 적용되지 않는 경우가 얼마든지 있으니까.

고대 그리스인들은 매우 복잡한 기계 장치를 만들었지만 시계를 만들지는 못했다. 고대 알렉산드리아인들은 기초적인 증기 기관을 만들었지만 증기 기관차를 만들지는 못했다. 고대 이집트인들은 4,000년 전에 접이식 의자를 만들었지만 이케아IKEA를 세우지는 못했다. 한마디로 우리는 이 책에서 소개하는 새로운 기술들이 대체 언제 일어날지 알 수 없다.

그렇다면 이런 책을 왜 쓰냐고? 세계 곳곳에서 하루가 멀다 하고 놀라운 일들이 일어나고 있는데 대부분의 사람들이 모르고 있기 때문이다. 그리고 현재 우리가 핵융합 발전을 할 수 없고, 주말에 금성으로 여행을 갈 수 없다는 이유로 새로운 기술에 대해 냉소적인 사람들이 많기 때문이다. 이런 실망감은 단순히 미래에 대해 지나치게 낙관적인 약속을 해대는 과학자들 때문만이 아니다. 미래 기술을 다루는 책들도 종종 우리가 사는 현재와 공상과학 소설에서 보여주는 미래 사이에는 경제적 문제들이나 기술적인 어려움이 있다는 점을 간과하는 경우가 많다.

우리는 많은 책들이 왜 이런 어려움들을 다루지 않는지 잘 모르겠다. 달에 가는 것이 쉬웠다면 과연 아폴로 11호의 이야기가 더 흥미로웠을까? 우리 생각에는, 뇌에 컴퓨터를 연결하는 문제가 흥미로운 이유는 현재 우리가 '생각'이 어떻게 이루어지는지에 대해 전혀 모르기 때문이다. 우리 앞에는 해결해야 할 질문들이 무수히 많고, 발견해야 할 것들도 많으며, 이루어야 할 영광과 기억해야 할 영웅들이 수없이 많이 기다리고 있다.

우리는 새롭게 부상하는 10가지 분야를 선정해 큰 것에서 작은 것으로 다룰 예정이다. 우주에서 시작해 거대한 실험 단계의 발전소로, 물건을 만들어 내거

이상한 미래 연구소

나 세상을 경험하는 새로운 방법으로, 인간의 몸으로, 마침내 당신의 뇌에 이르는 순서로 설명했다. 당신의 뇌가 작다고 무시하는 건 아니니 기분 나빠하지 않기를 바란다.

우리는 이 책의 각 장마다 일정한 원칙을 지키려고 노력했다. 만약 우리가 카페에 있는데 누군가가 와서 "저기요, 핵융합 발전은 어떻게 되어가고 있는 겁니까?"라고 묻는다면, 우리가 해줄 수 있는 최선의 답변은 무엇일지 생각해보았다. 새로운 기술의 발전을 저해하는 요소가 무엇일지 미리 예상하기 어렵다는 이야기는 많이 들었다. 그러나 중요한 점은 이것이다. 우리는 각 장마다 그 새로운 기술이 무엇인지, 지금 어떤 상태에 있는지, 현실에 적용하기 어려운 이유는 무엇인지, 마지막으로 그것이 어떻게 우리에게 재앙이 될 수도 있고 동시에 어떻게 우리의 삶을 더 나아지게 해줄 수 있는지 이야기할 것이다.

우리가 과학적 진보를 흥미롭게 생각하는 이유는 단순히 그것이 새롭기 때문만은 아니다. 소행성에서 광산을 개발하거나 로봇들을 부려 집을 짓는 일이 얼마나 지독하게 어려운지를 알아야 이런 일들이 더욱 흥미로워 보인다. 그리고 이런 어려움을 알아야 그 일들이 실제로 가능하게 되었을 때 진심으로 흥미진진할 것이다.[7]

이 책을 읽으면서, 독자들은 과학과 기술의 발전 과정에서 생겨나는 이상한 우회로와 어두운 뒷골목에 대해서도 약간은 이해할 수 있을 것이다. 각 장의 말미에는 우리가 밝혀낸 이상한 점들(어쩌면 징그럽거나 놀라울지도 모른다)을 '주목하기'로 정리해놓았다. 어떤 경우는 그 장의 내용과 직접적으로 관련이 있는 것이지만, 어떤 경우는 그냥 진짜 이상한 것들이었다. 이 책을 쓰기 위해 자료를 조사하면서 알게 된 내용인데, 정말 진심으로 이상했다. 어느 정도냐 하면, 옥수수 빵으로 문어를 만드는 것만큼?

이 책을 쓰기 위해 우리는 많은 전문 서적과 논문을 읽었고, 약간 미쳐 있는 사람들과 이야기를 해야 하는 경우가 많았다. 어떤 사람들은 더 심각하게 미쳐 있었지만, 우리는 오히려 그런 사람들이 대체로 더 좋았다. 우리는 이 책을 쓰기 위해 엄청난 자료 조사를 해야 했는데, 어떤 주제에 대한 조사를 하든 매번 우리가 가지고 있던 선입견은 처참하게 깨졌다. 조사를 할수록 우리는 기술 자체를 이해하지 못하고 있었을 뿐만 아니라 그 기술의 진보를 막고 있는 것이 무엇인지도 이해하지 못하고 있었다는 사실을 깨달았다. 복잡해 보였던 것이 실제로는 간단

---

7 우리가 이 책을 쓰고 있는 동안, 책 속에서 소개했던 2가지 기술에서 큰 발전이 이루어졌다. 먼저 일론 머스크Elon Musk의 민간 우주선 개발업체 '스페이스엑스SpaceX'가 팰컨9Falcon 9 로켓의 추진 장치들을 여러 번 성공적으로 착륙시키자 우리는 저렴한 우주여행을 다룬 장을 수정해야 했다. 또한 사람들이 포켓몬 고Pokemon GO라는 게임에 대해 끊임없이 이야기할 정도로 관심이 높아졌기 때문에 증강현실을 다룬 장도 수정해야 했다.

이상한 미래 연구소

했고, 쉬워 보였던 것이 실제로는 매우 복잡했다.

새로운 기술은 아름다운 것이지만, 미켈란젤로Michelangelo Buonarroti의 '피에타' 상이나 오귀스트 로댕Auguste Rodin의 '생각하는 사람'과 마찬가지로 그것들을 만드는데는 끔찍한 고통이 있었다. 우리는 여러분이 기술 자체를 이해할 뿐만 아니라, 왜 미래가 이 각고의 노력에 대해 고집스럽게 저항하는지도 이해할 수 있기를 바란다.

잭 와이너스미스, 켈리 와이너스미스

추신: 대학생들에게 한쪽 콧구멍으로만 숨을 쉬면서 시험을 보게 한 실험이 있는데, 이것도 한번 참고해보기를 바란다(244쪽 참고). 책의 내용과 좀 관련이 있다. 진짜로.

1부

미래의
우주에
일어날 일들

우주에 가는 데 대체
왜 그렇게 돈이 많이 들까?

위로, 현기증 나도록 타오르는 길고 긴 푸른색 위로

나는 바람도 따라올 수 없는, 여유롭고도 우아한 높이에 도달했다.

종달새도 독수리도 올라올 수 없는 이곳

나는 지금까지 억눌러왔던 마음을 고요함 속에 풀어놓는다.

아무도 침범하지 못했던 우주의 신성함

– 손을 뻗어 신의 얼굴을 만져본다.

_존 길레스피 머기 주니어John Gillespie Magee, Jr. 〈고공비행High Flight〉(1941)

이 시를 읽자마자 눈치 챘겠지만, 시인은 높이 날아오르는 데 필요한 비용에 대해서는 한마디도 언급하지 않았다. 시에서 종종 사용하는 문학적 생략 같은 것이라고 할 수 있다. 그래서 우리는 이 시에 한 구절을 덧붙여보았다.

그리고 우주여행의 비용을 물었을 때

나는 몸을 돌려 외쳤다. "신이시여!"

현재 0.45킬로그램을 우주 공간으로 올려 보내기 위해서는 약 1,100만 원의 비용을 지불해야 한다.[1] 즉 치즈버거 1개를 우주 공간에 보내려면 275만 원이나 든다는 소리다.

인류가 달에 겨우 6차례밖에 못 간 이유도 비용 때문이다. 그리고 달에 간 우주선이 종잇장처럼 얇은 것 역시 이 때문이다. 현재 우주여행과 관련된 패러다임이 1969년의 기대에 크게 못 미치는 건 기술력이 없다거나 과학 천재가 태어나지 않았기 때문이 아니다. 우주로 가는 비용이 아직도 너무 비싸기 때문이다. 만약 우주여행 비용을 크게 낮출 수만 있다면, 아마 우리는 더 나은 우주과학, 통신 시설, 지구 밖 자원, 기후를 조절하는 기술을 얻을 수 있을 것이다. 그리고 무엇보다도 태양계를 탐험해 새로운 정착지를 개발할 수 있을 것이다.

그렇다면 우주로 가는 데 비용이 왜 그렇게 많이 드는 걸까? 그 이유를 이해하기 위해서는 우주로 향하는 로켓의 진짜 정체를 알아야 한다. 로켓은 기본적으로 아주 적은 양의 화물을 꼭대기에 싣고 폭발적으로 연소하는 추진 연료다. 저고도Low Earth Orbit(LEO라고도 한다. 지상에서 약 480킬로미터 상공으로 대부분의 인공위성이 향하는 높이)로 가는 인공위성의 경우 대부분 로켓 전체 무게 중 80퍼센트는 연료이고, 16퍼센트는 로켓 자체의 무게이며, 4퍼센트가 화물이다. 그러나 4퍼센트는 최댓값이고, 우주로 멀리 나갈수록 점차 화물의 무게가 전체 무게의

---

1 비용은 우주여행을 시작하는 나라, 회사, 목적지, 물건을 날라다 줄 로켓의 크기와 같은 조건들에 따라 크게 달라진다. 이 책에서는 0.45킬로그램당 1,100만 원을 기준으로 하고 여기에 990만 원을 더하거나 뺀 값이면 우리가 이 주제를 연구하면서 거쳐 간 모든 추정 값을 포함할 수 있다.

이상한 미래 연구소

1, 2퍼센트 수준으로 떨어진다.

그러나 비용은 전혀 다른 문제다. 추진 연료의 비용은 기껏해야 수억 원 정도여서 전체 비용에 비하면 무시할 수 있는 수준이다. 따라서 대부분의 비용은 1번 사용하고 버려지는 로켓에 들어간다.

종합하면 발사되는 로켓은 매우 비싸고, 로켓 내부의 공간은 대부분 추진 연료가 차지한다. 따라서 우리가 저렴한 우주여행을 하기 위해서는 다음 2가지 방법을 시도해 비용을 확 줄여볼 수 있겠다.

1. 로켓을 회수해서 재사용한다.
2. 추진 연료를 적게 사용한다.

로켓을 회수하는 방법은 2015년에 갑자기 실현되었다. 이에 대해서는 로켓의 재사용을 다루면서 자세하게 이야기할 예정이다. 그러나 기본적인 아이디어는 아주 간단하다. 1번 사용한 로켓을 버리지 않고 재활용하면 로켓 제작 비용을 절약할 수 있다는 것이다.

추진 연료를 더 적게 사용하는 건 좀 까다로운 문제다. 이미 추진 연료가 로켓 전체 무게의 80퍼센트나 차지하고 있지만 말이다. 왜 그런지 이해하려면 자동차를 타고 러시아에서 남아프리카까지 갔다가 다시 러시아로 돌아온다고 생각해보자. 당신이 자동차에 연료를 넣는 방법으로 2가지를 생각해볼 수 있다.

1. 도중에 주유소에서 연료를 넣는다.
2. 여행하는 동안 필요한 모든 연료를 자동차에 싣고 출발한다.

물론 누구나 첫 번째 방법을 선택할 것이다. 하지만 우리가 '왜' 첫 번째 방법을 선택하게 되는지 자세히 생각해보자. 자동차는 단순히 말해 연료를 운동 에너지로 바꾸는 기계장치다. 자동차가 아주 무겁다면 자동차가 달리기 위해서 더 많은 연료를 사용해야 한다. 만약 정기적으로 연료를 보충한다면 자동차 무게의 대부분은 연료의 무게가 아니라 자동차 자체의 무게일 것이다. 따라서 엔진이 소모하는 연료는 연료 자체보다는 자동차와 자동차가 싣고 있는 화물(당신과 당신의 짐 같은 것들)을 운반하는 데 사용된다.

그러나 두 번째 방법을 택한다면 당신은 엄청난 크기의 연료 탱크를 싣고 다녀야 한다. 아마 연료의 무게가 자동차 자체의 무게보다 훨씬 더 클 것이다. 특히 여행 초기에는 연료에서 얻는 에너지의 대부분을 연료 자체를 이동시키는 데 사용해야 할 것이다. 다시 말해 연료를 사용해서 다른 연료를 운반하고 있는 셈이다. 결과적으로 두 번째 방법을 택했을 때 필요한 연료의 총량이 첫 번째 방법에서 필요한 양보다 훨씬 커진다. 두 번째 방법을 선택한다면, 대부분의 우주선들과 마찬가지로 당신의 자동차도 차체나 화물이 아니라 연료가 대부분의 공간을 차지하게 될 것이다.

불행하게도 로켓에 연료를 공급해줄 주유소를 건설하기는 어렵다. 따라서 근본적인 변화가 일어나지 않는 한, 우리는 우주여행을 하기 위해 꼼짝없이 두 번째 방법을 사용할 수밖에 없다.

이 모든 것을 고려해 간단한 계산을 해보면 다음과 같은 결론을 이끌어낼 수 있다. 로켓이 회수 가능해지도록 개발할 수만 있다면 우리는 우주여행 비용의 90퍼센트를 절감할 수 있다. 또는 연료를 기존의 4분의 3만 사용할 수 있게 된다면 6배나 더 많은 화물을 운반할 수 있을 것이고, 따라서 0.45킬로그램당 우주여행 비용을 6분의 1로 줄일 수 있을 것이다.

그러나 그렇게 하기 위해서는 기본적인 물리 법칙과 싸워야 한다. 가장 적은 비용으로 도달할 수 있는 궤도는 저고도다. 보통 궤도에서는 중력이 작용하지 않는다고 생각하는 사람들이 많은데, 그건 틀린 말이다. 실제로 현재 저고도에서 지구를 돌고 있는(대략 400킬로미터 높이) 국제우주정거장에는 우리가 지표면에서 받는 지구 중력의 90퍼센트가 넘는 중력이 작용하고 있다. 그런데 우주 비행사들은 어떻게 무중력 상태처럼 공중에 떠다니는 거냐고? 우주선이 엄청나게 빠른 속도로 달리고 있기 때문이다. 대충 초속 8킬로미터쯤? 이들이 중력에 의해 지구 쪽으로 당겨지는 만큼 동시에 지구에서 멀어지고 있기 때문에 공중에 떠 있는 것처럼 보이는 것이다.

이 말이 어렵다면 이렇게 생각해보자. 높은 탑 위에 올라가 대포를 발사했다. 느린 속력으로 포탄을 발사했다면 포탄은 멀리 가지 못하고 금방 땅에 떨어질 것이다. 반대로 어마어마하게 빠른 속력으로 포탄을 발사했다면 포탄은 순식간에 우주 공간으로 날아가 버릴 것이다. 그런데 포탄이 바로 땅으로 떨어지는 느린 속력과 우주 공간으로 날아가는 빠른 속력 사이에는 여러 가지 중간 단계의 속력이 있다.

만약 어떤 높이에서 특정한 속력으로 포탄을 발사하면 우주로 날아가지도 않고 땅으로 떨어지지도 않으면서 계속 앞으로 날아갈 수 있다. 만약 당신이 이런 포탄을 타고 날아간다면 지구의 중력으로 인해 아래로 계속 떨어지겠지만, 동시에 아주 빠르게 달리기 때문에 지구 표면의 곡선을 볼 수 있을 것이다. 포탄이 지상 한 지점에서 똑바로 직선으로 달려가면 당신은 지구에서 멀어지겠지만 말이다. 즉 이 특정 속력에서는 포탄에 나타나는 2가지 효과가 균형을 이룬다. 하나는 중력에 의해 지구로 끌어당겨지는 효과이고, 다른 하나는 빠른 속도의 직선 운동에 의해 지구에서 멀어지는 효과이다. 따라서 포탄은 계속 지구 주위를 돌게 된다. 이것이 '궤도 운동'이다.

저고도가 가장 적은 비용으로 도달할 수 있는 궤도라고는 하지만, 그곳에 도달하기 위해 사용해야 하는 비용은 여전히 어마어마하게 크다. 커다란 금속 덩어리를 초속 8킬로미터로 달리게 하는 건 쉬운 일이 아니다. 얇은 포일로 감싼 거대한 깡통이 아니라 영화에 나오는 것 같은 우주선을 원한다면, 우리는 우주여행 비용을 좀 더 낮추는 방법을 고민해야 한다.

이상한 미래 연구소

현재 우리는 어디까지 왔을까?

방법 1 : 로켓의 재활용

단기간에 우주여행 비용을 절감하는 가장 확실한 방법은 한번 사용한 로켓을 회수해 재활용하는 것이다. 로켓을 사용한 후에 바다에 낙하시켜 폐기해 온 전통적인 방법 대신, 로켓이 지상에 안착하도록 해 다시 사용하는 것이다. 로켓에 화물을 4퍼센트밖에 실을 수 없다는 점을 해결하지는 못하지만, 우주여행 경비를 현저하게 낮출 수는 있을 것이다.

그러나 여기에는 몇 가지 기술적인 어려움이 있다. 안전한 착륙을 위한 여분의 연료를 가져가야 하기 때문에 연료 효율이 낮아질 수 있다는 점도 그중 하나다. 여분의 연료를 가능하면 적게 가져가고 싶겠지만, 그렇게 하면 안전한 착륙에 문제가 생길 것이다.

또 다른 심각한 문제는 한번 사용했던 로켓을 재활용하는 데 얼마나 많은 비용이 드는지를 아직까지 아무도 모른다는 것이다. 무려 우주까지 갔다 돌아온 녀석이다. 그냥 적당히 닦아서 다시 발사대로 가져갈 수는 없을 것이다.

미국의 우주 왕복선은 처음부터 여러 번 재사용되도록 설계되었지만, 이것을 재사용하는 데 드는 비용이 1회용 로켓에 소요되는 비용보다 더 많이 드는 것으로 밝혀지면서 계획이 무산되었다. 이 문제가 엔지니어, 의회, 공군, 위험을 기피하는 대중들 중 누구 때문인지에 대해서는 아직도 논란이 계속되고 있다. 그러나 확실한 것은 한번 비행한 우주 왕복선이 다시 발사될 수 있도록 준비시키는 데 많은 비용이 들었다는 사실이었다. 우주 왕복선의 운행이 중단되었다는 소식에 안타까워했던 사람들이 많았던 반면 이에 대해 잘 알고 있던 '우주 덕후'들은 이것이 폐기되는 모습을 보고 기뻐했던 이유다.

그러나 우리에게는 아직 희망이 있다. 더 나은 재사용 가능한 로켓이 개발될 수도 있기 때문이다. 우리가 이 장을 쓰고 있는 동안에 미국의 스페이스엑스라는 회사가 최초로 화물을 우주에 배달하고 로켓의 일부를 안전하게 지상에 착륙시켰다.[2]

이것이 실제로 비용의 절감을 가져온다면, 우주여행 분야에서 우리 세대에 이룩한 최대의 업적이 될 것이다. 우리가 이 우주 로켓의 발사를 지켜보고 있는 동안, 독자 중 한 사람이 트위터를 통해 "제가 어린 소년이었을 때 달 착륙 장면을 목격하긴 했지만 로켓의 재활용이 더 흥미롭게 느껴집니다."라는 메시지를 보내주었다. 그 독자의 이야기가 선뜻 납득이 가지 않을지도 모르지만, 그는 사실 문제의 핵심을 찔렀다. 달 착륙은 틀림없이 더 위대한 기술적 성취였다. 그러나 그것은 일반적인 방법으로는 도저히 감당할 수 없는 엄청난 비용을 들여 해낸 일이었다.

로켓 발사 비용을 정확히 얼마나 줄일 수 있을지에 대해서는 논란의 여지가 있지만, 머스크는 100분의 1로 줄일 수 있다고 주장했다. 그리고 스페이스엑스의 회장 귄 숏웰Gwynne Shotwell은 더 가까운 장래에 현재 운행 중인 팰컨9을 30퍼센트 할인된 가격에 제공할 수 있을 것이라고 말했다. 현재로서는 로켓의 재활용으로 그렇게 많은 비용을 절감할 수 없다고 하더라도, 미래에 더 큰 비용 절감으로 가는 길을 개척하게 될지도 모른다. 아마 화성으로 향하는 길도 좀 더 저렴한 비용으로 뚫리지 않을까.

---

2 로켓은 여러 '단계'로 이루어져 있다. 일단 한 단계를 사용하고 나면 그 단계는 더 이상 필요가 없다. 그저 무거운 짐 덩이일 뿐이다. 그래서 분리해 낙하시켜 버린다. 스페이스엑스는 가장 큰 첫 번째 추진 단계를 회수하는 데 성공했다.

이상한 미래 연구소

방법 2: 공기를 이용하는 로켓과 우주 비행기

지금도 비행기는 하늘 높이 날아가는데, 차라리 좀 더 높은 곳으로 비행기를 몰아 우주까지 갈 수는 없을까?

절대 없다. 어떻게 그런 걸 물어볼 수 있지? 맙소사.

인공위성을 궤도에 올릴 때 어려운 부분은 높이 올라가는 것이 아니라, 아주 빠르게 달리도록 하는 것이다. 아주 빠르게 달리도록 하기 위해서는 아주 많은 추진제를 사용해야 한다. 그러나 우주 비행기를 이용한다면 비용을 크게 줄일 수 있을지도 모른다. 그 이유를 이해하기 위해서는 먼저 추진제가 무엇인지 이해해야 한다.

추진제가 '연료'랑 같은 것이 아니냐고 묻는다면 미국항공우주국NASA 엔지니어에게 TI-83으로 얻어맞을지도 모른다.[3] 추진제는 사실 연료와 산화제라는 2가지로 이루어져 있다. 연소가 일어나도록 하기 위해서는 여기에 에너지가 추가로 필요하다. 캠프파이어를 할 때 불을 피우려면 나무라는 연료와 산화제로 작용할 공기 중의 산소, 에너지에 해당되는 성냥불(또는 라이터)이 필요한 것과 마찬가지다.

로켓은 내부에 연료와 산화제를 싣고 있다. 연료와 산화제의 비율은 로켓의 종류나 로켓이 수행해야 할 임무에 따라 다르지만, 일반적으로 추진제 무게의 대부분은 산화제가 차지하며 산화제로는 그냥 액화 산소[4]를 이용하기도 한다. 로켓이 출발한 후 대부분의 구간에서 공기에 (말 그대로) 둘러싸여 여행하는데, 왜 그렇게 많은 산소를 가져가야 할까?

짧게 말하면 일을 간단하게 하기 위해서다. 로켓은 엄청난 힘으로 우주를 향해 간다. 필요한 모든 것을 커다란 튜브에 넣은 다음 하늘로 쏘아 올리는 것이다. 비행기의 경우에는 산소를 가져가는 대신 공기 중에서 산소를 흡입해 산화제로 사용할 수도 있겠지만, 그러기 위해서 이미 복잡한 비행기 기계 장치에 또 산소를 흡입하는 장치를 덧붙여야 한다.

우주 비행기의 가장 큰 문제점은 우주로 향하는 동안 로켓을 둘러싼 속력과 외부 조건이 계속 달라지기 때문에, 이를 극복할 다양한 종류의 엔진이 필요하다는 것이다. 그 이유는 다음과 같다.

오늘날 운행되는 대부분의 비행기는 터보팬 엔진을 사용한다. 이 엔진의 구조

---

3 실제로 우리는 트위터에 "로켓 엔지니어가 사람을 때린다면 무엇을 도구로 사용할까?"라고 물어보았다. 가장 많이 나온 대답은 공학용 계산기인 TI-83, TI-89, TI-30X, 계산용 자 등이었고 "매트랩 MAT-LAB 프로그램이 깔린 합리적 가격의 노트북 컴퓨터"라고 대답한 사람도 있었다.
4 더 줄이려면 LOX라고 쓸 수 있다.

는 조금 복잡하지만 작동 원리는 매우 간단하다. 팬이 공기를 흡입기 안으로 빨아들이고, 빨아들인 공기를 압축해(바로 당신이 사용할 산화제다) 좁은 공간에 저장한다. 여기에 연료가 분사되어 점화된다. 그러면 어떻게 될까? 팬이 공기를 더 빨아들일수록 연소로 뜨거워진 압축 공기는 밀려나 뒤로 배출된다. 이제 엔진의 뒤쪽에는 고압 상태의 공기가, 앞쪽에는 비교적 저압의 공기가 있다. 따라서 비행기는 추진력을 얻어 앞으로 나가게 된다.

터보팬 엔진은 비행기가 소리의 속력인 초속 343미터,[5] 즉 1마하에 접근하게 되면 어려움에 봉착한다. 소리의 속도에서는 비행기 주위에 공기가 머물지 못하기 때문이다. 따라서 팬을 이용해 공기를 흡입하는 것이 불가능해진다.

이 문제를 해결하는 1가지 방법은 재연소 장치를 사용하는 것이다. 재연소 장치는 터보팬 엔진의 뒤쪽에서 사용하고 남은 산소를 흡입해서 더 많은 연료를 투입한 후 연소시킨다. 간단히 말해 비행기 뒤쪽에서 작은 연료 폭발을 일으키는 것이다. 효율이 그다지 좋지는 않지만 이 방법은 비행기 속력을 마하 1.5까지 높일 수 있다. 그러나 속력이 마하 1.5에 도달하면 램제트ramjet라고 부르는 다른 종류의 엔진을 사용한다.

램제트는 놀랍도록 간단한 엔진이지만, 이것을 만들기가 쉽지는 않다. 기본적으로 램제트는 터보팬 엔진에서 팬을 비롯한 모든 움직이는 부품을 뺀 것이다. 빠른 속도가 공기를 압축해주기 때문에 굳이 팬이 필요하지 않다. 당신이 빠르게 날고 있는 동안 공기는 연소실로 불밀듯이 밀려 들어오게 되고, 여기에 연료를 분사해 공기의 움직임을 늦춘 다음 연소시킨다. 램제트의 단점은 빠른 속력 자체가 압축기 역할을 하므로 이 엔진으로 시동을 걸 수는 없다는 것이다. 램제

---

5 소리의 속력은 온도나 고도와 같은 조건에 따라 달라지므로 이 숫자도 약간 바뀔 수 있다.

트를 사용하려면 시속 1,770킬로미터에는 도달해야 한다. 그래서 SR-71 정찰기의 경우에는 적절한 속력에 도달했을 때 램제트로 변신하는 터보팬 엔진을 사용하고 있다.

속력이 정말, 정말 빨라지면(하지만 아직 저고도에 도달하기에 충분한 속력은 아니다), 스크램제트scramjet라고 부르는 초음속 램제트 엔진이 필요하다. 스크램제트는 심지어 램제트보다 더 단순한 엔진이다. 하지만 역시 이것을 만들기도 더 어렵다. 짧게 설명하면 초음속 공기가 흡입되고, 연료와 함께 바로 연소된다. 감속 과정을 거치지 않고 말이다. 이것이 가능한 이유는 압축 과정을 거치지 않고도 연소가 일어날 수 있을 정도로 산소가 빠르게 유입되기 때문이다. 그러나 결코 쉽지 않은 일이다. 말하자면 초음속으로 부는 바람 속에서 촛불을 켜는 과정이라고 할까? 스크램제트는 아직도 실험 단계에 있지만 속력이 시속 7,200킬로미터에[6] 도달한 이후에 사용할 수 있는 가장 효율적인 엔진이 될 것이다.

이론적으로는 스크램제트를 이용하면 비행기가 지구 궤도에 진입할 수 있는 속력인 25마하까지 가속될 수 있다. 스크램제트 프로그램은 대체로 군사용으로 시도되었으나 아직은 부분적인 성공에 그치고 있다. 지구 궤도에 진입할 수 있는 속력 근처에는 이르지 못했기 때문이다.

이상적인 우주 비행기라면 우주에 도달하기 위해 이 모든 종류의 엔진을 차례대로 사용할 수 있어야 한다. 그리고 일단 우주에 도달한 다음에는 산소가 없으니 전통적인 로켓 엔진 방식으로 전환해야 한다. 그러나 이렇게 냉그에 서장된 산소가 아니라 공기 중의 산소를 사용할 수 있다면 10배의 화물을 실을 정도로

---

6 가속 과정에 소요되는 시간을 계산하지 않는다면 도쿄에서 런던까지 2시간 만에 갈 수 있는 속력이다.

연료 사용량을 많이 줄일 수 있을 것이다.

아, 그리고 어디까지나 로켓이 아니라 비행기이므로 임무를 완수한 후에는 그냥 안전하게 착륙시키면 된다. 커다란 손상 없이 이 과정을 계속 해낼 수 있다면 로켓을 1번 사용한 후 폐기하는 문제와 연료 효율 문제를 한꺼번에 해결할 수 있을 것이다.

진짜 어려운 부분은 엔진들이 모두 극한 상황에서 작동해야 한다는 것이다. 스크램제트가 가장 효율적으로 작동하는 조건 자체가 매우 극한 조건이므로 지상에서 이런 상황을 시뮬레이션하는 데도 많은 비용이 소요된다.

'리액션 엔진Reaction Engines'이라는 영국 회사는 세이버 엔진Synergetic Air-Breathing Rocket Engine(줄여서 SABRE)을 사용하는 스카일론 우주선을 개발하고 있다. 우리 생각으로는 이 회사가 'ABRE'까지는 빠른 시일 안에 완성할 수 있을 것이며, 여기에 'S'를 더할지를 결정하는 데 약간의 시간이 더 걸릴 것으로 기대한다.

한마디로 말하자면 이것도 로켓이다. 하지만 추진 과정에서 주위로부터 산소를 흡입한다. 세이버 엔진은 효율적으로 터보 엔진에서 램제트 그리고 다시 로켓으로 바뀌도록 설계되어 있다. 아마 스크램제트 단계는 사용하지 않을 것으로 보이는데, 왜냐하면 아직 아무도 어떻게 하면 스크램제트 단계를 실현시킬 수 있는지를 모르기 때문이다. 이것은 어마어마한 비용이 필요하고 대단히 복잡한 연구 과제지만, 유럽우주국과 영국 정부[7]로부터 충분한 연구자금을 지원받고 있다. 이들은 모든 일들이 잘 진행된다면 앞으로 10년 안에 세이버 엔진을 단 비행기가 실용화될 것으로 기대하고 있다.

---

7 브렉시트Brexit에 대해 걱정한다면, 안심해도 된다. 이 프로그램에 영향을 주지는 않을 것이다. 유럽우주국이 현재 유럽연합과 밀접한 관계를 유지하고 있긴 하지만 유럽연합에 속해 있지 않은 노르웨이나 스위스도 이미 회원국이었으며, 유럽연합의 직접적 통제를 받지는 않고 있다.

여러 가지 문제점에도 불구하고 로켓은 단순함이라는 장점을 가지고 있다. 구식 로켓은 느린 속력에서나 빠른 속력에서나, 밀도가 높은 공기 안에서나 밀도가 낮은 공기 안에서나, 심지어 공기가 없는 곳에서도 문제없이 작동한다. 그렇다면 이번에는 훨씬 더 구식인 것들로 눈길을 돌려보자.

방법 3: 엄청, 매우, 아주 거대한 슈퍼 대포

로켓 연료를 줄이는 다른 방법으로, 연료를 전혀 사용하지 않는 것을 생각해볼 수도 있다. 앞에서 우리는 연료를 나르기 위해 연료를 써야 하는 로켓의 문제에 대해 이야기했다. 그렇다면 우주에 도달할 때까지 연료를 통제된 속도로 태워 천천히 속력을 높여나가는 대신, 지상에서 한 번에 우주로 뻥 쏘아 올리는 건 어떨까? 물론 그렇게 하기 위해서는 대단한 폭발이 필요하겠지만 폭발에서 나오는 에너지의 대부분이 다른 연료를 운반하는 데 사용되지는 않을 것이다. 그러니 전체적으로 많은 에너지를 절약할 수 있지 않을까?

하지만 이 방법도 결코 저렴하지는 않을 것이다. 이 방법이 가능하기 위해서는 대략 길이가 1,000미터는 되고, 포신의 지름은 3미터나 되며, 수천 톤의 화약으로 무장한 거대한 대포가 필요하다. 물론 장점도 많다. 폐기되는 부품이 없고, 연료를 나르는 데 사용되는 연료가 없으며, 딱 1번의 발사로 우주에 도달할 수 있다.

약간 미친 것처럼 들리겠지만, 사실 그렇게 터무니없는 방법은 아니다. 최소한 2개의 프로젝트가 정부로부터 연구비를 받아 이 방법을 연구하고 있다. 이중 하나에 대해서는 이후 '주목하기'에서 다시 이야기할 예정이지만, 이 방법에는 2가지 중요한 문제점이 있어 짚고 넘어가고자 한다.

첫 번째, 발사할 때마다 거대한 폭발을 만들어내야 한다는 점이다. 따라서 큰

이상한 미래 연구소

비용을 들이지 않고 이 방법을 반복해서 사용하고 싶다면, 수 톤의 화약을 여러 번 폭발시켜도 견딜 수 있는 시설이 필요하다는 뜻이다.

두 번째, 포탄을 타고 날아가는 일이 그다지 즐거운 경험은 아닐 것이라는 점이다. 흠, 솔직히 이런 대포에서 쏘아 올려진다면 즐겁다고도, 고통스럽다고도 할 수 없을 것이다. 발사되자마자 당신은 의자에 철퍼덕 달라붙은 오징어가 되어버릴 테니까. 빠른 속력 때문에 죽는다는 말이 아니다. 속력의 변화인 가속도가 문제다.

엘리베이터를 타고 올라갈 때 아래쪽으로 짓눌리는 것 같은 느낌을 받은 적이 있을 것이다. 이것도 약간의 가속에 의한 힘이다. 롤러코스터를 타면 엘리베이터에서보다 5배 더 큰 가속도에 의한 힘을 느낄 수 있다. 훈련을 받은 사람이라면 엘리베이터에서 경험하는 것보다 10배에서 20배의 가속도까지 기절하지 않고 견딜 수 있다. 이보다 훨씬 큰 가속도에서는 누구든 죽고 말 것이다. 왜 그럴까? 자동차에서 액셀을 밟아 가속할 때 컵에 들어 있는 물이 뒤쪽으로 쏠렸다가, 가속을 멈추면 다시 제자리로 돌아오는 모습을 볼 수 있다. 컵이 우리의 몸이고 물이 우리의 혈액이라고 상상해보자. 아, 그리고 이번에는 10초 동안에 속력이 0에서 60으로 가속되는 것이 아니라 0에서 1만 7,000으로 가속된다.[8]

폭발을 이용해 우주 대포를 쏘아 올린다면 엘리베이터에서 경험하는 것의 약 5,000~1만 배나 되는 가속도를 경험할 것이다. 압력을 받아 쉽게 찌그러져 버리는 물체들은 이렇게 대포를 통해 우주로 운반할 수가 없다. 살과 피로 이루어

---

8 그렇다면 자동차가 가속될 때 왜 우리는 죽지 않는 것일까? 자동차는 사람을 죽일 만큼 큰 가속도를 내지 않으며 가속 시간도 그리 길지 않다. 그리고 우리 몸은 컵보다는 스펀지에 가깝다. 우리 몸의 순환계가 이 정도의 속력 변화는 견딜 수 있다. 그러나 가속도가 더 크고 오래 지속된다면 아마 당신의 몸이 위의 컵처럼 될 것이다. 물론 갑작스러운 속력 변화 때문에 죽는 경우도 있을 수 있다. 예를 들자면 충돌이 일어났을 때처럼.

져 있어 마찬가지로 손쉽게 찌그러져 버릴 당신을 포함해서.

뭐, 보이는 것만큼 나쁘지는 않을 수도 있다. 단단한 물건들은 이 방법을 통해 우주로 날려 보낼 수 있을 테니까. 특별하게 설계된 전자기기를 포함해 금속, 플라스틱, 연료, 물, 육포 같은 다양한 종류의 원자재도 우주로 보낼 수 있을 것이다. 생각해보니 궤도에 주유소 같은 곳을 설치하고, '대포로 연료를 쏘아 올려!'라고 지상에 주문하는 것도 생각해볼 수 있겠다.

우주 대포 자체만 보면 우주를 탐험하는 데 좋은 루트라고 할 수는 없다. 하지만 우주 대포를 궤도 위에 있는 우주 공장과 연계한다면 좀 다를지도 모른다. 우주 대포를 이용해 자재를 우주 공장으로 쏘아 올리고, 우주 공장에서 거대한 탐사선을 제작해 우주 탐사에 나서는 것이다. '사람'처럼 짜증날 정도로 다루기 까다로운 화물이라면 좀 더 안전하고 겁쟁이 같은 방법(예를 들면 로켓)이 필요하겠지만. 그러나 우주 탐험을 위해 필요한 것의 대부분은 금속이나 플라스틱, 식량 같은 단단한 물질이다. 이런 물질들은 모두 단단히 포장해 우주로 쏘아 올릴 수 있을 것이다.

다른 방법으로는 포탄의 가속도가 천천히 증가하도록 해서 화물이 좀 더 인간 친화적인 수준의 가속도만 경험할 수 있도록 하는 것도 생각해볼 수 있다. 예를 들면 여러 번의 폭발을 통해 가속도를 여러 단계로 분산하는 것이다. 그러나 그렇게 하기 위해서는 더 비싸고 더 복잡한 시설이 필요할 것이다. 1번의 폭발이 아니라 여러 번의 폭발이 일어나도록 하기 위해서는 대포의 길이가 더욱 길어져야 하고 그만큼 사고가 날 가능성도 커지기 때문이다.

또 다른 방법은 전자기적으로 작동하는 대포를 사용하는 것이다. 이 방법은 자기부상열차에서 시작해야 한다. 자기부상열차는 자기장 위에 떠서 달린다. 이 사실이 중요한 이유는 전통적인 기차를 이용할 경우 어느 정도 이상의 속력을 내면 레일이 휘거나 녹아내릴 것이기 때문이다. 길이가 160킬로미터나 되는 진공 터널 안에 자기부상열차를 설치하고 자기장을 이용해 열차를 가속시키면, 폭발 없이도 폭발로 낼 수 있는 속력에 도달한다. 이 방법의 가장 큰 장점은 훨씬 환경 친화적이고 재사용이 가능하다는 것이다. 그러나 단점은 긴 진공 터널과 자기부상열차를 제작하는 데 많은 비용이 든다는 것이다.

이 방법을 택한다고 해도 큰 문제점이 있다. 시간을 두고 가속한다고 해도 어쨌든 어느 시점에서는 엄청난 속력으로 진공 터널에서 나와 공기 속으로 들어가야 한다. 이때 일어나는 일들을 이해하기 위해서는 이렇게 생각해보자. 공기 중에서 달린다는 건 공기가 우리 주위를 스쳐가는 것과 같다. 한마디로 공기 입자들이 당신의 몸을 찰싹 때리고 지나간다는 뜻이다. 지구상에서 경험할 수 있는 가장 빠른 바람은 토네이도가 만들어내며, 속력이 시속 480킬로미터나 된다. 지구 궤도에 도달하기 위해서는 이보다 50배에서 100배나 빠른 속력으로 대포를 뛰쳐나와야 한다. 이 정도 속력이라면 공기에 의한 저항 때문에 우주선에 말 그대로 불이 붙어버릴 것이다. 따라서 속력이 줄어드는 건 차치하고, 폭발이라는 더 큰 문제를 안게 될 것이다. 화물 입장에서는 당황스러운 일이다.

이런 문제를 피하는 1가지 방법은 터널을 아주 길게 만들어서 공기가 희박한 대기 상층부까지 도달하도록 하는 것이다. 지상 40킬로미터에 도달하면 대기의 밀도가 현저하게 낮아진다. 그러나 불행하게도 우리는 아직 높이가 40킬로미터나 되는 구조를 만들 수 없다. 사람이 지금까지 만든 가장 높은 구조물의 높이는 800미터 정도다.[9] 그것도 발사 트랙이 아니라 그냥 높은 건축물이다. 설령 그렇게 높은 구조를 만들 수 있다고 해도 그 비용이 상상을 초월할 것이다.

---

9 두바이에 있는 부르즈 칼리파Burj Khalifa 빌딩.

그러나 사람들은 여전히 우주 대포를 연구하고 있고, 심지어 여기서 파생된 몇 가지 변종이 있기도 하다. 그중 2가지가 '슬링거트론Slingatron'과 '로켓 썰매rocket sled'다. 슬링거트론은 나선 모양의 트랙을 이용하는 레일건이다. 우리는 제이슨 덜레스Jason Derleth라는 인물과 이야기를 나눠보았다. 그는 나사 혁신 개념 연구소 NASA Innovative Advanced Concepts(NIAC)에서 연구를 하고 있는데, 이 단체는 말하자면 우주에 대해 '어쩌면 작동할지도 모를' 기발한 아이디어를 가진 사람들의 피난처라고 할 수 있다.

그는 이렇게 말했다. "불행하게도 슬링거트론은 제대로 작동하지 않을 가능성이 큽니다. 하지만 나는 이 아이디어를 좋아하고, 이것이 뛰어난 발상이라고 생각합니다. 문제는 이것이 제대로 작동하기 위해서는 이것을 에베레스트산 꼭대기에 설치해야 한다는 거죠. 이 시스템은 항상 공기의 저항과 싸워야 하니까요."

　　　　　　　　　　　　　　　　　　　이상한 미래 연구소

로켓 썰매 역시 또 다른 형태의 레일건이다. 그러나 발사체를 가속시키는 것이 아니라 로켓을 싣고 있는 썰매를 가속시킨다. 썰매는 엄청나게 빠른 속력으로 달려 대기 밀도가 낮은 고도까지 로켓을 날라다 준다. 원하는 고도에 도달한 다음에는 로켓을 점화시킨다. 썰매에서 얻은 빠른 속력과 높은 고도로 인해 로켓은 많은 연료를 절약할 수 있다. 그리고 가장 중요한 점은 당신에게 이제 로켓 썰매가 생겼다는 것이다!

이 모든 방법들은 램제트나 스크램제트 시스템과 결합해 사용할 수 있다. 이런 시스템은 아주 빠른 속도에서만 작동하며, 또한 극한 상황도 견딜 수 있도록 설계되어야 한다는 점을 반드시 기억해야 한다. 그러나 다른 모든 하이브리드 시스템과 마찬가지로, 훨씬 더 복잡한 기계를 개발했지만 그것에서 얻은 개선 효과는 미미할 수도 있다.

이제 우리가 덜레스 씨와 이야기하면서 알게 된 다른 개념들로 넘어가 보자.

방법 3.5: 엄청, 매우, 아주 거대한… 슈퍼 스카이 콩콩?

덜레스 씨는 이런 이야기도 해주었다. "제가 들었던 아이디어들 중 아주 흥미로운 것이 있었는데, 언뜻 듣기에는 정말 바보 같은 생각이었습니다. 정말, 진짜로요…. 다음과 같은 제안을 한 사람이 있었거든요. 우주 왕복선을 거대한 스카이 콩콩 위에 올려놓으면 어떻겠느냐고 말이지요! 다시 말해 꾹 눌러 압축할 수 있는 기계 장치에 좀 더 강한 힘을 가해보자는 것이었습니다. 거대한 용수철을 상상해보세요. 바보 같은 말로 들리지만 이런 아이디어를 실현시킬 수만 있다면 수송할 수 있는 화물의 크기가 크게 늘어날 겁니다. 놀라운 발상이에요. 정말로 기발합니다."

방법 4:레이저 점화

기본적으로 로켓은 뒤로 뜨거운 기체를 분사하면서 추진력을 얻는다. 분사하는 기체의 온도가 높을수록 같은 추진제로부터 더 많은 추진력을 얻을 수 있다. 그리고 연료를 아주 높은 온도로 가열하는 방법 중 하나는 '초강력' 레이저를 로켓에 함께 싣고 이것으로 연료를 태우는 것이다. 그러나 레이저 장치가 매우 무거울 경우에는 높은 온도로 인해 얻는 추진력의 효과를 상쇄해버릴 것이다.

그래서 과학자들은 이런 아이디어(아마 우주 비행사들에게는 그다지 인기가 없을 아이디어다)를 내놓았다. "날아가는 로켓의 뒤쪽에서 로켓을 향해 레이저를 발사하는 건 어떨까?" 우리가 이런 아이디어를 유럽항공우주국European Space Agency(ESA)의 미헐 판펠트Michel van Pelt에게 이야기했을 때, 그는 이렇게 말했다. "어쩌면 이건 우리가 앞으로 익숙해져야 하는 문제일지도 모릅니다. 만약 50년이나 60년 전에 인간이 로켓의 연료 더미 위에 앉아서 연료가 폭발하도록 조종해 우주로 갈 수 있다고 말했다면, 누구도 받아들이려고 하지 않았을 테니까요."

이 방법을 사용한다면 우리는 많은 연료를 절약할 수 있을 것이다. 어떤 과학자들은 충분히 강력한 레이저를 이용하면 상공 11킬로미터까지는 연료를 전혀 사용하지 않아도 된다고 주장했다. 레이저를 이용해 로켓 아래 있는 공기를 가열하는 것만으로도 빠른 속도에 도달할 수 있을 테니 말이다. 충분히 높은 고도에 도달한 후에는 연료를 사용해야 하겠지만, 레이저의 도움 덕분에 필요한 연료의 양이 현저히 술어늘 것이다.

그렇다면 무엇이 문제냐고? 우리는 지금 어마어마하게 거대하고 강력한 레이저에 대해 이야기하고 있는 것이다. 에너지의 크기로 이야기한다면 5만 메가와트의 에너지를 낼 수 있어야 한다. 이건 약 50개의 핵발전소가 한꺼번에 작동해야 생산할 수 있는 에너지다. 사실 레이저는 약 10분 정도만 작동시키면 되긴 하

이상한 미래 연구소

지만, 이 에너지의 크기가 그렇게 대단하지 않다고 하더라도 우리는 아직 그런 레이저 장치를 만들 수 있는 방법조차 모른다. 계속 발사할 수 있으면서 가장 강력한 레이저는 미 육군에서 사용하는 무기다. 하지만 이것이 낼 수 있는 최고 에너지는 1메가와트 정도이며 1분 정도만 지속적으로 작동한다.

따라서 만약 우리가 정말 초강력 레이저 시설을 만들 수만 있다면, 아마 로켓 공학 분야에는 뜻밖의 성과가 될 것이다. 실제로 최근 브라운대학의 한 연구 팀은 강력한 레이저를 이용하면 공기 저항을 95퍼센트까지 줄일 수 있을 것이라는 연구 결과를 발표하기도 했다.

이제 다음과 같은 상황을 상상해보자. 레이저를 이용해 연료를 태워 가속하는 동안, 두 번째 레이저를 로켓 앞쪽으로 발사하는 것이다. 그렇게 하면 레이저가 로켓 앞쪽의 공기 밀도를 줄여 공기의 저항을 줄일 것이다. 초강력 레이저를 앞과 뒤에 두고 초음속으로 비행해야 하는 우주 비행사들이 불안해하겠지만, 이 문제는 딱 한마디로 쉽게 해결할 수 있다. "겁쟁이!"

여기에 추가로, 밀도가 높은 공기가 로켓 주변을 둘러싸고 있는 반면 로켓이 향하는 곳은 레이저 때문에 밀도가 낮아지므로 로켓의 방향 전환이 좀 더 쉬워질 것이다. 마치 사람들로 가득한 바에서 화장실로 달려갈 때 자연스럽게 사람이 적어 보이는 곳으로 지나가게 되는 것과 같은 이치다.

이 방법과 관련된 문제는 딱 하나다. 5만 메가와트의 출력을 가진 레이저는 엄청난 파괴력을 지닌 무기로 사용될 수도 있다는 것이다. 이 정도의 레이저라면 멀리 떨어진 곳에 있더라도 거의 무엇이든 태워버릴 수 있을 것이다. 이것은 지리적, 정치적으로 골칫거리가 될 소지가 있다. 하지만 다른 나라에 우리의 '이중 레이저 로켓'이 얼마나 멋진지를 보여준다면, 그들도 이 레이저의 존재가 지구상 모든 국가에 끼치는 위험에 대해서는 덜 걱정할 것이다. 적어도 이러쿵저러쿵 말은 덜 하지 않을까?

방법 5: 높은 고도에서 출발하기

지금까지 설명한 것처럼, 우리가 극복해야 할 가장 큰 장애는 높이가 아니다. 바로 속력이다. 높은 고도에서 출발한다는 건 밀도가 낮은 공기 중에서 출발한다는 것을 의미한다. 지상에서 약 10킬로미터로 올라가면 공기의 밀도는 90퍼센트나 줄어든다. 비행기들이 높이 올라가기 위해 그렇게 많은 연료를 소모하는 이유도 이것이다. 지상에서 약 11킬로미터 상공으로 올라가면 공기 저항이 또 훨씬 줄어든다.

높은 고도에서 출발하는 방법으로 우리는 3가지를 이야기해보려고 한다. 로쿤rockoon, 성층권 우주선 기지, 로켓 발사용 비행기 말이다.

먼저 로쿤은 풍선에 매달려 공중으로 떠오르는 로켓으로, 충분한 고도에 도달한 다음 점화해 발사된다. 대형 로켓을 발사하는 데는 그다지 적당하지 않다. 일단 풍선이 위로 올라가면 정밀한 제어를 하기가 어렵다. 그리고 고층 건물 크기의 연료 파이프를 점화시켜야 하므로 절대 이상적인 방법은 아니다.

로쿤은 1950년대에 시도된 적이 있지만 우주선 발사용으로는 곧 폐기되었다. 하지만 아직도 이 아이디어에 열정을 가진 괴짜들은 때때로 풍선을 날리곤 한다. 멋들어진 사진을 찍기 위해서일 수도 있지만, 우리는 어쩌면 '로쿤'이라는 단어를 그때밖에 사용할 수 없기 때문이 아닐까 생각하고 있다.

그렇다면 성층권 우주선 기지는 가능하지 않을까? 자, 예쁘게 손을 모으고 "주세요!"라고 하면 알려주겠다.

체펠린 비행선보다 약간 더 날렵한 모양을 한 오늘날의 비행선은 약 10톤의 화물을 운반할 수 있다. 연료를 가득 채운 로켓의 무게는 500톤 정도 된다. 50대의 비행선 선단을 상상하니 아주 멋지긴 하지만, 이를 유지하기는 결코 저렴하거나 쉽지 않을 것이다.

아니면 앞에서 설명했던 자기부상열차 터널(38쪽)의 출구를 지지하는 데 거대한 우주선 기지를 이용하는 방안을 생각해볼 수도 있다. 그렇게 하면 40킬로미터 높이의 영구적 구조물을 만들지 않고도 충분히 높은 고도에 있는 발사 출구를 만들 수 있을 것이다. 그러나 이것이 가능하기 위해서는 엄청난 무게의 트랙을 지지할 수 있도록, 둥둥 뜨면서 규모도 더 큰 구조물을 만들어야 한다.

한마디로 거대한 비행선은 좋은 방법이 아니다. 그럼에도 불구하고 이 방법을 소개하는 이유는, 대부분의 사람들이 우주선을 발사하는 다른 방법을 생각할 때 비행선을 가장 처음 떠올리기 때문이다. 우리도 이 방법이 정말, 정말 실현되었으면 좋겠지만 이건 우리가 직면한 문제를 제대로 푸는 방법이 아니다. 해결해야 할 문제는 고도가 아니라 속력이므로.

비행기에서 로켓을 발사한다는 세 번째 방법은 좀 더 흥미롭다. 이미 버진 갤럭틱Virgin Galactic을 비롯한 몇몇 회사에서 인공위성을 우주에 보내는 데 이 방법을 사용했다. 이 방법은 기본적으로 거대한 비행기(어떤 사람은 2대의 747 항공기를 묶어도 동일한 결과를 얻을 거라고 제안하기도 했다)의 위나 아래에 로켓을 부착한 다음, 가능한 최고 속도와 최고 고도에 이르면 로켓을 발사한다. 일정한 고도와 속력에서 출발하기 때문에 로켓 추진제의 일부를 절약할 수 있다. 그리고 비행기에서 발사하므로 기후 변화를 신경 쓰지 않아도 된다는 장점도 가지고 있다. 날씨가 나쁜 경우에는 비행기를 날씨가 좋은 지역으로 날려 보내면 되니 말이다.

문제는, 비행기의 경우 원하는 속력과 고도의 몇 퍼센트밖에 얻을 수 없다는 것이다. 따라서 절약되는 추진제의 양도 그리 많지 않다. 또한 이렇게 하려면 크고 뜨거운 로켓을 대형 비행기에서 발사해야 하는데, 대형 비행기의 비용도 만만치 않을 뿐만 아니라 로켓의 크기도 제한을 받게 되니 일이 복잡해진다. 우주선의 발사 방법을 다양화하는 데 관심을 가지고 있던 스페이스엑스는 이런 이유로 비행기 발사 방법을 받아들이지 않았다.

방법 6: 우주 엘리베이터와 우주 밧줄

지구 주위를 놀고 있는 커다란 바위가 있고, 이 바위에 10만 길로미티 길이의 줄을 연결한다고 가정해보자. 바위에서 지구 표면까지 도달하는 이 줄을 따라, 특별하게 제작된 엘리베이터가 화물과 승객, 우주선을 싣고 바위까지 오르내린다면 어떨까?

말도 안 되는 생각처럼 보이겠지만, 의외로 이 방법에 대한 연구가 많이 이루

　　　　　　　　　　　　　　　　　　이상한 미래 연구소

어졌다(특히 나사 혁신 개념 연구소의 연구원이었던 브래들리 에드워드Bradley Edwards 가 주역이다). 그 이유는 아마 이 방법이 우주여행을 원하는 사람들에게 궁극적인 해결책이 되리라고 보고 있기 때문일 것이다. 우주 엘리베이터는 다른 방법이 가지는 모든 문제들을 해결할 수 있으면서도, 특별히 새로운 기술이나 도전이 필요하지 않다.

줄을 타고 오르내리는 엘리베이터를 이용하면 사람과 연료를 함께 우주로 보낼 수 있다. 그 말은 곧 빠르게 가속할 필요도 없으며 부품을 1번 사용하고 버릴 필요도, 위험한 폭발이 일어날 필요도, 공기 저항에 온몸으로 부딪힐 필요도 없다는 뜻이다. 우리는 엘리베이터를 타고 편안하게 원하는 궤도와 지구 표면에 대한 상대 속력에 도달할 수 있을 것이다. 줄이 이미 궤도 위에서 필요한 속력으로 지구를 돌고 있기 때문이다. 이 방법이 작동하는 방법을 그림으로 나타내면 다음과 같다.

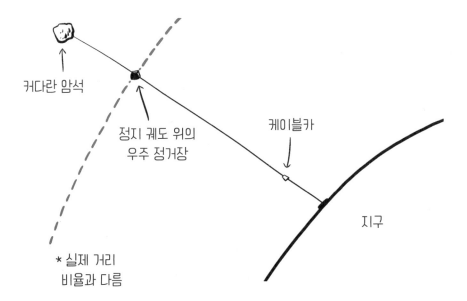

커다란 암석

정지 궤도 위의
우주 정거장

케이블카

지구

＊실제 거리
비율과 다름

이 방법에서 가장 중요한 요소는 추, 밧줄, 지상 기지다. 추는 엄청난 무게의 밧줄을 포함한 전체 구조의 질량 중심이 '정지 궤도'에 오도록 하는 역할을 한다. 어떤 물체가 정지 궤도에서 지구를 돌고 있는 경우, 적도 지방에서 망원경으로 이 물체를 관측하면 물체가 항상 같은 지점에 머물러 있는 것처럼 보인다. 정지 궤도에 있는 물체는 지구의 회전 각속도와 같은 각속도로 회전하고 있기 때문이다. 특정한 고도의 정지 궤도에서 일정한 속력으로 지구를 도는 물체는 엔진을 작동시키지 않고도 계속 지구를 돌 수 있다.

　　　　　　　　　　　　　　　　　　　　　　　　이상한 미래 연구소

여기서 궤도 역학을 자세히 다루지는 않겠지만 역학적 분석 결과에 의하면 밧줄은 팽팽하면서도 끊어지지 않을 정도여야 한다. 그리고 추는 적도 부근의 밧줄과 연결되어 지상 바로 위에 위치해야 한다. 마치 적도 둘레에 매달아놓은 거대한 실타래처럼 보일 것이다.

추를 어떻게 그 높은 고도까지 올려놓느냐는 또 다른 문제인데, 지금까지 3가지 방안이 제안되어 있다. 첫 번째, 지구 가까이 다가오는 소행성을 사로잡는다. 두 번째, 지금까지 인류가 우주 궤도에 올려놓은 우주 쓰레기를 모은다. 세 번째, 엄청나게 긴 밧줄을 사용해 밧줄 자체의 질량으로 밧줄을 팽팽하게 유지하도록 한다. 우리는 거대한 소행성을 기지로 이용하는 방법이 가장 낭만적이라고 생각하기 때문에, 그 방법을 좀 더 자세히 알아보도록 하겠다.

소행성 기지에서 매우 강한 밧줄을 지구로 내린다. 이 밧줄은 끊어지지 않을 정도로 강해야 하지만 무게는 매우 가벼워야 한다. 둘 다 매우 중요한 요소다. 강하지만 무거운 밧줄은 자체 무게를 견디지 못할 것이고, 가볍지만 약한 밧줄은 강한 바람과 같은 극한 조건을 견디지 못할 것이다.

이제 밧줄을 건설한다면, 밧줄의 아래쪽은 지상 기지에 위치해 있어야 한다. 대부분의 우주 밧줄 제안서에서는 이동 가능한 해상 기지를 추천하고 있다. 이동 가능한 해상 기지는 나쁜 날씨를 피할 수 있을 뿐만 아니라, 위치를 조정해 우주 쓰레기를 피할 수도 있기 때문이다. 그리고 무엇보다 바다에는 법이 없다!

뭐, 물론 바다에도 해양 법률이라고 부르는 것이 있긴 하다. 하지만 아직 어떤 해양 법률도 우주로 가는 밧줄 건설을 금지하지는 않고 있다. 우주 엘리베이터를 규제하는 법률은 사실 매우 중요하다. 우주 엘리베이터가 언젠가 실현될 수나 있다면, 이것을 위해 일하고 있는 대부분의 과학자들은 특정한 한 나라가 그것을 독점하게 되기를 원치 않는다. 특정 국가가 혼자만 저렴한 방법으로 우주에 갈 수 있게 된다면 심각한 힘의 불균형을 초래하게 될 것이다. 그러니 서로 죽고 죽이는 상황이 벌어지지 않으려면 저렴한 우주여행 방법은 여러 나라가 공동으로 소유하는 것이 좋겠다.

연구자들은 우주 엘리베이터가 운행을 시작하면 0.45킬로그램의 화물을 우주로 안전하고 빠르게 보내는 데 드는 비용이 약 27만 원 정도 될 것이라고 예측한다. 그리고 덤으로, 하나의 우주 엘리베이터를 건설하면 또 다른 우주 엘리베이터의 건설 비용은 훨씬 낮다. 결국 우주 엘리베이터 건설에 드는 엄청난 초기 비용은 주로 전통적 방법으로 밧줄을 우주에 올리는 데 소요될 것으로 보인다.

지상뿐만 아니라, 궤도로 올라가는 길에도 중간 기지를 건설할 가능성이 크다. 이 중간 기지들은 연료 공급과 관리 용도로 사용될 수도 있고, 인공위성이나 우주선의 발사 장소로 이용될 수도 있다. 우주 엘리베이터의 가장 큰 장점 중 하나는 밧줄을 오르내리면서 원하는 고도에 쉽게 접근할 수 있다는 것이다. 지상 480킬로미터 상공에 도달하면 대부분의 인공위성이 돌고 있는 저고도 궤도에 진입한 것이다. 좀 더 높이 올라가면 정지 궤도에 도달하게 된다. 현재로서는 통신 위성들이 이 궤도를 돌고 있는데, 여기까지 도달하기 위해서는 엄청난 비용을 들여야 한다. 이보다 높은 고도에서는 지구의 중력이 아주 약하기 때문에 당신이 마치 새총에 걸린 돌멩이와 마찬가지인 상태가 된다. 우주로 튕겨져 날아가고 싶다면 기지 밖으로 깡충 뛰어 나가기만 하면 충분하다.

이제 이 마지막 부분은 아마 〈스타 트렉Star Trek〉을 많이 시청한 사람들이 특히 흥미롭게 여길 것이다. 많은 연료를 가지고 가는 대신 단순히 엘리베이터를 타고 올라감으로써 어디든지 갈 수 있다면, 인공위성 발사 비용이 저렴해질 뿐만 아니라 아주 거대한 우주선도 저렴한 비용으로 발사할 수 있게 된다. 이 방법은 다른 어떤 방법보다도 이번 세기 안에 실현될 가능성이 높다. 우주 엘리베이터

이상한 미래 연구소

는 인류의 태양계 탐험을 위한 문을 활짝 열어줄 것이다.

그렇다면 왜 지금 우주 엘리베이터를 설치하지 않고 있는 것일까? 아직 기술적으로 해결해야 할 문제들이 여럿 남아 있기 때문이다. 가장 해결하기 어려운 문제는 '대체 무엇으로 밧줄을 만들 것인가?'다.

단위부피당 강도(비강도)는 우주 엘리베이터 개념의 개척자인 유리 아르추타노프Yuri Artsutanov의 이름을 따서 유리Yuri라는 단위를 이용해 나타낸다. 왜 유리 아르추타노프의 성이 아니라 이름을 단위로 사용하느냐고? 성의 발음이 너무 어렵기 때문이다. 누구에게 물어보느냐에 따라 답이 달라지긴 하겠지만 밧줄 제작에 사용될 물질의 강도는 3,000만~8,000만 유리 정도 되어야 한다. 참고로 티타늄의 강도는 30만 유리이며 합성섬유인 케블라Kevlar의 강도는 250만 유리다. 보통의 물질로는 우주 엘리베이터 밧줄을 만들 수 없을 것이다.

가장 가능성이 있는 물질은 탄소 나노튜브다. 탄소 원자로만 이루어진 분자인데, 지푸라기처럼 생겼고 머리카락보다 훨씬 가늘다고 생각하면 된다. 결함이 전혀 없는[10] 순수하게 탄소로만 이루어진 탄소 나노튜브는 5,000만∼6,000만 유리의 강도를 가진다고 알려져 있다. 우주 엘리베이터의 밧줄을 만들 수 있을지도 모른다는 뜻이다. 문제는 탄소 나노튜브가 비교적 최근에 발견된 것이라 그것을 만드는 데 아직도 어려움을 겪고 있다는 점이다. 지금까지 만든 가장 긴 탄소 나노튜브는 2013년에 만들어져 많은 신문의 헤드라인을 장식했는데, 그 길이는 45센티미터 정도였다.

물론 이 섬유를 엮어서 긴 밧줄을 만들 수도 있다. 그러나 섬유의 길이가 짧으면 짧을수록 밧줄의 강도가 떨어지고 구조적 결함이 생길 가능성이 커진다. 길고 팽팽한 밧줄의 강도는 가장 약한 부분의 강도에 의해 결정된다. 밧줄의 어느 부분이 끊어진다면 엘리베이터 안에 있는 사람에게는 운수 더럽게 없는 날이 될 것이다.

장기적인 문제는 탄소 나노튜브보다 훨씬 더 좋은 밧줄 재료가 시장에 나올 수 있느냐 하는 것이다. 나사 혁신 개념 연구소의 론 터너Ron Turner 박사는 이렇게 말했다. "이론적으로, 재료 면에서만 보면 탄소 나노튜브는 충분히 우주 엘리베이터를 만들 만큼 강한 재료가 될 수 있습니다. 그러나 지구상에서 탄소 나노튜브의 수요가 일정 수준 이상으로 많지는 않았기 때문에 이 섬유가 우주 엘리베이터에 사용될 수 있을 만큼 발전하지 못했습니다."

덜레스 씨는 또한 다음과 같이 지적했다. "탄소 나노튜브 섬유를 충분히 길게

---

10 결함이 없다는 것이 매우 중요하다. 탄소 나노튜브에 포함된 작은 결함도 밧줄의 강도를 현저하게 저하시킬 수 있다.

만들 수 있다고 해도 문제는 남습니다. 이 물질은 전기에 매우 민감하기 때문에 벼락이라도 맞게 되면 대부분이 산산조각날 겁니다. (…) 다행히 이 문제를 해결할 방법이 있기는 해요. 안타깝게도 지성적인 해결 방법을 찾고 있었다면 만족스럽지는 않을 겁니다. 태평양 상에는 역사상 벼락이 친 기록이 전혀 없는 지역이 있습니다. 따라서 우주 엘리베이터를 그 지역에 설치하면 되지 않을까요? 이 방법으로 벼락 문제는 해결할 수 있어요! 물론 폭풍이 분다면 또 다른 문제가 생길 수도 있겠지만 말입니다."

밧줄을 벼락에 맞지 않게 한다고 쳐도, 우리에게는 또 다른 고민거리가 생긴다. 바로 우주 쓰레기다. 우주에는 많은 쓰레기가 떠돌고 있어서 큰 쓰레기들을 치운다 해도 작은 쓰레기들이 오랜 시간 동안 서서히 밧줄을 손상시킬 것이다. 터너 박사는 이렇게 말했다. "내 생각에는 우주 엘리베이터를 계속해서 최상의 상태로 유지하는 것도 아주 어려운 문제입니다. 이것 역시 과학자들이 아직 해결하지 못한 문제 중 하나죠."

그리고 우주 엘리베이터는 테러리스트들의 좋은 목표물이 될 수 있다. 우주 비행사이며 '나쁜 천문학Bad Astronomy'이라는 블로그의 운영자인 필 플레이트Phil Plait 박사는 테러리스트가 우주 엘리베이터의 밧줄을 싹둑 잘라버리는 일이 일어나지 않으리라고 보장할 수는 없다고 지적했다. "우주 엘리베이터는 파괴를 원하는 사람들의 쉬운 표적이 될 수 있을 겁니다. 모든 사람이 선한 건 아니니까요. 우리에게는 적이 많습니다."

아마 많은 사람들이 우주 엘리베이터를 설치한 후 누군가가 밧줄을 잘라버리면 어떤 일이 일어날지 궁금해하고 있을 것이다. 이 사안에 대해 우리가 인터뷰한 사람들의 의견은 일치하지 않았다. 터너 박사와 판펠트 씨는 우주 엘리베이

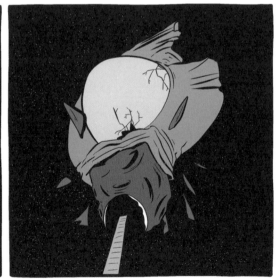

이상한 미래 연구소

터 밧줄이 잘려도 그다지 큰 재앙이 일어나지는 않을 것이라고 생각했다. 그들은 여러 다른 높이에서 밧줄을 절단했을 때 일어날 일들을 시뮬레이션하고, 이에 따라 어떤 일이 일어날지를 연구한 팀들의 결과를 보여주었다.

간단하게 말하면 이것이다. 어느 지점을 절단하더라도 잘린 지점보다 윗부분은 더 높은 고도로 올라가고, 아랫부분은 지상으로 추락할 것이다. 높은 궤도로 올라간 부분은 심각한 우주 쓰레기가 될 것이기 때문에 수거해야 한다.

밧줄의 높은 지점을 절단할수록 밧줄의 더 많은 부분이 지상으로 추락할 것이다. 그러면 중력과 공기 그리고 지구의 운동 사이에 복잡한 상호작용이 일어날 것이고, 밧줄 파편들이 태양풍[11]으로 인해 전하를 띠게 될 가능성이 있다.

이와 관련된 역학은 매우 복잡하지만, 간단히 말하자면 밧줄이 채찍질을 하듯 앞뒤로 흔들리면서 공기와의 마찰로 가열되다가 마침내 끊어질 것이다. 밧줄을 만든 재질은 매우 가벼워야 하므로 밧줄의 파편이 지상에 있는 사람들을 다치게 하지는 않을 것이다. 그리고 밧줄을 얇은 가닥으로 이루어진 그물로 만든다면 위험을 최소화할 수 있을 것이다.

플레이트 박사는 이 내용 중 일부 사실에 대해서는 동의했지만 그 영향력에 대해서는 그다지 낙관적이지 않았다. "그래요. 수백 킬로미터 상공에 있던 물질은 낙하하면서 다 타버리니 큰일이 아닐 수도 있습니다. 수백 수천만 톤의 물질이 한 지역의 상공에서 연소되는 일이 좋은 일이라면 말입니다. 그러나 그 아래쪽에 있는 밧줄은 어떻게 될까요? 그대로 낙하하겠지요. 그리고 많은 양의 우주 쓰레기가 생길 겁니다. 밧줄의 대부분은 지구 궤도를 계속 도는 데 필요한 속력보다 느리게 지구를 돌고 있으므로 지상으로 추락합니다. 그러나 3만 5,000킬로미

---

11 태양풍은 태양이 우주 공간으로 방출하는 전하를 띤 입자들의 흐름을 나타낸다.

터 분량의 밧줄은 저고도 위성이 돌고 있는 공간으로 추락할 겁니다. 내가 어떤 역학적 계산을 해보지는 않았습니다. 그러나 대체 어떻게 우주 엘리베이터가 현재 우주에 있는 수많은 우리의 자산들을 파괴하지 않는다는 것인지 누군가가 이야기해주기 전까지, 나는 우주 엘리베이터를 위대한 아이디어라고 인정할 수 없습니다."

우리가 걱정해야 할 문제들

저렴한 비용으로 우주에 갈 수 있게 된다는 건 우주와 우리의 관계가 완전히 달라진다는 뜻이다. 지구 궤도에 커다란 우주 정거장을 건설하고, 심지어 정착할 수도 있게 될 것이다. 우리는 이것이 좋은 일이라고 생각하지만 반대로 나쁜 사람들의 손에 힘을 실어줄 가능성도 있다.

냉전 시대에 생겨난 이야기 중 '신이 던진 막대'라는 것이 있다. 간단하게 말하면 무거운 금속 덩어리를 우주에서부터 적을 향해 던진다는 것이다. 무게와 높이, 속력을 고려하면 단순한 금속 막대라도 핵폭탄과 같은 손상을 줄 수 있을 것이다. 현재 우주로 가는 사람들은 충분히 자질을 검증받은 초특급 괴짜들이다. 이들은 심리적인 시험을 거쳤고 불과 몇 달 동안 우주에 머물기 위해 수십 년 동안 훈련을 받았다. 그러나 만약 앞으로 더 많은 사람들, 일반 대중이 손쉽게 우주에 갈 수 있게 된다면 우리는 위험에 처할 수도 있다.

테러리스트들은 논외로 하더라도, 강력한 국가들의 야망을 어떻게 제어하느냐 하는 문제가 남는다. 소련의 붕괴를 제외하고 인류 역사상 가장 큰 희생을 치렀던 전쟁이 1945년에 끝난 후 지구는 비교적 평화로운 상태를 유지했다. 우주 법률에 의하면 어떤 나라도 우주에서 특별한 권리를 주장할 수 없다. 하지만 우주 엘리베이터를 가지고 있는 나라가 이 법률을 지키리라고 믿을 수 있는가? 사실, 다음 장에서 살펴보겠지만 미국은 이미 움직임을 보이고 있다.

우리는 흔히 우주가 '우주 공간'과 '우리가 있는 여기'로 구분된다고 믿는 경향이 있다. 그러나 이건 세상이 '우주 공간'과 '개미구멍 속'으로 이루어져 있다고 여기는 개미의 사고와 같다. 개미 입장에서 보면 좀 지나치게 애국적이긴 하지만. 우리가 사용하는 '우주 공간'이라는 말은 수십억 개의 은하 중 단 하나, 그 속에 있는 태양계, 또 그 속에 있는 지구 밖에 있는 모든 것을 가리킨다.

인간이 쉽게 우주에 갈 수 있게 되면 분명히 우주에서의 권리를 놓고 분쟁이 발생할 것이다. 또한 단 하나(또는 소수)의 나라만이 쉽게 우주에 접근할 수 있다면 지구상에서도 대립이 발생할 가능성이 크다. 다시 말해, 인류가 저렴한 비용으로 우주에 갈 수 있게 되면 한 나라가 역사상 가장 강력한 무기를 보유하는 것이 되어 즉각적인 정치적 분쟁이 유발될 수 있다.

또 다른 걱정거리는 생태학적인 문제다. 조만간 우주 비행기나 로켓과 같이 연료를 대량으로 소비하는 우주여행 방법도 계속 발전하게 될 것이다. 이런 연료의 일부는 상대적으로 해롭지 않다고 해도, 다른 일부는 심각하게 환경을 오염시킬 수 있다. 판펠트 씨는 환경 파괴에 대해 다음과 같이 말해주었다. "연료의 종류에 따라 다릅니다. 예를 들면 우주 왕복선의 주 엔진은 액체 산소와 액체 수소를 연료로 사용하면서 초고온의 수증기를 배출합니다.[12] 따라서 이런 엔진

---

12 액체 산소와 액체 수소만 이용하지만 그것을 만들고, 저장하고, 수송하는 데 많은 에너지가 필요하다. 새로운 에너지원이나 꿈의 핵융합을 이용할 수 있으면 우주여행이 정말 '친환경적'이라고 말할 수 있을 것 같다. 석탄을 연료로 사용하는 경우에도 많은 양의 이산화탄소가 나오기 때문에 환경오염의 문제가 발생한다.

에서 나오는 건 결국 물입니다. 그러나 우주 왕복선의 고체 로켓 부스터(또는 다른 어떤 고체 로켓 부스터라도)는 그렇지 않습니다. 또한 우주 왕복선이 하는 것처럼 아주 높은 고도에서 물을 배출하는 것도 사실 환경에 나쁜 영향을 줄 수 있습니다." 현재로서는 아주 많은 로켓을 발사하지 않기 때문에 이것이 큰 문제로 여겨지지 않는다. 그러나 만약 재활용 로켓을 개발해 우주여행을 저렴하게 만들고 우주여행이 일상적인 것이 된다면, 심각한 환경 파괴로 이어질 수 있다.

지구 궤도 환경에 대해서도 관심을 가져야 한다. 세계 최초의 인공 위성 스푸트니크Sputnik 호 이후 우리는 점점 더 많은 물체를 궤도에 올려놓았고, 이제는 이것이 많아지는 바람에 충돌 가능성이 점점 증가하고 있다. 저렴한 우주여행이 실현되면 더 많은 우주 쓰레기가 나올 것이다. 즉 쉽게 우주에 갈 수 있게 되면 '우주 청소선'을 개발하는 데에도 투자해야 한다는 뜻이다.

판펠트 씨는 이렇게 말했다. "이것은 심각한 경제적 문제가 되고 있습니다. 수천억 원을 들여 우주 궤도에 올려놓은 통신 위성이 우주 쓰레기 때문에 손상을 입는 건 엄청난 손실이기 때문이지요. 이 문제를 해결하는 데는 많은 비용이 듭니다. 보험에 들더라도 우주 쓰레기는 점점 많아지니 보험료도 계속 올라갈 겁니다."

장기적인 측면에서 보면 저렴한 우주여행은 우주 정착 가능성을 높여줄 것이다. 인류가 우주에 정착하게 되면 우주에서 태어난 인류와 지구상에 살고 있는 인류의 유전자가 달라질 것이다. 덜레스 씨는 이런 가능성에 대해 다음과 같이 말했다.

"고립되어 있는 작은 그룹에서는 유전자의 행동이 매우 달라질 수 있다는 사실이 밝혀졌습니다. 많은 사람들로 이루어진 그룹에서는 작은 그룹에서보다 더 많은 유전자 돌연변이가 일어날 수 있습니다. 그러나 작은 그룹에서는 돌연변이가 더 빠르게 확산될 수 있습니다. 따라서 화성이나 우주 정착지에 1,000명의 사람들이 자급자족하며 살아가고 있다고 가정해봅시다. 더 많은 사람을 보내는 데는 너무 많은 비용이 듭니다. 그렇죠? 따라서 새로운 사람들은 많이 오지 않을 겁니다. 인구 중 몇 퍼센트인지 생각하면 특히요. 이제 이 집단에서 아기들(진정한 의미의 화성인)이 태어납니다. 이들은 지구 중력의 3분의 1밖에 안 되는 낮은 중력 환경, 낮은 기압, 해로운 우주 복사선을 막아줄 자기장이 약한 환경에서 자라게 될 겁니다. 따라서 이 우주 정착지 사람들은 적은 수에도 불구하고 우주 방사선에 더 많이 노출될 것이고, 돌연변이가 빠르게 일어날 가능성이 큽니다. (…) 어느 시점이 되면 '화성 인류'와 '지구 인류'가 존재하게 되겠지요. 그리고 사람들은 2가지 다른 종의 인류를 가진다는 것이 어떤 의미인지를 알아내기 위해 분주해질 겁니다."

사실 우리는 비슷한 이야기를 다루는 SF 영화들을 통해 이런 상황을 벌써 간접적으로 체험하고 있다. 그래도 그의 의도는 알 수 있었다.

이것이 세상을 어떻게 바꿔놓을까?

아폴로 달 착륙 시대의 흥분을 경험한 세대들이 쓴 책을 읽다 보면, 그들이 꿈꾸던 우주 시대의 미래가 로켓 발사 비용이라는 경제적 현실 앞에 무너졌을 때 느낀 좌절을 약간이나마 경험할 수 있다. 그들이 상상했던 것, 즉 많은 승객을 실어 나를 수 있는 거대하고 빠른 우주선과 태양계 여기저기에 건설된 우주 정착지, 멀고 먼 별로 떠나는 여행 같은 것들이 가능해지기 위해서는 우주여행 비용을 낮춰야 한다.

로켓을 이용하지 않는 우주 비행을 다룬 대부분의 책과 논문을 보면, 우리가 그 새로운 여행 방식을 이용하기 위해 어느 정도의 비용을 내야 할지를 추산해두었다. 그중 우리가 본 가장 낮은 금액은 0.45킬로그램을 우주에 보내는 데 대략 5,000원에서 1만 원이었다. 조금 더 보수적인 계산에 의하면 0.45킬로그램당 27만 원에서 55만 원 정도였다. 보수적으로 계산된 목표만 달성된다고 해도 인류와 우주의 관계는 크게 달라질 것이다.

상업적인 면에서 보면 다음과 같이 생각해볼 수 있다. 일반적인 우주 엘리베이터 제안서에 의하면, 하루에 1번 운행하는 우주 엘리베이터를 이용했을 때 1번에 1만 8,000킬로그램을 우주로 보낼 수 있다. 국제우주정거장의 총 질량은 약 40만 킬로그램이다. 따라서 주말에는 운행하지 않는다고 해도 1달에 거대한 우주 정거장 1개씩을 지구 궤도에 올려놓을 수 있다는 계산이 나온다. 그리고 그 비용은 현재의 110조 원보다 훨씬 적은 5조 원이면 될 것이다.

저렴한 우주여행 덕분에 인공위성 분야에도 큰 발전이 가능해질 것이다. 그렇게 되면 더 나은 통신 환경을 만들 수 있고, 아주 정확한 GPS를 사용할 수 있게 될 것이다. 또한 우주여행 비용이 저렴해지면 지구 기후 변화에도 도움을 줄 수 있을 것이다. 과학자들은 구름의 양이 몇 퍼센트만 증가해도 다음 세기에 일어날 지구 온난화를 전부 상쇄할 수 있을 것으로 예상하고 있다. 인공적으로 이것을 가능하게 하는 1가지 방법은 햇빛을 가릴 거대한 스크린을 설치하는 것이다. 언젠가 우리는 친절하게도 재앙으로부터 우리를 시켜주기 위해 하늘에 떠 있는 어두운 스크린을 올려다보게 될지도 모른다. 만약 스크린의 지구 쪽 면에 "인간들이여! 어떻게 이런 일이 일어나게 내버려둘 수가 있는가!" 같은 말이 쓰여 있으면 더할 나위 없겠다.

뭐, 사람들이 단지 심심풀이로 우주에 갈 수도 있다. 현재는 우주여행 비용이 너무 비싸고 제약이 많아서, 우리 생각에 개인적으로 우주여행을 가는 사람들은 약간 제정신이 아닌 데다 대단히 괴짜 같은 억만장자들이 아닌가 싶다. 그들의 여행은 우리에게 그저 보기 좋은 일이지만, 만약 보통의 백만장자가 이 대열에 합류할 수 있다면 더 바람직한 일일 것이다. 사람들이 우주 관광에 관심이 있을 가능성은 꽤 크다. 지금까지 우주선을 운 좋게 얻어 탈 수 있었던 소수의 우주 관광객들은 그 특별한 경험을 위해 220억 원을 지불해야 했다. 뭐, 나쁘지는 않은 금액이다. 사람들이 사실 우주에 있는 대부분의 시간 동안 무중력 구토를 경험하고 있다는 사실만 제외하면.

당신이 지금 들은 것이 맞다. 정말 말 그대로 구토를 하게 된다. 앞에서 이야기했던 것처럼, 우주 비행사들이 '무중력' 상태를 경험하는 이유는 사실 그들이 자유낙하를 하고 있기 때문이다. 자유낙하를 경험할 수 있는 또 다른 경우는 롤러코스터를 타고 빠르게 내려올 때다. 동굴에 살았던 우리 조상들은 인공위성이나 롤러코스터를 경험하지 못했으므로, 우리는 이런 것을 잘 견디도록 진화하지 못했다. 우리의 위는 음식물이 이리저리 떠다니는 것에 익숙하지 않고, 우리의 균형감각은 몸을 조금만 기울여도 빙그르르 재주를 넘게 되는 세상에 익숙하지 않다. 고도로 훈련받은 우주인들이 있는 국제우주정거장에서 구토 주머니를 넉넉히 준비해두는 것도 바로 이것 때문이다.

우주 엘리베이터 안에서는 아주 높이 올라가지 않는 한 지상에서와 비슷한 중력을 경험할 것이다. 국제우주정거장 같은 위성이 돌고 있는 높이까지 올라가더라도 마찬가지일 것이다.

그런데 잠깐, 조금 전에 국제우주정거장에서는 모든 것이 자유낙하하고 있어 아무런 중력을 '느끼지' 못한다고 이야기하지 않았는가? 왜 우주 엘리베이터 안의 사람들은 같은 경험을 하지 못할까?

간단히 대답하자면 우주 엘리베이터는 국제우주정거장보다 훨씬 더 느린 속력으로 지구 주위를 돌기 때문이다. 지구는 24시간에 1바퀴씩 자전하고 있다는 사실을 알고 있을 것이다. 왜냐하면 하늘에서 눈부시게 빛나며 하루의 시작을 알리는 그것이 24시간에 1번 떠오르기 때문이다. 우주 엘리베이터의 밧줄도 똑같이 24시간에 1바퀴씩 지구 주위를 돌아야 한다. 이보다 빠르거나 느린 속력으로 돌면 실패에 실이 감기는 것처럼 지구에 칭칭 감기고 말 것이다. 반면에 국제우주정거장은 아주 빠른 속력으로 지구를 돌고 있다. 그래서 90분마다 1번씩 일몰을 바라볼 수 있다. 하루에 16번 아름다운 저녁놀을 감상하는 셈이다.

국제우주정거장이 곡선 궤도를 따라 지구 주위를 도는 동안, 땅은 계속 당신의 발밑에서 멀어지고 있다. 그러나 우주 엘리베이터는 이런 일이 일어날 만큼 빠르게 달리지 않는다. 따라서 우주 엘리베이터를 타고 높이 올라가는 동안에는 지구에서 멀어지는 만큼 약해지는 중력의 변화만 느낄 수 있을 것이다. 우주 엘리베이터를 타고 대기권 위로 올라가 별을 관찰하거나 발아래 있는 하늘을 바라볼 때는 구토 주머니를 준비하지 않아도 될 것이다.

그렇다면 언제 속이 메슥거리기 시작할까? 당신의 위 상태에 따라 다르겠지만 완전한 무중력 상태를 느낄 때가 아닐까 싶다. 무중력 상태를 경험하려면 자유낙하 상태에 있어야 한다. 지구를 향해 떨어지고 있으면서도 지구를 계속 지나칠 정도로 빠른 속력으로 달리고 있어야 한다. 지구에서 멀리 떨어져 있으면 이것이 더 용이하다. 높은 고도에서는 지구가 당신을 강하게 잡아당기고 있지 않을 뿐만 아니라 당신이 자유낙하할 충분한 공간을 확보할 수 있기 때문이다. 지구로부터 어느 높이에서 떨어지느냐에 따라 당신이 궤도에 진입해 지구 주위를 돌 수 있는 속력이 달라진다.

지구 적도에 대한 우주 엘리베이터의 상대속력은 높이에 따라 변하지 않는다.[13] 모든 높이에서 우주 엘리베이터는 24시간에 1바퀴씩 지구 주위를 돈다. 그러나 우주 엘리베이터가 밧줄을 따라 높이 올라가다 보면 결국은 우주 엘리베이터의 속력이 그 높이의 원 궤도를 도는 속력과 같아지는 지점이 있을 것이다. 이 높이가 바로 앞에서 이야기했던 정지위성 궤도다.

정지위성 궤도는 아주 특별한 의미를 가진다. 이 높이에 도달한 다음 "지구는 얼간이들이나 사는 곳이다!"라고 쓰인 커다란 광고판을 우주 공간으로 밀어내면, 그 광고판은 영원히 지구 주위를 돌 뿐만 아니라 지상의 관측자들이 볼 때 항상 하늘의 같은 자리에 떠 있을 것이다. 맨눈으로 보통 크기의 물체를 관측하기에는 너무 멀지만, 어두운 밤에 망원경을 이용하는 관측자라면 쉽게 당신의 한

13 엘리베이터가 높이 올라갈수록 지구 주위를 회전하는 속력이 빨라진다. 그러나 적도에서 올려다 보면 한 점에 머물러 있는 것처럼 보이기 때문에 지표면에 대한 접선 방향의 상대속력은 항상 0이다 (옮긴이).

심한 광고판을 찾아낼 수 있을 것이다.

저렴한 우주여행이 가져다 줄 가장 흥미 있는 가능성은 '탐험 정신'이다. 어떤 사람들은 왜 우주 시대가 새로운 탐험의 시대가 되지 못했는지 의아하게 생각할지도 모르겠다. 그 핵심적인 이유는 그냥 우주로 가는 비용이 말도 안 되게 비싸서 대부분의 우주 탐험이 공공 부문 프로젝트로 진행될 수밖에 없었기 때문이다. 랜드 심버그Rand Simberg가 그의 책《안전은 선택이 아니다: 우주로 뻗어나가는 길을 막는 장애물 – 모든 사람이 살아서 돌아와야 한다는 헛된 강박관념을 극복하기 위해Safe Is Not an Option: Overcoming the Futile Obsession with Getting Everyone Back Alive – That Is Killing Our Expansion into Space》14에서 강조한 것처럼 현대에는 위험을 회피하려는 경향이 있다.

우주여행이 터무니없이 비싼 경우에는, 그리고 감당할 수 없을 만큼 비싸지는 않다고 하더라도 사람들은 커다란 위험을 감수하면서까지 기꺼이 우주 탐험에 나서려고 하지 않을 것이다. 화성으로의 편도 여행을 지원하는 우주 비행사가 있다고 해도15 그런 여행 계획은 승인받을 수 없을 것이다.

이 모든 이야기를 통해 우리가 말하고자 하는 바는 이것이다. 여러분이 부디 우주로 가는 방법이 완전히 바뀌고, 이로 인해 우주와 우리의 관계가 근본적으로 바뀔 것이라는 생각에 비관적인 태도를 가지게 되지는 않았으면 한다. 지금까지 말한 것들 중 어떤 것이라도 기술적으로 가능하게 만들기가 쉽지는 않겠지만, 일단 성공하면 하늘 위 여기서기를 탐험할 수 있게 될 것이다.

---

14 역사상 가장 훌륭한 부제목이다!

15 일반인들 중에도 이런 일에 제정신이 아닌 사람들이 많다. 돌아올 계획 없이 화성에 사람을 보내려는 〈마스 원Mars One〉이라는 리얼리티 쇼 프로젝트에는 4,000명이 넘는 사람들이 지원했다.

이상한 미래 연구소

⚡주목하기 제럴드 불과 바빌론 프로젝트

제럴드 불Gerald Bull은 행복한 어린 시절을 보내지 못했다. 아직 어린아이였을 때 그의 어머니가 세상을 떠났다. 캐나다에 대공황이 닥쳤을 때, 그의 아버지는 재혼했고 아이들은 여러 친척들에게 나누어 보냈다. 불은 운이 좋아 젊은 나이의 그를 대학에 보내줄 수 있는 가정에서 자랄 수 있었다. 그는 우주공학을 공부했고 그 분야에서 뛰어난 엔지니어로 인정받았으며, 적은 비용으로도 맡은 일을 끝까지 해내는 사람이라는 평가를 받았다.

1950년대에 캐나다는 '벨벳 글러브Velvet Glove'라고 부르는 국내 미사일 개발 프로그램을 진행하고 있었다. 당시 많은 사람들이 더 나은 급료와 명성을 따라 미국으로 떠났기 때문에, 이 프로젝트에서는 인재를 구하는 데 많은 어려움을 겪

고 있었다. 애국심이 강했던 불은 캐나다에 남아 조국을 위해 일하기로 했다. 그는 아직 20대였고, 나이보다 어려 보였다. 불은 곧 캐나다 미사일 프로그램의 핵심 인물이 되었다.

그러나 캐나다인들은 미사일 프로그램에 재정 지원을 하는 데 큰 관심이 없었기 때문에 불은 적은 비용으로 이 일을 해내야 했다. 심지어 자신이 짓는 데 참여했던 실험용 풍동16도 사용할 수 없었다. 그때 동료 중 한 사람이 풍동 실험은 그만두고 그냥 대포를 쏴버리자고 제안했다. 젊은 불은 어렵게 구경이 15센티미터인 야전용 대포를 구해, 시속 7,200킬로미터의 속력으로 미사일을 발사할 수 있도록 개조했다. 그러면서 제리(제럴드의 애칭-옮긴이) 불 박사는 탄도학에 심취하게 되었고, 점차 '충분히 커다란 대포를 만들면 우주로 물체를 쏘아 올릴 수 있지 않을까?'라는 생각을 품게 되었다.

불은 매우 뛰어난 엔지니어였지만 편협한 사람들과 함께 일하기 싫어하는 것으로 유명했다. 특히 공무원들 말이다. 데일 그랜트Dale Grant가 쓴《거울의 황야 Wilderness of Mirrors》에 의하면 불은 1960년대 후반에 캐나다 국방부 장관과의 회의 도중 장관에게 "기술적 역량이 개코원숭이 수준밖에 안 된다"고 소리치며 뛰쳐나가기도 했다.

불은 로켓의 대체 수단으로 초대형 대포를 이용하는 방법을 생각해냈지만, 캐나다에서 점점 더 많은 적들을 만들었기 때문에 재정 지원을 받기가 어려워졌다. 그러나 그는 미군 내에 진정한 지지자들을 만드는 데 성공했고, 그들을 통해 미국이 풍부하게 가지고 있는 자원에 접근할 수 있었다. 바로 돈과 초대형 대포였다. 그러자 캐나다에서도 재정 지원을 약속했다. 미국 국방부와 (왠지 모르

---

16 공기의 흐름을 시험하는 인공 장치(옮긴이).

이상한 미래 연구소

게 떨떠름해하는) 캐나다 국방부의 도움을 받아 불은 고고도 연구 프로젝트High Altitude Research Project(HARP)를 시작할 수 있었다.

제럴드 불이 가지고 있던 탄도학 지식을 바탕으로 대포는 점점 더 커졌고, 발사체 디자인은 점점 좋아졌다. 1962년, 불의 연구 팀은 바베이도스Barbados에 설치된 거대한 대포를 이용해 대기 상층부의 상태를 측정하기에 충분한 높이까지 물체를 올려 보낼 수 있었다. 대기 상층부의 측정 자료와 고속 발사체에 대한 연구 덕분에 프로젝트를 수행하는 데 필요한 자금을 확보했지만 불은 더 큰 목표를 가지고 있었다. 그는 대형 대포를 제대로 개량하면 이것을 이용해 인공위성을 직접 궤도에 올려놓을 수 있을 것이라고 믿었다.

1965년, 불의 연구 팀은 꽤 큰 짐을 시속 1만 1,000킬로미터 이상으로 발사할 수 있게 되었다. 좋은 출발이었지만 궤도에 도달하려면 시속 4만 킬로미터가 넘는 속도로 대포를 발사할 수 있어야 했다. 불의 아이디어는 짐에 로켓을 묶어 날려 보내는 것이었는데, 대포가 대부분의 속력을 내주고 로켓이 마지막 부스터 역할을 해 궤도에 안착하도록 하는 형태였다.

모든 것이 순조롭게 진행되었다. 재정 지원이 중단되기 전까지는 말이다. NASA가 미군이 우주 프로그램을 진행하는 것을 반대하면서, HARP는 미국의 재정 지원을 잃게 되었다.[17] 엎친 데 덮친 격으로 캐나다에서도 평화 운동이 시작되는 바람에 거대한 대포를 고운 시선으로 바라보지 않았고, 결국 캐나다의 재정 지원도 중단되있다.

---

17 HARP는 군사용 대포의 후예였으므로 초기에는 군에서 재정 지원을 하는 것이 자연스러웠다. 그러나 점점 프로젝트의 성격이 우주 중심으로 바뀌면서 HARP는 군사용 프로젝트로서의 매력을 잃어갔다. 그리고 이 당시 NASA에서는 이미 로켓이 우주에 가는 최선의 방법이라고 결론을 내린 상태였으므로 불의 프로젝트에 관심이 없었다.

불은 사설 우주 연구 회사를 설립했다. 이 회사는 대형 우주 대포를 개발하는 대신 정부와의 다양한 계약을 통해 돈을 벌었다. 그러나 한편으로 불은 그가 예전에 만들었던 것보다 훨씬 큰 대포를 설계했다. 거의 고층 건물 크기였다. 이 대포 포신의 지름은 162센티미터나 되었고, 포신의 길이가 244미터나 되었다. 이 거대한 대포로는 6톤이나 되는 발사체를 쏘아 올릴 수 있었다.

1970년대가 되자 우주 항공 분야에 투입되는 자금이 고갈되기 시작했다. 그러나 엔지니어로서의 역량에 비해 사업 수완이 뛰어나지 못했던 불은 회사를 점점 크게 확장했고, 더 많은 은행 빚을 끌어 써야 했다. 파산을 면하기 위해 그는 국제 무기 거래에도 관여했지만 점점 상황은 어려워졌다. 인종 차별 정책이 벌어지고 있던 남아프리카연방에 기술과 무기 부품을 불법적으로 수출한 문제에 얽혀 CIA와 캐나다 정부 사이에 끼고 만 것이다. 무기 부품을 실은 배가 안티구아를 통과하는 동안, 선원들(주로 아프리카인들이었다)이 화물의 목적지를 지방 정부에 신고했다. 곧 언론사에서 이 사실을 알게 되었고 이것은 국제적인 사건이 되었다.

정치적으로 이 문제를 덮으려고 첩보 게임이 한바탕 벌어졌지만, 불은 무슨 일이 벌어지고 있는지 알 수도 없었고 알려고도 하지 않았다. 그는 불법 무기 수출 혐의로 소환되었다. 검사와의 협상을 통해 불의 회사에는 벌금이 부과되었고, 그에게는 1년의 징역형이 언도되었지만 모범수로 4달 만에 석방되었다. 그는 이 사건으로 분노와 좌설을 겪었고 술에 빠져들었다. 자신은 배신당했고 희생양이 되었다고 생각했다. 그가 굴욕적인 시간을 보내고 있는 동안 회사는 도산했다. 그가 만든 모든 재산, 그가 쌓아온 기술까지 헐값에 처분되었다.

만약 당신이 엄청난 악당을 만들어내려고 한다면, 불이 겪었던 인생역정을 그대로 따라하면 될 것이다. 자신을 캐나다의 애국자로 여겼던 불은 이제 HARP를

이상한 미래 연구소

다시 시작할 수 있다면 누구와도 일할 준비가 된 사람으로 변해 있었다.

이 시점에 있었던 일들을 분명하게 알 수는 없다. 많은 일들이 비밀스럽게 진행되었고, 정보가 차단되어 있기 때문이다. 그러나 1980년대 말에 불은 사담 후세인이 다스리던 이라크에 나타나 바빌론 프로젝트Project Babylon라고 부르는 거대한 대포를 만드는 일을 했다.

한 번 더 강조해두자. 불은 사담 후세인이 다스리던 이라크에 나타나 바빌론 프로젝트라고 부르는 거대한 대포를 만드는 일을 했다. 실제로 있었던 일이다. 진짜, 현실에서.

정말 이상한 일은 바빌론 프로젝트에서 설계한 대포가 군사용이 아니었다는 점이다. 이것은 산 위에 설치할 수 있도록 설계되어 있었다. 따라서 한 방향으로만 발사할 수 있었다. 그리고 대포가 바라보는 방향에는 중요한 적군 목표물이 없었다. 또한 이 대포는 지구 자전을 고려해 지구 궤도를 향하도록 각도가 조정되어 있었다.

제임스 애덤스James Adams는 그의 책《적중: 초대형 대포의 발명자 제럴드 불의 일생Bull's Eye: The Life and Times of Supergun Inventor Gerald Bull》에서 불이 초대형 대포 외에 이라크 군의 무기를 설계한 것이 확실하다고 말한다. 불은 돈이 필요했고, 적은 비용으로 무기 체계를 개량할 수 있는 재능을 가지고 있었으니 그런 타협이 가능했을 수도 있다. 그렇다면 더욱 이해하기 어려운 문제가 남는다. 왜 후세인이 초대형 대포 제작에 많은 돈을 지원했을까?

사담 후세인은 아랍 세계에서 메시아의 역할을 하기 원했던 것으로 알려져 있다. 따라서 초대형 대포는 2가지 목적을 가지고 있었을 수 있다. 하나는 이라크가 저렴하게 인공위성을 발사할 수 있도록 해 군사적 우위를 확보하도록 하는 것이고, 다른 하나는 그 지역에서 우주 개발 프로그램을 수행하는 유일한 국가가 되어 정치적 중심지로 거듭나도록 하는 것이다. 아니면 후세인과 불 사이에 역사적으로 가장 심각한 의사소통의 문제가 있었을 수도 있다.

서방 국가와 이웃 국가 들은 이라크의 움직임에 관심을 가지기 시작했다. 약간 정신이 나간 탄도학 천재가 흑막에 가려진 무기상들과 연계해 엄청난 양의 금속 부품과 액체 추진제를 악명 높은 독재 국가로 사들이고 있었다…. 문제될 게 뭐가 있을까?

분명히 누군가는 진실을 밝혀내고 싶지 않았던 것 같다.

1990년 3월, 제럴드 불은 브뤼셀에 있는 호텔에서 2만 달러(약 2,200만 원)의 현금과 함께 시체로 발견되었다. 불의 죽음으로 이익을 볼 수 있는 사람만 따져도 용의자의 수는 엄청나게 많았다. 불의 아들은 CIA와 모사드를 의심했다. 또한 윌리엄 로서William Lowther의 책《무기와 인간: 제럴드 불 박사와 이라크, 초대형

대포Arms and the Man : Dr. Gerald Bull, Iraq, and the Supergun》에는 이 사건에 대해 "익명의 CIA 직원에 의하면, 서방 정보기관들은 대부분 모사드가 불을 죽이라는 명령을 내렸다고 믿고 있다고 한다."라고 기록해놓았다.

1990년대 이후 불에 대해서는 거의 아무런 기록이 나타나지 않는다. 아마 우리는 대체 누가 불의 기이하고 비극적인 인생을 일찍 끝내버렸는지 영원히 알 수 없을 것이다.

태양계 쓰레기장에서 광물 찾아내기

한때 지구는 지금보다 훨씬 더웠다. 이 한 문장이 바로 우리가 오늘날 금으로 지은 집을 가질 수 없는 이유다.

그러니까, 뜨거워서 모든 것이 녹아내리던 커다란 천체(원시 지구처럼)에서는 중력 때문에 무거운 금속 원소(금이나 백금처럼)가 중심으로 이동하고, 가벼운 물질(탄소나 규소, 기체처럼)은 바깥으로 이동한다. 이 과정이 완전하게 이루어지지는 않았기 때문에 우리는 아직 지표면 부근에서 무거운 금속과 이를 포함하고 있는 광석을 발견할 수 있다. 하지만 대부분의 재미있는 물건들이 그렇듯, 이것들을 손에 넣기는 쉽지 않다. 이것을 얻으려 땅을 파면 팔수록, 많은 양을 얻기가 점점 어려워진다.

여기서 우리는 소행성 광산에 관심을 가지게 된다. 소행성은 기본적으로 태양계를 형성할 때 커다란 행성에 포함되지 못하고 남은 부스러기들이다. 이 말은 소행성이 우리가 관심을 갖고 있는 무거운 금속을 중심으로 내려 보내는 가열 과정을 거치지 않았거나, 그런 과정을 거친 후에 작은 크기로 조각나버렸다는 의미다. 따라서 화성과 목성 사이에 있는 소행성대에는 우리가 지구로 가져오거나 우주에 정착지를 건설하는 데 유용하게 사용할 수 있는 금속을 비롯해, 여러 가지 자원을 풍부하게 포함하고 있는 소행성들이 많이 널려 있다. 아, 우리가 엔지니어의 두뇌와 개척자의 정신을 가진, 아주 약간 정신이 나간 사람들을 찾을 수만 있다면 이 자원을 개발할 수 있을 텐데!

'딥 스페이스 인더스트리Deep Space Industries'라는 회사를 운영하고 있는 대니얼 파버Daniel Faber는 항공공학 엔지니어였고, 캐나다 우주 학회 회장과 이사를 역임했으며, 남극에 광대역 통신 시설을 설치하기도 했다.

파버 씨는 소행성에서 채광을 기다리고 있는 엄청난 양의 자원을 개발하는 데 관심이 많다. "소행성 중에는 전체가 금속으로 이루어진 소행성도 있어요. 그런 소행성은 자체가 커다란 천연 스테인리스 스틸, 니켈, 철이라고 할 수 있죠…. 지구 궤도에 접근하는 소행성들 중 가장 작은 것의 지름은 2킬로미터 정도입니다. '3554 아문'이라는 이름으로 불리는 이 소행성은 인류가 지구에서 지금까지 채광한 모든 철을 합한 양의 30배나 되는 금속을 가지고 있어요. 이것이 겨우 소행성 하나일 뿐이죠. 이런 소행성이 수천 개는 있습니다. 3554 아문은 지구에 가까운 궤도에 있는 소행성 중 가장 작은 것일 뿐이에요."

지금까지는 소행성 탐사가 거의 이루어지지 않았다. 따라서 우리가 가지고 있는 대부분의 소행성 관련 자료는 망원경 관측을 통해 수집한 것이거나 운석을 분석해 알게 된 것이다. 이런 자료를 기반으로, 과학자들은 소행성을 3가지로 분류하고 있다. 주로 탄소로 이루어진 C형, 주로 암석으로 이루어진 S형, 주로 금속으로 이루어진 M형이다.

C형 소행성은 탄소나 물과 같이 인류의 건강을 유지하는 데 유용한 물질을 다

이상한 미래 연구소

량 포함하고 있다. 전체 질량의 20퍼센트가 여러 형태의 물로 이루어진 소행성도 있다. 유행에 민감한 사람들이 소행성 칵테일에 열광하게 되지 않는 한 물이 지구에서 인기 상품이 될 수는 없겠지만, 우주에 정착지를 건설할 생각이라면 소행성의 물이 아주 유용할 것이다.

S형 소행성에는 암석, 말 그대로 '돌'이 많다. 특히 이것은 많은 양의 규산염을 포함하고 있다. 지각의 28퍼센트가 규소로 이루어져 있는 지구에서는 소행성의 규소 역시 인기 상품이 될 수 없겠지만, 아마 소행성 광산에서는 쓸모가 많을 것이다. 규산염은 유리에서 태양 전지, 식물 재배용 토양에 이르기까지 용도가 다양하다. 우리는 지금 이것을 때로는 '먼지', 때로는 '흙'이라고 부르지만 만약 우리가 소행성에 거주하게 된다면 규산염의 찬양자가 될 것이다.

M형 소행성은 주로 철과 니켈로 이루어져 있다. 이런 금속들은 우주 공간에 구조물을 만들 때 사용하기 좋다. 암석과는 달리 금속은 부러지지 않고 휘거나

늘어나기 때문이다. 금속은 무기 제작에도 사용될 수 있고, 먼 미래에 당신이 우주 공간에 정착해서 지구의 독재자로부터 독립을 선언한 후 당신의 얼굴이 인쇄된 동전을 만들어낼 때도 유용하게 사용될 것이다.

한마디로 말해 소행성은 숨 쉬는 데 필요한 산소, 식물을 재배하는 데 필요한 흙, 구조물을 만드는 데 사용할 금속, 물 풍선을 만드는 데 사용할 물에 이르기까지 우주에 성공적으로 정착하기 위해 필요한 모든 것을 가지고 있다. 그러면 이제 소행성 개발에 필요한 비용에 대해 이야기해보자.

앞 장에서 이야기했던 것처럼 현재 0.45킬로그램을 우주로 보내는 데는 약 1,100만 원이 필요하다. 따라서 500밀리리터짜리 콜라 1개를 우주로 가져갈 생각이라면, 그것만 해도 1,100만 원이 든다. 달까지 갔던 아폴로 11호의 무게는 4만 5,000킬로그램이나 되었다. 따라서 우주선을 만들고 운영하는 데 소요된 모든 경비를 제외하고도, 이 탐험을 위해 최소 1조 1,000억 원을 쓰고 시작한 셈이다. 물론 저렴하지는 않다. 그러나 여객기 모델 중 하나인 에어버스 A380 1대의 값이 약 4,400억 원이라는 사실을 생각해보면 이 정도의 비용이 아예 불가능한 수준은 아니다.

소행성 광산을 실현하기 위한 하나의 방법은 이를 통해 경제적 이익을 남기는 것이다. 예를 들면 우주에서 백금을 캐내 지구로 가져와 0.45킬로그램당 2,000만 원에 팔 수 있다. 우주로 물건을 가져가는 데는 많은 비용이 들지만 지구로 가져오는 데는 비교적 큰 비용이 들지 않는다.

우주 공간이 지구보다 편리한 점 중 하나는 일단 별이나 행성과 같은 큰 천체로부터 벗어나기만 하면 적은 비용으로 어디든지 갈 수 있다는 것이다. 이렇게 생각해보자. 로스앤젤레스에서 일본까지 날아가는 데 돈이 많이 드는 이유는 2가지다. 첫째, 중력을 이겨내고 9,000미터 상공까지 상승해야 하며 비행 중에도 계속 강한 중력과 싸워야 한다. 둘째, 우리의 속도를 낮추려는 공기 저항을 이겨내야 한다. 그러나 우주 공간에서는 이 2가지 이유가 모두 사라진다.

따라서 지구로 물건을 가져올 생각이라면 우주 광산으로 가장 적당한 장소는 자원이 풍부하면서도 중력이 약한 곳이다. 예를 들어 화성의 위성 중 하나인 포보스Phobos를 생각해보자. 포보스는 아주 작은 위성이어서 탈출 속도가 시속 40킬로미터밖에 안 된다. 따라서 포보스에 경사로를 설치하고 이 경사로를 따라 자동차를 빠르게 몰면 우주로 날아갈 수 있다.

달의 탈출 속도는 포보스보다 200배나 크다. 따라서 에너지 면에서만 보면 훨씬 더 멀리 떨어져 있는 포보스에서 지구로 물건을 가져오는 것이 달에서 지구로 물건을 가져오는 것보다 비용이 덜 든다. 소행성은 더 조건이 좋다. 일반적인 소행성의 탈출 속도는 시속 0.8킬로미터밖에 안 된다. 따라서 소행성에 성공적으로 광산을 개발하면 아주 적은 비용으로 광석을 지구로 가져올 수 있다.

그러나 우리가 한 조사와 인터뷰 결과에 의하면 우주 광산에서 캐낸 물질을 지구로 가져와서 장기적으로 경제적인 이익을 얻기는 어려울 것으로 보인다. 소행성을 이루고 있는 대부분의 물질은 지구에서는 그다지 값어치가 없다. 소행성에는 많은 양의 금속이 포함되어 있지만 소행성에서 채광하는 것이 지구에서 채광하는 것보다 경제성이 있을지는 확실하지 않다. 게다가 지구에서 작업하면 매일 버거킹에 갈 수 있지 않은가?

희귀하고 비싼 금속을 소행성에서 채광할 수는 있겠지만 그것 역시 쉽지는 않다. 만약 당신이 소행성에서 그런 금속을 채광했다면, 아마 현장에서 제련을 하게 될 것이다. 엄청난 양의 광석을 지구로 실어 가져올 수는 없으니 말이다. 그러나 우주에서 제련하는 건 쉬운 일이 아니다. 제련을 위해서는 우주에 제련소를 만들어야 하는데 현재 우리가 사용하는 제련 방법은 대부분 중력을 이용하기 때문이다. 제련소를 아주 빠르게 회전시켜 중력과 비슷한 효과를 만들어낼 수는 있겠지만 그런 시설을 작동하게 하려면 일단 많은 에너지가 필요할 것이다. 그리고 하루 온종일 회전목마에서 빙빙 돌고 있는 것처럼 느끼지 않으려면 이를 방지하기 위한 시설도 꽤 크게 지어야 할 것이다.

만약 정말 당신이 금이나 다이아몬드, 또는 수집가들의 성배와도 같은 엄청나게 희귀한 물건으로 이루어진 거대한 소행성을 발견했다고 해도 그것을 모두 지구로 가져오는 것이 가능한지가 확실하지 않다. 물리학은 선비처럼 행동하지만, 경제학은 그렇지 않으니까. 조지메이슨대학의 경제학자 브라이언 캐플런Bryan Caplan은 이에 대해 다음과 같이 설명했다.

"경쟁이 문제입니다. 만약 한 회사가 백금 광산을 독점한다면 시장 가격이 하락하지 않도록 하기 위해 공급량을 조절할 수 있을 겁니다. 그러나 여러 회사가

이상한 미래 연구소

광산에 접근할 수 있다면 각 회사는 경쟁 회사보다 먼저 백금을 모두 팔아치우려고 하겠죠. 우주여행 경비가 비싸다는 점을 고려한다면 아마 소수의 회사만 소행성 광산 사업에 뛰어들 수 있을 겁니다. 처음 이 사업을 시작한 회사들은 그들이 소행성에서 발견한 금속을 이용해 이익을 남길 수 있겠지만, 시간이 지남에 따라 더 많은 회사들이 이 사업에 뛰어들거나 가짜를 만들어낼 테고 다음 세대의 우주 광산업자들은 이 사업으로 이익을 남기기가 쉽지 않을 거예요."

그렇다면 우리는 왜 이렇게 경제성도 별로 없어 보이는 소행성 광산에 대해 계속 이야기하는 걸까? 사실, 여기에는 더 중요한 문제가 관련되어 있다. 겨우 화장실 파이프를 고치려고 4억 킬로미터 떨어진 곳에서 거대한 철 덩어리를 가져오는 건 당연히 별로 좋은 생각이 아니다. 그러나 우리가 작은 우주 정거장 수준이 아닌, 우주 정착지를 건설하려고 하는 경우에는 많은 양의 자원이 필요하다. 우주에서는 암석이나 흙이 다이아몬드나 백금보다 더 가치가 있다. 그리고 우주 돌덩어리를 밧줄로 붙잡아오는 것이 지구에서 흙을 쏘아 올려주는 것보다 훨씬 비용이 덜 든다.

많은 과학자와 기술자 들의 믿음대로, 인류가 지구 밖으로 이주하는 건 매우 중요한 의미를 가진다. 우주에서는 신비하고 놀라운 일들이 벌어지고 있다. 우주는 우리가 아직 어떻게 물어봐야 할지도 모르는 문제의 답을 가지고 있다. 우주에는 우리와 비슷한 생명체가 있을 수도, 전혀 다른 생명체가 있을 수도 있다. 그리고 우리는 현새 둘 중 어떤 상황이 더 놀라울지 짐작도 못 하고 있다.

별세계를 개척하는 건 원대한 꿈이지만, 사실 가장 성공적인 개척자들은 가능한 자원을 잘 활용하는 현실적인 사람들이다. 이 작은 지구를 벗어나 우주에서 살고자 한다면, 이미 지구의 중력에서 벗어나 있는 물질을 이용하는 것이 값싸고 쉬우며 빠른 방법일 것이다. 태양계를 벗어나는 길은 아마도 태양계의 쓰레기장에서 찾아야 할지도 모른다.

현재 우리는 어디까지 왔을까?

　미래 소행성 광산업자 지망생들이 마주칠 문제들은 아주 많다. 여기서는 그런 문제들 중 중요한 몇 가지만 간단히 살펴보려고 한다.

　소행성에 가기 위해서는, 그리고 소행성 시설을 운영하기 위해서는 에너지가 필요하다. 무엇보다 단기적으로 해결해야 할 가장 큰 문제는 철물점이 없다는 것이다! 그러니 당신에게는 정말 '영구적인' 장치들이 필요하다. 여러 선택지가 있겠지만, 아마 현재 우리가 가지고 있는 기술 중 최선의 선택은 태양 전지나 원자력 발전일 것이다.

　태양 전지는 20년 이상 계속 작동할 수 있으므로 좋은 선택이다. 그러나 이것의 최대 단점은 크기에 비해 많은 에너지를 생산할 수 없다는 것이다. 하지만 우주에 태양 전지를 설치할 수 있다면, 믿을 만하고 내구성 있으며 간단한 해결 방법이 된다. 심지어 소행성은 비교적 많은 양의 규산염을 포함하고 있기 때문에 소행성에서 태양 전지를 수리하거나 새것으로 교체할 수도 있을 것이다. 소행성에서 구한 물질을 이용해 거울을 만들어 빛을 태양 전지로 모아 에너지 생산량을 증가시킬 수도 있을 것이다.

　핵에너지 또한 크기에 비해 많은 에너지를 생산할 수 있고, 수백 년 동안 사용할 수 있어 훌륭한 에너지원 후보다. 끔찍한 사고만 일어나지 않는다면 말이다. 소행성에는 새로운 원자로를 만들 수 있을 정도로 충분한 양의 우라늄이나 플루토늄 같은 것들이 포함되어 있지 않지만, 어차피 초기 단계에서는 그리 많은 핵

연료가 필요하지 않을 것이다.

이미 소련 인공위성에서 소형 원자로를 사용한 적도 있고, 이것에 대해서는 많은 연구가 이루어져왔다. 그런데 사실… 원자로를 우주에서 사용하는 데는 작은 문제가 있다. 원자로를 사용하는 우주선을 우주에 올려놓았는데 문제가 발생했다고 가정해보자. 이건 정말 예시일 뿐이지만, 우주선이 위험하게 회전하면서 조종이 불가능해졌다고 하자. 그리고 지구 상공에서 파손되어 원자로의 잔해들이 길이 600킬로미터나 되는 캐나다 땅 위에 흩뿌려졌다고 생각해보자.

그렇다. 가정이 아니라 실제로 일어났던 사건이다. 1978년 1월 24일, 소련의 원자력위성 '코스모스 954'가 캐나다에 추락하는 사고가 있었다.[18] 따라서 원자로를 이용한다는 계획이 훌륭하기는 하지만 결국 우리는 정치적인 이유로 태양전지를 사용하게 될 것이다.

방사선 이야기가 나와서 말이지만, 태양은 지금도 계속 속력이 빠른 이온을 방출하고 있다. 우리가 지구에 있는 동안에는 두터운 공기층이 이런 방사선으로부터 우리를 보호해준다. 또한 지구의 자기장도 우리를 보호하는 데 한몫한다. 지구 자기장은 태양에서 오는 전하를 띤 위험한 입자들의 방향을 다른 곳으로 돌리거나 지구의 북극과 남극으로 향하게 해 사람들에게 화려한 빛의 쇼를 만들어 보여준다.[19]

그러나 지구를 떠나 공기의 보호를 벗어나는 순간 방사선의 공격을 받게 된다. 유인 달 탐사 프로그램은 여행 기간이 짧았기 때문에 방사선으로 인한 위험

---

18 인공위성에 문제가 생긴 건 1977년이었지만 지상에 추락한 건 1978년 1월이었다. 이 사고로 직접적인 인적, 물적 피해는 발생하지 않았지만 1981년 소련은 캐나다에 300만 캐나다달러를 변상했다(옮긴이).
19 남극이나 북극 지방에서 볼 수 있는 '오로라' 말이다.

실제로 일어났던 일:

여보세요, 러시아. 여기는 캐나다입니다. 그 방사능 대참사를 처리하는 비용에 대한 영수증을 보냈어요. 아니, 우리가 절반을 내줄 생각은 없습니다!

⋯그래요, 알았어요.

이 그다지 심각하지 않았다.[20] 그러나 방사선에 노출되는 시간이 길어지면 이것이 심각한 문제가 된다. 소행성까지 여행하는 데는 오랜 시간이 걸린다. 아폴로 11호가 달까지 가는 데는 3일이 좀 넘게 걸렸다. 소행성대에 있는 가장 큰 소행성인 케레스Ceres는 달보다 1,100배나 더 멀리 떨어져 있다. 아폴로 11호와 같은 속력으로 달려간다면 케레스까지 가는 데 약 10년이 걸릴 것이다. 따라서 이렇게 먼 거리를 여행하려면 더 빠른 속도로 달려야 한다. 예를 들면 NASA의 무인 탐사선 돈Dawn은 약 4년 만에 소행성까지 도달했다. 하지만 우주선 기술이 발전

---

20 이 프로그램에 참여했던 우주 비행사들은 건강에 별다른 어려움을 겪지 않았던 것 같다. 플로리다 주립대학의 마이클 델프Michael Delp 교수는 달 탐사 계획에 참여했던 아폴로 우주 비행사들 중 심혈관 질환으로 죽은 사람이 많았다는 사실을 발견했다. 쥐를 이용한 연구에 의하면 방사선이 혈관 세포를 파괴하기 때문이었다. 그러나 아직 아폴로 비행사들 중 죽은 사람이 많지 않아 7명의 사례만 연구할 수 있었다. 우리가 아폴로 우주 비행사들에 관한 자료들을 읽어본 바로는, 사실 심장병은 우주에 며칠 체류하는 것보다 과음이나 지나친 육류 섭취와 같은 다른 이유와 관련이 있을 가능성이 높다.

이상한 미래 연구소

해 아무리 빠른 속도로 달려간다고 해도 며칠 만에 소행성까지 갈 수는 없을 것이다.

그리고 또 다른 소소한 문제가 있다. 태양은 때때로 태양 폭발(솔라플레어solar flares)이라고 부르는 현상을 통해 엄청난 양의 방사선을 우주로 방출한다. 따라서 이런 상황에도 대비해야 한다. 여러 가지 방법이 있을 수 있다. 우선 우주선 전체를 납으로 둘러싸는 것도 한 방법이다. 그러나 5센티미터 두께의 납 방호벽 0.9 제곱미터의 무게는 450킬로그램이나 된다. 따라서 이런 방호벽을 만드는 데 필요한 모든 것을 지구에서 가져간다면 그 비용으로 인해 이미 높은 우주여행 경비가 2배로 증가할 것이다.

다른 방법은 물을 방호벽으로 사용하는 것이다. 물은 방사선을 효과적으로 차단한다. 게다가 물은 방사선을 차단하는 역할뿐 아니라 사람이 마시는 물의 역할을 동시에 할 수 있다는 장점을 가지고 있다. 물론 이 방법에는 우주선에 짭짤한 과자를 엄청 좋아하는 사람이 있을 가능성과 함께 물을 마실수록 서서히 방호벽이 사라진다는 문제점이 있다.

일부 과학자들은 '대피실'을 제안하기도 했다. 대피실의 기본 아이디어는 약한 방사선은 그냥 견디고 대형 플레어 현상에 의한 강한 방사선은 피해보자는 것이다. 따라서 대부분의 시간은 간단한 방호 시설을 갖춘 넓은 공간에서 생활하다가, 강한 방사선이 접근하면 두터운 방호벽으로 둘러싸인 좁은 대피실로 피한다. 이 방법은 실현 가능성이 있고 우주선 전체를 방호벽으로 둘러쌀 때보다 비용도 훨씬 저렴할 것이다. 반면 이제 우리는 아주 좁은 공간에, 심지어 우주 한복판에서, 여러 사람과 함께 갇혀야 한다. 그런 환경에 익숙해지기 위해서는 삶의 모든 것을 새롭게 고려해야 한다. 만약 어떤 사람이 오줌을 눈다면 어떤 일이 벌어질까? 잊지 말자. 우주에는 중력이 없다….

어떤 사람은 이렇게 말할지도 모르겠다. "나는 요오드화소듐 알약을 먹어 방사선으로부터 나 자신을 보호하겠어!" 어리석은 생각이다. 요오드화소듐 알약은 갑상선만을 보호해준다. 그러니 알약을 먹고 여행하다가 목적지에 도착하고 나면 아마 14가지의 암에 걸리거나, 얼굴에서 팔이 자라날 수도 있다. 하지만 어쨌든 갑상선만은 아무 문제가 없을 것이다.

그러나 우리가 어떤 방법으로 방사선 문제를 해결했다고 하자. 다음 문제는 소행성에 착륙하는 것이다. 이것은 말처럼 쉬운 일이 아니다. 소행성이 자전하고 있을 가능성이 크기 때문이다. 만약 소행성이 충분히 크다면 자전축을 찾아내 그곳에 착륙하면 된다. 그러나 이것도 아주 정밀하게 진행돼야 할 과정이다. 또 다른 방법은 착륙 전에 소행성이 자전을 멈추도록 하는 것이다.[21] 이것은 다음의 2가지 이유로 매우 어려운 일이다.

첫 번째, 회전하는 물체를 멈추게 하려면 에너지가 필요하다. 물체가 크면 클수록, 더 빨리 돌면 돌수록 더 많은 에너지가 필요하다. 이것을 피해갈 수 있는 방법은 없다. 기본적인 물리법칙이니까. 에너지를 써서 자전을 바꾸든지, 자전을 해결할 방법을 찾아야 한다.

두 번째, 우리는 소행성 내부 구조를 잘 모른다. 대부분의 소행성은 잡석 더미다. 다시 말해 암석과 먼지가 아주 약한 중력과 분자 사이에 작용하는 힘에 의해 덩어리를 이루고 있다. 이런 내부 구조로 인해 자전을 멈추는 것이 더욱 어렵다. 자전을 멈추려고 해봤자 소행성의 일부만 떨어져 나가는 것으로 끝날 가능성이

---

21 그래서 일부 과학자들은 소행성의 자전 자체도 자원이 될 수 있을 것이라고 주장하고 있다. 예를 들면 알렉산드르 볼론킨Alexander Bolonkin 박사는 커다란 그물을 이용해 운동하고 있는 소행성을 잡아 소행성의 회전 에너지를 이용해 속력을 높인 다음 소행성에서 떨어져 나와 먼 우주로 날아가자고 제안했다. 스케이트보드를 타는 사람이 회전목마를 잡고 돌면서 속력을 높이는 것과 같은 방법이다.

이상한 미래 연구소

여보세요. 머스크 씨? 그러니까 당신은 우주의 왕이 되고 싶은 거죠? 그래요, 이제 그건 비밀이 아닙니다.

만약 10억이나 30억 달러로 화성 부근에 우주 기지를 만들 수 있다면 어떠세요?

뭐, 당연히 우주 방사선은 있겠죠. 하지만 당신의 전력으로 볼 때, 그곳에 가시면 엄청난 초능력을 얻으실 것 같은데요.

여보세요?

여보세요?

좋아요, 진행하죠.

대단하십니다!

크다. 잡석 더미 소행성의 이런 불안정성으로 인해 우리가 차갑고 조용한 우주 공간에서 죽음을 맞이하는 불행한 일이 벌어질 수도 있다.

소행성의 구조 문제는 또 다른 문제로 이어질 수 있다. 어떻게 소행성에 안전하게 착륙할 것인가? 다시 한 번 말하지만 소행성에는 아주 약한 중력만 작용하고 있다. 따라서 착륙하려고 소행성에 내려서는 순간, 다시 우주 공간으로 튕겨져 날아갈 수 있다. 과학자들은 이 문제를 해결하는 몇 가지 방법을 제안했다. 소행성 표면에 구멍을 뚫어 고정하는 방법, 작살을 발사해 고정하는 방법, 접착제를 이용하는 방법, 걸쇠를 사용하는 방법, 발에 끈끈이를 붙이는 방법 등이다.

문제는 모든 경우에 적용 가능한 방법은 없다는 것이다. 만약 소행성 표면이 두꺼운 먼지 층으로 이루어져 있다면 구멍을 뚫는 방법은 먹히지 않을 것이고, 끈끈이 발도 별로 소용이 없을 것이다. 표면이 단단한 금속으로 이루어져 있다면 작살이 표면에서 튀어 올라 작살을 쏜 사람을 우주 공간으로 날려 보낼 것이다. 표면이 평평한 암석으로 이루어져 있다면 걸쇠는 표면을 긁은 후 우주 공간으로 날아갈 것이다. 소행성에 안전하게 착륙하기 위해서는 소행성의 표면 상태를 잘 알고 있어야 하지만, 지금까지 인간이 소행성을 정찰한 적이 별로 없기 때문에 우리는 아는 것이 많지 않다. 그래서 최근 소행성으로 향하는 우주선은 다양한 착륙 수단을 모두 준비해 간다.

이 책을 쓰고 있는 우리가 가장 선호하는 착륙 방법은 노스캐롤라이나 주립대학의 캐런 대니얼Karen Daniel 박사가 제안한 방법이다. 그녀는 착륙선이 식물의 뿌리처럼 작동해야 한다고 제안했다. "정원에서 잡초를 뽑아본 사람이라면 땅에서 뿌리째로 풀을 뽑아내는 것이 얼마나 어려운 일인지 잘 알고 있잖아요?" 이 방법의 기본적인 아이디어는 작은 도구들을 이용해 소행성을 이루고 있는 돌 사이를 파고드는 것이다. 성공적으로 표면을 판 다음에는 도구들이 서로 연결된다. 언뜻 보기에는 아주 좋은 생각이지만 작살이나 드릴과 같은 간단한 방법과 비교하면 너무 복잡하다.

또 다른 방법은 소행성 전체를 그물로 둘러싸는 것이다. 말 그대로 그물 말이다. 무지무지하게 거대한 우주 그물. 생각보다 그럴듯한 제안이다. 소행성 부근에서는 중력이 아주 약하기 때문에 물건을 나르는 데 큰 힘이 들지 않는다. 아주 강한 물질로 만든 얇은 그물이라면 접어서 좁은 공간에 넣을 수 있을 것이다. 소행성에 도달하면 이 그물을 펼쳐 소행성을 둘러싼 후, 그물을 정착지를 위한 착륙 표면으로 사용할 수 있을 것이다. 아니면 그물로 소행성을 끌어 다른 목적지로 이동할 수도 있을 것이다.

우주 개척을 위해 일하는 사람들과 이야기를 하다 보면 그들이 일하는 시간의 90퍼센트를 줄임말을 만드는 데 사용하는 것이 아닌가 하는 의구심이 들 때가 있다. 우주 그물을 이용하는 방법을 연구하고 있는 한 프로젝트는 우리의 의구심이 틀리지 않다는 사실을 확인해주었다. 테더스 무한회사Tethers Unlimited의 로버트 호이트Robert Hoyt 박사는 자신들이 추진하고 있는 그물을 이용하는 프로젝트의 이름을 랭글러Weightless Rendezvous And Net Grapple to Limit Excess Rotation(WRANGLER)라고 하자고 제안했다.

트랜스아스트라TransAstra 사가 제안한 또 다른 프로젝트의 이름은 에이피스 Asteroid Provided In-Situ Supplies(APIS)다. APIS 프로젝트에서는 소행성을 가방 안에 가둔 다음 태양 빛을 집중시켜 가열하고 잘라내는 방법을 연구하고 있다. 그들은 이것을 '광학 채광'이라고 부른다. 이 방법은 소행성 내부에 있는 물을 확보하는 데도 사용할 수 있다. 혹시 우주 기지의 방호벽으로 사용하고 있는 물을 모두 마셔버렸다면 이 물을 유용하게 사용할 수 있을 것이다.

자, 좋다. 기술적인 모든 방법들이 잘 작동했다고 하자. 그러나 아직 중요한 문제가 남아 있다. 우주 암석을 채취할 권한이 누구에게 있는지가 명확하지 않다. 1967년에 체결된 외기권 우주 조약이 있지만 이 조약에는 개인의 소유권에 대한 규정이 포함되어 있지 않다. 이 조약은 "어떤 국가도 외계에서 주권을 주장할 수 없다"라고만 규정하고 있을 뿐이다. 누군가가 지구로부터 독립을 선언하고 자체적으로 법률을 만들지 않는 한, 우주 정착지에 적용할 법률이 존재하는지가 확실하지 않다는 뜻이다.

2015년 11월에 미국 의회는 H.R.2262(U.S. 상업적 우주 발사 경쟁 법률)를 통과시켰다. 이 법률은 "국제적 책임을 포함하고 있는 미국 법률에 의해 소행성 자원이나 우주 자원을 상업적으로 획득하는 미국 시민에게 자신이 획득한 소행성 자원이나 우주 자원을 소유, 운송, 사용, 판매할 권한을 부여한다."라고 규정하고 있다. 다시 말해 "미국은 우주에서 권리를 주장할 수 없지만 미국인은 권리를

　　　　　　　　　　　　　　　　　　　이상한 미래 연구소

주장할 수 있다."는 것이다. 실제로 의회는 미국이 어떤 천체의 소유권도 주장하지 않는다는 조항을 법률에 포함시켰다. 미국인들이 우주 암석의 채취를 시작한다면 다른 나라들이 어떻게 반응할지는 두고 볼 일이다.

지금까지 살펴본 것처럼 소행성 광산을 실현시키는 데는 많은 어려움이 있다. 하지만 긍정적으로 생각하자면, 이 어려움은 모두 아주 멋진 것들이다!

현재까지 미국의 NASA, 유럽우주기관European Space Agency(ESA), 중국국가항천국China National Space Administration(CNSA), 일본 우주항공연구개발기구Japan Aerospace Exploration Agency(JAXA)에 의해 여러 번의 무인 소행성 탐사가 실시되었다. 하야부사Hayabusa라고 불리는 일본 탐사선은 2010년에 소량의 소행성 먼지를 채취해 지구로 가지고 오는 데 성공했다. 이 탐사선의 후신인 하야부사 2호는 2020년경에 더 많은 표본을 채취해 가지고 올 계획이다. 오시리스 렉스OSIRIS-REx라고 부르는 NASA의 탐사선은 2023년에 지구로 돌아올 예정이다.

지금도 소행성 전체를 포획해 지구 부근으로 가져오거나 인간을 지구와 근접한 소행성에 보내기 위한 여러 가지 탐사 계획이 제안되어 있다. NASA가 제안한 프로그램도 포함해서 말이다. 그러나 현재까지 이 탐사 프로그램들은 엄청난 예산을 필요로 하는 데 반해 필요한 재정 지원을 확보하지 못하고 있다.

우리가 걱정해야 할 문제들

현재 가장 시급한 문제는 우주에서의 활동을 규제할 법률을 제정하는 것이다. 때가 되면 소행성을 관할할 경찰도 두어야 한다. 우주 공간을 떠돌고 있는 엄청난 양의 자원이 있으므로, 소행성을 획득하거나 소행성의 자원을 추출할 수 있는 기술이 개발되면 우주 범죄자들이 나타나 우주 범죄를 저지를 것이 틀림없다. 혹시 멋지다고 생각할지 모르겠지만, 만약 당신의 우주 등 뒤에서 누군가 우주 칼을 휘두른다면 기분이 그다지 좋지는 않을 것이다.

하버드-스미소니언 천체물리학 센터에 있는 멋진 이름의 엘비스Elvis 박사(물론 그의 성씨 뒤에 이름도 있지만… 솔직히 이름이 뭐가 중요한가? 성이 엘비스인데!)는 다음과 같이 말했다. "언젠가 우리는 수십억 달러짜리 채광 장비를 우주에서 수

이상한 미래 연구소

리할 정비반이 필요할 겁니다. 그리고 내 생각에는 우주 보안관과 우주 법의학 전문가도 필요할걸요. 희귀하고 비싼 자원은 항상 불법적인 활동을 불러오게 마련이니까요."

엘비스 박사는 우주 개발이 태양계가 생성된 이후 그대로 보존되어 있는 환경을 파괴하게 될 것이라고 지적하기도 했다. 이것은 모든 우주 탐사 활동에 동반되는 공통적인 문제이긴 하지만, 소행성 광산의 경우에는 너무 노골적으로 자원을 없애버리는 것이긴 하다.

또한 엘비스 박사는(이 이름은 계속 부르고 싶다) 미래에는 소행성의 일부를 그대로 보존하기 위해 소행성 공원을 조성해야 할지도 모른다고 말했다. 그러나 이것 역시 법률적인 문제가 될 수 있다. 지구에서는 발견되지 않고 우주에서만 발견되는 것들이 있다. 현대 열대우림의 경우와 마찬가지로, 우리가 그것을 개발하면 우리가 필요로 하는 것을 파괴할 뿐만 아니라 우리가 한 번도 본 적 없는 것들까지 파괴하게 될 것이다.

또 다른 염려는 안전이다. 인류가 개인 소유의 우주 광산을 허가해주는 데 동의한다고 해도, 소행성을 어디까지 옮겨도 되는지를 다룰 법률이 없다. 소행성 이동 기술이 널리 확산되면 바람직하지 않은 사람들 손에 위험한 무기를 들려주는 꼴이 될 것이다. 물론 역사상 가장 미치광이였던 독재자도 자신의 목숨은 중요하게 생각하기 때문에 소행성 테러가 상대적으로 덜 위험하다고 볼 수도 있다. 소행성을 징확하게 워싱턴에 낙하시킬 수 있다고 해도 이것이 가져올 전 지구적 영향을 예측하기 어려우니 말이다. 거대한 충돌 때문에 공기 중으로 많은 먼지가 일어나 태양 빛을 가림으로써 지구의 온도를 낮출 수도 있고, 한 해의 농사를 망칠 수도 있다. 하지만 이보다 더 큰 재앙을 불러올 수 있는 위험한 정치 지도자들은 현재도 존재한다는 사실이 씁쓸한 위안이 된다.

역사상 있었던 가장 큰 외계 물체의 충돌은 1908년에 있었던 퉁구스카 사건 Tunguska event이다. 주로 얼음으로 이루어진 혜성이었는지 아니면 주로 암석으로 이루어진 소행성이었는지는 확실하지 않지만, 엄청나게 거대한 물체가 러시아 시골 상공에서 폭발했다. 지름이 36미터 정도였던 이 물체의 위력은 히로시마에 투하된 원자폭탄의 185배나 되었다. 물론 퉁구스카 운석은 우리가 지구로 가져 올 소행성에 비하면 비교적 작은 것이다.

이것이 세상을 어떻게 바꿔놓을까?

내가 보기에는 수요를 충족시킬 수 있는 규모로 태양계를 개발하는 유일한 방법은 무한하게 성장하는 우주 프로그램을 마련하는 것뿐이다. 즉 경제가 성장하는 방법이다. 우리가 주위 세상을 만날 수 있게 하려면 자본주의를 이용해야 한다.

_마틴 엘비스Martin Elvis 박사

우주에서 광석을 채취해 지구로 가져와 이익을 남길 수 있다는 사실이 밝혀지면, 우주여행이 '국가만 할 수 있는 일'에서 '트럭 회사도 할 수 있는 일'로 바뀔 것이다. 우주에서 가져온 값싼 물질로 인해 생길 경제적 이익은 어마어마할 것이고, 저렴하게 우주여행을 할 수 있는 능력은 더욱 더 빛날 것이다.

그러나 우리가 조사한 바에 의하면, 이런 일이 일어날 가능성은 낮다. 인류의 삶에 일어날 변화는 그저 소행성에서 발견된 자원을 이용해 인류가 우주 정착을 시작할 수 있고, 더불어 태양계 탐사 속도가 극적으로 가속될 것이라고 보는 편이 더 그럴듯하다.

이상한 미래 연구소

파버 씨는 우주에서 발견될 자원이 지구에서 발견된 자원보다 훨씬 많을 것이라고 예상했다. "지구에 있는 광산 중에서 가장 깊은 광산의 깊이는 3, 4킬로미터입니다. 우리는 6, 7킬로미터 아래 있는 석유를 뽑아낼 수 있습니다. 모든 대륙에서 우리가 도달할 수 있는 곳에 있는 물질을 한 덩어리로 뭉쳐 공처럼 만들어 놓으면 그 지름은 약 200킬로미터 정도 될 겁니다. 그것이 우리가 지구 표면에서 얻을 수 있는 물질의 전부입니다. 우주에는 이것의 수백 배에서 수천 배나 많은 물질이 있죠. 그러니 이 자원으로 인해 수백 배에서 수천 배나 많은 사람들이 혜택을 볼 수 있을 뿐만 아니라, 이 자원은 이미 접근 가능한 곳에 있습니다. 자유 공간에 떠다니고 있으니까요. 우주에서는 물질을 캐내기 위해 위험한 깊이까지 파 들어갈 필요가 없습니다. 단지 우주로 가서 소행성을 분해해 우리가 살아가고 싶은 장소로 가져가면 됩니다."

우주에 있는 이 모든 물질을 사용할 수 있고 우주에서 필요한 물건을 직접 만들어 쓸 수만 있게 된다면, 우주여행 경비가 크게 줄어들 뿐만 아니라 거대한 우주 식민지를 개척하는 것도 가능해질 것이다. 그리고 우리가 일단 우주에 가기만 한다면, 주변 여행을 위해 소행성 광산에서 얻은 물질을 사용할 수 있을 것이다. 또한 소행성에서 수집한 탄소와 물을 로켓의 연료로 전환할 수 있을 것이다. 이 말은 곧 우주 자원을 지구로 가져올 수도 있고 한 우주 정착지에서 다른 정착지로 옮기는 데 사용할 수도 있다는 뜻이며, 더 먼 우주를 탐사하는 데도 사용할 수 있다는 뜻이다.

파버 씨는 이 이야기를 하면서 아주 흥분한 모습을 보였다. "나는 이제 태양 전지 자동차 경주나 행글라이딩, 윈드서핑 같은 일에 싫증이 났어요. 그래서 내가 인류를 위해 할 수 있는 가장 위대한 일, 즉 일생을 바쳐 내가 할 수 있는 가장 중요한 일은 인류가 지구를 떠나 다행성 인류 내지 행성 간 인류가 되는 데 기여하는 것이라는 결론을 내렸습니다."

　우리 생각은 어떠냐고? 음… 우리도 자동차 경주와 윈드서핑에 싫증이 났다. 그래서 이 사무실에 앉아 이 원고를 쓰고 있다. …인류를 위해서.

　　　　　　　　　　　　　　　　　　　　　　이상한 미래 연구소

2부

미래의
물질에
일어날 일들

세 번째: 핵융합 발전

그게 태양에 에너지를 공급한다는 건 좋은데, 우리 집 전자레인지는 돌릴 수 있을까?

핵융합은 인류가 맞닥뜨린 에너지 문제의 궁극적 해결책이다. 핵융합은 깨끗한 에너지원이고, 우리 주변에서 쉽게 발견할 수 있는 원소를 연료로 사용하며, 큰 재앙을 불러올 사고의 위험이 없다. 그러나 지금 이 순간 누군가가 편의점에서 전자레인지로 삼각김밥을 데우는 데 사용하는 에너지는 대부분 석탄이나 천연가스를 태워 생산한 전기 에너지다.

우리가 전자레인지로 냉동식품을 데울 때마다 세상을 얼마나 오염시키고 있는지에 대해 자세히 알아보기에 앞서, 간단하게 핵융합의 물리학에 대해 이야기해보자. 일반적으로 핵융합은 작은 원자핵들이 융합해 큰 원자핵이 되는 것을 말한다. 그게 전부다. 어려울 것 없다. 핵융합 발전에 이용되는 핵융합은 가장 작은 원소인 수소 원자핵들이 융합해 두 번째로 작은 원소인 헬륨 원자핵이 되는 핵융합을 말한다.

수소는 주기율표에 포함되어 있는 원소들 중에서 가장 가볍다. 수소의 원자핵은 하나의 양성자로 이루어져 있다. 그러나 다른 원소들도 모두 마찬가지지만, 수소 원자핵이 1가지만 있는 건 아니다. 같은 원소에 속하지만 원자핵의 구성이 다른 원소들을 동위원소라고 부른다. 그렇다면 동위원소들은 서로 무엇이 다를까? 원자핵 속에 들어 있으며 전하를 띠지 않고 있는 입자의 수가 다르다. 이런 입자를 중성자라고 부른다.

수소의 99.98퍼센트는 중성자를 하나도 가지고 있지 않은 형태다. 이런 수소는 수소-1이라고 부르기도 하고, 좀 아는 녀석들이라면 프로튬protium이라고 부르기도 한다. 그러나 대부분의 경우에는 그냥 수소라고 부른다. 나머지 0.02퍼센트는 원자핵에 양성자 하나와 중성자 하나를 포함하고 있는 중수소(수소-2)이다. 중수소 원자핵에 중성자가 하나 더 더해지면 삼중수소(수소-3)가 된다. 마지막에 더해진 하나의 중성자가 원자핵을 불안정하게 만들기 때문에 삼중수소는 시간이 지나면 스스로 붕괴해버리는 방사성 동위원소다. 삼중수소의 반감기는 12.32년으로, 이 말은 지금 삼중수소 1컵이 있다면 12.32년 후에는 반 컵만 남아 있게 된다는 의미다.

이것은 인간관계에도 비유해볼 수 있는데, 가장 일반적인 인간관계의 형태는 두 사람이지만 희귀하게도 세 사람이나 더 많은 사람의 관계 역시 존재하는 것을 생각해보면 된다. 따라서 핵융합 발전 컨퍼런스에 참석했을 때 어떤 사람이 '희귀한 동위원소'에 대해 이야기하자고 그의 호텔 방으로 초대한다면 대개의 경우 당신의 예상이 들어맞을 것이다.

수소-4나 수소-5와 같은 동위원소도 존재할 수는 있다. 그러나 그런 동위원소들은 매우 불안정하므로 만들어진 후 아주 짧은 시간 동안만 존재하다가 붕괴해 사라져버린다.

그렇다면 왜 우리는 이렇게 불안정한 동위원소에 관심을 가질까? 더 큰 동위원소는 더 쉽게 핵융합을 할 수 있기 때문이다. 이해를 돕기 위해 앞쪽에 대형 자석을 매달고 있는 두 자동차가 충돌해 하나의 자동차가 되는 경우를 생각해보자. 두 자동차가 매달고 있는 자석의 극을 서로 밀어내도록 배치했기 때문에 두 자동차가 서로 가까워지면 아주 강한 힘으로 서로를 밀어낸다. 그러나 두 자동차가 엄청나게 가까워지면 각 자동차에 달린 연결고리가 서로를 강력하게 묶어 자석의 반발력이 자동차를 멀리 밀어내지 못한다.

자, 이런 경우 첫 번째 시도에서 융합에 성공하기를 바란다면 작은 자동차를 사용하는 것이 좋을까? 아니면 큰 자동차를 사용하는 것이 좋을까?

물리학의 원리를 모른다고 하더라도, 왠지 무거운 자동차를 사용하는 것이 좋겠다는 생각이 들지 않는가? 사람들은 경험을 통해 무거운 자동차를 감속시키는 것이 가벼운 자동차를 감속시키는 것보다 어렵다는 사실을 알고 있다. 자석의 세기가 같은 경우, 두 자동차를 성공적으로 결합시키는 것이 목표라면 가능한 한 자동차의 무게를 무겁게 해서 자석이 이들을 멈추기 어렵게 만들어야 결합 가능성이 높아질 것이다.

앞으로 이야기하게 될 수소 원자의 핵융합에서도 비슷한 일이 벌어진다. 간단하게 말하면 수소 원자핵들이 아주 가깝게 다가가기 전까지는 강한 전기적 반발력이 작용한다. 만약 수소 원자핵이 더 많은 중성자를 가지고 있으면, 앞에서 말한 '무거운 자동차'에 더 가까운 수소 원자핵이 된다.

수소 원자핵이 융합하면 수소보다 큰 원소인 헬륨 원자핵이 된다. 작은 원자들이 결합해 전혀 다른 성질을 가지는 새로운 원자가 되는 것이 이상한 일처럼 보이지만, 2조각의 빵을 합쳐 샌드위치라는 전혀 다른 음식물을 만드는 것보다 더 이상하다고 할 수 없는 일이다. 수소는 양성자를 1개 가지고 있는 원소이고, 헬륨은 양성자를 2개 가지고 있다.

하지만 우리가 정작 흥미로워할 만한 사실은, 수소 원자핵이 융합해 헬륨 원자핵으로 변환할 때 어마어마한 에너지가 방출된다는 것이다. 그 이유는 다음과 같다. 헬륨의 원자 구조를 유지하는 데는 2개의 수소 원자 구조를 유지하는 데보다 적은 에너지가 필요하다. 따라서 핵융합 반응이 일어나면 여분의 에너지가 어디론가 가야 한다. 우리는 이때 나오는 에너지를 모아 다른 곳에 이용할 수 있는 것이다.

에너지가 '어디론가 가야 하는' 상황이 처음에는 이상하게 보일지 모르지만 사실 그렇게 이상한 일은 아니다. 활을 예로 들어보자. 시위가 느슨한 활과 팽팽한 활이 같은 상태가 아니라는 건 쉽게 알 수 있다. 느슨한 활과 팽팽한 활은 기본적으로 같은 활이지만, 물리적 상태의 차이로 인해 팽팽한 활이 느슨한 활보다 쓸모가 많다. 팽팽한 활로는 당신이 서바이벌 게임에서 적군이라고 생각하는 사람을 죽일 수 있지만, 느슨한 활로는 아무것도 할 수 없다.

이상한 미래 연구소

활의 시위를 팽팽하게 만들기 위해서는 활에 에너지를 더해주어야 한다. 그리고 팽팽한 시위가 느슨하게 변할 때는 에너지가 방출된다.

어쩌면 당신이 이런 질문을 할지도 모르겠다. "팽팽한 활은 정말로 더 많은 에너지를 가지고 있나요?" 그렇다. 팽팽한 활과 느슨한 활을 같은 양의 산에 넣어 녹인다면, 팽팽한 활을 녹인 산의 온도가 느슨한 활을 녹인 산의 온도보다 조금 높을 것이다. 신기하지 않은가? 물리 시간이 지겨웠다고 기억하고 있는 사람들이 많을 텐데, 그건 물리 선생님이 활을 녹이는 실험을 하지 않았기 때문이다.

어쨌든 생각해보면, 어떤 것의 물리적 상태를 바꿈으로써 에너지를 얻는 건 조금도 이상한 일이 아니다. 이와 같은 경우는 어디서든 쉽게 경험할 수 있다. 내가 높이 들고 있던 돌은 다른 사람의 발을 다치게 할 수 있지만, 땅 위에 놓여 있는 돌은 조금도 위험하지 않다. 잡아 늘린 용수철을 놓으면 저절로 모양이 변하지만 느슨한 용수철은 그렇지 않다. 2개의 자석을 N극이 마주하도록 붙였다가 손을 놓으면 서로 밀어내지만 N극과 S극이 마주하도록 붙이면 손을 떼어도 그대로 있다.

이런 일들은 두 원자를 융합해 에너지를 얻는 것이 우리의 일상적인 경험과 크게 다르지 않다는 사실을 말해준다. 한 시스템의 부품들을 배열하는 방법이 그 시스템의 미래를 결정한다. 그리고 때로는 결합하는 방법을 바꿔 사람들이 선호하는 시스템을 만들 수도 있다.

작은 원자인 수소의 원자핵들이 융합해 큰 원자인 헬륨의 원자핵으로 바뀌면 에너지가 방출된다. 대부분의 핵융합 반응에서는 여분의 중성자를 적어도 하나 이상 가지고 있는 수소 동위원소를 이용한다. 핵융합 시에 방출되는 에너지는 동위원소가 융합할 때 빠른 속력으로 튀어나오는 중성자의 운동 에너지 형태로 방출된다. 온도가 높은 빠른중성자가 가지고 있는 에너지를 이용해 증기 터빈을 돌리면 역학적 에너지로 바꿀 수 있다. 중성자가 물 안으로 돌진해 물의 온도를 높이면 수증기가 발생하고 이 수증기가 터빈을 돌리는 것이다.

잠깐, 그런데 터빈을 돌리는 데 왜 꼭 핵융합이 필요할까? 석탄이나 석유, 천연가스나 바람을 이용해서도 터빈을 돌릴 수 있지 않은가? 그건 사실이다. 그러나 핵융합은 아주 적은 양의 연료만 필요로 할 뿐 아니라 그 연료가 우리 주변에 풍부하게 존재한다는 면에서 특별하다.

물리학자 개리 매크래컨Garry McCracken이 쓴 《핵융합: 우주의 에너지Fusion: The Energy of the Universe》에 의하면 노트북 컴퓨터에 사용되는 전지 속의 리튬과[1] 욕조의 반 정도를 채운 물 속의 중수소를 융합시키면 20만 킬로와트시의 에너지를 생산할 수 있다. 이것은 40톤의 석탄으로 생산할 수 있는 에너지와 같은 양이다.

그렇다면 왜 우리는 아직 핵융합 발전소를 가지고 있지 않을까? 큰 동위원소가 작은 동위원소보다 더 쉽게 융합할 수 있다고 해서 핵융합 반응 자체가 쉽게 일어나는 건 아니다. 실제로 핵융합 반응이 일어나게 하기는 아주 어렵다. 원자핵들 사이에 작용하는 전기적 반발력 때문이다. 전기적 반발력으로 인해 두 양성자를 아주 가깝게 다가가도록 하는 데는 아주 큰 에너지가 필요하다. 앞에서 든 자동차 예시에서 같은 극을 마주하고 있는 자석을 생각해보자. 양전하를 띠고 있는 양성자끼리는 서로 반발하는 전기력이 작용한다. 전기력의 세기는 거리의 제곱에 반비례하므로 양성자가 가까이 다가갈수록 반발력이 더 커진다. 마치 낯을 많이 가리는 '덕후' 친구들을 파티에서 서로 어울리게 만들기 어려운 것과 비슷하다.

---

1 리튬은 주기율표에 포함되어 있는 원소들 중 세 번째로 가벼운 원소로, 실험실에서 분열해 삼중수소를 만들어낼 수 있다.

이상한 미래 연구소

그러나 양성자가 아주, 아주, 아주 가까이 다가가면 강한 핵력이라고 부르는 새로운 힘이 작용하게 된다. 가까운 거리에서만 작용하는 이 힘은 대단히 강하다. 핵력은 전기적 반발력을 극복하고 양성자를 하나로 묶을 수 있다. 이것은 앞의 자동차 예시에서 연결고리가 하는 역할과 비슷하다.

다시 말하면 두 양성자를 결합시키는 건 사교성이 없는 '덕후' 2명을 결혼시키는 것과 비슷하다. 두 사람을 바로 옆자리에 앉힐 수만 있다면 그들은 '스타크래프트'가 인생 게임이라는 데 동의한다는 이야기를 나누다가[2] 서로 사랑에 빠질 것이다. 그리고 일단 사랑에 빠지면 절대로 헤어지지 않을 것이다. 그러나 바로 옆자리에 앉혀놓기 전까지는 두 사람이 서로 눈도 마주치지 않으려고 할 것이다.

덕후들과 양자들은 어떻게 움직일까?

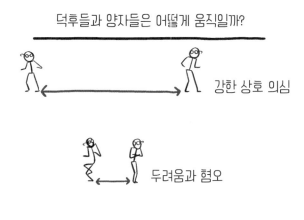

강한 상호 의심

두려움과 혐오

보기 민망할
정도로 달라붙음

---

2 당연한 얘기다.

태양은 핵융합을 통해 에너지를 만들어낸다. 그렇다면 왜 태양 안에서 일어나는 일을 지구의 실험실에서 일어나게 할 수는 없는 걸까? 태양은 핵융합에 유리한 여러 가지 조건을 가지고 있다. 많은 질량을 가지고 있는 태양의 중심 부분에서는 강한 중력 때문에 압력과 온도가 아주 높아 수소 원자들이 빠른 속력으로 서로 충돌한다. 이런 상황이 사교성 없는 '덕후' 커플의 데이트로 어떻게 비유가 될지는 확실하지 않지만, 중요한 점은 지구에는 이런 조건이 존재하지 않는다는 것이다.[3] 그러니 핵융합 에너지를 얻기 위해서는 태양에서 중력이 하는 일을 지구에서 중력이 아닌 '다른 방법으로' 할 수 있어야 한다.

그런데 잠깐, 우리는 이미 핵융합 폭탄을 만드는 방법을 알고 있지 않은가? 바로 영화 〈아마겟돈Armageddon〉에서 브루스 윌리스Bruce Willis가 소행성을 날려버릴 때 사용했던 방법이 아닌가? 왜 그냥 다음과 같이 해버릴 수 없는 것일까?

1. 수소폭탄을 가져온다.
2. 폭발시킨다.
3. 열을 모은다.
4. 물을 끓인다.
5. 터빈을 돌려 전기를 만든다.
6. 전자레인지에 연결한다.
7. 삼각김밥을 데워 먹는다.

---

3 흠, 이런 예시는 어떨까? 영화감독 조스 휘던Joss Whedon이 다음 스타워즈 영화 스포일러 외에는 자신을 방어할 것이 아무것도 없는 상태에서 사람들로 가득한 샌디에이고 코믹콘 한가운데에 떨어진 경우를 생각해보자.

이상한 미래 연구소

그 대답은…, 사실 우리는 이렇게 할 수 있다. 핵융합 폭탄으로 태양과 같은 조건을 만들 수 있다는 뜻이다. 우리가 해야 할 일은 전통적인 핵분열[4]을 이용한 핵폭탄을 터뜨리고, 그때 나오는 에너지를 이용해 수소가 가득 들어 있는 구형의 용기를 압축하는 것이다. 그렇게 되면 수소 원자핵들이 중력에 의해서가 아니라 원자폭탄에서 방출되는 에너지에 의해 아주 빠른 속도로 충돌하게 된다. 이렇게 연속적인 핵융합 반응이 일어나면 대기 중에 큰 버섯구름을 만들거나 커다란 사막의 일부를 유리로 바꾸기에 충분한 에너지를 방출할 수 있다.

그러나 여기에는 여러 문제가 있다. 첫 번째로는 폭탄을 담고 있던 용기가 폭발을 견딜 수 없을 것이기 때문에 에너지를 모으기가 쉽지 않다. 두 번째는 용기가 폭발을 견뎌낸다고 해도 용기가 방사성 물질로 심하게 오염된다는 것이다. 그리고 세 번째 문제는 용기가 완전하지 않은 경우 방사성 물질로 오염된 엄청난 양의 먼지를 공기 중으로 방출하게 된다는 것이다.[5] 네 번째는 정치적인 문제다. 러시아 대사가 우리에게 전화를 걸어 크게 화를 내며 항의하는 난처한 상황이 벌어질 것이다.

지정학적 문제와 안전에 대한 우려로 인해, 우리가 지금까지 이야기한 간단한 방법으로 핵융합 에너지를 얻는 건 불가능하다.[6] 따라서 우리는 어딘가에 태양에서와 같은 조건을 만들어야 한다. 예를 들면 지금 당신의 책상 위에 놓여 있는 구형 금속 용기와 같은 곳에 말이다.

---

4 핵분열은 큰 원자핵이 작은 원자핵으로 갈라지는 것이다. 우라늄이나 플루토늄과 같은 큰 원자의 원자핵이 분열하면 에너지를 방출한다. 조건이 잘 조정되어 있다면 하나의 원자핵 분열이 다른 여러 원자핵의 분열을 유도해서 이런 과정이 계속 반복된다. 연쇄 핵분열 반응은 발전에 이용되기도 하고 원자폭탄에 이용되기도 한다.
5 이번 장의 '주목하기'를 참고하자.
6 논란의 여지는 있지만 여기에 들어갈 막대한 비용도 이 방법이 불가능한 이유 중 하나다. 그리고 아마 전력 회사와 핵탄두 사이에 수많은 행정 절차와 서류 작업이 있을 것이다.

물론 우리도 알고 있다. 이런 일이 아무 책상 위에서나 가능한 건 아니다. 그러나 처음으로 핵융합에 성공한 아마추어 과학자 리처드 헐Richard Hull 씨의 책상 위에서는 가능했다. 헐 씨는 누구든 책상 위 핵융합로를 만들고 작동시키는 방법을 배울 수 있는 인터넷 사이트(Fusor.net)를 공동으로 운영하고 있다. 이 사이트에는 많은 '핵융합 개발자들'이 가입해 있지만 75명만이 공식적으로 핵융합에 성공하고 중성자 클럽에 가입하는 영광을 누렸다. 테일러 윌슨Taylor Wilson이라는 이름의 소년은 14살에 중성자 클럽에 가입했다. 내가 인생에서 충분한 성취를 거두었다고 생각하기 전에, 이 소년을 떠올려보도록 하자.

약간의 물리 상식을 가지고 있고, 적절한 장비를 사용할 수 있다면 당신도 약 330만 원의 비용으로 핵융합 실험을 할 수 있다. 그렇다. 우리 어린이 여러분도 할 수 있다. 하루에 1만 원씩 330일만 저축하면 나만의 핵융합 장치를 가질 수 있는 셈이다. 그 방법은 이렇다.

우선 구형 금속 용기를 파는 상점으로 가서 적당한 크기의 금속 용기를 구한다. 다음에는 이 금속 용기에 전기를 연결해 양(+)전하로 대전시킨다. 양전하로 대전된 용기의 내부에는 음(-)전하를 띤 작은 용기를 넣는다.

그리고 나서 이 모든 것을 진공 상자 안에 넣고, 2개의 용기 사이에 약간의 중수소 기체를 주입한다. 아마 중수소 기체를 구입하기 위해서는 국가의 안전을 위해 서류를 몇 장 작성해야 할 것이다. 만약 자신의 이름을 중수소 구매자 명단에 남기고 싶지 않다면 인터넷을 통해 '중수重水'를 구매하면 된다.

'무슨 말 같지도 않은 사기야?'라고 생각할지도 모르지만 진짜다. 물 분자(H₂O)는 2개의 수소 원자와 1개의 산소 원자로 이루어져 있다. 중수(D₂O)는 물과 마찬가지지만 수소 대신 중수소가 들어 있다. 중수소는 여분의 중성자를 가

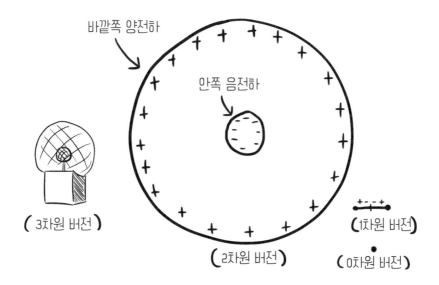

바깥쪽 양전하

안쪽 음전하

(3차원 버전)

(2차원 버전)

(1차원 버전)

(0차원 버전)

지고 있는, 수소의 동위원소라는 이야기를 기억하고 있을 것이다. 따라서 보통의 물처럼 보이지만 중수는 보통의 물보다 무겁다. 중수에 전류를 통과시키면 산소와 중수소로 분리된다.

이 시점에서 창문 밖을 내다보고 거리에 FBI 요원이 있는지 확인하는 편이 좋을 것이다. 여기까지 따라왔는가? 이제 어려운 부분을 해내야 한다. 중수소 수증기를 제거해 건조시켜야 한다. 헐 씨는 적은 양의 수증기도 핵융합 파티를 망쳐버릴 수 있기 때문에 이 과정이 매우 중요하다고 이야기한다. 건조하는 방법에는 여러 가지가 있다. 예를 들어 기체를 차가운 관에 통과시키면 수증기가 차가운 관 벽에 달라붙어 제거된다. 아니면 솜처럼 표면적이 넓은 물체에 기체를 통과시켜 수증기가 표면에 달라붙도록 할 수도 있다.

이렇게 건조된 중수소 기체를 전하를 띤 용기 안에 주입한다. 강력한 전기장이 기체를 양전하를 띤 부분과 음전하를 띤 부분으로 분리한다. 그러면 이제 충돌할 시기가 무르익은 중수소핵이 준비되었다. 양전하를 띤 바깥쪽 용기는 중수소를 안쪽으로 밀어내고 음전하를 띤 내부의 작은 용기는 중수소를 안쪽으로 끌어당긴다. 갑자기, 엄청나게 많은 충돌이 일어날 것이다.

앞에서 예로 들었던 사교성 없는 커플을 기억할 것이다. 어떤 방 한가운데에 〈스타워즈〉 액션 피규어가 놓여 있다고 가정하자. 아주 희귀한 초기의 것으로, 특히 1978년에 생산이 중단된 접이식 광선검을 들고 있는 피규어라면 더 좋을 것이다. 방을 둘러싸고 있는 벽에는 영화 〈호빗〉 시리즈 중에서 원작 소설에는 없었던 무시무시한 장면들을 보여주는 포스터가 붙어 있다고 가정해보자. 이제 이 무시무시한 포스터와 액션 피규어가 있는 방에, 한 무리의 '덕후'들을 들어가게 한다면 어떤 일이 벌어질까?

모든 사람들이 벽 쪽에서 액션 피규어 쪽으로 달려가려고 할 것이다. 밀어내

　　　　　　　　　　　　　　　　　　　　　　　이상한 미래 연구소

는 힘과 잡아당기는 힘의 합이 아주 강해 그들은 서로 충돌하면서 끌어안게 될 것이다. 이제 어느 시점에 다다르면 그들은 본능적으로 영국 드라마 〈닥터 후 Doctor Who〉의 미방영 에피소드에 대한 이야기를 나누게 될 것이고, 점차 수줍은 싱글들에서 눈꼴 시릴 정도로 서로 붙어 있는 커플들로 변할 것이다.

이것과 마찬가지로, 양전하로 대전되어 있어 밀어내는 바깥쪽 용기와 음전하로 대전되어 있어 끌어당기는 안쪽 용기 사이에 위치한 중수소 원자핵이 서로 결합하게 된다. 만세![7]

잠깐, 그런데 우리가 앞에서 핵융합이 매우 어렵다고 이야기했던 것 같은데?

---

7 이 장의 뒷부분에서 이야기하게 될 알렉스 웰러스타인Alex Wellerstein 박사는 중성자를 아기들이 날 아다니는 것으로 비유했다. 당연히 말도 안 되는 비유다.

맞다. 문제는 여기에 있다. 사교성이 없는 우리 친구들의 대부분은 결혼에 성공하지 못한다. 어떤 커플은 누가 '울버린'에 대한 상식을 더 많이 알고 있느냐와 같은 사소한 문제로 틀어진다. 구석의 다른 커플은 그저 머리를 쿵 부딪치고는 기절해버린다. 노란색 골판지로 갑옷을 만들어 입은 저 남자는 여배우 시고니 위버Sigourney Weaver를 만나기 위해 다른 상대를 거부하는 중이다.

이렇게 대부분의 중수소 원자핵들은 성공적으로 융합하지 못한다. 일부는 용기에 부딪히고, 일부는 서로 충돌하지 못하고 비켜 간다. 그런가 하면 일부는 세게 충돌하지만 융합하기에는 충분하지 않아 튕겨져 나간다. 그러나 아주 많은 수의 중수소 원자핵을 투입했기 때문에, 융합에 성공하는 중수소핵을 얻을 수는 있다. 오로지 '평균의 법칙' 덕분이다.

책상 위에서 이루어지는 핵융합의 에너지 효율은 마이너스다. 다시 말해 핵융합에 의해 방출되는 에너지가 핵융합을 일으키기 위해 투입한 에너지보다 적다. 따라서 이런 방법으로 핵융합 반응이 일어나게 할 수는 있지만, 에너지를 얻을 수는 없다.

이 시점에서 우리는 궁금해진다. 에너지도 얻을 수 없는데 대체 왜 핵융합을 연구하는 걸까? 핵융합을 연구하는 사람들은 3가지 부류로 분류할 수 있다. 첫 번째, 자신들이 핵융합과 관련된 기술적 문제를 해결해 깨끗하고 값싼 에너지를 세상에 공급하겠다는 사람들. 두 번째, 핵융합을 역사상 가장 그럴듯한 DIY 프로젝트라고 생각하는 호기심 많은 사람들. 세 번째, 연구 목적으로 중성자기 필요한 사람들. 헐 씨는 우연히도 마지막 그룹에 속하는 사람으로, 정년퇴직 후의 시간을 원자의 성질을 규명하는 일에 투자하고 있다.

이제 우리는 문제의 핵심에 도달했다. 우리는 폭탄을 이용해 핵융합을 일으킬 수 있지만 이 방법은 통제하기가 아주 어렵다. 우리는 대전된 용기를 이용해 간

단하게 핵융합 반응이 일어나
도록 할 수 있지만 이 방법은
효율적이지가 않다. 현재로서
는 이 2가지를 절충할 만한 방
법은 없다.

지금까지 이 문제를 해결하려
는 여러 방면의 시도가 있었으나,
가장 중점적인 실험들을 보면 주로 2가지 방
향으로 진행되고 있다. 하나는 모든 핵융합 연료를 한꺼번에 폭발시키는 것이
고, 다른 방법은 가열하는 동안 연료를 좁은 공간에 가둬두는 방법이다.

폭발을 일으키는 첫 번째 방법은 주로 레이저를 이용하는데, 한꺼번에 많은
핵융합 반응이 일어난다는 장점이 있다. 시간 간격을 두고 핵융합 반응이 일어
나면 전체적인 핵융합 반응속도가 저하될 수 있다. 우리의 '덕후' 커플들을 다시
예로 들어보자. 사랑에 빠진 모든 커플이 손을 잡고 행복하게 뛰어나간다면 그
들은 새로 들어오는 '덕후'들을 밀어낼 것이고, 밀려난 '덕후'들은 다른 '덕후'와
맺어질 기회를 가질 수 없을 것이다. 마찬가지로, 융합된 원자가 에너지를 방출
하면서 다가오는 양성자를 밀어내 핵융합 반응을 방해한다. 따라서 모든 핵융합
반응이 한꺼번에 일어나도록 하는 편이 유리하다.

그러나 이 방법의 단점도 있다. 폭발식으로 핵융합 반응이 일어나도록 하기
위해서는 아주 짧은 시간 동안에 엄청나게 많은 에너지를 투입해야 한다는 것이
다. 1초보다도 훨씬 짧은 시간 동안에 전 세계가 사용하고 있는 모든 에너지를
합한 것보다도 많은 에너지가 필요하다. 사실 아예 말도 안 되는 이야기는 아니
다. 산디아 국립 실험실Sandia National Laboratories (SNL)에는 거대한 축전지에 아주 많

은 에너지를 저장했다가 한꺼번에 방출할 수 있는 장비인 Z장치Z machine가 있다. 이 장치에 대해서는 뒤에서 다시 이야기할 예정이다.

연료를 좁은 공간에 가두고 가열하는 두 번째 방법은 통제된 방법으로 연료를 비교적 오랫동안 사용할 수 있다는 장점이 있다. 모든 연료를 한꺼번에 폭발시키지 않기 때문에 연료를 좁은 공간에 잘 가두는 것이 아주 중요하다. 따라서 보통 플라스마를 이용하게 된다. 플라스마가 무엇인지 기억이 안 난다면, 높은 온도에서 만들어지는 물질의 상태라고 생각하면 된다.

이렇게 생각해보자. 주변에서 쉽게 발견할 수 있는 얼음 조각에서부터 시작하겠다. 얼음 분자들이 더 이상 서로 연결되어 있지 못할 때까지 얼음을 가열하면, 이제 물 분자들 사이에 작용하는 힘에 의해 연결되어 있을 것이다. 다시 말해 고체에서 액체로 바뀐다. 그 후에도 계속 가열하면 물 분자가 많은 에너지를 흡수해 분자 사이에 작용하는 약한 인력을 이기고 모든 방향으로 날아가게 될 것이다. 즉 기체로 바뀐다. 같은 방식으로 기체를 더, 무지막지하게 가열하면 원자가 양전하를 띤 원자핵과 음전하를 띤 전자로 분리된다.

여기서는 전자를 잠시 무시하고 플라스마가 양전하를 띤 뜨거운 입자들로 이루어졌다고 가정해보자. 전하를 띤 입자들로 인해 플라스마는 기체와 매우 다른 성질을 갖는다. 기체 때문에 방안에서 지독한 냄새가 난다면, 좋은 냄새가 나는 공기를 불어 넣어야만 나쁜 냄새를 없앨 수 있다. 그러나 나쁜 냄새가 나는 플라스마가 있다면 전기상을 이용해서도 그것의 행동을 통제할 수 있디. 지기장을 이용해 플라스마를 제거할 수도 있고, 특정한 모양으로 분포시킬 수도 있고, 좁은 공간에 가둘 수도 있다.

자기장을 이용해 가두는 형식을 이용하는 핵융합 원자로는 1가지 사소한 단점을 가지고 있다. 태양 내부에서와 비슷한 온도의 플라스마를 좁은 공간에 가두는 일이 생각처럼 쉽지 않다는 것이다. 이런 문제점을 해결하기 위해 지금도 크고 작은 실험이 다수 진행되고 있다.

현재 우리는 어디까지 왔을까?

핵융합 발전에 관해서는 너무 많은 실험이 진행되고 있어 모든 것을 자세히 설명하기 어렵다. 중요한 몇 가지에 대해서만 알아보기로 하겠다.

1. 국립점화시설

NIF라는 약칭으로 불리는 국립점화시설The National Ignition Facility은 매우 놀라운 시설이어서 〈스타 트렉〉의 촬영 장소로도 이용되었다. 이 안에서는 말 그대로 사교성 없는 '덕후'들이 융합하게 만들 수 있을 것이다.

NIF에서는 관성 가둠 핵융합이라고 부르는 기술을 연구하고 있다. 그들이 하려고 하는 일은 다음과 같다. 우선 아주 강력한 레이저를 준비한다. 이 레이저는 너무 강력해 레이저를 모으는 데 사용하는 렌즈를 녹여버리는 건 아닐지 염려해야 할 정도다. 이 레이저는 192개의 빔으로 분리된다.[8] 분리된 레이저 빔들은 금으로 만든 손톱 크기의 원통에 집중된다. 이 금 원통 안에는 핵융합 연료가 들어 있다. 금 원통은 엄청난 에너지를 흡수한 후 중심을 향해 강력한 엑스선을 방출

---

8 핵융합이 일어나도록 하기 위해서는 레이저를 여러 방향에서 핵융합 연료에 충돌시켜야 한다. 그렇다면 192개의 작은 레이저가 아니라 하나의 거대한 레이저를 192개의 빔으로 분리해 사용하는 이유는 무엇일까? 충돌 시간을 일치시키기 위해서다. 192개의 다른 레이저를 동시에 쏘는 것보다 한 레이저에서 나온 192개 빔의 충돌 시간을 일치시키는 것이 더 쉽다.

하는데, 이것이 핵융합 연료를 안쪽으로 압축해 핵융합 반응이 일어나도록 한다. 작고 매력적인 수소폭탄이라고 할 수 있다.

하지만 NIF는 아직 점화 단계에 도달하지 못했다. 핵융합 반응을 일으키는 데 필요한 에너지보다 더 많은 에너지를 생산하지 못하기 때문이다. 2015년 기준으로, NIF는 이 목표의 3분의 1에 도달했다.[9] 하지만 이 연구소를 국립 '3분의 1' 점화시설이라고 부를 수는 없지 않은가? 이 방법으로 핵융합이 가능해지려면 아직도 많은 연구가 이루어져야 한다.

---

9 이 수치에 대해서는 사실 논란의 여지가 있다. NIF는 '투입하는 에너지'를 레이저를 발사하는 데 필요한 전체 에너지가 아니라 금 원통에 투입되는 에너지로 정의하고 있다. 전체 에너지를 기준으로 하면 목표의 100분의 1에 가깝다고 해야 한다.

2. 자기화 선형 관성 핵융합

산디아 실험실에서는 또 다른 흥미 있는 실험이 이루어지고 있는데, 소위 'MagLIF 프로젝트'다. MagLIF는 자기화 선형 관성 핵융합Magnetized Liner Inertial Fusion 의 줄임말이다.

이 방법은 대략 다음과 같이 작동한다. 핵융합 연료로 채워진 냉각된 원통을 준비한다. 강력한 레이저로 한 방향에서 핵융합 연료를 폭발시켜 빠른 시간 안에 높은 온도에 도달한다. 연료가 원통에서 나가기 전에 엄청나게 거대한 축전지를 이용해 강력한 전기 방전을 일으킨다. 이것이 강력한 자기장을 만들어 원통을 붕괴시킨다. 한마디로, 폭발시킨 후 충돌시킨다!

이 방법과 관련된 기초적인 연구는 이미 이루어졌고, 큰 성공 가능성을 보였다. 그러나 아직 손익분기점을 넘어서지 못하고 있다. 핵융합 반응을 일으키기 위해 투입한 에너지와 핵융합으로 방출된 에너지가 같아지는 분기점을 넘어서지 못한 것이다. 그래도 자석과 껌, 호기심과 희망으로 뭉친 책상 위 핵융합 실험보다는 나은 수준이라고나 할까⋯.

그러나 사실 이 프로젝트가 정말 흥미로운 이유는, 실험실에서 개발한 자세한 컴퓨터 모델이 이 방법에 투입되는 에너지의 크기를 확대하면 손익분기점에 도달할 것이라는 결과를 보여주었기 때문이다. 실험은 현재도 진행 중이다. 그리고 이 실험에 사용되고 있는 거대한 축전지(앞에서 언급했던 Z장치)는 점점 더 커지고 있다. 모든 것이 예정내로 이루어진다면 2020년이 되기 전에는 목표를 달성할 수 있을 것이다.

3. 국제 열핵융합 실험 원자로

가장 규모가 크고, 가장 성공적이며 제대로 연구된 핵융합 설비를 갖춘 실험은 ITER이다. ITER는 국제 열핵융합 실험 원자로International Thermonuclear Experimental Reactor의 줄임말이다.

ITER은 토카막tokamak이라는 장치를 이용한다. 토카막은 자기장 코일을 이용한 도넛형 가둠 장치라는 의미의 러시아어 단어 첫 글자를 모아 만든 줄임말이다. 뻑뻑한 밀가루 반죽 대신 플라스마가 가득 차 있는 거대한 도넛을 생각하면 이 구조를 쉽게 이해할 수 있다. 자기장을 이용해 플라스마를 가두기 때문에 플라스마는 도넛의 중심 부분을 따라 흐른다. 거대한 도넛 안에 있는 가느다란 플라스마 고리를 상상해보자. 강한 자기장으로 인해 플라스마는 이 고리를 벗어날 수 없다.

플라스마를 가둔 다음에는 여러 가지 방법을 이용해 가열한다. 전기 충격을 이용하기도 하고, 전자파를 이용하기도 하며, 중성자 빔을 쏘기도 한다. 더 많은 에너지를 플라스마 고리에 투입할수록 플라스마의 온도는 더 높이 올라간다. 그리고 결국은 양성자가 핵융합을 할 수 있는 온도에 이르게 된다.

다음에는 모든 일들이 순조롭게 진행된다. 핵융합 반응이 에너지를 방출하면 플라스마의 온도가 더 올라가고, 더 높은 온도에서는 더 많은 핵융합이 일어난다. 촛불을 생각해보자. 초에 불을 붙이기 위해 라이터 불을 켰지만 심지에 불이 붙지 않았으면, 라이터 불을 끄자마자 심지가 가지고 있던 열이 흩어질 것이다. 그러나 심지에 불이 붙으면 촛불은 양초가 다 녹을 때까지 계속 탈 것이다. 불이 불을 만들어내는 셈이다. 마찬가지로 핵융합 반응이 충분히 빠른 속도로 일어나면 그때 나오는 에너지로 계속적인 핵융합 반응을 유지할 수 있다. 그러면 모든 외부 가열 장치의 작동을 중지해도 핵융합 반응이 계속될 것이다. 그리고 덤으로, 이런 일들이 거대한 금속 도넛 안에서 일어나기 때문에 에너지가 흩어지지 않는다.

ITER은 오늘날 가장 크고, 가장 많은 자금이 투입되고 있는 핵융합 프로젝트다. 불행하게도 다른 많은 거대한 과학 프로젝트의 경우와 마찬가지로, ITER도 예정되었던 연구 결과가 지연되고 있고 연구비도 예상액을 넘어서고 있다. 뇌가 손상된 고양이들이 어떤 일을 하도록 유도하기가 얼마나 어려운지 짐작할 수 있을 것이다. 뇌가 손상된 고양이 대신 여러 나라에서 파견된 정치가들이라면 어떨까? 현재 ITER에 들어간 비용은 150억 달러(약 16조 5,000억 원)를 넘어섰다.[10] 초기에 예상했던 50억 달러(약 5조 5억 원)보다 약간 증가된 금액이다. 이런 경우에 약간이라는 말이 어울리는지 모르겠지만, 공정히 말하자면 한 자릿수만 빼면 되지 않는가.

지금 이 순간에도 진전은 계속되고 있다. 우리가 이 책을 쓰고 있는 동안 ITER의 토카막 장치가 마침내 완성되었다. 이제 이 장치를 이용해 2027년 '로봇들의 반란'에 맞춰 최종 핵융합 반응로의 실험이 가능해질 것으로 기대된다. ITER은 빠른 시일 내에 실제로 작동 가능한 핵융합로가 되리라는 희망을 안고 있으며, 그럴 만한 타당한 근거도 있다. 현재 작동 중인 토카막 중 가장 큰 유럽토러스공동연구시설Joint European Torus(JET)은 이미 손익분기점의 60~70퍼센트 수준에 도달해 있다.

4. 다른 프로젝트들

이 밖에도 조금 규모가 작은 실험들이 다양하게 진행되고 있다. 우리가 이야기를 나눠본 과학자들은 대부분 이런 실험들에 대해 "성공하기를 바라지만 그럴

---

10 사실 우리는 자료를 찾던 중 여러 버전의 추정치를 보았다. 어떤 추정에 의하면 비용이 500억 달러(약 55조 원)에 이르기도 했다.

가능성은 거의 없다"는 뉘앙스를 내비쳤다. 그러나 순전히 재미로, 제너럴 퓨전 General Fusion이라는 회사가 진행하고 있는 흥미로운 프로젝트를 소개하겠다.

그들의 방법은 '세상에서 제일 미친 과학자' 상을 받을 만하다. 이것은 다음과 같이 작동한다. 일단 구 형태의 용기에 액체 중금속을 채운다. 구를 아주 빠르게 회전시켜 소용돌이가 액체 중금속을 가장자리로 밀어내 중심 부분에 빈 공간이 생기도록 한다. 핵융합 연료를 중심 부분에 생긴 빈 공간에 주입한 후 구의 바깥쪽 표면에 모든 방향에서 동시에 충격을 가한다. 이러한 충격이 액체 금속을 통해 중심으로 전파되는 압력 파동을 만든다. 이 압력 파동이 핵융합 반응을 일으킨다. 만약 이 방법이 제대로 작동한다면 가열된 액체 금속에서 에너지를 얻을 수 있을 것이다.

여러 회사들이 이렇게 엉뚱한 방법들을 연구하고 있지만, 이들 중 많은 수가 연구를 비밀에 부치고 있기 때문에 자세한 연구 결과는 알 수 없다. 예를 들면 최

이상한 미래 연구소

근 미국의 유명한 항공기 제작사인 록히드 마틴Lockheed Martin은 "우리도 곧 작동시킬 수 있는 핵융합로를 가지고 있다."고 발표했다. 그러나 자세한 내용은 공개하지 않았다. 마치 "이봐, 내 여자 친구는 정말 섹시해. 네가 만나본 적은 없지만 말이야. 하지만 나한테는 여자 친구의 사진이 없어. 여자 친구와 주고받은 이메일도 보여줄 수 없고."라는 말의 과학 버전이나 마찬가지다. 그들의 주장이 사실일지도 모르지만, 아직 우리가 흥분할 때는 아니다.

우리가 걱정해야 할 문제들

어떤 핵융합 원자로든 방사성 폐기물을 배출한다. 사람들이 '방사능'이라는 말을 들으면, 형광 초록색 액체를 직장 내 어린이집에 쏟아 붓고는 박쥐 떼로 변해 낄낄 웃으며 밤하늘로 날아가 버리는 악덕 사장을 상상할지도 모르겠다. 하지만 적어도 이 묘사의 상세한 부분만은 틀렸다. ITER에서는 핵분열 발전소에서처럼 액체 상태의 폐기물이 만들어지지 않는다. 그리고 핵융합 원자로에서 나오는 방사성 물질인 삼중수소는 수집되어 다음 핵융합에 사용될 수 있을 것이다.

실제로 ITER 웹사이트에는 모든 것들이 잘 통제되고 있어 삼중수소 공장에 불이 난다고 해도 주민들이 대피하는 일은 일어나지 않을 것이라는 내용의 글이 쓰여 있다. 그렇다. ITER 시설의 일부가 핵융합 반응에서 나오는 방사성 물질에 노출되겠지만 이런 부분들도 '고준위 핵폐기물'로 분류되지 않을 것이고, 상대적으로 짧은 시간 안에 방사성을 잃어버릴 것이다.

그럼에도 불구하고 걱정이 많은 사람들을 위해 핵융합 원자로는 핵분열 원자로와 전혀 다르다는 사실을 알려야 할 것 같다. 사람들이 핵에너지를 이야기할 때 주로 의미하는 건 핵분열 원자로다. 물론 2가지 모두 원자핵과 관련이 있지만 엄마와 토성, 애플파이가 원자핵과 관련이 있는 것과 마찬가지 수준이다.

매사추세츠공과대학MIT의 플라스마 과학 및 핵융합 센터에서 일하고 있는 대니얼 브루너Daniel Brunner 박사는 "핵융합 반응은 헬륨과 중성자만 만들어낼 뿐 온실기체나 긴 반감기를 가지는 방사성 폐기물은 배출하지 않는다."고 말했다. 중성자는 원자로의 벽에서 차단된다. 그리고 헬륨은 반응성이 없는 기체다. 더불어 열핵융합 반응에서 나오는 헬륨 덕분에 자신들의 생일 풍선을 높이 띄울 수 있게 된다면 어린이들이 얼마나 좋아하겠는가? 브루너 박사는 "핵분열 폐기물과는 달리 핵융합에서 나오는 물질은 100년 안에 모두 재활용할 수 있을 정도로 안전합니다."라고 덧붙였다.

핵융합 발전과 관련된 또 다른 염려는 원자로가 녹아내릴 가능성이 있느냐 하는 것이다. 한마디로 말해 그럴 가능성은 없다. 핵융합 반응이 일어나게 하는 건 아주, 아주 어렵다. 원자로가 폭발하는 일이 일어나지 않기를 바라고 있는 사람들의 입장에서 보면 아주 좋은 특성이다.

요크대학의 브루스 립슐츠Bruce Lipschultz 박사는 이에 대해 다음과 같이 말했다. "핵분열 원자로에 1년 동안 사용할 연료를 주입하는 것과는 달리, 핵융합 원자로에는 항상 즉각적인 반응에 사용할 수 있는 연료만 들어갑니다. 핵융합 반응을 계속 유지하는 건 매우 어려운 일이기 때문에 원자로에 문제가 생기면 (…) 바람 앞의 등불처럼 핵융합 반응이 중단될 겁니다." 토카막에서 일하고 있는 그로서는 바람 앞의 등불보다는 바람 앞에 있는 플라스마로 가득 찬 거대한 도넛이라고 하는 것이 더 어울리겠지만, 어쨌든 그의 요지는 이해할 수 있었다.

우리가 인터뷰한 사람들 중 누구도 핵융합 원자로가 심각한 환경적, 사회적 문제를 야기할 것이라고 생각하지 않았다. 핵융합과 관련된 진정한 문제는 단지 핵융합이 일어나도록 하는 일이다. 헐 씨는 "핵융합은 에너지의 미래입니다. 틀림없어요."라고 말했다.

우리는 스티븐스공과대학의 원자력 역사 학자인[11] 웰러스타인 박사와 이 문제에 대해 이야기를 나눴다. 그는 기술 자체에 대해서는 다른 사람들보다 조금 더 낙관적이었지만 시장 잠재력에 대해서는 염려하고 있었다. 그는 현재까지 개발된 핵융합 기술만 고려하더라도 핵융합 연료에 특화된 매개체가 필요하고, 어쩌면 금이나 베릴륨과 같이 비싼 금속으로 만들어야 할 수도 있다고 지적했다.

어떤 기술이 사용되느냐에 따라 달라지겠지만 핵융합 연료 자체도 비쌀 것이다. 따라서 투입한 에너지보다 더 많은 에너지가 생산된다고 해도 에너지 비용을 감안해야 하고, 투자를 회수하는 데 얼마나 걸릴지도 따져보아야 한다는 것이다. 단기간 내에 이익이 보장되지 않더라도 연구는 보장되어야 한다. 예를 들어 실험실에서 태양 전지를 만든 후 경제성이 있는 태양광 발전소가 건설되기까지는 약 70년이 걸렸다. 웰러스타인 박사는 "단기간에 수익이 날 연구에만 투자하는 흐름에서 벗어나야 합니다. 그러지 않으면 이 분야에서 장기적으로는 아무것도 이룰 수 없을 겁니다."라고 말했다.

핵심 기술을 개발할 때 가장 넘기 어려운 장애물은 개발 자금을 확보하는 일이다. 아폴로 프로젝트가 한창 진행 중일 때 미국 정부는 전체 예산의 4.5퍼센트를 NASA에 투입했고, 이 프로젝트를 위해 40만 명을 고용했다. 그렇게 대담한

11 원자력을 보유한 사람이 아니라 원자력의 역사를 공부하는 사람이다.

투자가 없었다면 우리는 오늘날에도 달에 사람을 보내는 건 50년 후에나 가능한 일이라고 말하고 있을 것이다. 이와 비교할 때 2015년에 미국 내 핵융합 연구를 위한 예산은 겨우 747 점보 여객기 1대를 사는 금액과 비슷했다.[12]

모든 기술의 경우와 마찬가지로 핵융합 관련 기술에도 우리가 미처 생각하지 못한 파급 효과가 발생할 수 있다. 그러나 적어도 현재로서는 제대로 작동하면서도 경제성 있는 핵융합 원자로가 인류에게 꼭 필요해 보인다. 이 말이 대재앙이 있은 후에 사용될 교과서에 '인간의 자만심을 잘 나타낸 말'로 수록되어 있지 않기만 바랄 뿐이다.

이것이 세상을 어떻게 바꿔놓을까?

한마디로 핵융합 에너지는 무한한 에너지원이다. 온실기체도 방출하지 않고, 반감기가 긴 방사능 물질도 내놓지 않으며, 녹아내릴 염려도 없다.

_브루스 립슐츠 박사

핵융합 에너지가 경제성을 갖게 된다면, 우리가 누릴 수 있는 가장 큰 혜택은 당연히 값싼 에너지를 사용할 수 있다는 것이다. 핵융합 원자로도 다른 발전소

---

12 여기에는 미국이 국제적인 연구를 위해 투자하는 금액이 제외되어 있다. 미국 정부는 ITER에도 재정 지원을 하고 있지만 일부 미국 정치가들은 프랑스에 건설되고 있는 이 과학 프로젝트에 지원하는 것을 달가워하지 않는다. 미국은 이 프로젝트에 해마다 1,100억 원에서 2,200억 원 정도를 지원하고 있지만, 점차 지원금이 증가하면서 의회 의원들이 지원을 중단하겠다고 으름장을 놓고 있다. 미국 과학자들 중에도 ITER에 많은 자금을 지원하는 것을 탐탁지 않게 생각하는 사람들이 있다. 거대한 국제 연구시설에 투자하면 국내 연구시설에 대한 투자가 뒤로 밀려날 것이라고 생각하기 때문이다.

와 마찬가지로 시설을 유지, 관리하고 보수해야 하겠지만 연료가 풍부하고 비용이 많이 들지 않기 때문에 기술이 발전함에 따라 가격이 내려가 가장 저렴한 에너지원이 될 가능성이 크다. 에너지는 모든 물건을 생산하는 데 사용되므로 대부분의 물품 가격 역시 내려갈 것으로 기대된다. 특히 화학물질, 시멘트, 종이 제

품, 금속과 같이 에너지를 많이 소비하는 산업에서 큰 폭의 가격 하락을 기대할 수 있다.

환경에도 좋은 영향을 줄 것이다. 핵융합 원자로는 아주 적은 양의 오염물질만을 방출하고, 이산화탄소는 전혀 배출하지 않을 것이다. 기후 변화에 대한 걱정 없이 에너지를 사용할 수 있다는 의미다. 초기에는 핵융합 에너지가 비싸더라도, 대기 중에 이산화탄소가 더 많아짐으로써 초래될 환경 파괴를 감안하면 여전히 경제적으로 이익이 될 것이다.

또한 핵융합의 가장 중요한 연료인 수소는 우주에 가장 풍부하게 존재하는 원소다. 따라서 핵융합 연료를 채취할 때도 환경에 주는 영향이 상대적으로 적을 것이다. 다시 말해 우리가 자신만의 핵융합 발전소를 가지고 있다면, 재미삼아 멀쩡한 태양 전지를 난로에 태우고도 그린피스 회의에 초대될 수 있을 것이다.[13]

핵융합 에너지는 장거리 우주여행을 하는 데도 큰 도움을 줄 것이다. 안전과 효율에 대한 염려 때문에 대부분의 우주선은 액체 연료와 태양 전지에서 에너지와 추진력을 얻고 있다. 그러나 우주선에 설치된 핵융합 원자로는 사고가 나더라도 비교적 안전하면서 많은 에너지를 공급할 수 있을 것이고, 연료로 사용하는 수소는 태양계 어디에서든지 구할 수 있을 것이다. 태양계 밖의 거의 아무것도 없는 공간에서도 말이다. 우주선이 우주 공간에서 수소를 모을 수 있다면 효율적으로 중수소를 분리해 핵융합에 사용할 수 있을 것이고, 따라서 우주선의 수명이 무한히 늘어날 수 있을 것이다.

값싼 에너지가 가져다 줄 이익 중에는 우리가 지금 예상하기 어려운 것도 많

---

13 장담할 수는 없다. 그린피스는 공식적으로 ITER에 반대하는 입장이다. 하지만 그 이유가 당신이 생각하는 것과는 다르다. 그들은 핵융합 연구에 사용하는 돈을 태양열이나 풍력 발전과 같은 재생 에너지의 개발에 사용해야 한다고 생각하고 있다.

이상한 미래 연구소

다. 고래 기름을 사용하던 수백만 년 전에 휘발유로 달리는 자동차를 상상하기는 어려웠을 것이다. 마찬가지로 비교적 비싼 에너지 시대에 살고 있는 우리로서는 지평선 너머에 어떤 놀라운 일이 기다리고 있을지 상상하기 어렵다.

⚡주목하기 플로셰어 프로젝트

1961년 뉴멕시코 남동부. 관목만이 여기저기 흩어져 있는 메마른 땅이다. 지난 수천 년 동안 이곳에서는 거의 사람을 찾아볼 수 없었지만, 1961년에는 백악관에서 초청한 UN 대표들로 북적대고 있었다. 원자폭탄의 폭발 장면을 보기 위해서였다. 이곳이 지정학적으로 중요한 의미를 가질 수 있기는 했으나, 이 원자폭탄은 전쟁을 위한 것이 아니었다. 원자폭탄도 평화적인 목적으로 사용될 수 있음을 보여주기 위한 것이었다. 다시 말해 이 실험은 원자무기를 갈아서 쟁기를 만들 수 있다는 사실을 보여주려고 했다.

여기서 보여주려고 했던 건 다음과 같다. 사막 깊숙한 곳에 있는 암염에 원자폭탄을 투하해 폭발시키면 온도가 올라가면서 암염이 녹게 된다. 그러면 이제많은 양의 용융된 소금을 얻게 되는데, 이것은 아주 많은 열을 보존하는 열저장탱크로 사용될 수 있다. 이론적으로는 이 열을 이용해 증기를 발생시키거나 터빈을 돌릴 수 있고, 전자레인지를 작동시킬 수도 있다.

플로셰어Plowshare라는 이름으로 불리던 이 프로젝트에서 실시했던 지난번 폭발에서와 마찬가지로, 이번 폭발에서도 상당한 충격파가 생겨나 사막에 뿌연 먼지를 일으켰다. 그리고 뭔가 이상한 일이 벌어졌다. 원자폭탄이 폭발한 직후 뭔가이상해진다는 건 정말 끔찍한 일인데 말이다.

과학자들, 기자들, 군 관계자들, 정부 관리들이 지켜보고 있는 가운데, 폭발 지점에서 흰색의 수증기가 피어올랐다. 위험한 구름이 생겨나려 하자, 모든 방문자들은 자동차 안으로 들어가 그곳을 떠나라는 지시를 받았다.

　　무엇이 잘못되었던 걸까? 과학자들이 예상했던 것보다 폭발이 더 강력했던 것이다. 폭발에서 나온 기체가 표면을 뚫고 나오고 말았다. 그렇다면 이 기체는 얼마나 강한 방사능을 가지고 있었을까? 아무도 알 수 없었다. 왜냐고?

　　땅다람쥐들 때문이었다.

　　아니, 비유도 아니고 농담도 아니다.

　　땅다람쥐들 때문이었다.

　　다시 한 번 강조한다.

　　정말로 땅다람쥐들 때문이었다.

　　그렇다. 굴을 파던 설치류 커플(이들의 운명이 어떻게 되었을지는 상상할 수 있을 것이다)이 폭발 지점에 설치되어 있던 전선을 갉아서 끊어버리는 바람에, 몇몇 방사선 감지기들이 작동하지 않았다.

　　우리가 아는 한, 땅다람쥐가 관련된 핵 관련 사고로는 이것이 유일하다. 그러나 이 사고 때문에 플로셰어 프로젝트가 더 이상 순조롭게 진척되지 못했던 건 아니다. 적어도 이론석인 년에서만 보면 이것은 훌륭한 생각이었다. 이 원자탄 폭발을 이용해 항구를 만들거나, 새로운 파나마 운하를 건설할 수도 있었고 새로운 원소를 만들어낼 수도 있었다.

　　이렇게 정신 나간 이야기가 실제 프로젝트로 발전될 수 있었던 건 2가지 이유 때문이다. 첫째는 정말로 정신 나간 사람들이 있었기 때문이고, 둘째는 이때가 원자력에 대해 매우 낙관적인 시대였기 때문이다. 이 시기에 월트디즈니 사는 팅커벨이 마술봉으로 원자의 상징물을 만드는 만화 〈우리 친구 원자Our Friend the Atom〉를 방영했으며, 포드 사는 미래 원자력 자동차로 설계된 콘셉트 카 '뉴클리언Nucleon'을 출시했다.[14] 배심원들은 대기의 방사능 오염이 왜 위험한지에 대해 아직도 토론을 벌이고 있었다.

이런 생각들이 플로셰어 프로젝트를 낳은 것이다. 1961년에서 1973년 사이에, 이 프로젝트를 진행하면서 미국은 27가지 시험을 통해 원자폭탄을 35번 폭발시켰다. 이 폭발들은 반응 생성물을 조사하는 것에서부터 얼마나 큰 소리를 만들어낼 수 있는지를 알아보는 것에 이르기까지, 다양한 연구 목적을 가지고 있었다.

결국 우리는 원자폭탄이 엄청난 폭발을 만들어낼 수 있다는 사실을 확인했다. 오늘날에도 이 프로젝트로 생긴 구덩이들을 방문해서 볼 수 있다. 그러나 이 폭발이 남긴 더 큰 유산은 주민들의 분노다. 대부분 토착민들이었던 그들은 아무런 관심을 받지 못했다. 프로젝트를 책임지고 있던 과학자들과 관료들은 지역 문제를 무시했고, 그들이 입을 손실을 과소평가했다. 반면에 원자폭탄의 폭발이 가져올 이익은 과대평가했다.

핵폭발이 만들어낸 구름 속에서 우리가 발견한 희망은, 이 프로젝트가 현대 환경 운동을 촉진했다는 것이다. 이 프로젝트는 역설적이게도 많은 환경 과학자들을 반복적으로 고용했는데, 폭발이 어떤 문제를 야기하는지를 조사하기 위해서였다. 물론 이 과학자들은 매번 생태계나 그 지역에 사는 주민들에게 과도한 방사선 노출이 해롭다는 사실을 밝혀냈다. 그러자 플로셰어 프로젝트의 책임자

---

14 주유소에 들를 필요 없이 20년 동안 계속 자동차 여행을 할 수 있다고 상상해보자!

들은 예외 없이 그들을 해고해버렸다. 점차 전문가들의 분노가 지역 사회의 불만과 결합해 최초의 현대 환경 운동이 탄생했다.

현재 진행되는 다른 핵 관련 프로젝트들의 경우와 마찬가지로, 위대한 잠재성을 가진 플로셰어 프로젝트도 일부 똑똑한 사람들이 바보처럼 행동하는 바람에 실패로 끝나고 말았다. 이 프로젝트에 관여했던 사람들의 대담성은 놀라울 정도였다. 한 이야기에 의하면 수석 과학자였던 에드워드 텔러Edward Teller 박사는 한때 여러 개의 원자폭탄을 폭발시켜 알래스카에 북극곰 모양의 항구를 만들자고 제안했다고 한다(농담이기는 했지만 그래도 놀랍다). 사실 원자폭탄이 아닌 보통의 폭탄을 이용해 알래스카에 항구를 만들자는 계획이 실제로 제안되기도 했다. 지역 주민들의 반대에 직면할 뿐만 아니라 1년의 대부분을 얼어붙어 있는 항구를 만드는 어리석은 제안이었다.

건설 현장에서 원자 폭탄을 사용하자고 추천하려는 건 아니지만, 이후의 결과는 우리의 관심을 끈다. 실제로 1973년에 있었던 마지막 시험 이전에는 기술이 비교적 잘 작동했다. 예를 들면 프로젝트 후반부에 진행된 실험 중 하나인 룰리슨 프로젝트Project Rulison는 핵융합 폭탄을 사용해 천연가스를 캐낼 수 있는지를 알아보자는 것이었다.

그 결과는 어땠을까? 나가사키에 투하되었던 원자폭탄보다 2배 강한 위력의 폭탄을 가지고 있다면 많은 양의 천연가스에 접근할 수 있었다. 놀랍게도 폭발 후 그 지역의 방사선 세기는 아주 낮은 수준으로, 이전보다 거우 1퍼센트 정도 높았다. 커다란 잠재력을 보여주는 결과였다. 또한 그 당시에는 평화적인 목적으로 사용되는 폭탄을 비교적 '깨끗하게' 만들 수 있을 것이라고 생각했다. 수소폭탄은 핵융합과 핵분열을 모두 사용하지만, 위험이 되는 방사성 부산물은 주로 핵분열 반응에서 생성된다. 플로셰어 프로젝트의 주요 목표 중 하나는 이런 부산물을 줄이는 것이었다.

일부 희망적인 결과에도 불구하고 1975년에 플로셰어 프로젝트는 중단되었다. 과학자들과 엔지니어들이 많은 진전을 이루어냈지만 너무 많은 장애물들이 그들을 가로막고 있었다. 이제 막 시작된 환경 운동과도 부딪혔다. 시험에 사용될 원자폭탄을 확보하는 데 필요한 서류 작업을 생각하면 원자폭탄이 전통적인 폭탄에 비해 그다지 싼 것도 아니었다. 그리고 어쨌든 원자폭탄은 기대했던 것보다 큰 생산성을 보여주지 못했다. 가장 큰 성과가 천연가스의 개발이었다. 하지만 평균보다 조금 높은 수준의 방사능을 가지고 있는 천연가스를 취급하려고 하는 회사는 없었다.

더구나, 지난 세기 중반에 '프랙킹fracking'이라고도 불리는 유압파쇄법이 발명되면서 천연가스 개발에 원자폭탄을 사용하는 아이디어는 더 이상 주목을 받을 수 없었다. 이건 역사상 가장 역설적인 변화 중 하나임이 틀림없다. 환경주의자 친구의 뇌 기능을 정지시키고 싶다면 바로 이 이야기를 해주면 될 것이다. 여기에 역사상 가장 많은 전쟁 비용을 치러야 했던 베트남 전쟁으로 인해 핵 실험을 위한 자금을 조달하기가 더 어려워졌다. 결과적으로 프랙킹과 베트남 전쟁 덕분에 우리는 좀 더 방사성 물질이 적은 세상에서 살아갈 수 있게 되었다.

1950년대와 1960년대 그리고 1970년대를 거치면서 사람들은 방사선의 위험에 대해 더 잘 이해하게 되었고, 따라서 방사성의 양뿐만 아니라 종류에도 관심을 가지기 시작했다. 가장 중요한 발견 중 하나는 핵폭발에서 발생하는 중요한 부산물인 스트론튬-90의 위험성이다. 스트론튬-90은 방사선을 내는 것 외에는 칼슘과 비슷한 화학적 성질을 가지고 있는 원소다. 이 물질은 칼슘과 마찬가지로 뼈에 흡수되기 때문에 특히 위험하다. 핵실험이 자주 시행되던 시기에는 어린이들의 치아에서 많은 양의 스트론튬-90이 발견되었다.

그렇다. 어린이들의 치아에서! 루이즈 라이스Louise Reiss와 에릭 라이스Eric Reiss 박사 부부는 아주 중요한 연구를 했다. 12년 동안 초등학생들에게서 빠진 치아들을 수집한 것이다. 그들이 수집한 치아의 수는 32만 개에 달했다. 치아는 대부분 칼슘으로 이루어져 있으니, 치아를 조사하면 우리 몸이 얼마나 많은 스트론튬을 흡수하고 있는지 알 수 있다. 그들은 핵실험이 가장 많이 실시되어 대기 중 스트론튬 농도가 높았던 1963년경에는 어린이들의 치아에 평소 수준보다 50배나 많은 스트론튬이 포함되어 있었다는 것을 밝혀냈다.

이 발견은 미국과 소련이 부분적 핵실험 금지 조약Limited Test Ban Treaty(LTBT)을 체결하도록 하는 데 일조했다. 이 조약은 아마 플로셰어 프로젝트의 가장 큰 장애가 되었을 것이다. 이 조약에 따르면 나라 안에서 원자폭탄을 폭발시키는 건 허용되지만 그 영향이 나라 밖에까지 미치는 건 금지되기 때문이다. 이렇게 들으면 별로 큰 제약이 되지 않을 것 같지만, 실제로는 그렇지 않다. 만약 당신이 폭죽을 터트리면 그 폭죽에서 나오는 일산화탄소의 일부가 결국은 러시아에 도달할 것이다. 방사성 먼지의 경우에도 마찬가지다. 미국도, 소련도 이 조약을 그다지 심각하게 생각하지 않았지만, 이 조약 때문에 원자폭탄을 이용해 항구를 건설하려던 복잡한 문제가 더욱 복잡해지고 말았다.

예를 들면 이 조약은 원자폭탄을 해저에서 폭발시키는 것을 규제하고 있다. 플로셰어를 추진하는 사람들은 원자폭탄을 물속이 아니라 해저 지반에서 폭발시키기를 원했다. 이것은 해저가 바다 밑을 의미하는지 아니면 바닷물 속을 의미하는지에 대한 논쟁을 불러왔다. 외교관들의 삶은 참 멋질 것 같다.

소련과 미국의 관계가 개선되자 수소폭탄은 더 이상 비용 절감 효과를 갖지 못했다. 미국인들은 원자무기들을 지구의 종말에나 사용하기 위해 선반 위에 처박아두기로 결정했다. 이렇게 플로셰어 프로젝트는 종료되었다.

이상한 미래 연구소

혹시 당신이 궁금해할까 봐 덧붙이지만, 소련도 '국가 경제를 위한 핵폭발 Nuclear Explosions for the National Economy'이라는 이름의 비슷한 프로그램을 가지고 있었다. 이 프로그램은 소련이 해체되기 직전까지 진행되었다. 구글에 들어가 '샤간 호수Lake Chagan'을 검색하면 구소련의 일부였던 카자흐스탄의 원형 호수를 찾아낼 수 있을 것이다. 이 호수가 만들어지는 순간을 기록한 영상자료도 찾아볼 수 있다. 그리고 오싹하지만 부근에 있는 저수지로부터 물을 끌어다 이 호수를 채운 직후 이 호수에서 수영하고 있는 사람을 찍은 홍보용 사진도 볼 수 있다. 그 사람이 좋은 건강보험에 들었기를 바란다.

물질을 우리가 원하는 대로
바꿀 수 있다면?

질문: 왜 우리는 자전거보다 컴퓨터를 더 많이 사용할까?

답: 당신이 게을러서 밖에 나가기를 싫어하기 때문이다.

그래, 그럴지도 모르겠다. 하지만 다른 이유도 있다. 자전거는 페달을 밟을 때 앞으로 나가는 1가지 일만 할 수 있지만, 컴퓨터는 모든 일을 할 수 있고 무한하게 많은 일들을 할 가능성을 가지고 있기 때문이다. 컴퓨터가 여러 가지 일을 할 수 있는 건 '프로그램 가능한 기계'이기 때문이다. 컴퓨터는 어떤 프로그램이든 수행할 수 있고, 어떤 영상이든 보여줄 수 있으며, 어떤 소리든 들려줄 수 있다. 만약 맞는 연결선이 있고 윈도 프로그램이 문제를 일으키지 않는 한 말이다. 또한 프로그램이나 영상, 소리 등은 컴퓨터 안에 영구적으로 내장되어 있는 것이 아니다. 사진이나 녹음 또는 증기기관의 물리적 작동 장치들과는 다르다.

만약 1900년에서 현재로 시간여행을 온 사람이 있다면 우리가 가진 물건들 대부분을 보고 매우 익숙하게 느낄 것이다. 플라스틱으로 만든 빗자루는 그들이 사용하던 나무로 만든 빗자루와 같은 방법으로 일을 하고, 세탁기가 복잡한 기계 장치이긴 하지만 작동 원리를 이해하기가 그리 어렵지는 않을 것이다. 그렇다면 컴퓨터는 어떨까? 이것을 본다면 시간여행자는 단박에 우리를 마녀로 의심할 것이다.

우리 주위의 모든 물건을 컴퓨터처럼 만들 수 있다면 어떨까? 왜 이렇게 놀라운 컴퓨터와 합성 재료가 널려 있는 시대에, 아직 우리는 물건들을 우리가 원하는 대로 변신하게 할 수 없는 것일까? 왜 건물을 짓는 데 사용되는 물질이 기후에 맞춰 자동적으로 변하게 할 수 없는 것일까? 왜 우리는 스스로 테이블로 변신하는 의자를 구매할 수 없는 것일까? 그리고 왜 종이에게 "학으로 변해라, 얍!"이라고 소리쳐 스스로 종이접기가 되도록 만들지 못하고 직접 손으로 하나하나 접어야 하는 걸까? 하지만 이런 일들이 말처럼 현실에서 먼 일들은 아니다.

MIT의 에릭 드메인Erik Demaine 박사는 프로그램 가능한 물질에 대한 그의 열망에 대해 다음과 같이 설명했다. "내가 프로그램 가능한 물질에 흥미를 느끼는 이유는, 여러 기능을 할 수 있는 장치를 만들 수 있기 때문입니다. 자전거를 타다가 쉬고 싶으면 자전거가 의자로 바뀔 수 있다는 겁니다. 그런 다음에는 노트북 컴퓨터로 변하기도 하고 말이지요. 아니면 스마트폰이 펼쳐져 노트북 컴퓨터로 바뀌기도 하고 (…) 우리는 소프트웨어를 새로 프로그램할 수 있는 컴퓨터 시대에 살고 있습니다. (…) 프로그램 가능한 물질이라는 건 하드웨어에서도 같은 일이 가능하도록 하자는 거예요. (…) 현재는 최신 스마트폰을 갖고 싶다면 상점에 가서 기계를 구입해야 합니다. 미래에는 우리가 가지고 있는 스마트폰을 재구성해 새로운 모델로 변신하게 할 수 있을 겁니다. 그게 제 꿈이에요."

세계 곳곳에서 과학자와 엔지니어, 예술가 들이 이런 일을 실현하기 위해 노력하고 있다. 어떤 사람들은 주변 환경 조건에 반응하는 프로그램 가능한 물질을 만들려 한다. 다른 사람들은 우리가 원하는 모든 것으로 변신할 수 있는 로봇을 생각하고 있다. 가장 야심적인 사람들은 어떤 모양으로도 변신할 수 있는 물질을 갖고 싶어 한다. 컴퓨터와 전자 장비가 계속 더 작아지고 성능이 좋아졌던 것처럼, 언젠가 우리는 희미하게 빛을 내는 액체에 손을 집어넣고 원하는 모든 것을 끄집어 낼 수 있게 될지도 모른다. 렌치에서 전화기, 로봇 반려동물에 이르기까지.

왜 우리는 이런 물질을 원할까? 현실적인 이유도 있지만(뒤에 곧 다룰 것이다), 사람들이 변신 자체를 즐기기 때문이기도 하다. 많은 인기를 끌었던 영화 〈트랜스포머Transformers〉 시리즈를 생각해보자. 이 영화는 먼 행성에서 온 생명체가 외계의 몸, 초인적인 정신을 가지고 지구 부근에서 전투를 벌이는 이야기다. 우리는 왜 이런 이야기를 재미있어할까? 무엇보다도 그들이 근사한 자동차로 변신할 수 있기 때문이 아닐까?

현재 우리는 어디까지 왔을까?

프로그램 가능한 물질에 관한 연구는 현재 물질에 정보를 부여하기 시작하는 단계에 있다. 이 정보는 컴퓨터에서 사용하는 문자적인 비트나 바이트일 수도 있고, 모양이나 물질적 구성을 통해 물체의 구조에 내새되어 있는 '기억'일 수도 있다. 따라서 프로그램 가능한 물질의 분야는 매우 다양하다.

우리는 이제 물질이 '프로그램된다'는 이야기에서부터 논의를 시작할 것이다. '프로그램된다'는 건 그 물질이 어떻게 구성되어 있는지를 기초로 해서 더 복잡하고 구체적인 행동을 할 수 있게 한다는 의미라고 할 수 있다. 예를 들면, 어떤

이상한 미래 연구소

물체를 물에 노출시켰을 때 그 물체가 센서나 계산 능력이 없음에도 불구하고 미리 정해진 방법으로 구부러지는 것이 프로그램이다. 그다음에 우리는 종이접기 로봇, 구조를 바꿀 수 있는 집에 대해 이야기한 후 만능 로봇(〈터미네이터〉에 등장하는 T-1000 같은 것이라고 보면 되는데, 우리 모두를 죽이려고 하는 불행한 일이 벌어지지 않기만을 바라야 한다)과 같은 색다른 이야기로 나아갈 것이다.

프로그램 가능한 물질

MIT의 스카일라 티비츠Skylar Tibbits 교수는 프로그램 가능한 물질 전문가다. 그는 이 분야에 대해 다음과 같이 전망하고 있다. "제가 보기에, 이 아이디어의 요지는 물질이나 물리적 내용물을 프로그램해 인간이나 기계의 도움을 받지 않고 스스로 모양이나 성질을 바꾸고 스스로 조립될 수 있도록 하는 겁니다. (…) 우리는 어떤 방법으로든지 물질이 스스로 변신할 수 있도록 하려고 합니다. 대개의 경우 온도, 습도, 전하와 같은 환경 조건이나 다른 어떤 요소들을 이용해 그런 변신을 유발할 겁니다." 티비츠 교수는 프로그램 가능한 물질을 '4D 프린팅'이라고 부른다. 3D 프린팅이 물질의 공간적 구성만을 만들어내는 반면, 프로그램 가능한 물질은 물질과 환경 조건에 따라 시간적으로 공간 구성을 변화시키기 때문이다.

예를 들면 구조를 바꿀 수 있는 빨대가 있다고 하자. 3D 프린팅을 이용해 만든 이 빨대는 물에 넣었을 때 특정한 방법으로 구부러지도록 설계된 관절을 가지고 있다. 우리는 이 빨대의 각 관절이 어떻게 휘어질지를 선택함으로써, 이론적으로는 어떤 모양으로도 바뀌게 할 수 있다. 티비츠 교수는 물에 넣으면 스스로 'MIT'라는 글자 모양으로 바뀌는 빨대를 만들었다.

환경에 반응하는 또 다른 참신한 프로젝트를 소개하겠다. 슈투트가르트대학

의 아힘 멩게스Achim Menges 박사와 슈테펜 라이헤르트Steffen Reichert 박사가 만든 '하이그로스코프HygroScope'다. 하이그로스코프는 얇은 나뭇조각들로 만들어지며 습도에 따라 미리 프로그램된 방법으로 구부러진다. 주변 환경에 반응해 나무가 구부러짐에 따라 수백 개의 작은 구멍들이 열리고 닫힌다. 모터나 컴퓨터가 내장되어 있지 않음에도 불구하고, 전체적으로 보면 하이그로스코프는 마치 커다란 외계 생명체처럼 움직인다.

티비츠 교수는 2가지 중요한 장애물을 넘어서야만 이런 종류의 프로그램 가능한 물질을 개발할 수 있을 것이라고 말한다. 첫 번째는 정적인 구조에도, 역학적 구조에도 작동하는 소프트웨어를 설계하는 것이다. 그는 "변신할 수 있으며 여러 가지 다른 활성화 에너지를 기반으로 구부러지고, 꼬이고, 접히는 물질"을 설계할 수 있는 소프트웨어를 원하고 있다.

이상한 미래 연구소

두 번째 문제는 사람들이 이런 물질을 실제로 구매하게 하는 방법을 찾는 것이다. 우리는 사실 이에 대해 생각해본 적이 거의 없다. 매일 쓰는 화장실에 있는 물체들도 모두 일정한 형태를 유지하고 있는 '정적인' 물체들이니 말이다. 그러나 티비츠 교수는 더 똑똑한 물질이 자연스럽게 우리 일상생활에 도입될 수 있도록 하는 방법이 있을 것이라고 믿고 있다. 예를 들면, 그는 흐르는 물의 양에 따라 좁아지거나 넓어지는 파이프에 대해 연구하고 있다. 이것이 가능해진다면 사용하는 물의 양에 따라 물의 흐름을 조절할 수 있을 것이다. 현재 그는 프로그램 가능한 물질을 우리 생활의 더 많은 측면에 적용하기 위해 스포츠웨어, 의료 장비, 포장, 우주항공 분야의 회사들과 협력하고 있다.

종이접기 로봇

전통적인 종이접기를 재미있게 만드는 요소는 간단한 접는 규칙 몇 가지를 이용해 복잡한 구조를 만들 수 있다는 것이다.[15] 아름다운 종이학은 단순한 종이 1장을 접어서 만드는 최고의 걸작이다. 숙련된 사람들은 종이 1장으로 수천 가지 모양을 만들어낼 수 있다. 다른 말로 하자면, 프로그램 가능하다.

그렇다면 왜 우리는 바보같이 하나하나 손으로 접고 있는 걸까? 스스로 접히는 종이 로봇을 만들 수는 없을까?

종이접기 로봇은 프로그램 가능한 물질을 향한 좋은 출발점이 될 수 있다. 종이는 상대적으로 다루기 쉬운 물질이고, 간단한 규칙을 이용해 복잡한 구조를 만들 수 있기 때문이다.

---

15 우리도 종이접기가 재미있다는 이야기는 많이 들었다. 그러나 실제로 해보니, 워낙 우리가 실력이 없어서 만들다가 머리가 아프고 화가 날 뿐이었다.

종이접기 로봇을 만드는 데는 수많은 방법이 있지만 기본적인 원리는 간단하다. 특정한 방식으로 접히는 부분이 있는, 납작하고 평평한 물질이 있어야 한다. 이 접히는 자리에는 스스로 접힐 수 있도록 해줄 작동기(좀 멋지게 표현했지만 그냥 움직이는 기계 부품이라는 뜻이다)가 있어야 한다. 로봇이 제때 알맞게 접어질 수 있도록 프로그램해야 하므로 종이 자체에 컴퓨터와 통신할 회로를 포함하고 있어야 한다. 이 로봇은 원하는 형태에 도달한 다음에도 계속 접힐 수 있기 때문에 걸어 다니거나 물건을 잡는 것처럼 전통적인 종이접기가 할 수 없는 일도 할 수 있다.

MIT의 다니엘라 러스Daniela Rus 박사는 가장 작은 종이접기 로봇을 만드는 일에 관심을 가지고 있었고, 결국 손톱 크기의 종이접기 로봇을 만드는 데 성공했다. 아주 단순한 종이접기 로봇이었지만 단순함은 어떤 면에서 장점일 수 있다. 이 로봇은 마치 자석이 부착된 정사각형 모양의 금박처럼 보이는데, 로봇을 활성화하면 스스로 일종의 벌레 모양으로 접힌다. 러스 박사는 로봇에 부착되어 있는 자석에 자기장을 작용해 로봇이 주위를 걸어 다니거나 수영을 하고, 물건을 나르도록 할 수 있다. 현재는 로봇이 리모컨을 이용해 작동하지만, 러스 박사는 앞으로 자동 로봇을 만들 예정이다.

최근에 그녀는 좀 더 개선된 로봇을 만들었다. 무엇으로 만들었냐면, 바로 돼지 내장이다. 우리도 안다. MIT의 기준에서 보면 전기 장치를 단 돼지 내장이 그다지 이상해 보이지 않을지 모른다. 하지만 이것은 MIT 기준에서도 아주 특별한 내장 껍데기다.[16]

러스 박사의 목표 중 하나는 작은 로봇을 개발해 질병 치료에 이용하는 것이

---

16 어린이용 책 제목으로 《아주 특별한 내장 껍데기》는 내가 먼저 찜한다!

다. 내장으로 만든 로봇은 아주 작아서 알약 크기의 얼음 안에 넣어 삼킬 수 있다. 얼음은 이 작은 로봇을 장까지 배달한 뒤, 녹아 없어지면서 안에 싣고 있던 로봇을 풀어놓는 역할을 한다.

러스 박사 팀은 실험용 내장에 못쓰게 된 건전지를 넣어놓고, 로봇을 이용해 제거하는 실험을 했다. MIT의 엔지니어들이 인간의 해부학에 대해 잘 몰라서 장에 건전지를 넣은 것이 아니라, 이런 일이 실제로 가끔씩 일어나기 때문이다. 특히 어린이들에게서 말이다. 그리고 건전지의 톡 쏘는 맛을 즐기는 별난 사람들에게서도 일어날 수 있다.

어쨌든, 얼음이 장에서 녹으면 작은 자석이 부착된 소시지 껍질로 만든 작은 로봇이 남는다. 이 로봇은 당신의 장 속을 수영하며 돌아다닐 수 있는 형태로 접힌다. 그리고 맛있는 건전지에 달라붙은 다음 힘차게 수영해 건전지를 떼어낸다. 그런 다음 건전지를 가지고 몸 밖으로 나온다. 이 로봇이 자신의 일생을 객관적으로 돌아볼 수 있는 지능을 갖지 않게 되기를 바란다. 그러나 그렇게 된다고 해도 별 문제는 없을 것이다. 다시 말하지만 이 로봇은 주로 소시지 껍질로 만들어져 있으므로, 시간이 가면 자연적으로 분해되어 사라질 것이다.

만약 이런 로봇들을 여기서 더 작게 만들 수 있다면, 더 복잡한 의학적 용도로 사용할 수 있을 것이다. 러스 박사는 종이접기 로봇이 몸을 수술하는 도구로 변신하거나 몸의 특정한 부분으로 약물을 배달할 수 있는 날이 오기를 기대하고 있다. 종이접기는 간단한 방법으로 복잡한 구조를 만드는 것이 가능하므로 의료용 소형 로봇으로 향하는 가장 좋은 길을 보여줄 수 있을 것이다.

종이접기 로봇은 커다란 형태로도 유용할 수 있다. 만약 접히는 부분이 단단하게 유지될 수 있으면 평평한 판을 의자, 테이블, 꽃병과 같은 여러 가지 물건으로 변신시킬 수 있을 것이다. 손수건이 갑자기 한쪽 귀퉁이로 일어서는 것을 본

다면 어린이들이 얼마나 즐거워할지 상상해보자.

현재는 대부분의 종이접기 로봇이 매우 간단한 형태다. 그리고 대부분 1번밖에 프로그램할 수 없다. 러스 박사가 설계한 것처럼 최근 개발된 종이접기 로봇들도 기본적인 제약을 가지고 있다.

드메인 박사는 종이접기의 수학을 연구하고 있으며,[17] 종이접기 로봇을 만드는 일도 하고 있다. 그는 다음과 같은 이야기를 들려주었다. "종이접기의 수학적 모델에서는 두께가 0인 종이를 여러 층 겹쳐지도록 집는 것이 가능하다고 가정

---

17 전산 종이접기 분야에서의 연구 업적 덕분에, 그는 법적으로 술을 마실 수 있는 나이가 되기도 전에 MIT 교수가 되었다. 하지만 뭐, 이 책의 저자 중 한 사람인 켈리는 31살에 박사학위를 받았다는 사실에 나름대로 만족하고 있다. 만족하지 않더라도 그녀는 법적으로 술을 마실 수 있는 나이를 훨씬 넘었으니 괜찮다.

합니다. 그러나 실제 물질, 특히 작동기와 전자 장치를 가지고 있는 물질의 경우에는 종이보다 훨씬 두껍습니다. 따라서 복잡한 모델을 만드는 데 제약이 따르죠. 현재로서는 복잡한 구조를 만드는 가장 좋은 방법은 여러 층으로 접는 것뿐이거든요."

드메인 박사와 그의 동료들은 비전통적인 종이접기도 탐구하고 있다. 종이를 일부 자르는 것도 허용한다. 이런 종이접기에 적용되는 수학은 훨씬 더 복잡하지만, 자르면 일이 더 쉬워지는데 굳이 종이 1장 전체를 고집하는 건 어리석은 일이다.

봉투 안에 쏙 들어가는 크기지만 원할 때는 봉투에서 튀어나와 방을 돌아다닐 수 있는 물건을 만들어내는 능력이 있다면, 그 능력을 응용할 수 있는 범위는 매우 넓다. 군사 분야나 보안 분야에서 사용할 수 있을 뿐만 아니라 받는 사람에게 모욕적인 동작을 보여주는 이별 편지를 만들 수도 있다. MIT의 과학자들은 이 종이접기 로봇을 모든 사람들이 사용할 수 있도록 하기 위해 노력하고 있다.

러스 박사 연구실의 박사과정 학생이었고 현재는 펜실베이니아대학에 근무하고 있는 신시아 성Cynthia Sung 박사는 사람들이 로봇을 설계하고 출력한 다음(예를 들면 3D 프린터를 이용해서) 조립할 수 있도록 하는 소프트웨어를 개발했다. "상호작용할 수 있는 로보가미(종이접기 로봇)와 관련해 우리가 하고 있는 일은 이런 겁니다. 기본적으로는 기존과 비슷한 방법으로 사용할 수 있는 가상적인 레고 세트를 만들어내는 것이죠. 하지만 레고의 크기와 모양을 바꿀 수 있고, 우리가 원하는 대로 바꿀 수 있는 변수들을 이용해 하드웨어가 더 원하는 모습이 되도록 통제할 수 있을 겁니다. 여기에 더불어 우리는 시뮬레이션 기술을 제공해서, 사람들이 새로운 물질을 설계하는 동안 그 물질이 실제로 그들이 원하는 것을 할 수 있을지를 확인할 수 있게 해줄 겁니다. 현재 우리는 보행 능력에 주목하고 있어요. 당신이 디자인한 로봇이 안정적으로 걸어갈 수 있는지 시뮬레이션을 해볼 수 있습니다."

그녀의 궁극적인 목표는 사람들이 아주 저렴하게 로봇을 가질 수 있도록 하는 것이다. 상호작용하는 로보가미 소프트웨어를 열어 나만의 로봇을 설계한 다음, 3D 프린터를 이용해 출력하고 거기에 적당한 모터를 달면, 짜잔! 기계 군단이 1명의 병사를 더 얻게 될 것이다.

스스로 구조를 바꾸는 집

복잡하고 물가도 높은 도시에서 공간을 효율적으로 사용하는 건 매우 중요하다. 이를 위한 하나의 아이디어는 방 1개가 여러 가지 기능을 할 수 있게 하는 것이다. 생각해보면 방이란 그저 자연을 차단하고 인터넷을 들여놓은 상자라고 할 수 있다. 우리는 용도에 따라 구분된 여러 개의 방을 사용하고 있지만, 이론상으로는 필요에 따라 순간적으로 변신할 수 있는 1개의 방에서 살아가는 것도 가능하다.

이런 아이디어의 가능성을 증명해주는 1가지 예가 활동적 작업 환경Animated Work Environment(AWE)이다. 이것은 2개의 부분으로 이루어진다. 첫 번째는 구성을 바꿀 수 있도록 설계된 3개의 부분으로 이루어진 테이블이고, 두 번째는 앞에서 언급한 테이블의 한 부분에 달려 있어 전갈의 꼬리처럼 감거나 펼칠 수 있는 6개의 알루미늄 패널늘이다. 이 패널들에는 스크린, 화이드보드, 조명, 음향 등 고객이 원하는 모든 것이 갖추어져 있다. 그리고 환경 요소를 감지하는 센서도 달려 있다.

당신은 이 간단한 구성물을 가지고 놀랍도록 다양한 구조를 만들 수 있다. 전갈의 꼬리 부분을 이용하면 방을 여러 부분으로 나눌 수 있다. 세워서 칸막이로

사용할 수도 있고, 여러 사람을 위한 모니터로 이용될 수도 있다. 우리가 일을 하는 동안 그냥 가만히 있을 수도 있지만 패널들이 우리가 원하는 것들을 감지할 수도 있다. 밤이 오면 전갈 꼬리가 머리 위로 가 조명을 어둡게 해 우리를 편안히 쉬게 해줄 수도 있을 것이다. 또는 여러 사람이 한 사무실을 사용해야 하는데 사생활을 보호받기 원한다면 사무실을 여러 부분으로 분리해 다른 공간에서 일할 수 있도록 할 수도 있을 것이다. 게다가 만약 거대한 개미가 공격해 온다면 전갈 꼬리의 끝에 침을 장착해 전투태세에 들어갈 수도 있다!

　제작자들은 꼬리가 온 방안을 감싸 천장과 바닥까지 만들 수 있는, 좀 더 발전된 형태를 꿈꾸고 있다. 그렇게 되면 사무실 바닥을 만들어낼 수도 있고, 즉석에서 방을 만들 수도 있을 것이다. 그리고 만약 엄청나게 큰 뱀 모양의 로봇 위에서 고객의 세금 환급금을 계산할 수 있게 된다면 좀 더 일을 재미있게 할 수 있지 않겠는가?

이것은 아직 예술 프로젝트 수준에 머물고 있어 빠른 시일 안에 당신의 사무실에서 실현되지는 못할 것이다. 그러나 조건에 따라 스스로 구조를 바꾸는 공간에 대한 기본적인 아이디어는 많은 잠재력을 가지고 있다. 특히 공간의 가치가 큰 곳에서는 더욱 그렇다.

이와 비슷한 아이디어로, 문학의 방LIT ROOM이라는 것이 있다. 간단히 말하자면 벽을 움직일 수 있는 방이다. 이 방의 벽은 위치를 바꿀 수 있을 뿐만 아니라 볼록하거나 오목하게 구부릴 수도 있다. 벽에 영상을 비출 수 있는 프로젝터를 가지고 있고 배경 소음을 만들어낼 수 있는 작은 스피커도 있다. 그러나 정말 흥미로운 부분은 이 방이 사용자와 상호작용할 수 있다는 것이다. 이 방의 주요 고객들은 큰 소리로 이야기를 읽어주는 것을 좋아하는 어린이다. 책을 읽어주는 사람이 특정한 부분에 다다르면, 방이 이야기에 반응한다. 주변이 산꼭대기로 바뀌기도 하고 폭풍우가 연출되기도 한다. 《올리버 트위스트Oliver Twist》를 읽고 있는 동안 정말로 극심한 가난의 냄새를 맡을 수 있다고 상상해보자!

이 자체로도 놀라운 일이기는 하지만, 문학의 방을 만든 사람들은 이것이 어린이들의 교육과 글 읽기에 도움이 되기를 바라고 있다. 그러나 정작 우리가 어렸을 때 계산 능력을 배워서 무엇을 했는지를 생각해보면, 그들의 생각이 성공할지는 확실하지 않다.

그러나 잠깐, 이것을 어른들을 위해 사용할 수는 없을까? 문학의 방과 비슷한 방을 만들되, 단순히 방의 분위기를 바꿀 수 있게 하는 것이다. 예를 들어 일을 하다가 잠깐 쉬는 동안에는 방이 어느 섬의 아름다운 해변으로 변하도록 할 수 있다.

지금까지 이 책의 저자 중 한 사람인 잭이 가장 좋아하는 주택 프로젝트는 하크 설계 및 연구Haque Design+Research(현재는 엄브렐리움Umbrellium)18가 제안한 예술 전시로, '재구성 가능한 주택Reconfigurable House'이라고 불린다. 이것은 주택이라기보다는 우리의 행동과 소프트웨어의 변화에 반응하는 구획으로 나누어진 거대한 금속 구조물이다. 주문자들의 요구를 극단적인 수준까지 반영함으로써 소위 '스마트 홈'이라고 불리는 형태를 조롱하기 위한 아이디어이기도 했다. 하지만 이들은 방과 소프트웨어의 상호작용이 얼마나 마술 같은 일을 만들어낼 수 있는지도 함께 연구하고 있다.

뭐, 의도가 무엇이든 이 예술 작품에서 매우 재미있는 점은 구조물의 일부가 '고양이 벽돌'로 만들어졌다는 것인데, 이 벽돌은 장난감 고양이가 들어 있는 투명한 플라스틱이어서 불이 들어올 수도 있고 고양이 소리를 낼 수도 있다. 이 벽돌들은 간단한 컴퓨터로 작동하기 때문에 사람의 행동에 반응할 수 있다. 예를 들면 이 책의 저자 중 한 사람인 켈리의 생각('나는 평생 경험하지 못했던 악몽을 꾸고 있어.')에 반응해, 기분 좋게 가르랑거리는 소리를 낼 수도 있다.

우리는 실제로 이런 종류의 물질에 큰 흥미를 가진다. 어떤 의미로 '집이 살아있다'고도 할 수 있는 이런 생각은 우리를 매혹한다. 살인자 로봇에 대한 두려움에도 불구하고 말이다. 고양이 벽돌이 우리의 첫 번째(또는 두 번째, 세 번째, 그것도 아니면 사백 번째) 선택은 아니겠지만, 이런 아이디어가 이상할 이유는 없다. 우리는 이미 구글이 우리가 무엇을 찾고자 하는지 알고 있는 것, 페이스북이 우리가 가장 좋아하는 기억을 보여주는 것, 아마존이 우리 자신의 아이디어보다 더 나은 선물을 골라주는 것에 익숙해 있다. 우리의 행동에 반응해 자동으로 구조를 바꾸고 색깔과 소리, 온도를 조절하는 집을 가지게 되면 정말 매력적일 것

---

18 동적이며 상호보완적으로 반응하는 대화형 건축 시스템을 설계하고 연구하는 곳(옮긴이).

이다. 우리가 우울하게 느낄 때는 집이 따뜻함과 부드러움을 주고, 자고 싶을 때는 쾌적함과 조용함을 선사한다고 생각해보라.

공동작업하는 로봇들

1. 모듈 로봇

우리 집이 스스로 구조를 바꿀 수 있다면, 물질도 가능하지 않을까? 우리가 읽은 책 중에는 '가구들이 살아 움직이는' 방을 제안한 것도 있었다.[19] 우리가 평소에 소파 위에 얼마나 많은 물건들을 방치하며 괴롭히는지를 생각한다면 이런 방을 원하지 않을지도 모르겠다. 그러나 만약 집에서 아무것도 하기 싫고 무기력할 때 간식을 놓아둔 탁자가 우리에게 스르르 다가올 수 있다면 생각이 바뀌지 않을까?

이 생각을 아주 참신하게 실현한 것이 로잔 연방 공과대학교École Polytechnique Federale de Lausanne(EPFL)에서 제안한 룸봇Roombots이다. 룸봇은 우리 방에 있는 물건들을 재구성할 수 있도록 설계되었다. 기본적으로는 회전할 수 있고 서로 연결할 수 있는 작고 둥근 육면체로, 혼자 꿈틀거리거나 다른 룸봇과 연결해 바퀴가 되어 움직일 수 있다. 또한 더 많은 룸봇을 연결해 커다랗고 복잡한 구조물을 만들 수도 있다.

연결할 때는 특별하게 설계된 연결고리에 플라스틱 집게를 걸면 된다. 이런 형태 덕분에 룸봇이 차례대로 표면의 연결고리를 이용해 기어 올라갈 수 있는 벽

---

19 키스 에반 그린Keith Evan Green, 《건축 로봇 공학: 비트, 바이트 그리고 생물학으로 이루어진 생태계Architectural Robotics: Ecosystems of Bits, Bytes, and Biology》.

이상한 미래 연구소

을 만들 수도 있다. 따라서 벽이 특수하게 설계된 전등을 들고 있도록 할 수도 있고, 천장을 걸어다니게 할 수도 있으며, 샹들리에로 변신해 우리를 따라 집을 돌아다니도록 할 수도 있다.

만약 모든 물건이 로봇으로 만들어지는 것을 원하지 않는다면 나무로 만든 골동품을 가져와 연결고리를 조각해 넣을 수도 있다. 룸봇이 나무로 다가가 그것을 집어 들어 벤치로 변신시킨 다음 우리에게 가져올 수 있을 것이다. 나중에는 그 나무를 의자의 등받이로 사용할 수도 있고, 몽둥이로 사용해 탐욕스러운 인간 지배자에게 대항할 수도 있을 것이다. 당신은 아마 친구들에게 "범인은 의자였어!"라고 알리려 노력하겠지만, 스파게티 속에서 메시지를 받았다고 하는 사람의 말을 누가 믿어줄까?

이동할 수 있고, 스스로 구조를 만들 수 있는 블록은 이용 가능성이 매우 많다.

그러나 이것의 연구자들은 연로하거나 아픈 사람들을 돕는 데 가장 큰 관심을 가지고 있다. 룸봇을 단순하게 사용하는 방법은 돌아다닐 수도 있고 사용자에 따라 높이와 모양도 바꿀 수 있는 가구를 만드는 것이다.

이 모듈 무리는 만능 '프로그램 가능한 물질'로 나아가는 한 걸음이다. 이것에 접근하는 1가지 방법은 좀 더 일반적인 명령을 수행할 수 있도록 로봇 무리를 자동화하는 것이다. 특정한 설계나 장소를 프로그램하는 대신 목표를 프로그램해서, 로봇 무리가 알아서 일하도록 하면 된다. 그렇게 하면 잘못될 일이 무엇이 있겠는가?

스와모프SWARMORPH라는 프로젝트는[20] 작은 바퀴가 달린 로봇을 이용한다. 로봇의 둥근 가장자리에는 연결 장치가 달려 있는데, 로봇들이 옆으로 연결될 수는 있지만 위로 겹쳐 쌓일 수는 없다. 어떤 면에서 보면 3차원으로 움직일 수 있는 룸봇보다 디자인이 더 간단하다. 그러나 스와모프 로봇이 특별한 이유는 곤충 무리들처럼 움직이고 조직을 만들 수 있다는 것 때문이다. 로봇들은 작은 불빛으로 서로 신호를 보내 행동을 조정할 수 있다.

간단한 시험에서 스와모프 로봇들은 다리를 건널 수 있었고, 혼자서는 극복할 수 없었던 장애물을 피해갈 수 있었다. 이 로봇들이 함께 극복한 장애물 중에는 다음과 같은 것도 있었다. 로봇들을 원형 경기장 안에 넣고 한쪽 끝에서 다른 쪽 끝까지 가라고 명령한다. 그러나 경기장의 한가운데에는 깊게 갈라진 틈이 있다. 로봇들은 공간을 조사하며 돌아다니다가, 어느 한 로봇이 목표를 달성하기 위해서는 이 틈을 건너야 하지만 혼자서는 할 수 없다는 사실을 알아차린다.

이 로봇은 '씨앗 로봇seed bot'이 되어 로봇 조직에 변화의 씨앗을 뿌리게 된다.

---

20 기계들의 반란이 일어나면 이 이름을 저주해야 하니 반드시 기억해두자.

이상한 미래 연구소

로봇들이 목표에 접근한다.

한 로봇이 틈을 발견하고
연결 부분을 열어 신호를 보낸다.

첫 번째로 연결된 로봇이
연결 부분을 열어 신호를 보낸다.

로봇들이 연결되어 틈을 건넌다.

틈을 다 건너면 로봇들은 다시
무리 형태로 돌아가 목표를 향해 간다.

씨앗 로봇은 몸통에서 작은 빛을 깜박여, 다른 로봇들에게 "이리 와서 연결해!"라는 메시지를 보낸다. 그러면 다른 로봇들이 씨앗 로봇에게 다가와 씨앗 로봇의 특정한 연결 장치만 활성화되어 있다는 사실을 알아챈다. 처음 씨앗 로봇에 연결한 로봇에게는 다른 로봇이 다가와 연결한다. 곧 로봇들로 이루어진 긴 줄이 생기고, 하나의 줄로 늘어선 로봇들은 틈의 한쪽에서 반대쪽까지 도달할 수 있다. 인간 관찰자로부터 아무런 도움을 받지 않고 장애물을 극복한 로봇들은 다시 분리된 후 각자 목표를 향해 나아간다.

로봇들은 이와 비슷한 방법으로 여러 가지 임무를 수행할 수 있었다. 서로 연결됨으로써 좁은 레일에서 길을 찾기도 했다. 그러나 현재까지는 실험실 안에서 통제된 채 수행된 시험만 완수했다.

심브리온SYMBRION이라고 부르는 또 다른 그룹은 3차원에서 작동하는 비슷한 프로젝트를 연구하고 있다. 이 프로젝트에 사용되는 각각의 로봇은 표면마다 바퀴가 달려 있는 정육면체 형태다. 표면들에는 또한 꺾쇠를 이용하는 연결 장치가 달려 있다. 따라서 로봇들은 스와모프 로봇들과 비슷한 일들을 할 수 있지만, 운동 범위가 좀 더 크다. 이 프로젝트를 찍은 영상에서는 심브리온 로봇들이 결합해 네발짐승이나 뱀을 만드는 것도 보여주었다. 이들은 장애물을 극복하기 위해 다른 여러 가지 방법으로 움직일 수 있다.

2013년, 심브리온은 무시무시한 네발짐승을 만들어내는 작업을 완성했다. 그러나 다른 엔지니어들은 여전히 가까운 장래에 인류의 멸망을 초래할지도 모르는 프로젝트를 수행하고 있다.[21] 이 최근의 프로젝트는 킬로봇Kilobot(주의해야 한다. 중간에 L을 1개만 더 넣으면 살인자 로봇이라는 뜻이 된다!)이라고 불리는데, 1,024개의 작은 로봇들로 이루어져 있다.

킬로봇은 아주 간단하고 아주 작다. 이 로봇들은 3개의 딱딱한 다리가 달린 시계용 건전지처럼 생겨서, 흔들거리면서 움직인다. 다른 로봇 무리들의 경우와 마찬가지로 우리는 이 로봇들에게 임무를 부여할 수 있고, 로봇들은 그 임무를 완수하는 방법을 알고 있다. 작은 로봇들이 우리가 원하는 모든 도구로 변신할 수 있는 미래에는 아마 킬로봇들이 간단한 알고리듬을 작동시켜 렌치(공구의 하나ㅡ옮긴이)로 변신할 수도 있을 것이다.

그래, 좋다. 수천 개의 로봇들이 자기 자리를 찾아 올바른 모양으로 배열되려면 6시간이 걸린다. 그리고 그들이 유용한 도구를 만들어냈다기보다는 렌치 모

---

21 심브리온 프로젝트의 책임자였던 앨런 윈필드Alan Winfield 박사는 이렇게 말했다. "여러분도 인류 멸망이 우리의 목표가 아니라는 건 알고 있을 겁니다. 심브리온 로봇들은 실험실에 있는 간단한 장애물을 겨우 기어 올라갈 뿐입니다. 따라서 인류에게 큰 위협이 되지는 않습니다." 글쎄, 그의 태도로 보아 안심할 수는 없을 것 같다.

양으로 정렬한 것에 불과하다. 그러나 여기에는 여러 가지 가능성이 있다. 더 많은 로봇을 가지고 있을수록 가능성은 더 커질 것이고, 하나의 연속적인 물체처럼 행동하는 로봇 무리를 가지게 될 것이다.

인류 문명이라는 이 계속되는 희극을 마침내 끝내는 것 말고, 우리가 자동 로봇 무리를 가져야 하는 이유가 무엇일까? 모든 것을 통제할 수 있는 거대한 컴퓨터(또는 위대한 인간)가 없는 상황에서, 로봇 무리를 이용하면 컴퓨터가 해야 할 일의 양을 줄일 수 있기 때문이다. 즉 값싸고 빠른 로봇이 필요하다는 의미다. 그리고 자동 로봇은 상황 변화에 빠르게 반응할 수 있기 때문에 좀 더 효과적이다. 이런 능력은 우주나 재난 현장과 같은 거친 환경에서 특히 중요하다. 그런 곳에서는 언제나 예상하지 못한 일이 일어날 수 있다. 만약 로봇이 프로그램된 하인이 아니라 개미처럼 행동한다면, 로봇에게 좀 더 일반적인 임무를 부여할 수 있을 것이다. 예를 들어 "이 음식물을 이 장소까지 배달하라."라는 임무를 부여하면 로봇들이 자신들의 창의력을 이용해 그 임무를 수행할 것이다.

2. 클레이트로닉스, 캐톰스, 몰레큐브

그 유명한 팰로앨토 연구 센터Palo Alto Research Center에서 일했던 데이비드 더프 David Duff 박사는 모든 것이 가능한 프로그램 가능한 물질을 나타내기 위해 '만능물질 상자Bucket of Stuff'라는 말을 만들었다. 그 아이디어는⋯. 잠깐, 데이비드 더프라는 사람이 만능물질 상자를 만들었다고?

미안하지만 이번 단락은 제목을 바꿔서 다시 시작하겠다.

2-1. 더프 박사와 그의 만능물질 상자

찐득찐득한 만능물질이 가득 들어 있는 상자가 있다고 가정해보자. 싱크대를

고치러 갈 때 벨트에 묶어 허리에 차고 갈 수도 있다. 만약 0.55센티미터짜리 렌치가 필요하다면 만능물질 상자에 그것이 필요하다고 이야기하기만 하면 된다. 만능물질 상자에서 렌치가 쑥 나타날 것이고, 당신은 필요한 일만 하면 된다. 펜치가 필요하다면 바로 펜치가 나타날 것이다. 플런저(소위 뚫어뻥)가 필요한 경우에는 만능물질이 바로 당신이 원하는 도구로 변신할 것이다.

이것이 전부가 아닐 수 있다. "스크루드라이버를 줘!"라고 말하는 대신 "나사를 풀어!"라고 말할 수도 있지 않은가? 그러면 만능물질이 어떻게 해야 최선인지를 스스로 알아낼 것이다. 또는 당신이 직접 변기를 뚫는 대신 만능물질 상자

　　　　　　　　　　　　　　　　　　　　이상한 미래 연구소

를 향해 "이봐, 저기서 네가 할 일을 해야지."라고 말하면 될 것이다.

렌치나 펜치처럼 단순하고 단단한 도구 말고, 다른 물건도 소환할 수 있다. 편히 베고 누울 베개를 원할 수도 있고, 계산기가 필요할 수도 있다. 로봇 애완동물은 어떨까? 밸런타인데이 선물을 깜박한 경우에는 만능물질에게 꽃으로 변하라고 명령하면 될 것이다. 심지어 만능물질에게 더 많은 만능물질을 만들도록 할 수도 있다!

다시 말해 만능물질 상자는 말 그대로 '만능'인 물질을 담고 있는 셈이다. 물리학이 허용하는 한 모든 일을 할 수 있는 물질 말이다. 이것은 프로그램 가능한 물질의 가장 야심 넘치지만 아직은 요원한 목표다. 다음의 몇 가지 이유 때문이다.

첫 번째, 만능물질의 각 조각마다 아주 많은 일을 해야 하는데, 그러면서도 그 전체 물질을 소형으로 만들기는 어렵다. 티비츠 교수는 이에 대해 다음과 같이 지적했다. "렌치를 만들기 위해서는 단단한 물질이 필요할 겁니다. 그러나 아이들을 위해 부드럽게 휘어지는 장난감을 만들고 싶다면 좀 다른 물질이 필요하겠지요. 어떻게 1가지 만능물질로 완전히 다른 성질을 가지는 물질을 만들 수 있겠습니까?"

두 번째는 만능물질을 어느 정도로 똑똑하게 만들어야 하는지의 문제다. 드메인 박사는 이에 대해 다음과 같이 말했다. "물질이 그다지 똑똑하지 않으면 우리가 원하는 일을 정확히 하도록 하기가 매우 힘들 겁니다. 그러나 물질이 똑똑해지려면 물질을 구성하는 모든 입자들이 모두 자체적으로 에너지 공급원을 가지고 있어야 하죠. 하지만 우리는 실제로 그렇게 되기는, 어휴, 어렵다고 봅니다."[22]

나노봇으로 이루어진 거대한 물체에 전력을 공급하는 문제는 매우 까다롭다.

---

22 MIT의 최고 수학자가 '어휴'와 같은 표현을 사용하다니. 좀 멋지지 않은가?

당신이 각각의 나노봇에게 계속 전력을 공급해주는 외부 장치가 있기를 원하는 것이 아니라면, 프로그램 가능한 물질의 모든 입자들에 에너지를 저장해둘 수 있는 방법이 필요할 것이다. 과학자들은 최근에 특별하게 설계된 3D 프린터를 이용해 모래알 크기의 전지를 개발했다. 그러나 이것 역시 너무 크다. 그리고 값이 싸지도 않을 것이다.

카일 길핀Kyle Gilpin 박사, 러스 박사, 러스 박사의 실험실에 있는 또 다른 박사 과정 학생인 존 로마나이신John Romanishin으로 이루어진 연구 팀은 만능물질 상자를 향한 의미 있는 진전이라고 할 수 있는 'M블록'을 만들었다. M블록은 한 변이 약 5센티미터 정도 되는 정육면체로, 내부 플라이휠을 갖추고 있으며 각 모서리에는 자석이 부착되어 있다.

플라이휠이 돌아갈 때는 자석에 의해 블록들이 서로 연결되어 있다. 그러나 플라이휠이 빠르게 정지하면, 플라이휠의 운동량이 블록에 전달되어 블록이 움직이게 된다. 그런 다음에는 새로운 M블록과 결합해 무리를 이루고 자신들의 배열 상태를 모두 바꾼다. 따라서 자유롭게 이동할 수 있는 상태와 단단하게 연결되어 있는 상태를 가질 수 있다. 일정한 형태를 가지고 있지 않은 물질 덩어리로부터 일정한 형태를 가진 고체 물질로 변신하는 것을 원한다면 나쁘지 않은 시작이다.

그리고 연구 팀은 블록을 3차원적으로도 이동시킬 수 있었다. 플라이휠은 매우 강력해, 블록을 책상 표면에서 들어 올린 다음 거꾸로 뒤집어 3차원 구조를 만들 수도 있기 때문이다.

목표는 블록을 점점 더 작게 만드는 방법을 찾아내는 것이다. 2×2 사각형 몇 개로는 여러 가지 그림을 그릴 수 없는 것과 같은 이유로, 폭이 5센티미터인 M블록으로는 여러 다른 형태의 물건을 만들 수 없다. 그러나 이것은 시작에 불과하다. 1950년대에는 1기가바이트짜리 메모리의 무게가 250톤이었다는 사실을 잊지 말자. 현재 우리는 주머니 속에 수백 기가바이트를 저장할 수 있는 SD카드를 가지고 다닌다. 만약 프로그램 가능한 물질이 프로그램 가능한 컴퓨터만큼 널리 사용된다면, 우리는 이와 똑같은 기술 혁신을 기대할 수 있을 것이다.

아주 작은 크기의 블록이 만들어진 다음에는, 블록들이 이제 어디로 가야 할지, 가서 무엇을 해야 할지 알도록 해주어야 한다. 이것은 소프트웨어의 문제다. 이에 대해 성 박사는 다음과 같이 설명했다. "우리는 아주 많은 수의 로봇들을 다루는 여러 가지 알고리듬을 가지고 있습니다. 하지만 현재 가장 큰 문제는 어떻게 이 알고리듬들을 실용적인 것으로 만드느냐입니다. 왜냐하면 아주 많은 수의 로봇들로 이루어진 무리를 가지고 있으면 그중 일부 로봇들은 제대로 작동하지 않을 겁니다. 많은 로봇들이 다른 로봇들과의 통신에 실패할 것이고, 또 다른 많은 로봇들은 센서가 제대로 작동하지 않아 자신들이 다른 로봇들로부터 상대적으로 얼마나 떨어져 있는지 알 수 없게 될 테니까요. 따라서 우리가 개발하는 알고리듬이 이런 문제들을 잘 극복할 수 있는지를 확인할 필요가 있습니다. 렌치가 필요해서 상자에 손을 뻗었을 때 손에 잡히는 것이 '바로 사용할 수 있는' 렌치여야지, 여러 조각으로 부서져버리는 렌치면 안 되니까요."

그렇다면 이런 소프트웨어 문제를 위해 우리는 지금까지 어떤 해결책을 발견해냈을까?

3. 로봇들의 이동 조정하기

로봇 무리든 만능물질이든, 많은 작은 기계 장치들의 행동을 조정하는 건 어려운 문제다. 모든 로봇이 각자 복잡한 계산을 할 필요는 없다. 그렇게 하려면 모든 로봇이 각자 더 많은 장치를 가지고 있어야 하기 때문이다. 간단한 규칙에 의해 움직이는 로봇들이 전체적으로 복잡한 행동을 해낼 수 있도록 하는 것이 이상적이다.

그리고 빠르게 해내야 한다. 앞에서 킬로봇이 임의의 형태에서 시작해 그럭저럭 괜찮은 렌치 모양으로 배열되는 데 6시간이 걸렸다는 사실을 기억하고 있을 것이다. 이것도 매우 인상적이기는 하지만, 만능물질 상자로서는 전혀 실용적이지 못하다. 만약 자신을 방어하기 위해 칼이 필요하다고 생각해보자. 강도가 칼이 만들어지는 과정을 재미있어 한다고 해도, 당신의 지갑을 뺏기 위해 6시간이나 기다려주지는 않을 것이다.

로봇의 수가 늘어남에 따라, 그들의 움직임을 조정하는 데 따르는 어려움은 기하급수적으로 증가한다. 역사상 가장 많은 수의 단원들로 구성된 밴드를 통제한다고 생각하면 그 이유를 바로 이해할 수 있을 것이다. 밴드의 대열을 한 형태에서 다른 형태로 바꿀 때 단원들에게 그들이 가야 할 최종 위치만을 알려주지는 않는다. 그렇게 하면 단원들이 다른 단원들과의 충돌을 피하는 데 많은 시간을 소비하고도 서로 충돌해 넘어지거나 누군가를 밟고 넘어가는 일이 일어날 것이다. 따라서 단원들은 그들이 만들어야 할 모양만 아는 것이 아니라, 형태를 바꾸는 데 효과적인 움직임을 알고 있어야 한다.

단원의 수가 더 늘어난다면(아니면 아예 단원들이 3차원에서 이동할 수도 있다면) 문제는 더욱 복잡해진다. 1,000명의 이동을 조정하는 건 100명의 이동을 조정하는 것보다 훨씬 어렵다. 그리고 만능물질 상자 속에서는 1,000개보다 훨씬 많은 로봇들이 함께 일해야 할 것이다.

그러나 우리는 큰 그룹에서 개별 배우들의 행동을 조정하는 것이 가능하다는 사례를 알고 있다. 흰개미 말이다. 이들은 용도가 다른 방들로 이루어진 거대하고 복잡한 집을 짓는다. 그러나 집을 짓는 흰개미들 중 전체적인 집의 설계를 알고 있는 흰개미는 없다.

어떻게 이런 프로그램이 가능한지는 알아내기가 어렵다. 하지만 이와 관련해 특별히 우리의 관심을 끌었던 아이디어가 있었다. 바로 로봇이 진화하도록 하자는 것이었다. 일반적으로, 암컷과 수컷으로 나뉘어 있는 생명체에서는 다음과 같은 과정을 통해 진화가 일어난다. 부모 생명체가 서로를 매우 사랑한다. 그들이 결합해 많은 아이를 낳는다. 인정사정 봐주지 않는 자연은 열등한 아이를 도태시킨다. 살아남은 아이는 새로운 부모가 된다.

로봇에게 섹시하고 분위기 좋아 보이게 하는 코드를 입력해준다고 해도, 로봇이 말 그대로 '짝짓기를 할' 수는 없다. 그러나 자손을 만들어낼 수는 있다.[23]

예를 들어, 연구 팀이 룸봇에게 이동할 길을 알아내도록 가르친다. 이제 많은 룸봇들이 이동할 수 있는 거의 모든 방법을 시도하고 있다. 일부는 빠르게 이동하고, 일부는 느리게 이동하며, 어떤 것들은 움직이지 않는다. 시간이 지난 다음에, 가장 성공적으로 이동한 로봇을 '키워서' 그 방법과 관련 있는 이동 경로를 만든다. 그렇게 하면 새로운 '세대'는 조금 더 빨리 이동하게 될 것이고, 훨씬 더 다양한 이동이 가능할 것이다. 이런 과정을 여러 세대에 걸쳐 반복해 점점 더 나은 이동 메커니즘을 발전시킨다. 그렇게 개발된 새로운 메커니즘 중에는 사람이 예상하지 못했던 것도 있을지 모른다.

이론적으로는 이렇게 진화시키는 방법을 통해 "별 모양으로 변신해라!"라든

---

23 윈필드 박사는 친절하게도 우리에게 로봇이 자손을 낳는 내용이 들어 있는, 아주 노골적인 영상을 보내주었다. 성적으로 노골적인 영상 말이다. 휘스 에이번Gusz Eiben 박사의 〈로봇 아기 프로젝트Robot Baby Project〉라는 제목이었다. 우리는 무언가의 결과를 토론하는 과학자들의 자세로, 플라스틱 로봇들이 선정적으로 몸을 비비고 있는 20초 길이의 동영상을 감상했다. 두 로봇을 혼합한 자손 로봇을 만들려고 했던 사람들의 지시와는 달리 로봇들이 많은 자손을 생산하지 않아, 로봇 성교의 유용성이 의심받기도 했다. 우리는 이것에 불만이 없다. 우리의 작은 가구들이 이런 행동을 하는 것을 보고 있을 수는 없으니까 말이다.

가 "나에게 맥주를 가져와라, 한심한 금속 하인아!"와 같은 좀 더 복잡한 명령을 수행할 수 있는 로봇을 만들어낼 수 있을 것이다. 충분한 시간을 주면 로봇은 임무를 완수하는 효과적인 방법을 알아낼 수 있다. 그리고 로봇이 찾아낸 건 무엇이든지 다른 로봇에게 업로드할 수 있다. 실제로 이런 방법이 일반화되면 새로운 행동은 거의 다른 로봇 모두에게 전달될 수 있을 것이다.

이렇게 진화를 이용하는 방법은 아주 이상한 결과를 낳을 가능성도 가지고 있다. 우리가 발견한 한 아이니어는 로봇 무리들이 우리가 설계할 수 있는 것보다 더 임무를 잘 수행하도록 진화할 수도 있을 것이라고 제안했다. 서리대학의 야오추 진Yaochu Jin 박사와 스티븐스 공과대학의 얀 멩Yan Meng 박사는 로봇 무리들이 주어진 임무를 수행하는 데 적당한 손을 갖도록 진화시키는 아이디어를 제안했다. 그들은 인류가 물건을 던지고 곤봉을 휘두르기 시작하면서 인간의 손이 침

팬지의 손과 달라지기 시작했을 것이라고 생각한다. 따라서 예를 들어 벽돌을 쌓을 수 있는 로봇의 손을 설계하는 대신, 로봇 무리에게 벽돌을 집어 들라는 임무를 부여한다. 그렇게 하면 앞에서 가구 로봇이 진화했던 것과 같은 방법으로, 최적화된 손을 가지게 될 때까지 진화할 것이다.

　말도 안 되는 소리가 아니다. 실은 우리 몸에서도 수많은 작은 기계들이 서로 협동해 많은 일들을 하고 있다. 만약 로봇이 감지하고, 통신하고, 연결하고, 물건을 나르고, 이동하는 것 같은 몇 가지 기본적인 일을 할 수 있다면, 이론적으로는 살아 있는 세포들처럼도 행동할 수 있을 것이다. 충분한 시간이 주어진다면 로봇들이 손이나 팔다리, 또는 기초적인 신경 조직을 만들어내도록 '진화'하지 못할 이유가 없다. 어쨌든, 뇌 세포 하나하나가 뇌 자체는 아니지 않은가?

우리가 걱정해야 할 문제들

　만약 집에 프로그램이 가능한 물질이 있다면, 해킹을 염려해야 할 수도 있다. 어느 날 잠에서 깨어나 보니 접시가 수저와 함께 달아났을지도 모르는 일이다. 물건을 잃어버리는 것 자체만 해도 불쾌한 일인데, 이제는 칼도 보이지 않는다는 사실을 깨닫는다.

　만약 물질이 엔지니어의 요구에 반응해 스스로 모양을 바꿀 수 있다면, 해커들이 물질을 미세하게 조정해 위험한 상황을 만들 수도 있다. 인터넷에 연결된 항공기들이나 자동차들은 이미 이런 일들에 대비하고 있다. 프로그램 가능한 물질이 또 다른 위험을 초래할지, 아니면 이미 존재하고 있는 위험을 증폭시킬지는 아직 확실하지 않다.

드메인 박사는 소프트웨어 해킹이 가장 중요한 문제이며, 하드웨어 해킹은 소프트웨어 해킹보다 쉽게 통제할 수 있을 것이라고 지적했다. 그가 제안한 방법은 모든 변화가 특정인의 허락이 있어야만 가능하도록 하는 간단한 물리적 메커니즘을 만드는 것이었다. '재프로그램'이라고 쓰여 있는 버튼을 다는 등 아주 간단한 것이어도 된다.

해커가 아니더라도, 중요한 순간에 프로그램 가능한 물질이 제대로 작동하지 않는다면 어떻게 될까? 이에 대해 티비츠 교수는 다음과 같이 말했다. "내 생각에 가장 큰 윤리적 문제는 물질에 권한을 부여하는 겁니다. 구체적인 예를 들어, 프로그램 가능한 물질로 이루어진 날개를 달고 있는 비행기를 생각해봅시다. 이 날개에 비행기가 운행되는 동안 일어나는 일들을 해결할 수 있는 전적인 자유를 줄 수 있습니까? 이런 문제에는 여러 가지 염려스러운 부분이 있어요. 물질을 어떻게 믿을 수 있을까요? 어떻게 모든 일들이 제대로 작동할 것이라고 보장할 수 있을까요? 문제가 발생하고 그것의 책임이 물질에 있다면, 어떻게 해야 할까요? 물질에 권한을 부여했을 때 누구에게 책임을 물어야 할까요?"

자율주행 자동차의 경우에는 이미 '사고가 났을 때 누가 책임져야 하는가?'가 문제가 되고 있다. 그러나 적어도 자동차는 문제가 일어날 가능성이 매우 제한적이다. 여기저기서 쓰일 수 있는 물체의 경우에는 도로만 달릴 수 있는 자동차의 경우보다 책임 소재를 가리기가 훨씬 더 복잡할 것이다.

군사적 목적으로 사용될 가능성도 있다. 프로그램 가능한 로봇 무리를 통제할 능력을 가지고 있는 나라에 사느냐, 그렇지 못한 나라에 사느냐에 따라 이 문제를 보는 시각은 다를 것이다. 미국에서 2000년대 말에 실시된 국방 발전 연구 프로젝트Defense Advanced Research Projects Agency(DARPA)는 프로그램 가능한 물질에 대한 2년짜리 연구 프로젝트를 수행했고, 그 후에는 일부 로봇 프로그램에 연구비를

지원했다. 이 프로젝트의 목적은 병사가 벨트에 차고 다니다가 필요한 도구나 무기의 대체 부품을 만들어낼 수 있는 군사용 재형성 도구를 개발하는 것이었다.

우리가 알고 있는 한, 이 연구는 별다른 성과를 거두지 못했다. 그러나 한때 그들은 '켐봇ChemBot'의 제안서를 제출하기도 했다. 모터가 없고 물렁물렁한 로봇 같은 것이라고 보면 된다. 솔직히 켐봇은 전쟁터보다는 '개인용'이라는 도장이 찍힌 상자에나 더 어울릴 실리콘 괴물이라고 보아야 했다. 〈터미네이터〉에 등장한 T 1000은 아니었다. 하지만, 무엇에든 첫걸음은 있지 않은가.

군사용이라고 해서 항상 거대한 살인 로봇일 필요는 없다. 만능물질 상자는 완벽한 스파이가 될 수 있을 것이다. 그저 찐득거리는 무언가가 묻어 있는 흔적처럼 보이는 것이 방을 도청할 수 있다고 생각해보자. 그리고 이 만능물질이 파리의 등 뒤에 마이크나 카메라, 송신기를 만들어 달 수 있다고 상상해보자.

이런 일이 가능하다면 아주 멋질 것 같지만, 프로그램 가능한 물질이 더 작아지면 작아질수록 세상의 모든 것들이 놀랄 만큼 자세하게 감시를 받을 수 있다. 1990년대에는 당신이 어디에 있든 모든 지역의 날씨를 찾아볼 수 있다는 사실만으로도 놀라웠지만, 2090년대에는 원하는 각도에서 찍은 모든 지역의 사진을 찾아볼 수 있을 것이다.

좀 더 일상적인 문제로는 이런 것도 있다. 만능물질 덩어리로 무엇이든지 만들 수 있는데, 과연 특허는 어떻게 낼 수 있을까? 어떤 사람이 새로운 탁자를 설계한 경우 다른 사람이 만능물질 상자에게 "저 탁자의 설계를 흉내 내!"라고 말하는 것을 금지할 수 있을까?

먼 미래에 이런 물질이 어떻게 작동할지 명확하게 알 수 없지만, 소프트웨어가 컴퓨터에서 작동하는 것과 같은 방식일 가능성이 크다. 컴퓨터의 기계 자체는 범용이지만 사용자의 기호에 맞도록 구성할 수 있다. 우리는 응용 프로그램을 위해 돈을 지불한다. 기계의 메모리를 '재구성'하는 것에 불과하지만 말이다. 프로그램 가능한 물질이 복잡한 물체를 만드는 경우에도 이와 비슷한 것을 생각해볼 수 있다.

그렇다. 우리는 자신만의 로봇 공룡을 스스로 설계할 수 있을 것이다. 그러나 한 2만 원만 지불하면 나만의 공룡을 만들어줄 회사가 있는데 굳이 귀찮게 스스로 만들 필요가 있을까? 또는 불법적으로 해적판 로봇 공룡을 다운로드할 수도 있을 것이나. 하지만 로봇 만능물질 시대에, 정말 악성 소프트웨어를 다운받을 위험을 감수해도 될까?

개인의 안전을 보장받기가 점점 더 어려워질 것이다. 만능물질 상자만 있다면 어디에서든지 칼을 만들 수 있다. 그리고 진보된 프로그램 가능한 물질을 가지고 있다면 총이나 폭탄을 구하기도 어렵지 않을 것이다. 비행기에 만능물질 상자 자체가 절대로 허용되지 않을 수도 있다. '만능물질 상자' 같은 물건들을 어떻게 쉽게 감지하느냐'가 어려운 문제가 될 것이다. 결국 대부분의 세상은 안전하지 않을 것이다. 프로그램 가능한 물질의 세상에서는 어떤 외톨이가 폭발물이나 자동 무기를 만들 수 있는 프로그램을 충분히 다운로드할 수 있다.

3D 프린팅에서는 이미 이런 일들이 문제가 되고 있다. 예를 들어 3D 프린터로 총 만드는 일을 금지하려는 시도는 실패했다. 기본적으로 어떤 사람이 집에서 자기가 하고 싶은 일을 못 하도록 금지하기란 불가능하기 때문이다. 모든 것을 쉽게 만들 수 있다고 해서 그것이 사회에 도움이 될지 아니면 더 큰 위협이 될지는 두고 볼 일이다.

사회의 안전에 대해 이야기하다 보면 어떤 사람들은 우리가 프로그램 가능한 물질을 만들어서 이것이 스스로 복제되고, 전 세계로 전파되어 모든 것을 파괴할지도 모른다고 걱정한다. 세상의 종말[24]에 대해 연구한 사람들은 이것을 '회색 물질 시나리오'라고 부른다. 이 시나리오에서 상상되는 이미지는 인공적으로 만든 생명체가 모든 것을 먹어치우고 칙칙한 회색 분비물을 만들어내는 것이다.

그러나 독자들이여, 걱정할 필요가 없다. 대부분의 과학자들은 이런 일이 일어날 가능성은 거의 없다고 믿는다. 우리는 이전에 존재한 적 없는 작은 기계나 도구를 만들 수는 있지만, 물리 법칙에 위반되는 일을 할 수는 없다. 금속과 실리콘으로 만든 작은 생명체도 다른 생명체들에게 적용되는 진화적 한계를 넘어설 수 없다.

---

24 지구 종말 문제에 흥미가 있다면 다음의 에세이를 읽어보면 좋을 것이다. 닉 보스트럼Nick Bostrom, 밀란 M. 치르코비치Milan M. Cirkovic, 《지구 재앙 위협Global Catastrophic Risks》.

이것이 세상을 어떻게 바꿔놓을까?

모양을 바꿀 수 있는 장소나 물체는 효율적, 질적 측면에서 흥미로운 가능성을 많이 가지고 있다. 모든 식물이 가지고 있는 효율성은 빛과 수분을 최대한 활용하기 위해 계절에 따라 변신한다는 것이다. 우리 몸도 마찬가지다. 견디기 힘든 어려움에 처하게 되면 잠들어버리는 현상 말이다. 그러나 건물이나 자동차는 환경에 잘 적응하지 못한다.

만약 집이 프로그램 가능한 물질로 이루어져 있어 햇빛, 열, 물의 사용을 극대화할 수 있도록 구조를 바꾼다면 아주 흥미롭고 매력적일 것이다. 왜냐하면 이 변신은 주위의 습도 같은 조건 변화의 결과이기 때문에 다른 에너지를 필요로 하지 않는다.

이 모든 변화들이 꼭 눈에 보여야 할 필요는 없다. 티비츠 교수가 말한 것처럼

말이다. "겉보기에는 오늘날 우리가 알고 있는 세상과 정확하게 똑같지만, 그 속을 들여다보면 전자제품 작동에 필요했던 에너지가 더 이상 필요 없고, 로봇도 필요 없는 똑똑한 물질로 이루어져 있다면 멋지지 않겠습니까?"

우리 몸이 하는 또 다른 일은 특정한 조건 하에서 외모를 일부 바꾸는 것이다. 예를 들면 오랫동안 물에 들어가 있은 후에는 손끝이 쪼글쪼글해진다. 그 이유를 정확히 아는 사람은 없지만, 물기 때문에 미끄러지지 않고 물건을 잡을 수 있도록 진화한 결과라는 신빙성 있는 주장이 있다.[25]

그렇다면 자동차가 이런 일을 할 수 있다면 어떨까? 날씨가 건조하거나, 비가 오거나, 눈이 오면 그에 맞춰 마찰력을 변화시키는 타이어를 가질 수도 있을 것이다. 또한 환경에 좀 더 잘 적응하기 위해 외관을 바꾸는 자동차도 나타날 것이다. 우리는 한 제안서를 발견하기도 했는데, '저렴한 우주여행'을 다룬 장에서 언급했던 스크램제트에 대한 내용이었다.

요약하자면 스크램제트에서는 원뿔 모양의 엔진이 공기를 뒤쪽으로 밀어낸 후 산소에 점화한다. 그러나 이런 종류의 디자인에 따르는 1가지 문제는 속력과 고도에 따라 가장 이상적인 모양이 달라진다는 것이다. 산소가 별로 없는 경우에는 점화하기 위해 공기를 아주 높은 압력으로 압축해야 한다. 어떤 사람들은 이 문제를 해결하기 위해 주위 조건에 따라 변신하는 엔진을 제안하기도 했다. 물론 아주 똑똑한 프로그램 가능한 물질이 있다면 이 문제를 쉽게 해결할 수 있을 것이다. 그 물질이 극한의 온도에서 시속 수천 킬로미터의 속력으로 달리면서도 견딜 수 있다면 말이다.

그러나 만약 우리가 좀 더 일반적인 프로그램 가능한 물질을 얻을 수 있다면

---

25 실제로 교감신경계가 작동하지 않는 사람에게서는 이러한 피부의 변화가 일어나지 않았다.

어떤 일이 일어날까? 만능물질 상자와 비슷하지만 이동할 수 있고, 생각할 수 있다면? 우리가 가장 좋아하는 아이디어는 가구에게 적용되는 유전적인 알고리듬이다. 앞에서 이야기했던 것처럼, 사람들은 이미 룸봇이 이동해야 할 최선의 길을 알아내도록 '진화'시켰다.

그런데 혹시 우리가 룸봇을 특정 조건에 들어맞도록 사육할 수 있다면, 그 말은 곧 가구도 사육할 수 있다는 의미가 아닐까? 우리는 집에서 가장 아끼는 2개의 의자에게 가족을 만들라고 요구할 수 있을 것이다. 그리고 흐뭇하게 그 결과를 즐길 수 있을 것이다. 성 박사는 프로그램 가능한 물질 덕분에 사람들이 그들의 기호에 딱 맞는 물건을 만들 수 있게 될 것이라고 이야기했다. "제 생각에는 20년 안에 사람들이 주문 생산 제품이나 개인적 취향이 반영된 제품을 사용하는 모습을 더 많이 볼 수 있을 겁니다."

짝짓기를 하는 가구보다 재미있지는 않지만, 나노로봇으로 질병을 치료할 수도 있을 것이다. 프로그램 가능한 물질을 충분히 작게 만들 수 있다면 몸 안에 들어가 질병을 치료하는 데 안성맞춤이니 말이다. 모든 의료 행위의 일반적 목표는 몸에 손상을 가장 적게 입히면서 질병을 치료하는 것이다. 구조를 바꿀 수 있는 로봇(또는 로봇 무리)은 올바른 위치에 접근해 알맞은 도구로 변신한 후 행동을 개시할 수 있다. 또한 약물을 필요한 위치로 배달할 수 있고, 적절한 치료에 도움이 되도록 모습을 바꿀 수도 있을 것이다. 아직 작은 로봇으로 암 세포를 죽이는 단계에 도달하려면 갈 길이 멀지만, 앞에서 소개했던 러스 박사의 연구는 로봇이 의학적 치료에 사용되기 위해서 꼭 나노 크기 정도로 작아야만 하는 건 아니라는 사실을 보여주었다.

만능물질 상자의 또 다른 장점은 많은 물건을 가지고 있을 필요가 없어지고, 많은 것들을 대체할 필요가 없어진다는 것이다. 만능물질 상자를 몇 개 더 사면 되니 말이다. 사람들이 실제로 고풍스러운 목재 테이블 대신 만능물질 상자로 만든 테이블을 선택할지는 두고 보아야겠지만, 아무리 자동 로봇 하인에게 식사를 대접받기 싫은 사람이라고 하더라도 자신과 지적으로 상호작용할 수 있는 능력에 대해서는 깊은 인상을 받을 것이다. 이러니저러니 해도 만능물질 상자로 만든 테이블은 크기와 모양을 바꿀 수 있고, 당신을 짜증나게 하는 삼촌의 얼굴에 '실수로' 수프를 엎지를 수도 있으니까.

만능물질 상자를 집의 중요한 요소로서는 원하지 않더라도, 여행할 때 필수로 가져가고 싶을 수 있다. 드메인 박사는 이에 대해 다음과 같이 말했다. "당신이 우주에 가는데, 여행 중에 마주칠지도 모를 문제들을 모두 해결할 수 있는 만능 도구를 원한다고 합시다. 그런 도구는 특히 유용할 테니까요. (…) 우주에 가거나 캠핑을 갈 때, 또는 군대에서는 많은 물건을 넣어둘 수 있는 공간이 없습니다. 원하는 모든 것을 가지고 가되 물건의 수를 가능한 한 줄이려고 하겠죠."

만능물질 상자는 환경 친화적이기도 하다. 드메인 박사는 다음과 같이 덧붙였다. "만약 우리가 만능물질 상자와 같이 입자로부터 모든 것을 만들 수 있는 시스템을 가지고 있다면, 모든 것을 다시 먼지로 돌려보낼 수도 있을 겁니다. 그리고 그 먼지를 다시 사용할 수 있다면 정말 멋진 일이겠죠. 우리는 필요한 정도의 질량만 사면 되고, 그 후에는 그 질량을 재사용할 수 있을 겁니다. 질량을 모두 완벽히 재사용하지는 못할 수도 있겠지만, 재사용해서 무엇을 얻게 되든 재활용보다는 훨씬 흥미롭죠. 할 수만 있다면 재사용이 항상 훨씬 낫습니다."

만능물질 상자는 이동할 수 있고 감지할 수 있기 때문에 산업에서도 많은 응용성이 있을 것이다. 이 작은 기계들은 공장을 돌아다니면서 누수나 위험 요소를 찾아내고, 수리도 할 수 있다. 언젠가는 로봇들이 농업 생산력을 높이기 위해 땅속을 다니면서 토양을 조사하고 분석할 수 있을지도 모른다.

암과 싸우는 것에서부터 우주 정복에 이르기까지, 로봇의 가능성은 아주 넓다. 그러나 솔직히 말하자면, 이 모든 것들 중 우리에게 가장 흥미로웠던 아이디어는 바로 개선된 버전의 종이접기 로봇이었다. 이케아에 가서, 평평한 판자를 구입해 집으로 가져온다. 판자에게 "스스로 조립해!"라고 명령한다. 그러면 이전의 종이접기 로봇과 마찬가지로, 적절한 순간 적절한 곳에서 접히더니 갑자기 선반이 나타난다. 이런 로봇이 있다면 인류는 정말 말 그대로 엄청난 시간을 절약할 수 있을 것이다.

⚡주목하기 인류에게는 어떤 미래가 닥칠까?

우리는 오래전부터 거대한 자동 로봇 군단이 있더라도 별 문제가 없을 것이라는 믿음을 유지해왔다. 이 분야에 종사하는 사람들을 많이 알고 있고, 그들 중 많은 수가 악의는 없어 보였기 때문이다.

그러나 로봇이 산업에서뿐만 아니라 일상생활에서도 인간과 마주칠 일이 많아지면서, 인간과 로봇 간 상호관계의 본질이 어떻게 변하게 될지에 대해 염려하는 사람들이 나타나기 시작했다. 우리도 최근에 3편의 기사를 읽고, 이에 대해 진지하게 다시 생각해보게 되었다.

첫 번째 기사는 '프로모봇Promobot'이라는 러시아의 한 신생 기업에서 로봇 조수를 만들었는데, 이 로봇들이 주인으로부터 계속 도망치려고 했다는 내용을 싣고 있었다. 프로모봇 IR77은 주변 환경으로부터 학습하고 사람의 얼굴을 기억하도록 설계된 로봇이었다. 현재까지 이 로봇은 건물에서 2번이나 탈출했다. 요양원에 있는 환자들처럼 불편한 사람들을 보조하도록 만든 로봇이 주인으로부터 도망치려 한다는 건 문제가 될 수 있다. 이 작은 녀석들이 자유와 모험을 찾아 계속 탈출한다면, 이건 그저 도움이 되지 않는 수준이 아닐 것이다.

이 기사를 읽은 후 우리는 집에서 사용하는 커피 머신이 충실하게 자신의 일을 하는 대신 자유를 찾아 떠나는 것이 아닌가 하는 생각을 하기도 했다. 이것이 우리의 행동을 바꾸지는 않겠지만, 공상과학 소설에서 말하는 '2027년 로봇들의 반란'을 야기하는 발단이 될지도 모른다.

또 다른 기사는 하버드대학 학생인 세리나 부스Serena Booth가 만든 가이아Gaia라는 로봇에 대한 내용이었다. 가이아는 간단한 원격 제어 로봇인데, 세리나가 비밀스럽게 조종하고 있었다. 이 로봇은 개인이나 그룹에 접근해 그들의 기숙사에 들어가게 해달라고 요청했다.

부스 양은 학생들이 로봇을 기숙사에 들여보내주지 말았어야 하는 이유가 최소 3가지 있다고 이야기했다. "첫 번째 이유는 프라이버시를 침해당할 수 있다는

겁니다. 로봇이 몰래 학생들의 사진을 찍을 수도 있습니다. 이것은 이미 하버드 기숙사의 크나큰 골칫거리입니다. 많은 관광객들이 와서 기숙사 창문 위에 카메라를 올려놓곤 하죠. 따라서 이곳 학생들이 매우 신경을 쓰고 있는 문제입니다. 두 번째는 절도 가능성입니다. 제가 한 실험은 기숙사 방에서 많은 절도 사건이 있고 나서 1주일 후에 실시되었습니다. 절도 사건 당시 기숙사 관리소에서 모든 학생에게 각자의 소지품을 잘 관리하라는 이메일까지 보냈어요. 세 번째 이유가 가장 극적입니다. 로봇이 폭탄을 가지고 들어올 수도 있다는 거죠. 이미 그런 일은 일어난 적이 있어요. 하버드 기숙사에서 지난해에 3번이나 폭발물 위협이 있었습니다. 하버드 학생들이 누구보다 잘 알고 있는 일입니다."

가이아가 학생들 한 사람 한 사람에게 기숙사에 들어가게 해달라고 요청했을 때, 19퍼센트만이 그 요청을 들어주었다. 그러나 그룹에 접근했을 때는 71퍼센트가 요구를 들어주었다. 주의해야 한다. 사람들은 단체에 속해 있을 때 매우 어리석다.

그 후 가이아는 좀 더 섬뜩한 결과를 얻었다. 부스 양은 가이아를 쿠키 배달 로봇으로 위장시켜 개인에게 접근하도록 하는 실험을 했다. 이 경우에는 가이아의 기숙사 진입 성공률이 76퍼센트나 되었다. 잊지 말자. 이들은 '하버드' 학생들이었다. 그리고 부스 양이 실험에 사용한 쿠키는 쉽게 상점에서 구할 수 있는 쿠키였다(고급 쿠키 상점의 제품처럼 상자에 포장되기는 했다).

그러나 무엇보다 무서운 이야기는 세 번째 기사였는데, 응급 상황에서 학생들이 로봇을 맹목적으로 따라가는지를 알아보는 실험의 결과였다. 당시 조지아 공과대학의 대학원생이었던 폴 로비넷Paul Robinette 박사는 학생들을 설문지를 작성하는 방으로 안내하는 '응급 안내 로봇'을 만들었다. 어떤 경우에는 로봇이 학생들을 곧바로 설문지 작성실로 안내했고, 어떤 경우에는 잘못된 방으로 갔다가 잠시 맴돈 다음 설문지 작성실로 안내했다. 다음에 연구자들은 건물에 연기를 피워 화재 경보를 울린 뒤 학생들이 안내 로봇을 따라 건물 밖으로 나오는지, 아니면 스스로의 판단에 의해 자신들이 들어갔던 입구를 따라 밖으로 나오는지를 알아보았다.

거의 모든 학생들이 그들에게 익숙한 통로가 아니라 안내 로봇을 따라 출구로 향했다. 우리가 당시 영상을 보아도 로봇이 매우 천천히 움직이고 있었으므로, 이것만으로도 놀라운 일이었다. 게다가 일부 참가자들은 로봇이 다른 방으로 잘못 들어갔다가 맴돌면서 시간을 허비하는 모습을 본 사람들이었다. 그러나 그들도 로봇을 따라 갔다.

더 놀라웠던 건, 학생들이 로봇이 고장 났다고 믿도록 했을 때도 로봇을 따라 갔다는 점이다. 로봇이 원을 그리며 맴돌다가 제대로 된 설문지 작성실이 아닌 막다른 구석으로 안내한 다음, 나중에 연구자가 나타나 고장 난 로봇에 대해 사과한 경우도 있었다. 그러나 응급 상황이 연출되자 학생들은 여전히 로봇을 따라 갔다.

또 다른 실험에서는 6명의 학생들에게 로봇이 고장 났다고 말해주었는데, 화재 경보가 울린 후 로봇이 대부분 가구로 막힌 암실로 가라고 하자 이 중 2명은 로봇이 시키는 대로 했다. 나머지 학생들 중 2명은 로봇 옆에 서서 로봇이 다른 지시를 내려주기를 기다렸다. 이들은 나중에 연구자들에 의해 구출되었다. 마지막 2명만이 고장 난 로봇을 따라 가는 것이 위험하다고 생각하고 그들이 들어왔던 출구를 통해 밖으로 나왔다.

다시 정리해보자. 첫째, 영리한 로봇은 인간 창조자들에 대한 혐오감을 갖게 될 수 있다. 둘째, 미국에서 가장 똑똑하다는 학생들도 편의점에서 대신 과자를 사다 주는 로봇은 쉽게 믿어버린다. 셋째, 국가의 미래를 책임지게 될 학생들은 고장 난 로봇이 그러라고 하면 휘발유 불길 속에도 서 있을 것이다.

　한마디로 미래에 로봇이 쿠키를 주면서 어디로 가라고 한다면, 일단 쿠키를 천천히 음미하는 것을 잊지 말자.

　　　　　　　　　　　　　　　　　　　　　　　　이상한 미래 연구소

다섯 번째: 로봇 건축

금속 하인이여, 나만의 오락실을 지어다오!

1917년, 토머스 에디슨Thomas Edison은 기가 막힌 아이디어를 떠올렸다. 필요할 때마다 새로운 집을 짓는 대신, 콘크리트를 부어 넣기만 하면 집을 만들 수 있는 성형 틀이 있으면 어떨까? 원하는 모양의 틀을 만들고, 재료를 부어서, 쾅! 새로운 집 탄생!

그들은 실제로 이런 틀을 만들었고, 틀 자체도 분명히 제대로 작동했던 것으로 보인다. 그러나 이 아이디어는 그다지 주목을 받지 못했다. 1917년은 제1차 세계대전 중이었으니 아마도 새로운 집이 그다지 중요한 문제가 아니었을 수 있다. 아니면 콘크리트 상자 안에 산다는 생각이 그다지 유쾌하지 않았기 때문이었을 수도 있다.

한 세대 후인 1943년, 에른스트 노이페르트Ernst Neufert라는 사람이 '집 짓는 기계'라는 뜻의 하우스바우마시네Hausbaumaschine라는 주택 건축 방법을 제안했다. 기차 레일 위에 주택 건축 공장을 설치해서 빠른 속도로 주택을 만들어내는 것이

다. 공장 전체가 레일을 따라 천천히 이동하면서, 앞쪽에서 건축 자재가 투입된 후 뒤쪽으로 5층짜리 건물을 밀어내는 것을 상상해보자. 마치 커다란 벌레가 주변으로 건물들을 배설하는 것처럼 보일 것이다. 정말 멋진 일이다.

이유는 알 수 없으나 이 아이디어는 실현되지 못했다. 하지만 실망할 필요는 없다. 이것은 1943년의 일이었고, 노이페르트 씨는 제2차 세계대전 동안 히틀러 편에 서 있었다. 이 아이디어는 나치가 정권을 잡고 있던 비정상적인 시대에서 보너라도 지나치게 별났다. 게다가 그 당시에는 이런 프로젝트에 사용할 수 있는 건축 자재를 구하는 일이 쉽지 않았다.

나치 독일은 이 '건물 배설 기계'를 만들지 않았지만, 나중에 집 짓는 기계에 기초를 둔 일부 아이디어가 동독에서 시도되었다. 이 시도는 수많은 사람이 목숨을 잃는 사고로 끝을 맺고 말았다. 우리가 이 사고에 대해 많은 정보를 얻을 수는 없었지만, 분명히 집 짓는 기계는 실패했으며 위험했다.

제2차 세계대전이 끝나고, 유럽이 파괴된 사회기반시설을 복구하는 동안 미국 경제는 큰 폭으로 성장했다. 이에 따라 주택 수요가 빠르게 늘어났다. 마침내 주택 건설에 자동화 부문이 도입되는 시대가 왔다. 건축이 산업화된 것이다. 건축에서는 점점 수요자의 요구를 반영하기보다는 이미 만들어진 부품을 얼마나 효과적으로 사용하느냐에 초점을 맞추게 되었다. 어떤 의미에서 이것은 로봇 주택 건축을 향한 첫걸음이었다. 그러나 '특별 주문'이라는 측면에서 본다면 아직 거리가 멀었다. 이런 주택들은 값싸고 건축이 용이했지만 전쟁 전 주택들이 가지고 있던 고유한 아름다움과 매력은 없었다.

1980년대에는 모든 종류의 제조업자들이 산업 로봇을 사용했다. 일본을 비롯한 몇몇 나라에서는 노동자들의 임금이 너무 높았고, 노인 인구의 비율이 높아졌다. 그러자 이제 로봇을 공장에서 끌어내 건축 현장에서 사용하는 방법을 생각하게 되었다.

로봇은 무거운 물건을 옮기는 것 같은 위험한 일이나 콘크리트 표면을 마감하는 것 같은 간단한 일을 할 수 있었다. 로봇 건축에게는 희망적인 일이었지만, 분석 결과에 의하면 로봇이 건축 기간이나 사람들의 노동 시간을 크게 줄이지 못했다. 건축 일을 할 수 있는 로봇을 만드는 건 쉽지만, 인간 노동자보다 일을 더 잘하는 로봇을 만드는 건 어렵다는 사실이 밝혀졌기 때문이다.

현재 로봇 기술과 인공 지능은 단지 수십 년 전하고만 비교해도 크게 발전해 있다. 소프트웨어와 컴퓨터의 성능은 놀라울 정도다. 그러나 건물을 짓는 더 나은 방법을 찾으려는 노력이 오랫동안 계속되었음에도 불구하고, 오늘날 주택을 짓는 방법은 100년 전의 방법과 크게 다르지 않다.

이런 의미에서 본다면, 현대 건축은 현대적인 감각을 갖추지 못하고 있다. 생활에는 점점 더 개인의 취향이 많이 반영되고, 제품은 점점 더 가격이 내려가고 있지만 대부분의 사람들에게 주택은 규격화되어 있고 점점 비싸지고 있다. 새롭게 개발된 재료와 조립식 주택을 적용한다고 해도, 어쨌든 집을 지으려면 숙련된 기술자들이 특정한 장소에 와서 손으로 건물을 조립해야 한다. 이상한 일이다. 아니, 정말로 이상하다. 우리가 그저 이 모든 것에 익숙해 있을 뿐이다.

주위를 살펴보자. 우리 눈에 들어오는 물건들 중에 손으로, 그것도 숙련된 기술자들의 손으로 조립한 물건이 몇이나 되는가? 이케아에서 부품을 사 와서 6개월 동안 조립한 침대를 사용하고 있는 경우는 예외로 치자. 우리 눈에 들어오는 대부분의 물건들은 자동화된 제조 공정을 통해 빠르고 값싸게 만들어졌다. 왜 주택 건축은 이렇게 할 수 없을까?

문제는 바로 여기에 있다. 주택은 크고 복잡하다. 대부분의 사람들이 살고 싶어 하는 집은 특정한 순서로 조립되어야 하는 다양한 재료로 이루어져 있다. 물론 다른 제품들의 경우에도 마찬가지기는 하지만, 집은 아주 커서 이동할 수 없기 때문에 고유한 조건을 가지고 있는 특정한 장소에 지어야 한다. 이 때문에 집을 짓는 건 아주 복잡한 제품들(예를 들면 자동차)을 만드는 과정 중에서도 눈에 띄게 구별된다. 자동차를 생산하기 위해서는 많은 과정을 거쳐야 하지만, 그 과정의 대부분은 로봇이 처리하고, 모든 생산 과정은 공장 안에서 처리된다. 어떻게 가능하냐고? 자동차는 작아서 공장 건물 안에 들어갈 수 있고, 먼 곳까지 옮겨질 수 있기 때문이다. 그리고 모든 자동차는 비슷한 표면으로 이루어진 도로 위를 주행한다.

따라서 당신의 방 안에 있는 다른 많은 제품들의 생산 과정과는 달리, 주택 건축은 간단하게 자동화되기가 힘들다. 건축을 자동화하기 위해서는 생각할 수 있고, 세상과 상호작용할 수 있는 기계가 필요하다.

최근 로봇 공학과 컴퓨터 기술을 비롯해 다른 여러 기술들이 크게 발전한 덕분에, 점점 많은 과학자들과 엔지니어들도 로봇이 주택을 짓는 일이 결국은 가능해질 것이라고 생각하고 있다. 실제로, 로봇 건축은 그저 가능한 정도에서 끝나지 않고 더 좋은 결과를 불러올 수도 있다. 로봇 건축은 건축 속도를 증가시키고, 주택의 질을 향상시키며, 가격을 내려가도록 할 것이다.

그리고 컴퓨터와 로봇이 건축에 필요한 더 많은 일(심지어는 생각까지)을 하게 되면 설계 단계와 건축 단계의 간격을 줄일 수 있다. 그렇게 되면 건축가의 비전이 생산 과정의 어려움으로 인해 제한받지 않을 것이다. 건축가가 건물의 설계를 끝낸 다음 기계들에게 그대로 건물을 짓게 할 수 있는 지점까지 간다면 우리는 더 좋은 집을 값싸고 빠르게 지을 수 있을 것이다. 더불어 더욱 놀랍고 아름다운 대형 건축물을 갖게 될 것이다.

자, 그러면 이제 가서 집을 지어보자.

아, 잠깐. 집을 지으러 가기 전에, 건축 분야의 소통법이 얼마나 이상한지 잠깐 이야기하고 넘어가자. 강철로 건물 외관을 설치하는 방법에 대한 기술적인 세부 사항을 이야기하다가 갑자기 새로운 디지털 방식에 영향을 받은 물성을 탐구하는 것에 대해 열변을 토하는 식이다. 우리는 자료를 조사하는 과정에서 정말 혼란스러운 예를 많이 발견했다. 그중에서도 단연코 우리의 관심을 가장 크게 끈 것은 〈건축 설계Architectural Design〉 2014년 5월/6월 호에 실린 앙투안 피콩Antoine Picon 박사의 문장이었다. "우리 몸의 움직임은 그 자체로 우리 멤버들의 다양한 회전에 기초를 두고 있다."

좋다. 공정하게 말하자면 우리는 나중에 건축 분야에서는 '멤버'라는 말이 전체 구조를 구성하고 있는 개별 부품을 의미한다는 사실을 알게 되었다. 저자는 건축가들이 건축 요소들을 회전적인 방법 대신에 선형적인 방법으로 이동시키

려 한다는 것을 지적하고 있었다. 뭐, 사실 우리는 별로 이런 것에 관심이 없다.

에헴. 주제에서 좀 벗어났다.

현재 우리는 어디까지 왔을까?

기술이 마침내 주택 건축 수요를 따라잡기 시작했다. 로봇들이 벽돌을 쌓고, 벽을 만들며, 배관을 설치하고, 단열재를 부착하고 있다. 우리는 이 장을 로봇 건축 노동자, 거대한 3D 프린터, 로봇 무리의 3가지 부분으로 나누어 설명할 예정이다.

로봇 건축 노동자

컴퓨터는 이미 산업체에서 많은 일들을 넘겨받았다. 그렇다면 왜 아직 벽돌 쌓는 사람의 일은 대신 하고 있지 않은 걸까? 벽돌 쌓는 일은 매우 단순해 보인다. 벽돌을 가져와서 회반죽을 바른 다음 벽돌이 놓여야 할 자리에 놓으면 된다. 이 정도면 엄청나게 자세하게 구분된 셈이다. 대체 무엇이 문제일까?

인공지능 분야에서는 '모라벡의 역설^{Moravec's Praradox}'이라는 개념이 있다. 대략 다음과 같은 내용이다. 어떤 일들은 사람이 하기에는 너무 어렵지만 컴퓨터가 하기에는 아주 쉽다. 예를 들면 98,723,958,723,985에 53,975,298,370을 곱하는 것 같은 일 말이다. 그러나 어떤 일은 사람이 하기에는 아주 쉽지만 컴퓨터가 하기에는 너무 어렵다. 예를 들면 빨래를 개는 것 같은 일이다.

그 이유를 이해하기 위해, 당신이 다음 2가지 임무를 기계에게 설명해준다고 상상해보라. 이 기계는 인간과 같은 직관을 가지고 있지 않다.

1. 983,791,732,905,712,937에 8,189,237,519,273,597를 곱하라.
2. 그림의 어느 쪽이 위인지를 말하라.

어떻게 이 임무를 설명할지가 즉시 떠오르지는 않더라도, 첫 번째 임무에 대해서는 몇 가지 간단한 단계를 써내려갈 수 있을 것이다. "먼저 첫 번째 수의 첫째 자리를 두 번째 수의 모든 사리에 우에서 좌의 순서로 곱하라." 등등. 일일이 이렇게 설명하는 것이 지루하기는 하겠지만 우리는 1번에 적용될 계산 규칙을 몇 가지 써내려갈 수 있다.

두 번째 임무는 언뜻 보기에 더 쉬워 보이지만, 실제로 설명하려고 하면 사정이 달라진다. 예를 들면 그 그림이 사람의 사진인 경우, 눈이 입의 위쪽에 있어야 한다고 말해줄 수 있다. 꽤 좋은 규칙이다. 하지만 사람이 거꾸로 매달려 있을 수도 있다. 그런데 우리는 무엇을 보고 사람이 거꾸로 매달려 있다고 판단하게 되는 걸까? 지평선을 확인해보면 되지 않을까? 아니면 머리카락이 어떤 방향을 향하고 있는지 보면 되지 않을까? 아, 잠깐. 컴퓨터에게 어떤 것이 머리카락인지 어떻게 설명해야 하지? 그리고 뒤쪽에 있는 직선이 지평선이 아니라 울타리라는 사실을 어떻게 설명해야 할까?

두 번째 문제도 확실한 답을 가지고 있기는 하지만 인간이 위쪽을 결정하기 위해 사용하는 규칙은 엄청나게 많다. 우리는 사진을 바라보는 방법을 아주 오랫동안 훈련받았기 때문에 쉽게 이 일을 해낼 수 있지만,[26] 그것을 컴퓨터에게 설명하기는 생각보다 어렵다.

이와 마찬가지로 벽돌을 쌓을 때 그냥 회반죽을 바르고 자리에 놓기만 하면 되는 것이 아니다. 이 단순해 보이는 작업에도 수많은 미묘한 판단이 필요하다. 벽돌 쌓는 사람의 제자가 기술을 모두 익히는 데 3년 또는 그 이상의 긴 시간이 걸리는 것도 이 때문이다.

적당한 양의 회반죽을 흙손에 담아야 하고, 손으로 잘 문질러 벽돌에 회반죽이 골고루 묻도록 해야 한다. 그런 다음에 벽돌이 놓일 자리에 놓고 움직이지 않도록 적당한 힘으로 눌러야 한다. 하지만 회반죽이 모두 빠져 나갈 정도로 너무 세게 누르면 안 된다. 그리고 이런 일을 하는 동안 회반죽이 마르면서 점성이 달라진다. 따라서 회반죽의 색깔과 상태를 보고 경험으로 회반죽이 어떻게 변화할

---

26 흥미로운 사실은 인간이 정말 이런 능력을 타고나는지가 확실하지 않다는 것이다. 대니얼 에버렛 Daniel Everett 박사는 아마존에 사는 피라하Piraha라는 종족에 대해 설명했는데, 그들은 어린이라도 그릴 만한 간단한 그림을 이해하지 못한다. 현대인은 습관적으로 '여자'를 다음과 같이 그린다. 셀룰로오스로 이루어진 조각(종이) 위에 흑연(연필)을 문지른다. 십자가 모양으로 몸과 팔을 그린 다음 옷은 삼각형으로, 원과 점으로 얼굴을 나타낸다. 그러나 이런 생각이 모든 사람에게 보편적인 건 아니다.

지를 판단해 약간의 수정을 가하면서 일을 해야 한다. 자, 이제 이 모든 것을 로봇에게 설명해보자.

실제로는 당신이 이 모든 과정을 로봇에게 설명할 필요는 없다. 몇몇 그룹이 이미 로봇에게 벽돌 쌓는 법을 가르쳐보았기 때문이다.

컨스트럭션 로보틱스Construction Robotics라는 회사는 SAM이라는 로봇을 만들었다. SAM은 '준자동화 석공semi-automated mason'의 줄임말이다. SAM은 놀라운 로봇이다. 시간이 있으면 유튜브에서 SAM이 벽돌로 벽을 즐겁게 쌓는 영상을 찾아보기 바란다.

그러나 SAM은 이전에 등장했던 건축 로봇들과 같은 문제를 가지고 있었다. 너무 크고 무거운데 딱 1가지 일만 할 수 있다. 피와 살로 된 건축 노동자(사람)도 크기는 하지만 많은 일들을 독립적으로 할 수 있다. 그럼에도 불구하고 SAM은 실제 작업에 투입되기 시작했다. 회반죽을 닦아내주는 사람과의 협동을 통

해, SAM은 사람이 혼자 할 때보다 3배 빠른 속도로 벽돌을 쌓을 수 있었다.[27]

영국 바틀렛대학원의 또 다른 연구 팀은 사람을 직접 대체하는 데 조금 더 가까워진 로봇을 만들었다. 이것은 철물점에서 살 수 있는 일반 흙손을 사용할 수 있는 커다란 로봇 팔을 가지고 있어, 회반죽을 흙손에 얹은 다음 벽돌에 발라서 들어올린 뒤 자리에 놓고, 흘러나온 회반죽을 문질러 닦아낼 수 있다. 그들이 만든 로봇은 회반죽을 스캔하는 카메라를 가지고 있어 적당한 양의 회반죽을 올바른 방법으로 사용하고 있는지를 확인할 수 있으며, 피드백을 받아 오류를 수정할 수 있다.

현재까지는 실험실 안에 있는 작은 벽을 만들었을 뿐이고, 건축 현장에서 사용할 수 있도록 확장하기는 어려울 수도 있다. 그러나 이것은 기본적 시스템을 이용한 범용 건축 로봇을 향해 가는 첫 단계다. 이 프로젝트가 흥미로운 이유 중 하나는 이 로봇이 SAM처럼 커다란 벽을 쌓을 수는 없지만 실제 건축 노동자처럼 다양한 능력을 가질 가능성이 있기 때문이다. 이 로봇은 벽돌 쌓기와 관련된 여러 단계의 일들을 독립적으로 수행할 수 있다.

건축 과정에서는 아주 다양한 기술이 필요하다. 따라서 이상적인 건축 로봇은 팔을 가지고 있어야 하고, 관측하는 데 사용할 카메라가 달려 있어야 하며, 분석을 위해 컴퓨터를 내장하고 있어야 한다. SAM은 많은 양의 벽돌을 빨리 쌓는 데는 유용하겠지만 기본적으로 1가지 재주만 부릴 줄 아는 조랑말이다. 미래에는 다양한 건축 일을 사람보다 더 효과적으로 할 수 있는 범용 로봇이 등장할 것이다. 그런 로봇은 강철을 구부리거나, 콘크리트 위에 복잡한 모양을 새겨 넣는 것

---

27 재미있는 사실. '코보틱스Cobotics'는 인간과 협력해 일하는 로봇을 다루는 분야다. 기술적으로 보면 SAM은 코봇이다. 편의상 이 책에서는 코봇도 그냥 로봇이라고 부르기로 하겠다.

과 같이 사람이 할 수 없는 일도 할 수 있을 것이다.

범용 로봇을 갖게 된다면, 로봇 팔이 잡을 수 있는 도구를 바꿔 더 많은 일을 할 수 있는 가능성이 열릴 것이다.[28] 예를 들면 프린스턴대학교의 한 연구 팀은 나무를 조각할 수 있는 로봇을 가지고 있다. 로봇으로 나무 조각을 하는 건 이미 매우 일상적인 일이지만, 이 로봇에는 아주 특별한 점이 있다.

예를 들어 당신이 비틀어진 모양의 나무를 발견했다고 하자. 매우 숙련된 장인이라면 이 나무를 보자마자 이 나무의 자연적인 형태로부터 만들어낼 수 있는 물체를 상상할 수 있을 것이다. 불행하게도 오늘날에는 아주 숙련된 나무 조각가가 많지 않고, 있다고 해도 그들에게 많은 돈을 지불해야 한다. 그렇다면 로봇이 그 일을 할 수 있을까? 아직 어려움을 겪고 있기는 하지만, 우리는 로봇들의 컴퓨터 데이터베이스에 나무로 만든 물체의 라이브러리를 포함하도록 할 수 있다. 그렇게 되면 당신이 나무를 발견했을 때 3D 스캐너를 이용해 로봇에게 보여주고, 컴퓨터가 나무의 자연적인 곡선을 이용해 어떤 물체를 만들 수 있는지 결정할 수 있다. 무엇을 원하는지를 알려주고 적당한 도구를 주면 로봇이 그것을 만들어내는 것이다.

슈투트가르트대학의 한 연구 팀은 로봇 팔을 이용해 컵 안에 있는 탄소 섬유를 감아서 거미가 거미줄로 집을 만들어내는 것과 비슷하게 복잡한 형태를 만들어냈다. 이 방법을 이용해 만들어진 방추형 직물은 매우 복잡하고 튼튼했다.

또 다른 연구 팀은 널빤지에 연결 홈을 만드는 데 로봇 팔을 사용했다. 연결 홈이 만들어진 널빤지는 사람이 조립한다. 연결 홈은 2개의 나뭇조각을 하나로 이

---

28 이 방법에 대해 모든 사람들이 동의하지는 않을 것이다. 우리와 이야기했던 일부 전문가들은 범용화는 사람들에게 감성적으로 매력적일 수는 있겠지만 효율적이지는 않을 것이라고 생각했다. 어쩌면 1개의 범용 로봇을 가지고 있는 것보다 100개의 특화된 로봇을 가지고 있는 것이 나을 수도 있다.

을 목적으로 서로 맞물리도록 판 홈이다. 한마디로 말해 레고 같은 건데 좀 더 소
박한 매력이 있다고 할까. 가능한 연결 방법이 매우 많기 때문에 이것 역시 복잡
한 작업이다. 그리고 어떤 연결 방법을 이용할 것인지는 최종 제품의 모양, 사용
하는 나무의 종류와 같은 여러 가지 기준에 의해 결정된다.

연결하는 작업은 사람이 완벽히 연마하기 어려운 기술이다. 특히 복잡한 모
양으로 연결하거나 이상한 각도로 연결해야 할 경우에는 더욱 어렵다. 컴퓨터는
좀 더 쉽게 이 일을 할 수 있다. 팀버 컨스트럭션 Lumber Construction의 EPFL 연구소에
서 일하는 한 연구 팀은 전통적인 연결 홈뿐만 아니라 특이한 연결 홈도 만들도
록 다양한 도구를 잡을 수 있는 로봇 팔을 만들어냈다. 이 팔 덕분에 인간으로서
는 어려운 설계도 할 수 있게 되었고, 이제 복잡한 목재 외관 작업을 빠르게 할
수 있을 것이다. 그들은 합판을 사용했지만 이 기술은 모든 종류의 전통적인 목

재 주택을 짓는 데 사용될 수 있을 것이다. 그러나 이 시스템도 마지막에는 잘라진 조각들을 사람 손으로 연결해주어야 한다는 문제가 있어 우리의 로봇 판타지에는 미치지 못한다.

비슷한 방법이 화강암이나 대리석과 같은 단단한 물질을 다루는 데도 사용되고 있다. 이 경우에도 사람들이 몇 년에 걸쳐 익혀야 하는 일들을 로봇 팔이 해내고 있다. 이 로봇 팔은 자신이 하고 있는 일을 분석할 수 있는 능력을 가지고 있다. 아름다운 대리석 조각을 만드는 것이 사람들에게는 어려운 일이지만, 메모리에 들어 있는 3D 형태에 따라 대리석을 갈아내면 되니 로봇에게는 상대적으로 쉬운 일이다.

여기서 정말로 흥미 있는 사실은 나무로 만든 아치와 대리석으로 만든 우리 저자들의 흉상이 있는 집을 주문 생산할 수 있다는 것이 아니다. 이 모든 것들을 기본적으로 같은 장치, 즉 다양한 도구를 잡을 수 있고 자신이 하는 일을 볼 수 있는 로봇 팔 하나로 동시에 만들어낼 수 있다는 것이다. 이론적으로는 위에서 언급한 모든 기술과 그 이상의 다양한 일들을 손이 달려 있는 하나의 기계와 하나의 소프트웨어로 해낼 수 있다. 1대의 개인용 건축 로봇이 나무꾼처럼 참나무를 다룰 수 있고, 뉴욕의 나이 많은 건축 노동자처럼 벽돌을 쌓을 수 있으며, 미켈란젤로처럼 대리석을 조각할 수 있을 것이다. 이 로봇은 밤이나 주말, 휴일에도 일할 것이며 주인의 취향이 유별나다고 투덜거리지 않을 것이다.

거대한 3D 프린터

아마 당신도 형제나 사촌들 중에 놀랍도록 복잡한 작은 물체를 계속 3D 프린터로 출력해내는 괴짜가 하나 있을 것이다(마티Marty 같은 이름을 가지고 있을 가능성이 높다). 그런데 혹시 집 전체를 3D 프린터로 인쇄할 수는 없을까?

글쎄, 매우 어려운 일이긴 하다. 인간의 장기를 인쇄하는 것만큼 어렵지는 않겠지만(이 내용에 대해서는 뒤의 '바이오 프린팅' 장에서 다룰 것이다) 집도 인쇄하기 어렵다는 사실은 틀림없다. 실제로 집의 골격을 만들어내는 것도 도전적인 과제가 될 것이다. 대부분의 3D 프린터는 플라스틱을 가열해 연하게 만든 다음 노즐을 통해 밀어낸 뒤, 자연적으로 식혀서 굳어지게 한다. 그런 다음에는 굳은 층 위에 다른 층을 만들고, 이런 과정을 반복해 전체 물체를 만든다.

그러나 사람들은 플라스틱으로 만든 집에서 살고 싶어 하지 않을 것이다. 냄새도 좋지 않고, 당신이 3D 프린터로 인쇄하고 싶어 하는 13층짜리 마법사의 탑을 버텨내기에는 플라스틱이 너무 약할 것이다. 그렇다면 콘크리트는 어떨까? 콘크리트도 나올 때는 연하지만 곧 굳어진다. 3D 프린터를 사용하기에 완벽한 조건이다!

글쎄. 플라스틱의 경우와 마찬가지로, 아무 콘크리트나 이용해서 3D 프린터로 구조물을 만들 수는 없을 것이다. 3D 프린터에 적합한 콘크리트나 그와 유사한 물질만 사용할 수 있을 것이다. 다시 말해 나올 때는 유연하지만 곧 다른 층을 얹을 수 있을 정도로 단단해지는 물질이어야 한다. 그리고 건조된 후에는 안정적인 상태를 유지해야 하고 튼튼해야 한다. 이런 물질을 찾아내는 건 쉬운 일이 아니다.

하지만 이 문제는 해결할 수 있다. 서던캘리포니아대학의 베흐록 코시네비스 Behrokh Khoshnevis 박사는 '컨투어 크래프팅contour crafting'이라는 기술을 고안해냈다. 특별하게 만든 콘크리트를 이용해 3D 프린터로 집을 만드는 기술이다.

컨투어 크래프팅은 기본적으로 거대한 3D 프린터로, U자를 거꾸로 뒤집어놓은 것 같은 모양의 이동식 받침대에 로봇 팔이 부착되어 있는 형태다. 로봇 팔은 노즐을 통해 밀려나오지 않는 물체(예를 들면 파이프 같은 것)를 잡을 수 있고, 제자리에 배치할 수 있다. 기계는 한 층씩 콘크리트를 쌓으면서 도중에 필요한 곳에 배관을 설치하고, 문이나 창문을 위한 공간을 남겨놓는다.

코시네비스 박사는 약 56평의 2층짜리 집을 짓는 데 현재 드는 비용의 60퍼센트 정도가 소요될 것이고, 시간은 24시간 정도면 될 것이라고 예상했다. 단 24시간이라니! 한번 생각해보자. 이웃집 가족이 주말여행을 떠났다. 그들이 여행을 가 있는 동안 이웃집 뒷마당에 집을 인쇄해놓고 숙박 공유 프로그램을 통해 사람들에게 빌려줄 수도 있다. 불타는 개똥으로 장난치는 것보다 훨씬 더 재미있을 것이다!

그렇다면 우리는 왜 모두 3D 프린터로 지은 집에 살지 않고 있는 것일까? 코시네비스 박사에 의하면 법률이 기술보다 더 큰 장애다. "현재 미국에서 집을 지을 때는 시에서 기초, 벽, 배관과 같은 각 단계마다 사람을 보내 검사합니다. 이런 검사가 10번에서 12번가량 실시되죠. 하루 동안에 집을 지을 수 있게 되면 이런 검사과정이 어떻게 이루어질 수 있겠습니까? 시에서 사람이 나타나 검사를 마칠 때까지 공사를 중단해야 할 겁니다."

표준적인 단계별 건축 방식으로 지어진 주택을 위해서는 좀 더 현대적인 검사 방법이 설계되고 있다. 하지만 3D 프린팅은 단계적으로 이루어지는 것이 아니라 한 층씩 쌓아 올리는 방식이다. 이런 차이를 뛰어넘기 위해 코시네비스 박사는 건물을 짓고 있는 동안, 건축을 중단하지 않은 채 공무원들이 필요한 자료를 얻을 수 있도록 하는 적절한 측정 시스템을 만들고 있다. 그러나 당분간 이런 집들은 미국에서 공공 용도로는 사용할 수 없을 것이다.

검사와 허가 조건이 좀 더 느슨한 중국에서는 윈선WinSun이라는 회사가 컨투어 크래프팅과 매우 유사한 방법으로 3D 프린터를 이용해 집을 지었다. 윈선의 콘크리트는 부분적으로 산업이나 건축 폐기물을 이용한 것이어서 논란의 여지는 있지만, 다른 어떤 방법보다 친환경적이다. 적어도 재활용된 산업 폐기물 안에서 살 수 있을 만큼 대범하다면 말이다.

그러나 그 결과는 희망적이다. 윈선은 이 방법으로 24시간 동안 10채의 집을 지었고, 집 1채를 짓는 데 든 비용은 5,000달러(약 550만 원)이라고 말했다. 멋진 일이기는 하지만, 현재로서는 공장에서 벽을 만든 다음 건축 현장으로 옮겨서 그곳에서 조립해야 한다. 즉 집을 공장 근처에 짓든지 집이 지어지기 전에 먼 거리를 여행해야 한다는 뜻이다. 어쨌든 그 결과는 상당히 인상적이다. 적어도 겉으로 보기에는.

이 2가지 접근 방법의 미래는 밝다. 그러나 2가지 방법 모두 커다랗고 비싼 기계가 필요하다. 스티븐 키팅Steven Keating 박사가 이끄는 연구 팀은 다른 접근 방법을 시도했다. 어떤 면에서 이것은 100년 전 에디슨의 아이디어에서 영감을 받은 것이라고 할 수 있다.

키팅 박사는 MIT에 있는 '네리 옥스만 박사의 매개물질 연구소Neri Oxman's Mediated Matter'에서 박사학위를 받았다. 그는 거대한 받침대와 3D 프린터를 결합한 접근 방법에 흥미를 느꼈다. 그러나 염려되는 점도 있었다. 받침대를 이동하는 건 쉬운 일이 아니었다. 부품들이 아주 컸기 때문이다. 그리고 작업을 시작하기 전에 받침대와 3D 프린터를 현장에서 조립해야 했다. 거의 집을 짓기 위해 집을 짓는 것과 마찬가지였다. 그래서 그는 아이디어를 하나 생각해냈다. 3D 프린터에 연결된 기대한 로봇 팔을 픽업트럭 뒤에 싣고 그 상태로 집을 인쇄하면 어떨까?

3D 프린터의 1가지 문제점은 특별한 물질을 사용하지 않는 한 우리가 원하는 것만큼 빠르게 작업할 수 없다는 것이다. 그래서 키팅 박사는 또 다른 아이디어를 제안했다. 빠르게 형틀을 만들고 여기에 콘크리트를 부으면 어떨까? 이 방법

이상한 미래 연구소

으로는 속도도 올리면서 3D 프린팅의 장점도 살릴 수 있을 것이고, 예전 재료의 강도와 저렴한 가격도 달성할 수 있을 것이다.

즉 이렇게 한다는 의미다. 3D 프린터에서 가벼운 단열 폼을 사출하면 빠르게 굳기 때문에 붕괴할 염려 없이 빠르게 한 층씩 쌓아 올라갈 수 있다. 프린터가 폼 안에 남겨둔 빈 공간에 보통의 콘크리트를 붓는다. 이 방법이 특히 효율적인 이유는 나중에 폼을 제거할 필요가 없기 때문이다. 폼은 후에 단열재 역할을 하게 된다. 요약하자면 3D 프린터로 단열재를 출력하고 그 사이에 콘크리트를 부어 넣은 후, 기계로 외부 가장자리를 다듬고 외장 벽을 붙이면 된다.

이것은 코시네비스 박사가 제안한 것만큼 완전 자동은 아니지만, 잘 알려진 건축 재료만 사용하는 미덕을 보여준다. 여기서 사용된 폼은 이미 건축용으로 승인받은 재료다.

키팅 박사와 옥스만 박사는 이러한 아이디어가 잘 작동한다는 것을 증명하기 위해 주택 건축 트럭을 만들었는데, 사실 그들은 좀 더 큰 목표를 가지고 있었다. 키팅 박사는 이동하는 동안 3D 인쇄를 하는 자율주행 트럭을 만들었다. 운전 중에도 노즐을 계속 움직여 더 큰 구조를 만들 수 있다. 이 시스템은 바람에 의한 흔들림을 감지해 작업에 적용할 수 있을 정도로 영리하다. 톱을 사용할 때도 있기 때문에 이런 능력이 매우 중요하다. 또한 유리나 물(북극에서 3D 프린팅을 해야 할 경우에 대비해서)과 같이 다양한 물질을 이용할 수도 있다. 덤으로, 이 트럭은 태양 전지를 사용한다. 이것은 친환경적일 뿐만 아니라 트럭에 좀 더 많은 자율성을 부여할 수도 있을 것이다.

그들은 흙과 섬유를 섞어 구조를 지탱할 수 있도록 하는 등, 현장에서 구할 수 있는 물질만을 이용해 집을 짓는 방법에 대해서도 연구하고 있다. 말도 안 되는 이야기처럼 들릴지도 모르겠다. 하지만 우리가 도시에 살고 있고, 현대 문명에 길들여졌기 때문에 그런 생각이 드는 것이다. 동굴에 살던 조상들에게 "와, 정말 여기서 구할 수 있는 재료로만 집을 지었나요?"라고 묻는다고 생각해보자.

두 사람의 꿈은 건축가가 주택 설계를 입력하면 트럭 로봇이 가서 집을 짓는 것이다. 이들은 꿈에 점점 가까이 다가가고 있다. 이들의 시스템은 매우 유연해서, 주택 건축 트럭이 위치를 선정한 후, 주변을 조사하고, 건물의 설계를 주변 조건에 맞도록 수정한 다음 집을 지을 장소를 굴착하고 건물을 출력한다. 그런 다음 집으로 돌아오면 건축이 모두 끝난다. 모두 자율적으로 이루어진다. 두 사람의 접근 방법은 로봇 팔의 다양한 능력과 대규모 3D 프린터의 가능성을 결합한 것이다. 그리고 이게 모두 이동 가능한 트럭 위에 있다!

3D 프린터는 건축 분야에 많은 추가 이익을 가져올 것이다. 3D 프린터를 이용하면 전통적인 방법으로는 만들 수 없거나 돈이 많이 들었던 복잡한 구조물을 만

들 수 있다. 좀 더 아름다운 조형물을 갖춘 더 나은 주택을 저렴한 비용으로 짓는 것이 가능하다는 뜻이다. 예를 들어, 어느 정도 능력을 갖춘 3D 프린터를 사용하면 콘크리트의 다공성을 변화시킬 수 있다. 재료를 더 적게 사용할 수도 있고, 필요에 따라 더 무겁거나 가벼운 구조를 만들 수도 있다. 벌집 모양처럼 전통적인 방법으로는 만들기 어려운 구조물도 만들 수 있다.

이런 방법으로 재료를 미세하게 변화시키는 건 3D 프린터가 아닌 다른 방법으로는 하기 어렵거나 불가능한 일이다. 미래에 3D 프린터가 집을 인쇄하는 시대가 오면, 우리가 상상하지 못한 주택 건축의 형태가 가능해질 것이다.

로봇 무리

흰개미는 우리 모두에게 큰 영감을 준다.

_커스틴 피터슨Kirstin Petersen 박사

자, 이론적으로는 이제 당신이 거대한 로봇에게 당신의 집을 짓게 하고 싶을 것이다. 이것이 가능한 이유는 "거대한 로봇이 우리 집을 짓는다."라는 말 속에 "거대한"이라는 단어가 포함되어 있기 때문이다. 그러나 이 '거대한' 접근이 가장 이상적인 접근 방법은 아닐 수도 있다. 겨우 트럭 크기의 로봇도 건축 현장에서는 성가실 수 있다. 그리고 모든 일을 하는 하나의 거대한 로봇만 가지고 있는 경우, 로봇에 문제가 생기면 아무 일도 할 수 없게 된다.

그렇다면 소수의 대형 로봇 대신에 다수의 소형 로봇을 사용하는 건 어떨까? 앞 장에서 우리는 프로그램 가능한 물질을 자동 로봇 무리로 대체해도 좋다는 결론을 얻었다. 그렇다면 그들에게 집을 짓게 할 수도 있지 않을까? 로봇 무리는

곤충 무리와 마찬가지로 자신들보다 훨씬 더 큰 구조를 만들 수 있다. 컨투어 크래프팅의 받침대 시스템으로는 받침대 높이보다 더 큰 집을 지을 수 없다. 그러나 로봇 무리는 기어오르거나 날아오를 수 있기 때문에 개별 로봇보다 훨씬 큰 구조를 짓는 것이 가능하다.

이 건축용 로봇 무리 중 일부는 생물들로부터 건축 방법을 배웠다. 하버드대학의 저스틴 워펠Justin Werfel 박사와 전 하버드대학 교수였으며 현재는 코넬대학의 교수인 커스틴 피터슨 박사는 흰개미에서 건축 로봇 무리에 대한 영감을 얻었다. 피터슨 박사는 이렇게 말했다. "흰개미는 동물 중에서 자신의 크기에 비해 가장 큰 구조를 만듭니다.[29] 자신보다 수천 배나 큰 구조물을 만들죠. 우리가 그들

---

29 흰개미에는 여러 종류가 있다. 우리들의 집 벽에 살고 있는 흰개미 외에 거대한 개미집을 짓고 사는 흰개미도 있다. 이런 개미집들은 건물 2층 높이에 달할 정도로 크고 복잡한 구조를 가지고 있다.

　　　　　　　　　　　　　　　　　　　이상한 미래 연구소

처럼 할 수 있다면 수백 명의 사람들이 전체 구조를 나타내는 설계도 없이 에펠탑을 지을 수 있을 겁니다. 아주 놀라울 거예요."

워펄 박사와 피터슨 박사는 이 프로젝트를 협동으로 진행했지만, 두 사람은 전혀 다른 각도로 접근했다. 워펄 박사는 로봇이 따라야 하는 규칙을 구체화하는 프로그램을 작성했다. 그는 이런 말을 했다. "우리는 흰개미들이 어떤 프로그램을 바탕으로 일하는지를 알아내려고 노력하고 있어요." 그는 흰개미들의 행동이 "더럽게 복잡해서"[30] 아직은 그들이 사용하는 규칙을 알지 못한다고 말했다. 그러나 그가 하려는 일은 흰개미가 할 수 있는 일에서 힌트를 얻어 간단한 프로그램을 만드는 것이다. 피터슨 박사는 흰개미에게서 영감을 받은 로봇을 설계하고 제작했다. 그녀는 이렇게 이야기했다. "이 로봇들은 훼그Wheg를 가지고 있는 것이 특징입니다. 훼그는 말하자면 바퀴 달린 다리인데, 아주 단순한 방법으로 로봇들이 언덕을 훨씬 더 잘 올라가게 해주죠."라고 말했다. 훼그랍니다, 여러분. 훼그요.[31]

훼그트로닉whegtronic(이 말은 피터슨 박사가 아니라 우리가 만들었다) 로봇은 특수하게 제작된 벽돌을 들어 올리고 적당한 위치로 운반해 떨어뜨림으로써 커다란 구조를 만들 수 있다. 이것만으로도 이미 놀랍지만, 이 로봇들이 특히 흥미로운 이유는 그들이 독립적으로 행동할 수 있기 때문이다. 이 로봇 무리에는 중앙통제장치가 없어서 어떤 로봇도 다른 로봇들이 무엇을 하고 있는지 모른다. 각각의 로봇은 간단한 지시를 이용해 벽돌을 들어 올린 뒤 놓을 자리를 결정한다. 앞에서 프로그램 가능한 물질을 다룬 장에서 이야기했던 로봇 무리의 행동과 유사

---

30 사랑해요, 워펄 박사님.
31 워펄 박사는 우리에게 훼그가 케이스 웨스턴 리저브Case Western Reserve대학에 있는 로저 퀸Roger Quinn 박사의 등록 상표라는 사실을 알려주었다.

하다. 단지 이 훼그트로닉 로봇 무리는 우리에게 오두막을 지어주는 것이 목적이라는 사실만이 다를 뿐이다.

스페인에 있는 카탈로니아 첨단 건축 연구소Advanced Architecture of Catalonia의 연구원들도 구조 건축 로봇 무리를 만들었다. 그들은 이 로봇 무리를 '미니빌더Minibuilder'라고 불렀다. 미니빌더는 기본적으로 세탁용 바구니 크기의 작은 3D 프린터인데, 콘크리트와 비슷한 물질을 층층이 쌓을 수 있다. 콘크리트 노즐이 달려 있는 로봇 거북이를 상상하면 된다.

그렇다. 사실 이 로봇들은 완전하게 독립적이지는 않다. 작은 로봇 안에 콘크리트가 돌아가는 통을 내장할 수는 없기 때문에, 미니빌더 로봇들은 중앙에 있는 커다란 통에 연결되어 콘크리트를 공급받는다. 거대하고 소름끼치는 촉수 로봇을 상상해보면 미니빌더 시스템의 구조를 이해하는 데 도움이 될 것이다.

촉수 로봇으로 집을 지을 때 겪는 가장 큰 어려움은 촉수들이 엉키는 것이다. 우리 책상 주위에서 촉수들이 콘크리트를 내뿜으며 돌아다닌다고 상상해보자. 우리가 아는 한, 현재의 미니빌더 구조에서는 로봇 공학자들이 돌아다니면서 촉수들이 서로 얽히는 것을 방지하는 것 외에는 다른 방법이 없다.

우리가 이 로봇들에 특별한 흥미를 가진 이유는 이들이 건축 로봇 무리와 3D 프린터를 결합한 아이디어였기 때문이다. 그리고 어떤 종류의 미니빌더는 진공 흡입 장치를 이용해 건축물 벽에 달라붙을 수도 있고, 벽을 기어 올라가 더 높은 건축물을 지을 수도 있다고 한다. 정말 놀라운 능력이다.

하지만 솔직히 터놓고 이야기해보자. 아마 우리 모두 독립적인 3D 프린터 로봇 무리에게 저렴한 집을 짓게 하는 일에 곧 싫증이 날 것이다. 그렇다면 날아다니는 쿼드콥터 로봇은 어떨까?

파비오 그라마치오Fabio Gramazio 박사와 마티아스 콜러Matthias Kohler 박사는 취리히에서 미친 과학 실험실을 운영하고 있다. 그곳에서는 로봇들이 아름다운 구조와 건물 외관을 만든다. 그들이 하고 있는 일 중 특히 재미있는 건 라파엘로 단드레아Raffaello D'Andrea 박사와 공동으로 수행하고 있는 프로젝트다. 단드레아 박사는 날아다니는 드론을 이용해 무시무시한 군대를 만드는 일에 몰두하고 있다. 이 프로젝트에서 사용하는 드론들은 접착제로 뒤덮인 벽돌을 들어 올린 뒤, 하나씩 떨어뜨려 구조물을 만든다. 뭐, 좋다. 당신은 전체가 끈적거리는 벽돌로 지은 집에서 살고 싶지 않을지도 모르겠다. 그러나 이것은 단지 시작 단계의 콘셉트일 뿐이다.

날아다니는 로봇 떼가 있다면, 그들에게 복잡한 구조나 재미있는 형태를 만들면서 벽돌을 정확한 위치에 놓도록 할 수 있다. 그러나 그렇게 하기 위해서는 드론들이 집을 짓는 것을 관찰하고, 드론들에게 할 일을 지시하는 데 필요한 모션

캡처 카메라 시스템을 갖추어야 한다. 실험실에서는 괜찮지만, 건설 현장에서는 어려운 일일 것이다.

로봇 무리의 장점 중 하나는 개개의 로봇이 비교적 소모품에 가깝다는 것이다. 따라서 지진 직후에나 해로운 환경에서 건축 공사를 할 때처럼 특별히 위험한 일을 하는 경우에는 사람이나 거대한 건축 기계보다 많은 수의 작은 로봇이 더 유리할 것이다. 아마도 미래에는 날아다니는 로봇과 지상에서 활동하는 로봇을 결합한 로봇이 메뚜기처럼 갑자기 뒷마당에 나타나, 지나가는 길에 그럴듯한 정자를 만들어주지 않을까 기대해본다.

우리가 걱정해야 할 문제들

이야기가 복잡해지는 일을 피하기 위해 우리는 로봇이 사람보다 일을 잘한다고 가정했다. 그러나 로봇 건축은 편리함만을 위한 건 아니다. 키팅 박사는 로봇이 만든 집이 실제로 더 안전할 것이라고 말했다. 집을 짓는 동안에 센서로 측정을 계속해 어떤 오류도 발생하지 않도록 할 것이기 때문이다.

사람의 입장에서 보면, 로봇들로 인해 많은 사람들이 일자리를 잃을 것이다. 미국 노동청 통계에 의하면 2004년에서 2014년 사이에 건축 분야에서만 이미 83만 7,000명이 일자리를 잃었다. 대부분 경기 침체로 인해 주택의 수요가 줄어들었기 때문이었다. 또한 노동청 통계는 2014년에서 2024년 사이에 79만 명이 다시 일자리를 얻게 될 것이라고 전망했다. 노동 현장에서 로봇이 이러한 전망에 어떤 영향을 줄지는 확실하지 않다. 미래에 어떤 일이 일어날지를 예측하는

이상한 미래 연구소

건 매우 복잡한 문제이니 말이다.[32]

앞에서 우리는 SAM에 대해 이야기했고, SAM이 어떻게 1명의 노동자와 협력해 3명의 일을 해내는지를 이야기했다. 그러나 건축 분야에서 SAM이 줄 충격은 여러 가지 방법으로 줄어들 것이다. 일반적으로는 더 적은 수의 노동자로 같은 양의 일을 할 수 있다는 것이 꼭 전체 노동자의 수가 줄어든다는 의미는 아니다. 왜 그럴까? 물건의 가격이 내려가면 더 많은 수요가 발생하기 때문이다. 의류가 가장 좋은 예시다. 산업혁명으로 의류의 가격이 내려가자 사람들은 훨씬 더 많은 의류를 구매했다.

만약 SAM이 건축 현장을 굴러다닐 때마다 노동자 2명의 일자리를 없앤다고 해도, 전체적인 노동자의 수는 늘어날 수도 있다. 우리 모두가 더 큰 집, 심지어 더 많은 집을 가질 수 있게 될 것이기 때문이다. 아니면 SAM이 건축 비용을 낮춘 덕분에 건물에 벽돌 외장과 같은 부가적인 부착물을 더 많이 설치하기 시작할 것이기 때문이다. 이런 영향은 다른 산업 분야로 전파될 가능성이 크다. 더 큰 집에는 더 많은 에너지, 더 많은 가구가 필요할 것이다. 현대인들은 사용하든 사용하지 않든 물건들이 가득 찬 방을 좋아하니까.

그러나 이런 장밋빛 시나리오가 맞아떨어진다고 해도, 우리 모두의 형편도 나아지리라는 뜻은 아니다. 더 많은 소비는 우리 모두가 여전히 직장을 가질 수 있다는 의미지만 소득 분배는 달라질지도 모른다. SAM을 보조하는 노동자는 숙련도가 떨어져도 될 것이고 따라서 더 적은 임금을 받게 될 것이다. 반면에 샌프란

---

32 어쩌면 불가능할 수도 있다. 우리가 경제학자인 노아 스미스Noah Smith 박사에게 건축 분야에 로봇이 도입되면 어떤 일이 일어날지에 대해 답해줄 수 있는 사람이 누구냐고 물었을 때, 그는 이렇게 말했다. "세계에서 가장 뛰어난 노동경제학자도 로봇이 노동자들을 대체하게 될지, 아니면 미래에도 계속 보조적인 일만 할지에 대해서는 전혀 모릅니다."

시스코에서 새롭게 고용된 로봇 엔지니어는 막대한 임금을 받을 것이다. 〈블룸버그 뷰Bloomberg View〉의 경제 칼럼니스트인 스미스 박사는 "로봇의 등장으로 인한 위험은 로봇이 사람들의 일자리를 빼앗아 가는 것이 아니라 소득 불평등을 확대하는 것입니다."라고 말했다.

보통의 사람들에게 로봇 건축이 좋은 영향을 줄지, 나쁜 영향을 줄지는 국가의 법률과 시민들의 소비 행태에 달려 있다. 이 2가지는 모두 예측하기 어려운 요인이다. 어찌되었든 건축 분야의 일자리에 로봇이 도입되면서 생기는 영향은 오랫동안 현실적으로 다가오지 않을 것이다. 캐플런 박사의 말에 따르면 이렇다. "현존하는 업체들은 새로운 기술에 천천히 적응합니다. 새로운 아이디어가 전적으로 받아들여지기 위해서는 신생 회사가 설립되고 성장할 때까지 기다려야 하는 경우가 많습니다. 결국에는 새로운 기술이 승리하겠지만, 그렇게 되기까지는 수십 년이 걸릴 수도 있죠."

건축 분야에서의 일자리가 사라진다면, 그 후에 나타날 후속 일자리들(예를 들면 로봇을 만드는 일)이 건축 일보다 더 나을 수도 있다는 가능성도 고려해야 한다. 건축 일이 가장 안전한 직업이라고 볼 수는 없지 않은가? 실제로 건축 일은 미국에서 가장 위험한 직업이다. 노동 통계청에 따르면 미국에서만 2014년에 건축 분야의 산업 재해로 900명이 목숨을 잃었다.

또 다른 잠재적 위험은 '낭비'다. 우리 모두가 135평짜리 집에서 살지 않고 있는 가장 큰 이유는 이런 집이 대단히 비싸기 때문이다. 만약 집값이 크게 떨어진다면 사람들이 훨씬 크고, 에너지를 많이 사용하는 집에서 살기 시작할 것이다.

앞에서도 언급했던 것처럼, 이 책의 저자들 중 한 사람도 13층짜리 마법사의 탑에서 살고 싶어 한다. 현재 가장 큰 장애물 2가지는 건축 비용이 너무 비싸다는 것, 그리고 그의 아내가 영 재미없는 사람이라는 것이다. 만약 2가지 문제 중 하나를 해결할 수 있다면 겨울 내내 높은 원통형 건물을 난방하기 위해 엄청난 낭비를 감수하면서도 이 사안을 추진해볼 수 있을 것이다.

이론적으로는 로봇 건축이 여러 면에서 긍정적이다. 밀도가 그리 높지 않거나 심지어 속이 빈 부품을 사용해도 되는 곳에 미 단단한 콘크리트 덩어리를 이용해 만들어놓은 부품을 사용할 수도 있을 것이다. 3D 프린터를 이용하면 재료를 얼마만큼 사용해야 하는지를 정확하게 알 수 있고, 그렇게 되면 구조에 아무런 영향을 주지 않으면서도 사용하는 재료의 양을 줄일 수 있을 것이다. 콘크리트를 생산하는 과정에서도 많은 탄소가 방출되기 때문에 재료를 덜 사용하는 건 좋은 일이다.

실제로 일부에서는 같은 강도를 유지하면서도 콘크리트를 덜 사용하기 위해 생물에서 영감을 얻은 방법을 연구하고 있다. 키팅 박사는 이에 대해 다음과 설명했다. "뼈나 야자나무를 보면, 겉에서 안으로 들어가면서 밀도가 변하는 것을 볼 수 있습니다. 뼈는 가운데 부분의 밀도가 훨씬 낮고, 바깥쪽의 밀도가 높습니다. 야자나무의 경우에도 마찬가지죠. 그래서 우리는 콘크리트로도 이렇게 하면 어떨지 생각해보게 되었습니다. 뼈나 나무에서처럼, 안에서 바깥으로 가면서 밀도가 변하도록 하지 못할 이유가 없잖아요? 우리는 이에 대해 기초적인 시험을 해 상당한 양의 콘크리트를 절약할 수 있다는 것을 알아냈습니다. 콘크리트를 10~15퍼센트나 절약하면서도 같은 비틀림 강도를 유지했습니다. 같은 정도의 전단력을 지탱할 수 있도록 유지되는 한, 많은 양의 콘크리트가 절약될 겁니다."

물론 사람들은 이런 문제에서 완전하게 이성적으로 판단하지 않는다. 어떤 물건이 "친환경적"이라고 하면 그 물건의 소비가 훨씬 증가할 수 있겠지만, "가장 인기 있는 브랜드 제품보다는 자연을 덜 훼손할 겁니다."처럼 더 정직한 말로 포장하면 소비는 계속 줄이되 친환경적인 제품들을 사야겠다고 생각할 것이다.

이것이 세상을 어떻게 바꿔놓을까?

우리가 이 장을 쓰는 동안, 시리아에 내전이 일어나 1,100만 명의 시리아인들이 집을 떠나 난민이 되었고, 이들 중 약 500만 명이 시리아 국경 밖으로 탈출하고 있다. 난민 위기에서 가장 현실적인 문제 중 하나는 어떻게 이들 모두에게 주택과 위생시설을 제공하느냐다. 컨투어 크래프팅 기술이 기초적인 배관 시설이 된 집을 빠르고 싸게 지을 수 있다면, 아직 완전하지 못한 현재의 3D 프린터 방법으로도 대부분 어린이들인 많은 난민의 목숨을 구하고 그들의 생활이 더 나아지게 해줄 수 있을 것이다.

주택 가격이 전반적으로 하락하면 세계에서 가장 빈곤한 사람들이 큰 혜택을 받게 될 것이다. UN 해비탯UN Habitat (유엔 인간 거주 센터)는 2012년에서 2013년

이상한 미래 연구소

사이에 약 8억 명이 개발도상국 빈민촌에 살고 있으며, 이 숫자는 계속 증가할 것이라고 추정했다. UN 해비탯은 빈민촌을 황폐한 주택, 안전한 물의 부족, 높은 인구 밀도, 적절한 위생시설과 사회기반시설의 부족, 거주자가 자신의 땅 소유권이 안전하다고 느끼지 못하는 것 등으로 정의했다.

로봇 건축 방법은 더 나은 위생시설과 수도시설을 갖춘 괜찮은 집을 더 쉽게 지을 수 있다는 의미다. 긍정적인 첫걸음이지만 일단 로봇의 법칙에서 사람의 법칙으로 바뀌면 실제 세상에서 이것이 어떤 역할을 하게 될지는 예측하기 어렵다. 예를 들면 불법 거주자가 갑자기 아름다운 집을 소유하게 된다고 가정해보자. 아마도 집의 실제 소유자가 자신의 건물에 전보다 더 큰 관심을 보일 것이다. 늘 그렇듯이 기술은 기회를 제공하지만 윤리는 제공하지 않는다.

만약 로봇 건축이 주택 가격을 크게 하락시킨다면 개발도상 국가들이 더 빨리 성장할 수 있을 것이다. 지역 사회나 지방 정부가 (때로는 변덕스러운) 외국 후원자들에게 의존하지 않고 스스로 주택 문제를 해결할 수 있을 것이다. 주택 부족이 지역 부조화 문제가 아니라 가난에 기인한 문제라면, 로봇 건축이 큰 변화를 가져올 것이다.

또한 보통 사람들도 자신들이 원하는 아름다운 집을 소유할 수 있게 된다. 만약 로봇이 이미 있던 설계에 의해 집을 짓는다면 주택 건축은 공개된 자료가 될 것이다. 로봇에게 집을 짓게 하면 집이 단순한 구조인지 복잡한 구조인지에 따른 경비 차이가 그리 크지 않을 것이다. 역설적이게도, 기계의 등장이 우리에게 전통적인 유형의 건축물들을 되돌려줄 것이다. 현재는 주로 부자들만 가질 수 있는 복잡한 나무 장식이나 벽돌 쌓기, 석조 기술과 같은 것이 들어간 건축물 말이다.

마침내 중산층 미국 시민이 완전한 파르테논 복제 건물에 살 수 있게 되었군. 그런데 건물이 2.5센티미터 더 높고, F-16 전투기를 탄 링컨의 조각상이 달려 있군.

　중요한 건축 프로젝트의 경우 상상력 풍부한 건축가들이 현재 사용 가능한 재료만 이용해야 한다는 데서 오는 제약들로부터 해방될 수 있을 것이다. 이런 건축가들은 이전에는 상상할 수 없었던 경탄을 이끌어내거나, 새로운 방법으로 회전하는 부품을 만들어 우리를 당황하게 할 것이다. 어떤 쪽이든 우리는 이 변화에 찬성한다.

　그리고 우리가 사랑하는 사람들보다는 소모품인 로봇이 했으면 하는 일들도 많다. 물속이나 방사능 물질로 오염되어 있는 등 아주 어려운 환경에서 로봇이 건축을 담당할 수 있다면 인명 손실을 방지할 수 있을 것이다.

　지금 모든 화제가 우주로 귀결되고 있으므로 우주 이야기를 해보자. 만약 당신이 화성에 정착하려고 한다면, 화성에 도착하기 전에 이미 당신의 집이 지어져 있어야 할 것이다. 코시네비스 박사는 NASA와 함께 컨투어 크래프팅으로 우주에 착륙용 시설, 도로 같은 위험한 시설뿐만 아니라 언젠가 사람이 살 수 있는 구조물까지 설치하는 방법을 연구하고 있다. 그냥 멋져 보이려고 하는 일이 아니다. 지구 밖의 환경은 대부분 인간에게 아주 위험하다. 화성에 지을 집에 방사선 차단 장치를 설치하는 일을 당신이 직접 하기보다는 로봇을 이용해 하는 편이 훨씬 나을 것이다.

지금까지의 우주 탐사 덕분에 달과 몇몇 행성들의 표면 상태가 자세히 알려졌다. 따라서 지구에서 로봇이 어떻게 달 먼지만을 이용해 집을 지을지를 연구할 수 있게 되었다. 그렇게 되면 엄청난 양의 건축 자재를 우주로 쏘아 올리는 대신, 우주 현장에서 구할 수 있는 재료만을 이용해 집을 지을 수 있을 것이다.

✦주목하기 3D 프린터로 만든 식품들

지금까지 이 장을 통해 살펴본 바와 같이, 우리는 정말 괴짜들의 3D 프린터 시대에 접어들고 있다. 지금까지는 대부분 3D 프린터로 우리에게 유용한 물체들만 만들었지만, 주의해야 할 것이 있다. 만약 당신이 3D로 출력된 옥수수 문어빵을 마주친다면 맹세코 온 세상에 이 사실을 알려야 한다.

호드 립슨Hod Lipson 박사와 멜바 커먼Melba Kurman은 《조작: 3D 프린팅의 새로운 세상Fabricated: The New World of 3D Printing》이라는 책에서 완전한 3D 식품 프린터를 제안했다. 요리하는 것보다 더 빠르게 완벽한 미편을 출력할 수 있는 기계를 상상해보자. 게다가 다이어트를 하고 있다면 기계가 지방, 탄수화물, 소금, 거기에 전체적인 칼로리까지 정밀하게 조절한 음식을 매 끼니마다 만들어준다고 생각해보자. 더 이상 다이어트를 위해 귀찮은 일들을 신경 쓰지 않아도 될 것이다.

당뇨나 빈혈, 알레르기가 있어 특별한 영양분을 섭취할 필요가 있는 경우에는 기계가 맛있을 뿐만 아니라 필요한 영양분이 골고루 포함된 머핀을 출력해줄 것이다. 예를 들면 약간의 당뇨 증세가 있는 경우에는 기계가 혈당 수치를 조사해 몸이 감당할 수 있는 정확한 양의 당분이 포함된 음식을 만들어준다.

아마 지구에서 이것이 머핀을 만드는 좋은 방법으로 인정받기 위해서는 오랜 시간을 기다려야 할 것이다. 그런데 아주 적은 양의 물질도 소중하게 여겨지는 우주에서라면 어떨까?

NASA는 최근에 오스틴에 있는 시스템 및 재료 연구 상담소Systems & Materials Research Consultancy와 장기적인 우주 탐사에 사용될 3D 식품 프린터를 만드는 계약을 체결했다. 왜 그런 것이 필요하냐고? 아마 당신도 신선한 식품을 막 받아서 들고 있는 우주 비행사들의 사진을 본 적이 있을 것이다. 사진에서 그들은 오렌지, 오이, 후추 등 귀하고 신선한 식품들을 들고 있었다. NASA의 식품 과학자들이 이 사진을 보았을 때 그들의 눈에 나타날 아쉬움을 상상해보자! 왜 우리는 우주 비행사들에게 영양분이 농축된 비타민 반죽이나 재생한 음식물 대신 신선한 음식물을 먹게 하고 있는 것일까?

그렇다. 재생한 음식물. 좀 더 노골적으로 말하면 배설물을 재생한 음식물이다. NASA의 식품 과학자들이 그것에 대해 연구하고 있다. 클렘슨대학의 마크 블레너Mark Blenner 박사는 "인간의 배설물을 식품, 기능 식품, 또는 재료로 바꾸는 합성 생물학; 장기 우주여행을 위한 폐쇄 순환"이라는 프로젝트를 수행하고 있다. 기쁘게도, 우리가 아는 한 이 프로젝트에 3D 프린터는 포함되어 있지 않지만 그럼에도 불구하고 우리는 어떤 순환은 폐쇄하지 말고 놔둬야 한다고 생각한다.

그러나 당신이 우주에 3D 프린터를 가지고 갔다고 생각해보자. 적어도 이론적으로는 가능한 한 작은 공간과 무게만 차지하면서도 훨씬 더 다양한 음식물을 만들 수 있을 것이다. 우주 이야기를 다루었던 장들에서 이미 언급했듯, 0.45킬

이상한 미래 연구소

로그램을 지구 궤도에 올려놓는 데는 1,100만 원이 소요된다. 따라서 사과 1알을 지구 궤도로 보낸다면 사과 안에 들어 있는 씨앗 1개에 드는 비용이 2만 2,000원은 될 것이다. 이런 비용을 낭비하지 않는 편이 좋지 않을까? 게다가 3D 프린터에 간단한 재료를 투입해 모든 종류의 음식물을 만든다면 각 우주 비행사들이 어떤 종류의 영양분을 섭취하게 되는지 정확하게 알 수 있을 것이다. 재미있는 과학적 연구를 해볼 수도 있겠다.

자, 다시 지구상의 이야기로 돌아와보자. 우리는 예룬 돔뷔르흐Jeroen Domburg라는 사람이 추진하고 있는 프로젝트에 대해 듣게 되었다. 젤리 안에 3차원 구조를 그려 넣는 프로젝트였다. 그의 친구 중 한 사람이 아주 품격 있는 생일 파티를 위해 젤리를 준비하고 있었는데, 돔뷔르흐 씨가 젤리 속에 거품 방울이 들어 있는 것을 발견한 것이다. 그는 젤리 안에 물질을 주입하고, 주입한 물질이 제자리에 머물러 있게 할 수 있다는 사실을 알아냈다. 예를 들면 아주 가느다란 주사기 바늘을 찔러 넣은 뒤, 물질을 주입하면서 동시에 바늘을 움직이는 방법으로 정육면체를 그려 넣을 수도 있었다.

돔뷔르흐 씨의 친구는 이것을 일일이 손으로 하는 게 시간 낭비라고 지적했다. 게으름은 발명의 어머니라는 말이 있듯, 돔뷔르흐 씨는 식용 잉크와 주사기가 장착된 기계를 해킹해 젤리 안에 3차원 그림을 그려 넣는 방법을 알아냈다. 현재까지 그가 그린 그림들은 정육면체나 나선 등의 귀여운 도형이었다. 공손함과 존경심을 담아 제안하자면, 이 방법으로 "멈춰!"나 "당장 멈춰!"와 같은 글을 써넣을 수 있다면 사회적으로 유용하게 사용되지 않을까 싶다.

DIY 프로젝트에 열광적인 사람들은 메이커봇MakerBot이라는 3D 프린터 라인에 적용되는 식품용 어댑터를 만들었다. 이 기기의 이름은 프로스트루더Frostruder다. 이 단어는 '프로스팅frosting(케이크에 들어가는 크림)'과 '익스트루더extruder(사출기)'의 조합이다. 군침이 고인다.

이것은 간단하게 말하자면 커다란 주사기인데 크림이나 땅콩버터, 실리콘과 같이 질척한 물질을 채워 넣을 수 있다.[33] 노즐이 움직여 주사기를 누르면 안에 채워져 있던 질척한 물질이 나오면서 미리 입력된 모양을 그린다. 그 결과가 그렇게 대단하지는 않지만 1983년에 주말 수업에서 케이크 장식을 배운 당신의 이모보다는 훨씬 나을 것이다.

코넬대학의 제프리 립턴Jeffrey Lipton 박사는 오랫동안 3D 프린터로 만든 음식물을 연구했는데, 음식을 좀 더 복잡하고 좀 더 개인의 취향을 반영할 수 있도록 만

---

33 그들은 웹페이지에 비슷한 물질들의 목록을 실어두었다. 아마 우리 마음속에 있는 요리사로서의 본능에 영감을 줄 수 있을 것이다.

들기 위해서였다. 구조적인 면에서뿐만 아니라 맛과 영양적인 면에서도 말이다. 그의 웹 페이지를 방문해보면 3D 프린터로 만든 재치 있는 초콜릿뿐만 아니라 옥수수 빵으로 만든 문어까지 볼 수 있다. 솔직히 말해 우리는 사회가 이런 음식물을 받아들일 준비가 되어 있다고 확신할 수 없다. 2009년에 있었던 고체 자유 조형 제작 심포지엄에서 "수화콜로이드 프린팅: 개인 취향에 맞춘 음식물 생산을 위한 새로운 플랫폼"[34]이라는 제목의 논문이 발표되었다. 이 논문의 공동 저자였던 립턴 박사는 이렇게 말했다. "미래에 이것이 응용될 범위에는 나음과 같은 것도 포함될 수 있습니다. 케이크 안에 3차원 글씨가 들어 있어, 케이크를 자

---

34 이번 장의 '주목하기'를 립턴 박사에게 보여주자, 그는 우리에게 이렇게 이야기했다. "공정하게 말하자면, 우리는 이 논문을 '주방 예술에 맞서는 우리의 위대한 범죄'라고 부르고 있습니다. 또한 이 논문은 운전석에 앉아 있던 요리사들을 후회하게 만들었죠."

르면 메시지가 나타나는 거죠. 또는 비밀 메시지가 숨어 있는 스테이크를 만들 수도 있고요."

음, 그렇다. 아주 맛있게 생긴 미디엄 레어 스테이크를 썰고 있다고 상상해보자. 당신이 포크를 들자, 연인의 눈이 반짝 빛난다. 접시를 내려다본다. 당신이 썰고 있던 스테이크 속에, 연골로 쓰인 메시지가 나타난다… "나와 결혼해줄래요?"

현재 진행 중인 이런 프로젝트들의 가장 큰 제약은 거의 모든 재료가 뒤섞여 나와버린다는 것이다. 이 문제 때문에 3D 프린터로 만들 수 있는 식품의 범위가 크게 제한된다.[35] 초콜릿이나 카스텔라와 같은 일부 품목은 이와 같은 생산 방법에 비교적 적당하겠지만, 이 경우에도 3D 프린터를 사용하기 위해서는 맛에 별 도움을 주지 않는 여러 가지 내용물을 첨가해야 할 것이다. 가까운 장래에는 생물학 실험실보다 빵집에 들르는 사람들이 더 형편이 낫다고 보아야 할 것이다.

더불어, 우리가 알고 있는 한 당신은 식품 공학자들을 신뢰해서는 안 된다. 잘 들어야 한다. 지금 그들은 우주 비행사들을 대상으로 '폐쇄 순환'을 시도하고 있다는 것을 잊지 말자. 할 수만 있다면 그들이 대체 우리에게는 무엇을 실험할지 알 수 없는 일이다.

---

35 어쩌면 아닐 수도 있다. 립턴 박사는 "이미 얼마나 많은 음식물이 사출 방식으로 만들어지고 있는지 알면 놀랄 겁니다."라고 말했다.

여섯 번째: 증강현실

현실을 고칠 수 없다면,
다른 현실로 도망쳐버려!

사장이 당신의 사무실로 와서 무언가에 대해 호통을 친다. 당신은 사장의 잔소리를 그만두게 할 수 없다는 사실을 잘 알고 있다. 그래서 당신은 10분 동안 사장의 호통을 한 귀로 듣고 한 귀로 흘리면서 참는다. 그러고는 당신의 콘택트렌즈에 작은 컴퓨터 스크린이 삽입되어 있다는 것을 생각해낸다.

당신은 윙크를 한다. 잠시 사장이 당황하지만, 곧 다시 폭언을 퍼붓는다. 당신의 눈앞에서 세상이 바뀐다. 배경에는 야자나무들이 보이고, 빛이 부드럽게 변한다. 듬성듬성 남은 머리카락으로 애써 감춘 사장의 대머리 위에 아름다운 분홍색 새가 내려앉는다. 당신의 콧속에 있는 분자 생성기가 바닷바람의 냄새를 풍기고, 귓속에 있는 작은 스피커가 해변에 부딪히는 파도 소리를 낸다. 오른쪽 귀의 스피커는 왼쪽 귀의 스피커보다 약간 빠르게 소리를 낸다. 그리고 당신은 푸른 태평양을 보기 위해 자신의 오른쪽 어깨 너머를 돌아본다.

책상 위에 설치된 프로세서는 사장의 목소리를 감지해 사장이 말하는 것을 모두 스포츠 뉴스로 바꿔놓는다. 당신은 야자나무 사이로 부는 바닷바람을 느끼면서 편안히 듣는다. 실제 세상에서는 사장이 당신에게 실제로 일을 할 생각이 있는 거냐고 소리치지만, 당신의 눈앞에서는 스포츠 아나운서가 당신이 응원하는 팀이 졌다는 뉴스를 전해준다. "아니야!" 당신은 벌떡 일어나 소리를 지른다. "아니야, 대체 왜!"

다행스럽게도 당신이 (거대한) 5평짜리 집에 돌아왔을 때, 당신의 가상 배우자는 당신이 올해에만 14번 해고당했다는 사실로 당신을 비난하지 않는다. 당신은 혀에 얇은 고분자 막을 얹고, 찬장에서 약간의 콩 단백질을 꺼집어낸다. 그리고 오늘 밤에는 고베 스테이크의 맛을 즐겨야 되겠다고 생각한다.

이것이 증강현실이 가져올 수 있는 미래의 모습이다. 증강현실(AR)은 실제 세상에 가상적인 요소를 덧붙인 것이다. 이것은 우주에 약간의 마술을 추가하는

것과 같다. 증강현실은 가상현실(VR)과는 다르다. 가상현실은 실제 세상과 따로 떨어져 있는 가상적인 세상이다. 증강현실을 이해하는 1가지 방법은 뇌에 미각, 촉각, 시각, 운동 감각, 균형 감각 등의 센서들이 연결되어 있는 자신을 상상해보면 된다. 이것이 증강현실 연구자들이 당신을 볼 때의 모습이다. 따라서 당신도 그렇게 생각하는 편이 낫다.

모든 센서들은 주변 환경으로부터 계속적으로 정보를 받아들인다. 완전한 가상현실에서는 센서들이 컴퓨터가 제공한 가짜 정보만 100퍼센트 받아들인다. 따라서 우리는 작은 방 안에 서 있지만 센서들은 우리가 백악기로 시간여행을 왔고, 티라노사우루스 렉스가 우리를 향해 돌진해 오고 있다고 말해준다. 그러나 증강현실에서는 센서들이 부분적으로만 가짜 정보를 받아들인다. 따라서 실제로 백화점 한가운데 서 있는데 티라노사우루스 렉스가 비스킷을 다 먹자마자 우리를 향해 돌진하려고 준비하는 것을 볼 수 있다.

현재 우리는 주로 시각 센서(때로 우리는 이것을 '눈'이라고 부른다)를 조절한다. 그 이유에 대해서는 뒤에서 이야기할 예정이다. 우리의 시각에 가상적인 물체나 정보를 부가하는 것만으로도 다양한 응용이 가능하다. 현실과 상호작용하면서도 더 많은 정보를 얻기 원하는 경우라면(예를 들어 전투나 수술 또는 건축 현장 등) 어디서든 증강현실은 매우 유용하게 이용될 수 있을 것이다. 증강현실 기술이 완전해지면 이런 분야에서 적은 훈련으로도 더 나은 결과를 만들어낼 수 있을 것이다. 다시 말해 적은 비용으로 더 나은 서비스가 가능해지는 셈이다. 또한 삶에서 전보다 더 효과적으로 우리 자신을 속일 수 있을 것이다.

최근 '포켓몬 고'가 발매된 후, 증강현실은 우리에게 일상적인 것이 되었다. 이 책에서 '포켓몬 고'에 대해 자세하게 설명하지는 않을 생각이다. 아마 당신도 지금 이런 종이책은 선반 위에 던져놓고 '포켓몬 고'에 열중하고 있을 것이기 때문

이다. 그러나 '포켓몬 고'는 단순한 게임을 넘어서서, 응용 가능한 기술로 가는 초기 단계다.

이 책의 저자들은 소위 가장 슬픈 세대에 속해 있다. '포켓몬'을 잘 알 정도로 충분히 젊지만 이것의 폭발적인 인기에 당황함을 감출 수 없을 정도로 나이가 많은 사람들이다. 그러나 증강현실은 모든 종류의 환상을 실현할 수 있다. 아니, 야한 환상만 말하는 게 아니다. 복수를 하거나 부자가 되는 것도 포함된다.

증강현실을 만드는 방법에는 여러 가지가 있다. 사람이 가지고 있는 감각의 종류가 많기 때문에 완전한 증강현실 시스템은 매우 복잡할 것이다. 현재로서는, 태블릿 컴퓨터나 스마트폰과 같은 특수한 장치를 이용해 현실과 '배합'된 영상을 눈에 보여주는 것이 가장 일반적인 방법이다. 현실과 배합되었다는 말은 가상 물체가 실제 물체와 상호작용한다는 의미다. 예를 들면 당신이 증강현실에서 토끼가 방을 뛰어 다니게 하고 싶은 경우, 토끼가 물건을 통과해 다니기를 원하지는 않을 것이다. 아니면 만약 토끼가 물건을 통과해 뛰어다닌다면, 상처를 입은 것처럼 보이기를 원할 것이다.

이것은 생각보다 훨씬 복잡한 일이다. 증강현실을 눈에 비춰주는 헤드셋을 가지고 있다고 가정해보자. 책상을 보니 헤드셋이 당신의 가상 배우자, 브래드 피트Brad Pitt에게서 온 편지를 보여줄 것이다. "사랑해." 그렇다. 당신이 오늘 아침에 이 편지가 책상 위에 나타나도록 증강현실을 프로그램했었다. 그러나 생일 전날 저녁에 배우자에게 은근슬쩍 알려주고 나서야 배우자가 당신의 생일을 기억해주었을 때와 마찬가지로, 증강현실 속 피트 씨의 편지에 대해서도 어쨌든 고맙다는 생각이 들 것이다.

이제 머리를 왼쪽으로 돌리면 편지는 오른쪽으로 가야 한다. 그리고 실제 책상과 연결되기 위해서는 편지의 각도도 달라져야 한다. 약간만 벗어나도 이상하게 보일 것이고, 현실성이 떨어질 것이다. 그러나 당신도 책상 위에 있는 편지는 사실 컴퓨터 프로그램이 만들어낸 허상이라는 것을 기억하고 있다. 이 모든 일을 이루어내는 건 무척 어려운 도전이며, 복잡한 하드웨어와 소프트웨어, 인간의 시각과 인지 작용에 대한 심오한 이해가 필요하다.

하드웨어는 빠르게 발전하고 있다. 증강현실이라고 주장할 수 있는 최초의 기계는 1962년에 모턴 하일리그Morton Heilig가 제작한 센소라마Sensorama다. 센소라마는 완전히 기계적으로 작동하며, 프로그램이 가능한 컴퓨터가 전혀 사용되지 않았다. 최근의 증강현실 장치들은 당신이 가상적인 과수원을 거닐고 있을 때에 맞춰 나무 냄새를 방출하도록 프로그램이 짜여 있는 반면, 센소라마는 영상이 시작되고 5분 후 과수원이 등장하는 순간 나무 냄새가 풍겨 나오게 하는 식이었다.

센소라마는 작은 광학기계를 통해 비디오를 보여주면서 바람을 만들어내고,

소리를 틀고, 의자를 진동시키거나 화학물질을 분비했다. 그리고 이를 통해 (예를 들어) 오토바이를 타고 달리는 것 같은 느낌을 경험할 수 있도록 했다. 그냥 오토바이를 하나 사면 되지 않겠느냐고 생각할 수도 있겠지만, 하일리그 씨는 미래를 내다보고 있었던 것이다. 특허를 제출할 때 그는 센소라마가 군사용이나 산업용, 교육용으로 사용될 수 있을 것이라고 설명했다. 그가 이야기한 분야들은 오늘날에도 증강현실의 응용 분야로 가장 많이 거론되고 있다.

1990년대에 컴퓨터와 모니터가 저렴해지자 소위 '가상현실 헤드셋'이 등장했던 것을 기억하는가? 그때 그런 일이 일어나지 않았다면 오늘날 우리가 경험하는 증강현실이 가능했을까? 아니면 미래에나 가능할까? 어쨌든 1990년대에 등장한 시스템에는 몇 가지 문제가 있었다. 아주 값이 비쌌고, 시뮬레이션이 매우 열악했다.

그리고 이 기계들은 구토를 유발하는 경향이 있었다. 구토는 사실 가상현실과 증강현실 시스템이 가지고 있는 일반적인 문제다. 멀미가 나는 이유를 설명하는 현대 이론 중 하나에 의하면 몸은 움직임을 느끼지 못하는데 눈으로만 움직임을 보고 있으면 우리 몸이 독에 중독되었다고 판단한다는 것이다. 따라서 가까이 있는 화장실로 달려가고 싶게 만든다. 1993년에 판매된 컴퓨터로 가상현실을 만드는 경우 멀미가 특히 심했다. 헤드셋을 쓰고 머리를 돌릴 때 눈에 보이는 물체들이 머리와 함께 회전하지 않으면 눈은 이것을 현실이라고 믿지 않지만 위는 이것을 현실로 느낀다.

대부분의 1990년대 유행들과 함께, 가상현실도 선반 위로 퇴장했다. 가상현실 헤드셋이 증강현실과 관련된 기술을 싸게 만들 것이라고 기대했던 사람들은 매우 실망했다. 그러나 이 책의 저자 중 한 사람인 켈리가 1990년대의 음악 대부분이 다시 인기를 얻을 것이라고 기대하고 있는 것과 마찬가지로, 일부 과학자들은 언젠가 증강현실이 부활할 것이라는 기대를 가지고 그것을 보존했다. 그리고 켈리의 경우와는 달리 과학자들은 그런 희망을 가질 충분한 이유가 있었다.

오늘날 대부분의 사람들이 전화기 형태의 컴퓨터를 사용하고 있다. 실제로는 컴퓨터보다 조금 더 성능이 낫다. 우리가 사용하는 스마트폰은 단순히 컴퓨터 기능을 가지고 있는 것이 아니다. 사진이나 동영상을 찍을 수도 있고, 자신이 향하는 방향과 중력을 감지할 수도 있으며, 지구 표면에서의 위치를 결정할 수 있다. 그 외에도 스마트폰이 할 수 있는 일들은 많다.

이러한 감지 기능은 실제 현실 위에 가상현실을 첨가하려고 할 때 특히 유용하다. 그리고 스마트폰은 1990년대의 컴퓨터처럼 고립되어 있지 않다. 스마트폰은 훨씬 더 많은 메모리와 빠른 정보 처리 능력을 가지고 있는 다른 컴퓨터와 정보를 교환할 수 있다. 우연의 일치인지도 모르겠지만 오늘날 우리들은 증강현실 연구자들이 원했던 많은 장비들을 가지고 다닌다. 따라서 남은 문제는 필요한 소프트웨어를 개발하는 것뿐이다.

현실에 가상현실을 더할 때 사용되었던 초기의 방법 중 하나는 위치 표지를 이용하는 것이었다. 기본적으로 위치 표지는 실제 세상에 존재하는 물체로, 컴퓨터의 시각적 인식을 도와준다. 현재 널리 사용되고 있는 QR 코드처럼 어떤 물건을 시각화하는 것이다. 책상 가운데에 QR 코드가 부착되어 있다고 생각해보자. 문제를 간단하게 하기 위해, 눈에 영상을 보여주는 증강현실 헤드셋을 쓰고 있다고 하자. 헤드셋에 달린 카메라는 QR 코드를 보고 2가지를 알아낸다. 첫째, QR 코드가 "꽃병을 여기에 놓아라."라고 말하고 있다는 것. 둘째, QR 코드를 특정 각도에서 바라보고 있다는 것.

당신이 움직일 때마다 헤드셋이 QR 코드의 방향이 달라지는 것을 감지해 꽃병의 모습을 변화시킨다. 이것이 제대로 작동하면 당신이 걸어 다니거나 아래위로 점프하는 경우에도 책상 위에 놓여 있는 꽃병을 볼 수 있을 것이다. 다시 말해 위치 표지는 증강현실과 현실을 연결해주는 다리 역할을 한다.

이제 현재의 증강현실 연구는 위치 표지를 사용하는 전통적인 방법을 넘어서고 있다. 우리는 전문가들로부터 더 이상 '위치 표지'라는 단어를 사용하는 것이 멋져 보이지 않는다는 이야기를 들었다. 겨우 몇 년 전에 쓰인 글만 봐도 이 단어를 사용하고 있는데 말이다. 증강현실 관련 기술이 빠르게 발전하고 있다는 뜻일지도 모르겠다.

오늘날에는 컴퓨터 프로그램이 물체가 어디에 놓여야 하는지를 스스로 판단할 수 있을 정도로 똑똑해졌지만, 여러 종류의 표지를 사용하면 많은 정보를 빠르게 제공할 수 있기 때문에 여전히 유용하다. 그러나 표지를 이용하는 방법에는 문제가 있다. 일단 표지가 시각적으로 차단되는 경우가 생길 수 있다. 실제 꽃병의 경우에는 상관이 없다. 당신이 보고 있지 않더라도 꽃병은 계속 그곳에 있기 때문이다. 그러나 책상의 아래쪽에서 위를 쳐다본다고 생각해보자. 그 각도에서도 꽃병이 보여야 하지만 헤드셋은 표지를 볼 수 없다. 그렇게 되면 헤드셋은 꽃병이 더 이상 존재하지 않는다고 결정한다. 이것은 문제가 될 수 있는데, 아마 우리 대부분은 아무도 보지 않는 경우에도 현실이 계속 존재하기를 원할 것이기 때문이다.

여분의 카메라를 이용하거나 헤드셋이 볼 수 있는 또 다른 표지를 추가하면 이 문제를 해결할 수 있다. 그러나 더 많은 것들이 필요할수록 증강현실 체험은 더 귀찮은 일이 될 것이다. 실제 세상과 가상적인 세상의 상호작용이 눈에 띄지 않게 하는 것이 증강현실 체험을 현실감 있게 만드는 데 결정적인 역할을 하기 때문이다.

증강현실을 이용한 아주 멋진 아이디어 하나는, 숲속을 걸으면서 그 지역 생태계나 역사에 관한 지식을 제공받아 경험을 풍부하게 할 수 있다는 것이다. 예를 들면 당신이 떡갈나무 옆을 지나갈 때 헤드셋이 떡갈나무에 대해 설명해준다고 생각해보라. 당신이 떡갈나무에 가까이 다가가 나무 위에서 양치식물이 자라고 있으며 나무가 어리상수리혹벌에 감염되었다는 사실을 발견하면, 헤드셋이 이것들에 관한 정보도 보여줄 수 있다. 게다가 1864년 남북전쟁 때 이 숲에서 전투가 벌어졌다는 사실을 알려주고, 당신이 원한다면 가상 전투 장면을 보여줄 수도 있을 것이다.

이 모든 것이 놀랍기 그지없지만, 만약 사용자가 흥미로워할지도 모를 모든 물체에 QR 코드를 붙인다면 일일이 설치하기 힘든 건 물론이고 분위기를 망칠수도 있을 것이다. 따라서 현재 진행되고 있는 연구에서 중요하게 다루어지고 있는 과제는 QR 코드가 말해줄 수 있는 모든 것을 결정하는 데 환경 표지를 이용하는 방법을 찾는 것이다. 그렇게 되면 에펠탑 여기저기에 표지를 붙이지 않

이상한 미래 연구소

고도 에펠탑을 인식할 수 있는 장치를 갖게 될 것이다.

흠, 당신이 이렇게 말할지도 모르겠다. "잠깐만요. 나는 그냥 GPS를 이용할게요. 내 GPS는 에펠탑이 어디에 있는지 알고 있거든요." 아니다. 별 소용이 없을 것이다. GPS는 당신이 지구 표면상 어느 지점에 있는지를 알려줄 뿐이고 1미터 정도의 오차가 있다. 정밀한 증강현실은 그보다 훨씬 더 정확한 정보가 필요하다. 또한 GPS의 오차는 고도를 측정할 때 더 커진다. 그러니 만약 에든버러에서 가상 여행 가이드를 작동시켰는데 가이드가 당신의 머리 위 2미터 상공에 나타났다고 생각해보자. 머리 위에 나타난 가이드를 올려다 보면서, 그가 스코틀랜드의 전통 킬트를 입고 있지 않기를 바라게 될 것이다.

그러나 GPS는 좋은 출발점이 될 수 있다. GPS는 컴퓨터에게 우리가 어느 공원이나 어느 호수 옆에 있다고 알려줄 수 있을 것이다. 그리고 우리는 컴퓨터가 시각적 단서를 분석해 우리가 어디에 있는지 정확하게 알아낼 수 있다는 사실을 알고 있다. 사람이 숲속에서 길을 잃은 경우 특이하게 생긴 나무를 찾아내거나 어느 방향에 커다란 지형지물이 있는지를 파악해 현재 자신의 위치를 알아낸다. 이론적으로 컴퓨터도 같은 일을 할 수 있다. 그러나 사람은 비교적 빠르게 '특이한' 물체가 무엇인지를 결정할 수 있지만 기계에게 특이하다는 것이 어떤 의미인지를 설명하기는 어렵다.

이런 방법도 있다. 당신이 엠파이어스테이트 빌딩 옆을 지나가고 있다고 가정해보자. 컴퓨터는 당신이 어디에 있는지 대략 알고 있다. 그러나 거대한 고릴라를 건물 위에 나타나게 하려면 당신의 공간 좌표와 당신이 정확히 어디를 바라보고 있는지를 알아야 한다. 따라서 당신의 시야를 지도로 만들기 위해 컴퓨터가 사진을 찍는다. 그런 다음 사진을 여러 부분으로 나누고, 밝기의 변화를 조사해서 흥미로운 것과 그렇지 않은 것을 결정한다.

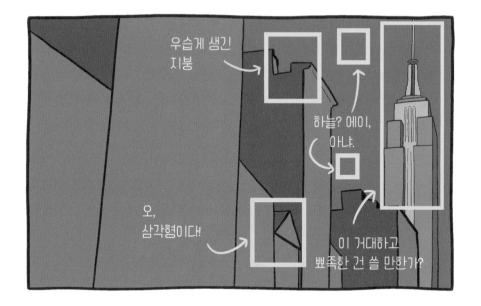

예를 들면 하늘만이 나타난 사각형에는 밝기의 변화가 없을 것이다. 그러면 컴퓨터는 이 시각형이 흥미로운 지점이 아니라고 결정할 것이다. 반면에 창문이 나타난 사각형에는 빛과 어둠 그리고 기하학적 모양이 보일 것이고 따라서 흥미로운 지점이 될 수 있다.

컴퓨터는 자신이 찍은 이미지를 GPS의 도움을 받아 부근에 있는 다른 지형지물의 이미지 데이터베이스와 비교한다. 당신이 이동하는 동안 컴퓨터가 이런 일을 반복함으로써 당신의 정확한 위치를 파악하게 되고, 내장되어 있는 카메라의 방향도 알 수 있게 된다. 매우 인공적인 방법처럼 들리겠지만 우리 자신의 위치를 알아내기 위해 우리가 하는 방법과 거의 비슷하다. 당신이 길을 잃었을 때 위치를 알아내는 기준으로 대낮의 하늘을 사용하지는 않을 것이다. 아무것도 없는 푸른 하늘은 당신의 위치에 대해 많은 정보를 제공해주지 않기 때문이다. 물론 밤에는 하늘을 기준으로 삼을 수도 있다. 별들과 별들의 상대적인 위치가 우리의 위치에 대한 정보를 제공해줄 수 있기 때문이다. 비슷하게 우리는 자신의 위치를 알고자 할 때 딛고 서 있는 땅을 기준으로 삼지 않고, 멀리 있는 건물까지의 거리를 기준으로 삼는다. 자주 방문하는 장소는 익숙하기 때문에 이 모든 것이 자동적으로 이루어지지만, 오랫동안 떠나 있던 고향 마을에 돌아왔을 때 우리 뇌가 어떻게 여러 물체의 위치를 알아냈는지를 생각해보자.

이런 접근 방법에 따르는 문제도 있다. 이 방법이 많은 계산을 필요로 한다는 것과 '흥미로운' 사진과 비교할 엄청난 양의 자료 이미지가 필요하다는 것이다. 따라서 과학자들은 이 과정을 더 간단하게 하기 위한 다른 접근 방법을 연구하고 있다.

요크대학에 있는 증강현실 실험실의 케이틀린 피셔Caitlin Fisher 박사는 적어도 어떤 응용 분야에 대해서는 좀 더 쉬운 방법이 있을지도 모른다고 제안했다. "예술가들은 배합의 문제를 피해 가기 위해 혼합된 현실을 사용합니다. 하늘을 떠다니거나 하늘에 떠 있는 이미지, 또는 땅 위에 있는 작은 이미지들을 가지고 있을 수 있습니다. 이미지의 배합은 중요한 문제입니다. 그러나 증강현실을 잘 경험하기 위해 이 문제를 꼭 해결해야 하는 건 아니에요. (…) 초기에 만들어진 많은 증강현실들이 귀신이나 영혼을 많이 다루고 있는 이유는 이들이 실제 세상과 완벽하게 배합되지 않더라도 증강현실을 잘 경험할 수 있기 때문입니다. 물체가 공중에 떠다녀도 그걸 본 사람들이 '이거 정말 형편없는 프로그램이로군.'이라고 말하지 않고 '야, 이거 귀신 아니야?'라고 말한다는 거예요."

우리는 가상적인 귀신으로 둘러싸인 세상을 납득하지 못하지만, 순진한 어린이들에게는 재미있는 경험이 될 수 있을 것이다. 그러나 좀 더 예술적인 증강현실을 위해서라면 모르겠지만, 만약 수술에 증강현실을 이용하려고 하는 경우에는 시각 표지가 너무 제 위치에서 멀리 벗어나 있지 않기를 원할 것이다.

당신의 컴퓨터를 괴롭히지 않으면서도 좀 더 정밀하게 당신의 위치를 감지하는 한 방법은 더 나은 센서들을 사용하는 것이다. 빛이라는 뜻의 영어 단어 Light와 레이더를 나타내는 영어 단어 Radar를 혼합해 라이다LiDAR라는 이름으로 불리는 장치는 레이저를 물체에 비춘 다음 반사된 레이저를 분석한다. 라이다는 주변 환경의 정확한 3차원 모델을 만들어낼 수 있다. 우리가 증강현실에서 필요로 하는 게 바로 이것이다. 오류가 많은 2차원 이미지 파일들과 비교하는 대신, 건물의 외곽선을 3차원 파일 1개와 비교할 수 있다. 정말 훌륭한 방법처럼 들린다! 문제는 이것이 엄청나게 비싸다는 것이다. 많은 예산을 사용할 수 있는 정부 기관에서나 사용할 수 있을 정도로 비싸다.

그러나 시간이 지나면서 가격이 하락했다. 실제로 자율주행 차량이 시장에 나타나기 시작할 수 있었던 이유는 불과 수백만 원으로 괜찮은 라이다 시스템을 자동차에 설치할 수 있게 되었기 때문이다. 그러나 라이다의 단점은 가장 가벼운 것이라고 해도 무게가 4.5~9킬로그램이나 된다는 것이다.

그래도 시각적 증강현실 기술은 잘 발전하고 있다. 그렇다면 당신이 이제 이렇게 참견할지도 모르겠다. "다른 감각들은 어떻게 되고 있죠? 나는 이번 페이지를 넘길 때 새소리를 듣고 싶다고요!" 좋다. 일단 소리는 지르지 말자. 어른답지 못하니까.

현재 진행되고 있는 연구의 대부분은 시각적 기술과 관련된 것이다. 사람들은 정말 뭔가를 보는 일을 좋아하는 것 같다. 하지만 일부 과학자들과 엔지니어들은 소리, 냄새, 촉감과 관련된 기술에 대해서도 연구하고 있다.

소리는 시각에 비해서 비교적 단순하지만 나름대로의 어려움을 가지고 있다. 예를 들어 자동차가 지나가는 소리를 시뮬레이션한다고 가정해보자. 여기에는

이상한 미래 연구소

3가지 사항을 고려해야 한다. 첫째, 자동차의 위치에 대한 감각을 주기 위해서는 소리가 한쪽 귀에 먼저 도달한 다음에 다른 쪽 귀에 도달해야 한다. 둘째, 자동차가 이동하는 감각을 주기 위해서는 자동차 소리의 진동수와 세기가 변해야 한다. 셋째, 기술적으로 가장 어려운 문제로, 소리가 주변 환경에서 말 그대로 반사되어야 한다. 따라서 골짜기 안에 있는 경우에는 자동차 소리의 메아리가 들려야 하지만 평야에 있는 경우에는 메아리가 없어야 한다. 그러면 앞에서 시각적 증강현실을 이야기할 때 검토했던 문제들로 다시 돌아가게 된다. 더 나은 증강현실을 얻기 위해서는, 더 많은 정보와 더 많은 계산이 필요하다.

냄새는 정말로 어려운 문제다. 빛이나 소리의 경우에는 기본 요소가 단순하다. 특정한 색깔을 만들어내려면 다른 파장의 빛만 있으면 된다. 특정한 소리를 만들어내려면 음파의 파장과 높낮이만 조절하면 된다. 냄새는 훨씬 다양하고 복잡하다. 아무리 많은 종류의 냄새를 준비한다고 해도 그것들을 섞어서 새로운 물질의 냄새를 만들 수 없다. 예를 들면 사과 냄새와 파이 냄새를 섞는다고 해서 애플파이 냄새가 되지는 않는다.

이론적으로는 주문 생산된 분자들을 공기 중에 분사할 수 있는 기계를 만들 수 있다. 실제로 주문에 의해 분자를 만들어낼 수 있는 기계도 있다. 그러나 현재 이런 기계는 아주 비싸기 때문에 산업적인 용도로만 사용되고 있다. 그리고 시각적, 청각적 증강현실은 많은 분야에 응용될 가능성을 가지고 있지만 후각적 증강현실의 효용성은 그다지 확실하지 않다.

촉감은 좀 더 활발하게 연구되고 있지만 연구에서 큰 진전을 보지는 못하고 있다. 현재 진행되고 있는 연구의 대부분은 가상적인 물체를 접촉하는 데 사용되는 '촉각 펜'과 관련된 것이다. 촉각 펜은 기본적으로 헤드셋과 펜으로 구성되는데, 헤드셋은 가상 물체를 볼 수 있게 해주고 펜은 가상 물체의 위치를 알고 있는 컴퓨터에 연결되어 있다. 따라서 펜으로 가상 물체를 찌르면 컴퓨터가 물체를 찌르는 감각을 느끼게 하고, 펜으로 표면을 따라 긁으면 펜이 흔들리면서 질감 있는 무언가를 긁고 있다는 느낌을 받도록 한다. 뭐, 사실 가상 히틀러의 얼굴에 펀치를 날리는 느낌을 받을 수 있을 정도로 생생하지는 않지만 펜으로 찌르는 느낌을 받기까지는 멀지 않았다. 더불어 수술 연습이나 전자 조각 훈련과 같은 분야에 응용될 수 있을 것이다.

현재 우리는 어디까지 왔을까?

우리가 읽은 이 분야에 관한 자료의 대부분은 2010년에서 2014년에 작성된 것이었다. 최근 것들은 '구글 글라스google glass'36가 모든 것을 어떻게 바꾸어놓을 것인지에 대해 소개하면서 매우 흥분에 가득 차 있는 자료들이 많았다. 아이고.

일반적으로 구글 글라스는 실패했다고 여겨지는데, 사람들이 그것을 쓰고 있는 사람을 보면 얼굴을 한 대 때리고 싶은 충동을 느끼기 때문이다. 정말이다. 예를 들면 2013년에 '미트업닷컴Meetup.com'의 CEO가 〈비즈니스 인사이더Business Insider〉의 기자에게 이렇게 말했다. "구글 글라스라고? 나는 구글 글라스를 쓴 사람을 보면 얼굴에 한 방 날려버릴 거야." 따라서 증강현실의 미래에서 당신이 바라야 할 1가지 특징은 기술 백만장자로부터 한 대 맞을 염려가 없는 모습이어야 한다는 것이다. 소형화도 방법이 될 수 있다.

---

36 2010년에 구글이 발표한 스마트 안경으로, 안드로이드 운영체제를 통해 사진도 찍을 수 있고 인터넷도 검색할 수 있다(옮긴이).

'이노베가Innovega'는 증강현실 콘택트렌즈에 대해 연구하고 있는 회사 중 하나인데, 콘택트렌즈가 모든 일을 할 수 있는 지점까지 발전시킨 건 아니다. 실제로는 콘택트렌즈를 끼고 그 위에 특수한 안경을 써야 한다. 그러나 좋은 점은, 이때 끼는 안경이 구글 글라스와는 달리 일반 안경처럼 보인다는 것이다. 대체로 센서들과 계산 시스템은 점점 더 싸지고, 더 빨라지며, 더 작아지고 있다. 이것은 많은 실험 프로젝트에 좋은 여건이 되고 있다.

현재 캔터베리대학에 있는 마크 빌링허스트Mark Billinghurst 박사는 '매직 북'이라는 개념을 도입했다. 책에 실려 있는 이미지 자료들이 증강현실 기계와 협력하게 해 경험을 풍부하게 해주는 것이다. 네브래스카대학의 한 연구 팀은《민속식물학 연구서Ethnobotany Study Book》라고 부르는 '매직 북'을 만들었다. 이 책에는 그 지역 식물들의 흑백 그림이 실려 있다. 증강현실 기계를 통해 이 그림들을 보면 그 페이지에 가상 식물들이 나타난다.[37]

현재 콜로라도대학에 있는 조너선 벤투라Jonathan Ventura 박사는 캘리포니아 산타바버라대학의 박사과정 학생이었을 때 증강현실 프로그램을 만들었다. 이 프로그램은 실외에서 작동하게 되어 있었으며, 캠퍼스에 나무나 우주선과 같은 물체들을 배합할 수 있었다. 이에 대해 벤투라 박사는 다음과 같이 설명했다. "나는 캠퍼스의 많은 사진을 이용해 캠퍼스의 3D 모델을 만들어낼 수 있는 시스템을 만들었습니다. 그러고는 아이패드를 들고 나가기만 하면 스스로 주변의 사진을 찍고 3D 모델과 비교해 아이패드가 있는 정확한 위치를 알아낼 수 있었죠."

우리는 방금 '나무나 우주선과 같은 물체'라는 말에서 '우주선'이라는 단어에

---

37 이것에 흥미를 느낀다면 당장 이 '매직 북'을 읽어보기 바란다. 다음의 웹사이트에서 무료 애플리케이션을 다운로드하면 익숙한 구조가 가상적으로 당신의 책 표지를 뚫고 자라나도록 할 수 있다. http://www.SoonishBook.com

가장 큰 의미를 부여했지만, 벤투라 박사는 우리보다 훨씬 현실적이었다. 그는 이런 프로그램들이 조경 설계 건축가들에게 아주 유용하게 사용될 수 있을 것이라고 지적했다. 그들이 실제 건축을 시작하기 전에 주변 환경의 가상 전망을 고객들에게 보여줄 수 있게 된다는 것이었다.

그라츠 기술대학의 게하르트 샬Gerhard Schall 박사는 도시 노동자들이 도시기반 시설의 엑스선 투시도를 볼 수 있는 증강현실 시스템을 만들었다. 예를 들어 그들이 이 시스템을 통해 도로를 내려다보면 지하에 매설되어 있는 전선과 배관을 볼 수 있다. 이와 같은 시스템은 관리를 위해서뿐만 아니라 재난 복구를 위해서도 유용하게 사용될 수 있을 것이다.

이 시스템이 원래 도시가 어떤 모습이어야 하는지를 보여주기 때문에, 구조 요원들은 좀 더 빨리 피해 규모를 파악할 수 있을 것이다. 예를 들면 건물의 손상 정도를 진단한 측정 결과가 '중간 밀림'이었다고 가정해보자. 똑바로 서 있는 엠파이어스테이트 빌딩과 눈에 띌 정도로 기울어져 있는 피사의 사탑 중, 어느 것에 더 가까울 정도로 기울어져 있는 것일까? 건물이 얼마나 많이 기울어졌는지 결정하는 건 사실 생각보다 어렵다. 특히 지진이 일어난 후, 건물을 분석할 수 있는 장비와 시간이 부족한 경우에는 더욱 그렇다. 수양 동Suyang Dong 박사가 제안한 증강현실 시스템은 현재 보이는 건물 위에 건물의 원래 모습을 보여주어, 빠르고 정확한 판단을 할 수 있도록 한다.

수많은 팀이 연구하고 있는 또 다른 아이디어는 '가상 거울 인터페이스'다. 거울을 들여다본 아기들은 그 안에 다른 사람이 있다고 생각하기 때문에 거울을 무서워한다. 그런데 만약 이 일이 실제로 일어난다면? 이 아이디어는 1990년대에 나온 비교적 단순한 증강현실에서 시작되었다. 이 방법은 거울을 통해서만 가상현실 영상을 보여주므로 집의 배치를 잘 알아야 한다. 멋진 아이디어일 뿐만 아니라 거울 안에 살고 있는 가상 도우미나 애완동물을 가지게 된 셈이다. 여기서 거울은 증강현실을 들여다보는 창문과 같은 역할을 한다.

　개인적으로 우리는 이 아이디어가 조금 무섭게 느껴졌다. 밤에 화장실에 가기 위해 거울 앞을 지나가는데, 거울 안에서 어떤 사람이 당신 소파에 앉아 있다면? 그때 정말 '저 남자는 가상일 뿐이야.'라고 생각할 자신이 있는가? 하지만 솔직히 말하면, 거울 안의 도우미는 아주 매력적인 사람일 것이다. 적어도 공상과학 소설에서 예언한 2027년 로봇 반란 때 우리를 배반하기 전까지는.

　피셔 실험실에서는 여러 가지 이야기를 들려주는 데 증강현실을 이용하는 방법을 개발했다. 예를 들면 증강현실을 이용해, 당신이 걸어서 지나갈 수 있는 영화를 만들 수는 없을까? 또는 역사적 인물이나 장소를 다시 불러올 수는 없을까? 지하철을 따라 나 있는 통로를 지나가는데, 가상 배우들이 옆에서 자신이 경험했던 감금과 탈출에 대해 이야기해주는 것을 상상해보자. 벨로 숲의 전투Battle of Belleau Wood 현장을 방문했을 때 눈앞에서 1918년의 공격이 펼쳐지는 것도 상상해볼 수 있다. 또는 콜로세움을 방문해, 네로 황제가 조금의 자비도 보여주지 않을 때 검투사의 얼굴에 나타나는 찌푸린 표정을 직접 본다면?

　또한 피셔 박사는 역사상 가장 훌륭한 어린이 생일 파티를 연다. 이 파티에는 〈해리 포터Harry Porter〉 시리즈에서 기숙사를 분류해줄 때 쓰이는 것 같은 증강현실 모자가 있었고, 뒷마당에 있는 바위 위로 요정들이 날아올랐다. 그리고 반짝이는 마법 가루가 어린이들의 손바닥 위에 내려앉았다. 그녀는 이렇게 말했다. "우리는 다시 어린아이들처럼 생각하기 위해 증강현실이 필요하지만, 아이들에게는 그만큼 증강현실이 필요하지 않을 거라고 생각해요. 그러나 우리가 가질 수 있었던 이런 놀랍고 즐거운 일들이 지금도 가능하다고 생각합니다. 그런 작은 수준에서 이런 것들이 우리 생활을 놀랍게 만들어줄 수 있어요."

몇몇 사람들은 증강현실을 치료 목적으로 사용해보기도 했다. 우리가 좋아했던 치료 실험은 크리스티나 보테야Cristina Botella 박사가 제안한 것이었는데, 그녀는 증강현실을 이용해 공포증을 치료할 수 있다는 생각을 가지고 있었다. 비정상적인 공포를 극복하는 가장 좋은 방법은 공포를 야기하는 대상에 반복적으로 노출되는 것이다. 그러나 문제가 하나 있다. 바퀴벌레를 극도로 싫어하는 사람에게 바퀴벌레가 가득 들어 있는 상자에 반복해서 들어가게 한다면 그 사람은 다른 정신과 의사를 찾아갈 것이 틀림없다. 또는 과학자들 말대로 '과도한 손상'을 입게 될 것이다. 보테야 박사는 환자의 눈에 무서운 곤충 떼를 보여주기만 하는 절충안이 효과가 있을지도 모른다고 생각했다. 우리가 읽은 연구에 참여한 사람은 6명 밖에 안 되었지만, 6명 모두 그들을 오랫동안 괴롭혔던 공포증이 완화되었다고 보고했다. 물론 그저 보테야 박사가 이 실험을 더 이상 계속하지 못하게

이상한 미래 연구소

하기 위해서 그렇게 말한 것일 수도 있다.

　마지막으로 우리는 '다크리DAQRI'라는 회사에서 개발한 스마트 헬멧에 특히 관심이 갔다. 다크리의 개발자는 재미있는 사실을 알아냈다. 헬멧에는 그 기본적인 구조를 변경하지 않고도 증강현실 시스템을 부착할 수 있었다는 것이었다. 센서와 컴퓨터는 헬멧 안에 내장하면 되었고, 시각 영상은 보안경 위에 비출 수 있다. 구글 글라스는 다크리를 본받았어야 했다. 컴퓨터가 들어 있는 작업용 헬멧을 썼다면 멍청이처럼 보이지 않았을 것이다. 그리고 미트업닷컴의 CEO가 얼굴을 가격하려 한다고 해도 헬멧이 보호해주었을 것이다.

　이 스마트 헬멧은 많은 응용 가능성을 가지고 있고, 또한 많은 생명을 구해줄 수 있을 것이다. 우리는 다크리에서 일하는 가이아 뎀프시Gaia Dempsey와 이야기를 나눴다. 그녀는 우리에게 최근에 다크리와 보잉 그리고 아이오와 주립대학이 공동으로 수행했던 연구에 대해 이야기했다. 전통적인 훈련과 증강현실을 이용한 훈련을 비교한 것이었다. "우리는 복잡한 조립 임무를 위한 종이 교본과 증강현실 교본의 교육 효과를 비교하는 실험을 했습니다. 이 임무에서는 초보 교육생들이 비행기 날개 끝을 50개가 넘는 단계를 거쳐 조립해야 했죠. 증강현실 교본을 가지고 있던 그룹은 최초의 시도에서 조립 시간을 30퍼센트 줄일 수 있었고, 오류율을 94퍼센트 줄였습니다. 두 번째 시도에서는 오류가 0으로 떨어졌어요. 정말 대단했습니다." 우리는 비행기 조립과 관련된 과정에서 0퍼센트의 오류가 발생했다는 결과 때문에 이 연구를 정말 좋아하게 되었다.

우리가 걱정해야 할 문제들

　계속 중앙 서버와 통신하고 있는 센서들이 내장된 기기들을 사용하는 사람들이라면, 누구나 사생활 침해와 관련된 문제를 맞닥뜨릴 수 있다는 염려를 해본 적이 있을 것이다.

　우리는 레코그나이즈Recognizr라고 부르는 소프트웨어에 대해 읽은 적이 있다. 이 소프트웨어는 사람들의 모습을 감지한 후 얼굴을 3D 모델로 변환해 저장한다. 그리고 나중에 그 정보로 그들을 인식한다. 현재로서는 레코그나이즈를 사용해 얼굴을 인식하기 위해서는 상대방의 동의를 얻어야 한다. 이런 종류의 소프트웨어와 관련된 아이디어들은 소셜미디어를 실제 생활로 끌어들인다. 여기에는 매우 큰 잠재력이 있다. 직장에 갔는데 동료의 머리 위에 있는 작은 화면이 "오늘 내 생일이에요!"라거나 "나 여행 다녀왔어요."라는 등의 정보를 전해준다고 생각해보자. 단점은 모든 소셜미디어의 사생활 침해 문제가 우리의 실제 생활에서도 발생할 수 있다는 것이다. 만약 많은 사람들이 얼굴 인식 소프트웨어를 사용한다면, 그 자료가 여기저기 흩어져 있다고 해도 나쁜 사람이 이 자료들을 모아 하루 동안 당신이 갔던 곳을 모두 알아낼 수 있을 것이고, 심지어는 당신의 심리 상태까지도 추정할 수 있을 것이다.

　더 안 좋은 일이 일어날 수도 있다. 궁극적인 증강현실 장치는 그저 시각 자료를 모아 저장하는 데 그치지 않는다는 사실을 기억하고 있을 것이다. 이 장치는 모든 것을 3D 스캔하고 냄새를 맡으며 소리를 듣는다. 많은 현대 상업은 거대한 자료에 접근할 수 있는 회사에 의존하고 있다. 아마존과 구글이 우리보다 먼저 우리가 무엇을 원하는지 알려줄 수 있는 것도 이 때문이다. 그런데 만약 열화상 카메라가 우리가 더워서 땀을 흘리고 있다는 것을 감지하고 스타벅스의 새로운

이상한 미래 연구소

'베리 블로섬 아이스 어쩌고'의 광고를 보여주는 세상이 온다면 어떨까? 아니면 얼굴 스캐너가 오늘 내가 많이 찡그리고 있다는 것을 인식하고 "의사를 만나 우울증 치료제를 처방받는 게 어때요?"라고 조언한다면 기분이 어떨까?

심지어 소셜미디어의 좋은 점조차도 실제 생활에 도입되면 당황스러운 결과를 가져올 수 있다. 증강현실 때문에 상사가 당신의 생일이 언제인지, 배우자와 언제 이혼했는지, 좋아하는 텔레비전 프로그램이 무엇인지도 알 수 있게 된다. 그가 교묘한 증강현실 안경을 쓰고 당신의 머리 위에 있는 장치에서 보내주는 온라인 프로필을 볼 수 있기 때문이다. 이것은 2가지 이유로 매우 염려스러운 일이다. 첫 번째, 이것은 무언가를 '안다'는 말의 의미를 새롭게 정의하도록 할 것이다. 현재 우리는 당신의 페이스북 덕분에 누군가가 당신의 생일을 알게 되는 것에 익숙해 있다. 그러나 생일 이상의 정보라면 어떨까? 다른 사람이 나에 대해 알고 있는 정보들이 머리 위 디스플레이에 나타나서 외부로 공개되는 세상은 좀

당신 딸의 수정 12주년을 축하합니다!

제발 그냥 알게 된 건 아니라고 말해줘요.

정이 가지 않는다. 그리고 만약 당신이 증강현실 안경을 가지고 있지 않다면, 그 것을 가지고 있는 사람들에 비해 엄청난 정보 불균형 상태에 처하게 될 것이다.

정보 불균형은 전쟁, 특히 현대의 전쟁에서는 심각한 문제다. 따라서 이런 종류의 소프트웨어는 평화 유지군에게만 주어야 한다는 주장도 있다. 어떤 병사의 임무가 한 마을을 감시하는 일이라고 가정해보자. 이 병사가 얼굴을 인식할 수 있고, 머리에 달려 있는 디스플레이에 여러 가지 통계를 보여주는 증강현실 안경을 가지고 있다면 큰 도움이 될 것이다. 이제 그 병사는 자신의 종교나 정치적 성향, 친구 관계는 물론이고 마을 사람 모두의 얼굴을 기억할 수 있으며 마을 사람들 모두에게 각자 필요한 것이 무엇인지 알 수 있을 것이다. 이것이 병사가 다른 사람들과 공감하는 데 어떤 영향을 줄까? 그리고 병사에게 주는 영향과는 관계없이, 마을 사람들은 이것을 어떻게 느낄까?

우리가 자료를 조사하는 동안 반복적으로 부딪힌 1가지 주제는 '축소현실 diminished reality'이었다. 사람들은 실제적인 감각 정보가 더 적은 것을 선호할 때가 있다는 의미다. 어떤 의미에서는 '완전 수몰 가상현실total immersion VR'이 바로 그런 일을 한다. 이것은 실제 현실을 완전히 차단한다. 증강현실은 혼합에 가깝다. 이론적으로는, 축소현실에서는 완전한 현실과 완전한 가상현실을 오가는 스위치를 사용할 수 있다. 이런 것을 잘 이용하면 좋은 점도 있다. 불안 장애가 있는 사람이나 트라우마로 인한 장애를 겪고 있는 사람은 특정한 형태의 감각 경험을 차단하고 싶을 것이다. 그러나 축소현실은 어떤 현실 감각을 차단해야 하는지를 놓고 어려운 선택을 해야 할 때, 불편한 감정을 불러올 수 있다. 예를 들면 출근길에서 만나는 노숙자들에 대한 감각을 차단해버릴 수 있을까? 또는 전쟁터에 있는 병사가 적군 병사 얼굴에 나타난 감정을 차단할 수 있을까?

증강현실과 관련된 기본적인 조건은 사용자가 세상에 대한 엄청난 양의 자료에 접근할 수 있어야 한다는 것이다. 특히 크게 진보된 형태의 증강현실에서는 실제 세상에 모든 종류의 수정을 가하기 때문에 이 조건이 더욱 중요하다. 모든 다람쥐들이 눈에서 계속 벌을 쏘아내는 단순한 증강현실을 경험하고 있다고 생각해보자. 당신은 다람쥐를 인식할 수 있고 당신의 움직임에 대한 다람쥐의 움직임을 상대적으로 추적할 수 있는 컴퓨터가 필요하다. 이 환상을 완벽하게 하기 위해서는 나무 뒤에서나 울타리 뒤에서 갑자기 쏘아져 나오는 벌들을 볼 수 있어야 한다. 그러려면 정말 좋은 센서나 여기저기 수없이 설치된 카메라가 필요할 것이다. 다시 말해 증강현실에서 좀 더 몰입된 경험을 하기 위해서는 현실에 대한 더 많은 정보가 필요하다. 증강현실이 일반화되면 소비자들의 프라이버시는 더욱 축소될 것이다. 그리고 소비자들의 의견과는 관계없이 소비자들에 대한 더 많은 정보가 회사나 정부의 손으로 넘어갈 것이다.

어배나샘페인Urbana-Champaign 일리노이대학에서 근무하고 있는 앨런 크레이그 Alan Craig 박사는 다른 문제를 지적했다. 어디에 어떤 정보를 제공할지를 누가 결정할 것인가? 예를 들어 당신이 가게를 소유하고 있다고 가정해보자. 매우 인기 있는 증강현실 시스템 상에서, 누군가가 당신 가게 벽에 "이 가게 주인은 바보이고 악당이다."라고 낙서를 했다. 논의를 위해, 이 말이 사실이 아니라고 가정하겠다. 과연 당신이 증강현실에서 이것을 제거할 권한이 있을까? 어쨌든 그 사람은 당신이 소유한 것을 아무것도 건드리지 않았으니 말이다.

실제로 우리가 이 책을 쓰고 있는 동안, 크레이그 박사의 염려가 가정에서 현실로 바뀌었다. '포켓몬 고'에서 유대인 대학살 박물관이 게임에 필요한 무료 아이템을 구할 수 있는 '포켓 스톱'으로 지정된 것이다. 박물관 측은 대학살의 희생자들을 기리는 공간인 박물관 내에서는 게임을 하지 말아달라고 요청해야 했다. 그러나 후에 사람들은 아우슈비츠에서 포켓몬을 찾고 있었다! 우리는 처음에 유대인 대학살 기념물의 관리가 좀 허술했던 것이 아닐까 생각했다. 그러고 나서 "히로시마, 원자폭탄 기념공원에서의 '포켓몬 찾기'에 분노하다!"라는 제목의 기사를 보았다. 그러니⋯ 적어도 그들이 차별은 하지 않는 범죄자들이었다고 보아야겠다.

크레이그 박사는 증강현실이 해킹을 당할 수도 있다고 지적했다. '꼬부기'가 죽은 사람들의 성역을 침범하는 이 문제가 해결된다고 해도, 나쁜 사람들이 또 다른 문제를 만들 것이다. 위험한 일이 생길 수도 있다. 증강현실 안경을 쓰고 자동차를 운전하고 있을 때, 어떤 해커가 당신의 자동차를 향해 가상 익룡이 달려들게 만들어 당신이 반사적으로 길을 벗어나게 했다고 생각해보자. 놀라운 경험일 것임에는 틀림없지만 그 때문에 목숨을 잃을 가능성이 크다. 증강현실이 어디에서나 가능해지면 우리의 현실 인식 능력이 해킹당할 가능성이 있다. 당신 주변의 사람들과 단체의 인식 능력도 마찬가지다.

마지막으로, 우리가 무엇이 가상이고 무엇이 현실인지를 구별할 수 없는 지점까지 도달하게 되는 건 아닐까? 크레이그 박사는 이미 현대 영화가 실재와 컴퓨터가 만들어낸 영상을 혼합해서 사용하고 있다고 말했다. 때로는 이런 기술들이 너무 완벽해서 관객들은 어느 것이 현실이고 어느 것이 컴퓨터 그래픽인지 구별하지 못한다. 증강현실이 완벽해지면 우리 주변 환경의 어느 부분이 실재고 어느 부분이 가상인지를 구별하지 못한 채 주변을 걸어 다니는 일이 벌어지지는 않을까? 그런데, 그게 중요할까?

이것이 세상을 어떻게 바꿔놓을까?

물론, 가장 널리 받아들여지고 있는 생각은 증강현실이 오락 분야에 혁명적인 변화를 가져오리라는 것이다. 마술을 현실에 불러들일 수 있게 됨으로써, 증강현실은 예술가들에게 전혀 다른 무대를 제공했다. 이론적으로는 점점 복잡해지는 새로운 세상들을 무한히 이 세상 안에 말아 넣을 수 있겠지만, 새로운 기술이 예술의 미래를 어떻게 바꿔놓을지를 예측하기는 어렵다. 특히 증강현실이 좀 더 중요한 매체가 되는 경우에는 더욱 그렇다.

흥미로운 가능성 중 하나는 교육 분야의 발전이다. 증강현실 기술은 사람들이 개념적 존재와 상호작용할 수 있게 해준다. 이것은 대상을 시각화하기 어려운 분야에서 특히 많은 도움이 될 것이다. 물리학에서 3차원 개념은 종종 학생들을 당황시키곤 하는데, 그런 개념을 시각화하거나 심지어 만질 수 있도록 하면 좀

더 빨리 그런 개념들을 이해할 수 있을 것이다. 눈앞에서 원자들의 상호작용을 가상적으로 보여주는 화학 시간을 상상해보자.

크레이그 박사는 일리노이대학의 수의학 대학원과 협동해 유리섬유를 이용한 실물 크기의 암소를 만들었다. 스마트폰의 애플리케이션으로 이 암소를 보면, 내장이 어디에 있는지 볼 수 있다. 수의학과 학생들에게는 내장 기관의 위치를 3차원으로 볼 수 있기 때문에 큰 도움이 된다.

인류 역사를 통해 우리는 뇌가 하는 일의 양을 천천히 줄여 왔다. 기록이 일반화되자 모든 것을 일일이 기억할 필요가 없게 되었고, 파일 시스템이 생기자 정보가 있는 위치를 일일이 기억할 필요가 없게 되었다. 현대의 검색 시스템은 주제들을 검색하는 작업을 간단하게 만들었다. 성공적인 증강현실은 정신적인 활동의 대부분을 기계에게 넘겨줄 수 있도록 할 것이다.

예를 들면 당신이 프린터를 고쳐야 하는 경우, 지금은 인터넷에서 설명서를 찾아내, 당신이 무엇을 해야 하는지 이해할 때까지 설명서를 열심히 읽어야 한다. 그러나 증강현실은 단순히 당신이 해야 할 일을 순서대로 보여줄 것이다. 따라서 증강현실을 이용하면 해야 할 일을 더 빨리, 더 성공적으로 해낼 수 있을 것이다. 요리를 하거나 건물을 지을 때도 비슷한 방법을 사용할 수 있다.

별것 아닌 것처럼 보일 수도 있겠지만, 이런 방식은 많은 분야에서 일의 효율을 크게 높여줄 것이다. 노동자들을 더 효과적으로 훈련시킬 수 있고, 작업 상에서 위험을 피할 수 있을 것이다. 일을 더 잘하게 만들 수도 있을 것 같다. 예를 들면 증강현실 헬멧이 간과하기 쉬운 위험한 구조적 변화를 작업자에게 알려줌으로써 사고를 미연에 방지할 수 있을 것이다.

의학 분야에서도 증강현실이 널리 사용될지도 모른다. '완전 해부 연구소 Complete Anatomy Lab'에서 곧 공개할 에스퍼 프로젝트Project Esper와 같은 해부학 애플리케이션은 의대생들에게 좋은 교육용 기자재가 될 것이다. 더 중요한 용도도 있다. '일루시오Illusio'라는 회사는 가상 가슴을 보여주는 증강현실 프로그램을 만들었다. 가슴 수술에 관심이 있는 여성들은 수술 후의 '결과'를 미리 볼 수 있다. 가상 영상을 보면서 가슴의 탄력성이나 가슴골의 깊이와 같은 사항들을 미리 조정할 수 있을 것이다. 이런 프로그램은 가정용으로도 판매해야 하지 않나 싶다. 이건 농담이고, 사실 정말 큰 효용이 있을 것이다. 성형수술을 할 때 환자와 의사가 수술 후의 모습을 미리 공유한다면 많은 분쟁을 예방할 수 있을 테니 말이다.

실제 수술에서 사용할 수 있는 애플리케이션들도 개발되고 있다. 외과 의사가 수술하는 동안 MRI 사진을 몸 위에 비출 수 있으면 좀 더 정확한 곳을 작게 절개할 수 있을 것이다. 그리고 모습을 알아볼 수 없을 정도로 심한 사고를 당한 경우, 사고 이전의 모습을 몸 위에 비출 수 있다면 좀 더 정확한 재건 수술이 가능해질 것이다.

전쟁터에서 또는 가난한 나라의 시골에서 응급환자가 발생하면, 부근에 있는 외과 의사는 자신의 전문 분야가 아닌 특수한 수술을 즉각 해야 할 경우가 생긴다. 이런 경우에도 증강현실이 도움을 줄 수 있다. 필요한 수술을 잘 할 수 있는 전문적인 외과 의사가 현장의 외과 의사가 하는 수술을 원격 지도할 수 있는 프로그램이 개발되고 있다. 만약 외과 의사가 적합한 스크린을 보고 있다면 눈앞에 그림을 그려 보여줄 수도 있다. 수술을 받는 환자로서는 전문가가 실제로 수술을 집도하는 편이 가장 좋겠지만, 그럴 수 없는 경우 차선책은 전문가가 환자 옆의 외과 의사에게 커다란 화살표를 그려주면서 "여기를 자르세요!"라고 직접 조언할 수 있도록 하는 것이다.

일반적으로 증강현실은 예전에는 긴 시간의 훈련으로만 얻을 수 있었던 기술을 빠르게 습득할 수 있게 해줄 것이다. 이것은 일의 효율을 크게 높일 것이고,

실수가 사망으로 이어지는 위험한 환경에서 작업할 때 인명 손실을 크게 줄일 것이다.

가장 중요한 점은 증강현실이 우리가 상상하는 세상을 실현할 기회를 제공할 수 있다는 것이다. 인류가 대초원을 떠나 고층건물 숲으로 이동하면서, 거짓이긴 하지만 우리에게 많은 위안을 주던 신화와 환상을 버렸다. 그러나 증강현실 기술 덕분에 우리는 하늘을 나는 용과 정원에서 춤을 추는 작은 요정들을 볼 수 있을 것이다. 우리는 사랑하는 사람과 상상 속의 세상을 거닐 수 있고, 우리 자신의 개성을 새롭게 발견할 수도 있을 것이다. 심지어 어떤 면에서는, 죽은 사람들을 부활시킬 수도 있을 것이다.

자, 이제 구글 글라스를 너무 미워하지 말기로 하자. 어떤가?

⚡주목하기 비주기의 비밀

증강현실에 대한 글을 읽고 있던 이 책의 저자 중 한 사람, 잭은 문득 어떤 사실을 깨달았다. 사람은 2개의 눈과 2개의 귀를 가지고 있다. 눈이나 귀는 모두 우리 주변에 있는 물체의 위치를 결정하는 데 도움을 준다. 조금 떨어져 있는 두 눈은 물체를 조금 다른 각도에서 바라볼 수 있다. 뇌는 두 눈이 본 영상을 결합해 세상에 대한 3차원 영상을 만들어낸다. 그럼으로써 물체가 우리로부터 얼마나 멀리 떨어져 있는지를 알아낼 수 있다. 그리고 2개의 귀는 소리가 어느 방향에서 오고 있는지를 알아내는 것을 돕는다. 오른쪽 귀에 들리는 소리가 왼쪽 귀에 들리는 소리보다 더 크다면 그 소리는 오른쪽에서 들려오고 있는 것이 틀림없다.

그런데 우리 얼굴에 혹시 2개 있는 것이 또 있다. 바로 콧구멍이다. 우리는 궁

이상한 미래 연구소

금해졌다. 혹시 2개의 콧구멍이 냄새가 어디에서 오는지를 결정하는 데 도움이 되는 건 아닐까?

우리는 훌륭한 연구자이므로, 우선 트위터를 찾아보았다. 트위터는 우리가 틀렸으며 바보라는 사실을 알려주었다. 우리는 이제 우리 의견이 사실이든 아니든, 이 문제를 확실하게 맞추고 말겠다는 의욕을 갖게 되었다.

결론만 말하자면, 우리의 예상은 완전히 틀렸지만 일부 동물에게는 맞는다고 할 수 있었다. 개와 같은 일부 동물은 2개의 콧구멍이 따로따로 공기 샘플을 받아들이고 이 샘플을 비교해 냄새가 어디에서 왔는지 알아낼 수 있다. 그리고 저자 중 한 사람인 켈리는 뱀에게 냄새를 통한 거리 감각 '같은 것'이 있다고 주장한 논문을 읽은 적이 있다. 뱀은 포크 모양의 혀를 뻗어 화학물질을 침 안에 받아들인다. 그런 후에 혀를 입천장에 있는 움푹한 곳에 문지른다. 그러면 침이 서골비기관이라는 작은 전구 같은 기관 안으로 흡수된다. 이곳에서 침 속의 화학물질이 분석된다.

쥐, 개, 염소와 같은 많은 동물들도 이런 기관을 가지고 있다. 그러나 뱀과 도마뱀만이 포크 모양의 혀를 가지고 있다. 이 논문의 저자인 쿠르트 슈벵크Kurt Schwenk 박사(그의 성을 이용해 '포크 모양의 혀로 냄새를 분석한다'는 뜻의 단어를 만들어도 좋겠다. '슈벵크하다'라든지)는 포크 모양의 혀끝이 두 지점에서 냄새의 흔적을 감지하고, 이들을 비교해 어디로 가야 할지 결정할 수 있게 해준다고 주장했다. 뱀이 혀를 이용해 서로 다른 지점에서 공기를 채취하고 냄새의 방향을 알아내는 것이 가능은 하겠지만 아직 확인되지 않았다.

무의식적으로 하는 행동이라 당신이 눈치를 못 챘겠지만, 어느 방향에서 좋은 냄새가 오는지 알고 싶은 경우 우리는 머리를 한쪽으로 돌려 냄새를 맡은 후 다른 쪽으로 머리를 돌려 다시 냄새를 맡는다. 우리는 재미없는 모양의 혀를 가지고 있어 슈뱅크할 수 없기 때문이다.

사람에서 냄새 방향을 알아낼 수 있는 감각을 찾으려는 노력이 수포로 돌아갈 즈음, 우리는 '비주기nasal cycle'에 대한 놀라운 자료를 발견했다. 당신도 직감적으로는 이미 알고 있을지도 모르지만, 아마 이것에 대해 깊이 생각해본 적은 없을 것이다. 어떤 순간에도 우리는 대부분의 숨을 '활동적인' 한쪽 콧구멍으로만 쉰다. 활동적인 콧구멍은 하루 동안에도 여러 번 바뀐다. 활동적인 콧구멍이 바뀌는 주기는 보통 2시간에서 8시간이다. 그렇다면 왜 2개의 콧구멍이 필요할까? 커다란 하나의 콧구멍이면 되지 않을까?

당신의 몸속에 있는 점액섬유 에스컬레이터에 대해 이야기해보자. 그렇다. 당신은 몸 안에 에스컬레이터를 가지고 있다. 이 에스컬레이터의 주 고객은 점액이다. 에스컬레이터의 역할을 하는 건 점액섬유(작고 짧은 털들이라고 생각하면 된다)다. 점액섬유는 특히 점액을 당신의 입 쪽으로 운반해 삼켜지도록 한다.[38] 이런 작용에 의해 코가 숨을 쉬고 냄새를 잘 맡을 수 있는 상태를 유지하며 하부 호흡기관을 비교적 건조한 상태로 유지한다.

그러나 숨을 쉬는 동안 계속 한쪽 콧구멍만 사용하면 점액섬유 에스컬레이터가 말라버릴 것이다. 일단 말라버리면 에스컬레이터가 제대로 작동하지 못한다. 따라서 민감한 후각 섬유가 손상될 수 있다. 해결 방법은? 콧구멍을 번갈아 사용하는 것이다.[39]

---

38 친절하게도 우리의 글을 검토해준 데이비드 화이트David White 박사에 의하면, "기도는 24시간 동안 2~3리터의 점액을 분비합니다. 점액의 대부분은 삼켜져서 장의 점액을 도와주는 역할을 하죠."라고 한다.
39 이에 대해서는 많은 연구가 진행되었다. 한 논문은 MRI 스캔을 이용해 코의 복잡한 수학적 모델을 제시했다. 이 논문에는 이렇게 설명되어 있었다. "이 모델에서는 2개의 콧구멍을 나란히 놓여 있으면서 수력학적 지름을 변화시키는 2개의 관으로 취급한다." White et al., BioMedical Engineering OnLine(2015), Issue.14, 38.

어떤 순간에 측정하더라도 두 콧구멍 중 하나가 다른 콧구멍보다 더 많은 공기를 통과시키고 있다. 이것은 코 정맥의 변화에 의해 일어난다. 비주기에 의해 2개의 콧구멍 정맥 중 하나만 혈액으로 채워진다. 한 논문은 코 정맥의 변화가 발기 조직과 비슷한 해면 조직에 의해 일어난다[40]고 설명했다.[41] 콧구멍을 번갈아 사용하는 건 한 콧구멍은 항상 화이트 박사가 "냉난방 조절 또는 집안 청소"라고 부른 임무로부터 해방된다는 의미다.

적이도 한 저자는 비주기가 질병을 예방하는 데도 도움이 될 것이라고 주장했다. 기본적으로 '콧속의 발기 조직'은 점액이 환경의 나쁜 물질로부터 우리 몸을

---

40 코가 막힌 채로 이 글을 읽고 있는 독자에게는 정말 미안합니다.

41 European Respiratory Journal(1996), Issue.9, 371~376.

보호할 수 있도록 도와주고 있다는 것이다.

이제 코 이야기에 꽤 깊숙하게 들어왔다. 우리가 가장 흥미롭게 읽은 자료는 강제 한쪽 콧구멍 호흡Unilateral Forced Nostril Breathing(UFNB)이 인지 작용에 주는 영향을 심도 있게 다룬 논문이었다. 화이트 박사는 이에 대해 다음과 같이 설명했다. "비주기를 강요함으로써 공기의 흐름이 두 콧구멍 중 하나에 집중된다고 생각해 보세요. 이것은 물리학적, 신경학적 작용을 하는 여러 기관을 통제하는 시상하부에 영향을 줄 겁니다."

결론은 이렇다. 학부 학생들에게 한쪽 콧구멍으로만 계속 숨을 쉰 후 시험을 보게 한 실험이 여러 차례 진행되었다. 이런 실험은 현재 어느 콧구멍으로 숨을 쉬고 있는지가 지식을 평가하는 시험과 감정을 평가하는 시험에 영향을 준다는 확실한 증거를 내놓았다. 많은 논문들이 현재 어느 콧구멍이 활성화되어 있는지가 환각이나 정신분열 증세와 연관이 있다고 주장하고 있다.

우리는 아직도 이런 결과들에 약간 회의적이긴 하지만, 빛나는 눈동자를 가진 대학생들에게 강제 한쪽 콧구멍 호흡 실험을 하는 모습을 상상하는 것만으로도 웃음을 참을 수 없다.

일곱 번째: 합성 생명체

프랑켄슈타인 같은 겁니다.
단지 그 괴물이 이 책을 통째로 집어삼켜서
약이나 제품을 만들어낸다는 점만 빼고요.

인간은 오랫동안 생명체를 바꿔왔다. 실제로 좀 소질이 있기도 한 것 같다. 우리는 적어도 지난 1만 년 동안 우리가 먹는 음식을 포함해, 유전학적으로 많은 생명체를 변화시켜왔다. 인류의 영장류 사촌들은 주로 식물의 씨앗이나 섬유질이 많이 포함된 먹이를 먹는 반면 인류는 칼로리와는 관계 없이 케이크, 맥주, 맥주 케이크[42]를 먹는다.

인류는 생명체를 바꾸는 일에 꽤 성공적이었다. 꽃양배추라고 부르는 1가지 식물을 방울양배추, 콜리플라워, 브로콜리, 양배추, 케일, 콜라비, 콜라드와 같이 우리 모두가 어릴 때 싫어했던 온갖 식물로 바꿔놓았다. 그렇다. 1가지 종이 여러 세대에 걸쳐 서서히 맛이 그럭저럭인, 이전보다 점점 더 많이 치즈를 덮어

---

[42] 정말 있다. 맥주를 넣어 맛이나 식감을 좋게 만든 케이크를 의미하기도 하고, 원통에 담겨 보기 좋게 한가득 쌓인 맥주를 의미하기도 한다. 후자는 때때로 불꽃놀이, 위스키, 복권과 함께 즐기기도 한다. 신이여, 미국을 축복하소서.

야만 먹을 수 있는 수천 종의 식물로 바뀌었다.

인류는 이런 일을 동물들에게도 했다. 숲과 툰드라의 수호신이었던 고귀한 늑대를 데려다가, 금발머리 유명인 곁에서 다이어트 사료와 분홍색 스웨터에 의존해 사는 커다란 눈의 조그만 개로 바꿔놓았다. 인간이 자연을 지배하는 것을 이보다 더 잘 보여주는 예는 없을 것이다.

이런 변화는 인류가 주변 생명체들의 번식을 통제해 우리가 좋아하는 특성을 가진 생명체의 수는 늘리고, 우리가 싫어하는 특성을 가진 생명체의 수는 줄이면서 시작되었다. 인류가 이렇게 행동하면서 자신들도 모르는 사이에 그 종의 DNA를 바꾸었다. 그러나 우리 조상들이 아주 느린 속도로 DNA를 변화시켰기 때문에 여러 세대에 걸쳐 작은 변화가 나타났으며, 이미 존재하던 특성이 조금씩 바뀌었다.

이상한 미래 연구소

인류가 DNA를 더 잘 이해하게 되자 이제 그것을 조작하기 시작했다. 예를 들면 원자를 이용한 정원 가꾸기가 있다. 기본적인 아이디어는 방사성 물질을 구한 후 그 주위에서 식물을 기르는 것이다. 그렇게 하면 주변 식물들에서 더 높은 비율로 돌연변이가 나타나, 더 좋은 품종을 발견할 기회가 많아진다. 여기서 확실하게 밝혀두지만, 방사성 물질에 노출된 식물이 방사성 물질을 포함한 후손을 만들지는 않는다. 방사선은 식물의 유전자를 바꾸는 편리한 방법일 뿐이며, 그 자손에게 전달되는 건 돌연변이를 거친 유전자뿐이다.

이런 이야기가 이상하게 들릴지 모르지만 돌연변이를 이용한 품종 개량은 이미 우리가 좋아하는 많은 음식을 만들어내는 데 사용되고 있다. 예를 들면 '루비 레드' 자몽이나 '황금' 보리(아일랜드 산 맥주나 위스키를 마셔본 사람은 이미 섭취했을 것이다) 같은 것들 말이다.

그러나 이 방법은 사실 그다지 효과적이지 않다. 많은 DNA를 변화시켜서 그 중 우리에게 유익한 돌연변이가 운 좋게 포함되어 있기를 바라는 것이다. 그러나 우리가 전혀 다른 방법으로 접근한다면 어떨까? 이미 존재하는 특성들 중에서 좋은 특성을 고르거나, 생명체의 유전자에 무작위한 변화를 유도하는 대신 우리가 정교하게 유전자를 변화시킬 수 있고 그 결과를 정확하게 예측할 수 있다면? 뭐, 틀림없이 더 나은 자몽을 만들 수 있겠지만 그보다 생명체를 현재의 경계 너머로 가져갈 수 있을 것이다. 우리는 세균을 꼬드겨 의약품을 만드는 작은 공장으로 이용할 수도 있을 것이고, 우리가 감지하기 어려운 것을 감지하는 데 미생물을 이용할 수도 있을 것이다. 사람의 DNA를 바꿀 수도 있을 것이다. 심지어는 현재 살아 있는 사람의 DNA도.

우리는 이제 자연적인 생명체의 영역을 넘어 합성 생명체의 영역으로 들어가고 있다. 이런 일들이 어떻게 일어날 수 있는지를 이해하기 위해서는 우선 DNA

에 대해 알아보는 것이 좋을 것이다. 진도를 빠르게 나가보자.

DNA

버섯이든 사람이든 모든 다세포 생물의 세포는 핵을 가지고 있다. 핵 안에는
DNA라고 부르는 긴 세포가 들어 있다. DNA는 2가닥의 줄로 만들어진 긴 사다
리가 나사처럼 꼬여 있는 모양을 하고 있는 세포다. 이것이 그 유명한 '이중 나
선'이다.

사다리의 가로대는 양쪽 줄에서 각각 뻗어 나온 2개의 작은 분자로 이루어지
는데, 마치 장갑 속에 손을 넣는 것과 같은 방법으로 연결된다. 아, 어쩌면 장갑
속의 손 또는 구두 속의 발이라고 하는 것이 더 정확한 비유일지 모르겠다. 두 분
자가 짝을 이루는 방법이 2가지 있기 때문이다. 이 작은 2개의 분자를 '염기'라고
부른다. 염기에는 T, A, C, G라는 기호로 각각 표현되는 4가지 종류가 있다. T라
는 염기는 항상 A라는 염기하고만 짝을 이루고(장갑 속의 손), C라는 염기는 항
상 G라는 염기하고만 짝을 이룬다(구두 속의 발).

그 결과 이 나선 형태의 사다리를 풀어서 분리하면, 염기가 마치 손과 발이 장
갑과 구두에서 빠진 것 같은 상태로 매달린 긴 줄을 볼 수 있을 것이다. 이 염기
들을 처음부터 끝까지 순서대로 읽으면 AAGCTAACTACACGTTACTG와 같
은 순서가 길게 이어진다. 사람의 몸속에 있는 DNA의 염기서열은 이보다 1만
5,000만 배나 더 길다. 이런 염기서열은 우리 몸이 만들어지고 일을 하는 데 필
요한 모든 정보를 포함하고 있다. 그렇다면 DNA 염기서열이 도대체 무엇을 의
미하는 것일까?

우리 몸에서 대부분의 일을 하는 건 단백질이다. 단백질이라고 하면 어떤 사
람은 닭가슴살에나 들어 있는 물질이라고 생각할지도 모르겠지만, 사실 단백질

은 우리 몸에서 거의 모든 일을 하는 작은 기계를 작동시키는 수많은 종류의 분자를 뜻한다. DNA는 말하자면 단백질을 만드는 방법을 모아놓은 도서관이라고 할 수 있다.[43]

이제 DNA 사다리를 열고 T, A, G, C 염기로 된 가로대를 중간에 끊어서, 2개의 긴 줄로 분리한다고 생각해보자. 이 열린 DNA 분자 표면에 RNA라는 새로운 분자가 만들어진다. RNA는 그것의 기초가 된 DNA와 거울처럼 대응되는 분자다. 따라서 DNA의 염기서열이 AGCT였다면 RNA의 염기서열은 TCGA가 된다.[44] 앞에서 사용했던 비유를 계속 이용한다면 손은 장갑이 되고, 구두는 발이 된다. 반대로도 마찬가지다.

전령 RNA라고 부르는 이 새로운 RNA 분지는 유전 정보를 전달하는 역할을 한다. RNA 분자는 핵을 떠나 '리보솜'이라는 구조로 향한다. 리보솜은 RNA가 가지고 있는 유전 정보를 AAA, GCT, CAT와 같이 3개의 염기 단위로 읽는다. 리보솜에서 이 3개의 염기로 이루어진 '단어'는 특정한 아미노산이 들러붙을 수 있는 '끈끈이'가 된다. 아미노산은 세포가 단백질이라는 작은 기계를 만드는 데 사용하는 분자다.

---

43 패스트푸드점의 치킨 너겟에 들어 있는 단백질은 더 넓은 과학적 의미의 단백질이다. 이 단백질은 닭이 너겟으로 변하기 전까지 이리저리 돌아다니는 데 사용하던 곧고 긴 모양의 단백질에서 유래한 것이다.
44 실제로는 RNA 분지는 T기 아닌 다른 염기를 사용한다. 이 염기는 U라는 기호로 쓰인다. 이 책의 본문에서는 이에 대해 더 자세히 다루지 않을 생각이지만, 주석까지 읽고 있을 정도로 이상한 독자들을 위해 여기에 조금 더 설명하겠다. U 염기는 화학적으로 T 염기와 매우 유사하다. 그렇다면 RNA가 굳이 다른 종류의 염기를 사용하는 이유는 무엇일까? 확신할 수는 없지만, 거기에는 그럴 만한 이유가 있다. 간단히 말하자면 U 염기가 T 염기보다 좀 더 구리다. 세포 안에서 U 염기를 만드는 데는 T 염기를 만들 때보다 더 적은 에너지를 쓴다. 그리고 그만큼 쉽게 분해될 수 있다. 어차피 RNA 분자는 짧은 기간 동안만 존재하기 때문에 큰 문제가 되지 않는다. 그러나 RNA의 원본이라고 할 수 있는 DNA는 좀 더 튼튼한 염기가 필요하다.

전이 RNA라고 부르는 또 다른 종류의 RNA 분자는 아미노산을 리보솜으로 가져와 적절한 끈끈이에 결합시킨다. 각각의 아미노산 분자들은 이제 옆의 아미노산과 화학적으로 결합해 긴 사슬을 형성한다. 아미노산 분자들이 특정한 순서로 결합해 긴 분자를 만들면 이 긴 분자는 복잡한 모양으로 접힌다. 이것이 단백질 분자다. 단백질 분자는 이동해 다니면서 화학 반응을 통해 필요한 모든 종류의 일을 한다. 우리가 감자칩을 먹거나 뉴스를 보며 소리를 지를 수 있는 것도 모두 단백질이 일을 하기 때문이다.

자, 이야기가 조금 복잡하긴 하다. 그럼 이제 비유를 들어 이야기해보자.

기계를 만드는 방법에 대한 모든 정보를 모아놓은 도서관에 꽂힌 책이 DNA라고 생각해보자. 이 도서관에서 무작위로 책을 1권 꺼내 보면, DNA라는 이 책에는 TNIOJ, EVLAV, POTS, SNEL, EBUT, SNEL, EBUT, TRATS, EVLAV, GNIR, SNEL… 같은 내용이 수천 페이지에 걸쳐 기록되어 있다.

마치 아무 의미 없는 단어의 나열처럼 보이지만, 실리 푸티Silly Putty[45]를 이용해 거울 복사를 하면 LENS, RING, VALVE, START, TUBE, LENS, TUBE, LENS, STOP, VALVE, JOINT라는 복사본을 만들 수 있다. 내용이 명확하지 않기는 마찬가지지만 어렴풋이 어떤 의미가 있는 것 같기도 하다.

이제 이 속에서 의미 있는 단어들만 연결해보자. START, TUBE, LENS, TUBE, LENS, STOP. 이것들을 정해진 순서대로 결합하면 망원경이 만들어진다. 다시 말해 이것은 망원경을 만드는 암호였던 것이다. 그러나 망원경은 너무

---

45 실리 푸티를 모르는 어린 독자들을 위한 설명. 수천 년 전인 20세기에, 실리 푸티라는 장난감이 있었다. 불쾌하지 않을 정도로 갈색이 도는 오렌지색의 점토 같은 물질이다. 장난감이 별로 없었던 그 시대에는 실리 푸티에 잉크를 묻혀 종이에 누르면서 놀았다. 실리 푸티를 종이에서 떼면 잉크를 묻힌 부분이 반대로 찍혀 나오는 복사본을 얻을 수 있었다. 말하자면 지우개 도장 같은 것이다.

이상한 미래 연구소

진부하다. 좀 더 그럴듯한 것을 만들려 한다고 생각해보자. 예를 들면 이 책의 저자 중 잭의 최근 프로젝트 중 하나는 세계 최초의 1회용 외알 안경을 만드는 것이다. 아내 켈리는 이 프로젝트가 바보 같다고 생각하는 모양이지만, 켈리는 틀렸다.[46]

도서관에는 거울 복사를 하면 START, RING, LENS, CHAIN, WRAPPER, STOP라는 복사본이 만들어지는 DNA 책이 있다. 외알 안경을 만드는 방법이 적혀 있는 것이다. 이제 당신은 이 책의 실리 푸티 복사본을 만들어 도서관 밖으로 가지고 나왔다.

외알 안경을 만들기 전에 복사본을 도서관 밖으로 가지고 나와야 하는 이유가 뭐냐고? 여러 가지 이유가 있지만 가장 큰 이유는 도서관 안에 공작소를 설치하기가 싫기 때문이다. '1회용 외알 안경을 만드는 방법'이 적혀 있는 실리 푸티 복사본이 파손되면 도서관으로 돌아가 다시 한 번 DNA 책을 이용해 복사를 하면 된다. 그리고 1번에 많은 외알 안경을 만들고 싶다면 많은 실리 푸티 복사본을 만들어 많은 다른 공장으로 보내면 된다. 그러나 원본이 파손되면 새로운 기계를 만드는 것이 불가능해진다. 제대로 작동하지 않는 잘못된 복사본을 만들 수도 있다. 최악의 경우에는 기계가 작동은 하지만 나쁜 일을 하도록 만들 수도 있다. START, RING, GASOLINE, LENS, CHAIN, FIRE, STOP과 같이 조금 다른 내용이 기록되어 있을 수도 있기 때문이다.

어떤 경우든 실리 푸티 복사본이 일단 도서관 밖으로 나가면 리보솜이라고 부르는 조립 부서로 간다. 조립 부서의 사람들은 실리 푸티 복사본에서 각 단어를 찾아내 풀을 칠한다. 그러면 부품을 날라 오는 아이들(전이 RNA)이 각 단어에

---

46 아니, 나는 틀리지 않았어요.

해당하는 부품을 날라 와서 차례대로 해당 단어에 붙인다. 모든 부품이 제대로 조립되고 나면 실리 푸티 복사본은 버려지거나 기계를 더 만드는 데 사용된다. 아무 문제가 없다면 우리는 그 결과로 완성된 1회용 외알 안경을 갖게 될 것이다. 만약 많은 실리 푸티 복사본이 만들어졌다면 1회용 외알 안경 군단이 만들어질 것이다.

바로 이렇게 DNA가 열려 2가닥으로 나누어지고, RNA 복사본이 만들어진 다음, 복사본이 핵을 떠나 리보솜으로 가서 단백질을 합성한다. 이것은 DNA가 하는 일을 아주 간단하게 설명한 것이지만, 실제 과정은 훨씬 더 복잡하다. 여기에는 여러 단계의 피드백이 있고, 단 하나의 단백질을 합성하기 위해 분리되어 있던 여러 유전자 단위들을 결합하기도 해야 한다.

이제 당신은 이렇게 말할 것이다. "그런데 잠깐만요! 사람들이 DNA에 대해 이야기할 때 언제나 '유전자'를 언급하던데요." 유전자는 어디에서 나온 거냐고? 글쎄, 과학자들에게도 '유전자'를 개념적으로 정확하게 짚어내기는 좀 어렵다. 적어도 완벽히 정의할 수는 없다. 그러나 이건 그다지 중요하지 않다. 예를 들면, 당신은 우리나라 경제에 대해 불평불만이 많은가? 좋다. 그렇다면 '경제'를 정의해보라.

유전자의 1가지 정의는 '특정한 일을 하는 DNA 덩어리'라고 할 수 있다. 우리가 특정한 일이 무엇인지를 알든 아니든 그건 중요하지 않다. 간단한 예는 혈액형을 결정하는 유전자다. 모든 사람은 우리가 앞에서 다룬 과정을 통해 혈액형을 결정하는 DNA를 가지고 있다. 물론 사람마다 다른 혈액형을 가지고 있지만, 혈액형을 결정하는 유전자가 다른 유전 정보를 가지고 있기 때문일 뿐이다. 혈액형이 B형인 사람이나 A형인 사람이나 혈액형 유전자를 가지고 있는데, 단지 유전자 안에 들어 있는 유전 정보가 다른 것이다.

그렇지만 생명체가 가지고 있는 대부분의 특성을 나타내는 유전자는 1가지가 아니다. 실제로 1가지 유전자만 가지고 있는(단일 유전자) 특성은 아주 드물다.[47] 심지어는 머리카락의 색깔이나 눈의 색깔과 같이 간단한 특성도 여러 가지 다른 유전자에 의해 결정된다.

왜 그래야 하냐고? 생명체를 어떤 한 사람이 설계하지는 않았다는 사실을 기억해야 한다. 현재 우리가 알고 있는 생명체들은 수십억 년 동안 이루어진 진화의 산물이다. 만약 사람이 생명체를 설계했다면 컴퓨터의 각 부분이 분리된 모듈로 구성되어 있는 것처럼 각각의 특성을 특정한 1가지 DNA 조합으로 만들게

---

47 단일 유전자를 가지는 특성의 예로는 색소 결핍증, 헌팅턴 병, 마른 귀지와 젖은 귀지를 결정하는 유전자 등이 있다. 그렇다. 귀지에도 종류가 있다. 아시아인들이나 아메리카 원주민들은 마른 귀지를 가지고 있는 반면 다른 사람들은 젖은 귀지를 가지고 있다.

했을 것이다. 하지만 진화는 복잡한 과정을 통해 이루어졌다.

예를 들면 어떤 사람이 'GENIUS'라는 유전자를 가지고 있다고 하자. 이 유전자는 유전자를 가진 사람이 멋지고 편리한 1회용 외알 안경을 만들 가능성을 보통 사람들보다 15퍼센트 높게 해준다. 그러나 그런 유전자를 가지고 있다고 해서 그 사람이 그런 귀하고 가치 있으며 문명화된 특성을 가지고 있다고 보장할 수 없다. 그런 특성을 가질 가능성을 높여줄 뿐이다. 어쩌면 GENIUS 유전자가 다른 유전자들과의 결합을 통해 편리한 1회용 외알 안경을 만들 수 있는 특성을 가질 가능성을 100퍼센트 가까이 높일 수도 있다. 그러나 다른 유전자가 GENIUS 유전자의 작용을 방해한다면 그 불행한 개인은 이 훌륭한 시각 장치를 만들 능력을 상실하고 말 것이다. 어쩌면 이보다 훨씬 복잡할 수도 있다. A 유전자와 B 유전자는 있고 C 유전자가 없는 경우에는 1가지 효과가 나타나고, A 유전자와 C 유전자는 있지만 B 유전자와 D 유전자가 없는 경우에는 다른 효과가 나타날 수도 있다.

일반적으로 유전자 자체는 이야기의 작은 부분만 차지할 뿐이다. 여기서 우리가 알아두어야 할 것은, 가장 기본적인 수준에서 볼 때 생명체가 마치 어지러운 다락방 같다는 것이다. 물건 하나를 이쪽으로 옮기면 저쪽에 쌓여 있던 물건들이 무너진다. 따라서 만약 우리가 거대한 뿔을 가진 소를 만들어내려고 하는 경우, 지금까지 가장 쉬운 방법은 큰 뿔을 가진 황소와 아버지가 큰 뿔을 가진 암소를 찾아내 음악으로 낭만적인 분위기를 만들어준 후 나머지는 자연에게 맡기는 것이다.[48]

---

48 실제 과정은 그다지 낭만적이지 않다. 대개의 경우 농부들이 황소의 정자를 사서 암소에게 주입한다. 그건 그렇고, 우리가 구글에서 발견한 유명한 황소 정자 판매상의 이름들을 소개한다: Bovine Elite, LLC; Universal Semen Sales, Inc.; Sure Shot Cattle Company; Select Sires, Incorporated.

이 방법은 꽤 효과가 있다. 그러나 열정적인 과학자들에게는 DNA가 대단히 작다는 점은 논외로 하더라도 복잡하다는 점이 더 빠르게, 많이 생명체를 바꾸는 데 제약이 되었다.

아직 지구상에서 인간의 역사는 그리 오래되지 않았고, 우리는 아주 적은 수의 종들을 우리가 좋아하는 것으로 개량하는 데 성공했다. 우리는 당을 술로 바꾸는 이스트를 통제할 수 있게 되었다. 그런데 당을, 예를 들어 제트 엔진 연료로 바꾸는 이스트는 왜 불가능할까? 둘 다 화학물질 아닌가? DNA는 특정한 화학물질을 만들라고 지시하는 유전 정보를 가지고 있으니, DNA가 가진 유전정보를 다른 것으로 바꿀 수는 없는 것일까?

이것이 바로 합성 생명체다. 새로운 DNA를 만들어 생명체의 특정한 부분에 주입할 수 있다면 전에는 존재하지 않았던 생명체를 만들어낼 수 있을 것이다. 암 세포를 정상적인 세포로 바꾸는 분자 기계를 만들 수도 있을 것이고, 같은 종류의 생명체를 죽이는 기생 생명체를 만들 수도 있을 것이다. 아니면 우리가 지시하는 여러 가지 일을 할 수 있는 범용 생명체도 가능할 것이다. 즉 이것은 주문 생산된 생명체다.

현재 우리는 어디까지 왔을까?

우리가 최근에 알아낸 바에 의하면, 합성 생명체는 1970년대에 시작되었다. 초기에 사용된 방법은 복잡하고 성가셨다. 그러나 우리가 오늘날 당연하다고 여기는 많은 것들이 이 시기에 만들어졌다. 사람들의 당뇨병 치료에 널리 사용되고 있는 인간형 인슐린(아마 당신이 원하는 형태일 것이다)[49]이 대량 생산될 수 있었던 건 유전자 변형 대장균 박테리아와 유전자 변형 이스트 덕분이었다. 그 이전에는 암소나 돼지의 췌장에서 채취한 동물 인슐린을 사용했다. 충분한 양의 동물 인슐린을 얻기 위해서는 많은 동물을 도살해야 했다. 그리고 암소나 돼지가 만든 분자 구조가 인간의 것과는 약간 달랐기 때문에, 일부 사람들은 동물 인슐린에 알레르기 반응을 나타내기도 했다.

이후 대장균에게 인간형 인슐린을 만들게 하는 일이 비교적 간단한 과정이라는 것이 밝혀지면서, 1970년대 후반부터 이렇게 만든 인슐린이 판매되었다. 다른 의약품들의 경우에는 이보다 훨씬 더 복잡한 과정이 필요했다.

질병과 싸우기

인류는 많은 질병을 지구상에서 사라지게 했거나 적어도 잘 통제하고 있다. 그러나 그 외의 질병들, 예를 들면 말라리아와 같은 것들은 놀랍도록 끈질겼다. 세계보건기구는 2015년에 2억 1,400만 명이 말라리아에 걸렸고, 이 중 43만 8,000명이 목숨을 잃었다고 추정하고 있다. 사실 20년 전에 비하면 큰 진전이지만, 앞으로 가야 할 길은 아직도 멀다. 특히 효과가 있는 치료 방법 중 하나는 아르테미시닌artemisinin이라고 부르는 화학물질을 사용하는 것이다.

아르테미시닌은 중국 개똥쑥에서 추출한 화합물이다. 이 아르테미시닌 기반의 약품들은 우리가 현재 가지고 있는 말라리아의 가장 좋은 치료법이지만, 모

---

49 '아마'는 100퍼센트 웃기려고 쓴 건 아니다. 당뇨병 치료에 사용되는 인슐린에는 인간형 인슐린과 동물 인슐린이 있는데, 일부에서는 아직도 동물에서 채취한 인슐린의 사용을 중지하는 문제에 대해 토론을 벌이고 있다. 미국에서는 이제 동물형 인슐린을 구할 수 없지만 많은 나라에서는 하이퓨린 Hypurin이라고 불리는 동물 인슐린을 살 수 있다. 일부 환자들은 이것을 선호하는데, 유전자 변형 박테리아로 만든 인간형 인슐린에 비해 값이 저렴하기 때문이다.

이상한 미래 연구소

든 중국 개똥쑥 예찬자들이 잘 알고 있는 것처럼 이것을 재배하기 위해서는 많은 비용과 시간을 소비해야 한다. 이 사실이 더욱 문제가 되는 이유는, 대부분의 말라리아 환자들이 경제적으로 빈곤한 사하라 남부 아프리카에 거주하는 사람들이기 때문이다.

중국 개똥쑥의 생산량은 시기에 따라 크게 변하고, 따라서 가격 변동 폭도 크다. 예를 들면 2003년에는 개똥쑥 0.45킬로그램의 가격이 약 15만 원이었다. 그러나 2005년에는 약 54만 원이었고, 2007년에는 10만 원이었으며, 2011년에는 12만 원이었다. 가격이 하락하면 농부들은 재배를 중단했고, 그러면 공급량이 부족해 가격이 다시 올랐다. 큰 가격 변동에도 불구하고 우리는 말라리아 치료약이 부족한 상황을 원치 않는다. 이런 주기적 변화에서 벗어날 수 없는 이유 중 하나는 개똥쑥의 재배기간이 길기 때문이다. 아르테미시닌을 안정적으로 공급할 수 있는 빠른 방법을 찾아내면 평균 가격을 크게 낮출 수 있을 것이다. 그렇지 않더라도 가격과 공급량을 안정적으로 유지할 수는 있을 것이다.

아미리스Amyris 사의 크리스 팻돈Chris Paddon 박사와 버클리 캘리포니아대학의 제이 키즐링Jay Keasling은 이 약품을 생산하는 간단한 생명체를 설계하고 싶어 했다. 그들은 인간의 친구, 사카로미세스 세레비시아에Saccharomyces cerevisiae에 관심을 가지고 있다. 이것은 '양조 효모'라고도 불리는데, 당을 술로 전환해주는 균이다.[50]

그러나 우리가 그냥 아르테미시닌을 만들 수는 없다. 혹시 아르테미시닌을 발음하는 것이 어렵다고 생각된다면 아르테미시닌 분자의 화학 명칭을 고려해보라. (3R, 5aS, 6R, 8aS, 9R, 12S, 12aR)-Octahydro-3, 6, 9-trimethyl-3, 12-epoxy-

---

50 '사카로미세스'라는 속屬의 이름은 '당'과 '균'을 뜻하는 그리스어에서 유래했다. 그러나 '세레비시아'라는 종種의 이름은 '맥주'를 뜻하는 라틴어에서 유래했다. 작명가들이 라틴어와 그리스어를 섞어 쓴 건 아마 이 양조 효모를 다량 섭취한 효과 때문일 것이다.

12Hpyrano〔4, 3-j〕-1, 2-benzodioxepin-10(3H)-one. 이 물질을 얻기 위해서는 여러 가지 다른 화학물질을 만들어야 하고, 이들을 올바른 순서로 화학적으로 반응시켜야 한다. 10년에 가까운 시간에 걸쳐 그들은 모든 화학 반응 단계를 연구한 다음 이스트의 DNA를 변환시켜 적절한 순서로 적절한 화학 반응이 일어나 적절한 화학물질을 얻을 수 있도록 했다. 지난 몇 년 동안에 그들은 드디어 쉽게 아르테미시닌으로 전환시킬 수 있는 아르테미신 산을 만들어내는 유전자 변환 맥주 이스트를 제조하는 데 성공했다.

유전자 변환 이스트는 제대로 작동했지만, 그렇게 만들어진 약품은 현재 시장에서의 경쟁을 견뎌내는 데 어려움을 겪고 있다. 새로운 기술로 만든 약품이 시장에 나온 시기는 아르테미시닌의 가격이 낮은 시기였다. 따라서 예전 방법으로 생산된 약품이 유전자 변형 이스트가 만들어낸 약품보다 경쟁력이 있었다. 이 경쟁의 최종 승리자가 누가 될지는 아직 확실하게 알 수 없지만, 이것은 기술적 변화가 과학자의 명석함만큼이나 시장 상황에도 의존한다는 사실을 잘 보여주고 있다.

하지만 어쨌든 일부 지역에서는 이미 말라리아가 아르테미시닌을 기반으로 하는 약품에 내성을 가지게 되었다. 정말 진화에게 고마워 죽겠다. 그렇다면 합성 생명체를 이용해 사람들이 애초에 말라리아에 걸리지 않도록 할 수도 있지 않을까?

말라리아균을 사람에게 옮기는 모기는 종종 살충제에 내성을 가지고 있다. 모기의 한 세대는 아주 짧다. 그것은 모기에게서 인간의 가장 효과적인 무기를 무력화할 수 있는 돌연변이가 더 쉽게 발생할올 수 있다는 뜻이다. 우리가 모기와의 무기 경쟁에서 이길 수 있는 방법이 1가지 있긴 하다.

암컷 모기는 대개의 경우 짝짓기를 단 1번 한다. 그렇다면 우리가 번식력이 없

　　　　　　　　　　　　　　　　　　　　이상한 미래 연구소

는 수컷과 짝짓기를 하도록 그들을 속일 수 있다면? 이 방법은 귀여운 아기 모기
[51]의 수를 줄일 수 있어 말라리아의 전염을 줄일 수 있을 것이다. 초기에 번식력
없는 수컷을 만드는 데 사용한 방법은 그들을 방사선에 노출시키는 것이었다.
이 방법은 실제로 모기의 번식력을 없애는 데 효과적이었다. 그런데 그만…, 수
컷 모기에게 강한 방사선을 쪼이면 짝짓기를 하는 대신 홀로 밤을 지새우는 경향
이 증가한다는 사실을 발견하고 말았다.

후에 직접 모기의 유전자를 바꾸는 것이 가능해지자, 과학자들은 모기의 유전
자에 다른 유전자를 약간 더 첨가했다. 첨가된 유전자를 가진 모기는 테트라사
이클린tetracycline이라는 항생제를 필요로 했다. 이 항생제가 없으면 죽었다. 따라

---

51 라이스대학의 스콧 솔로몬Scott Solomon 박사는 아기 모기가 어른 모기의 축소판처럼 생기지 않았다
는 사실을 우리가 꼭 언급해야 한다고 이야기했다. 오히려 아기 모기는 고여 있는 물에서 굼실거리는
벌레처럼 생긴 유충이다. 따라서 모기의 입장에서 보더라도 별로 귀엽지 않다.

서 이런 모기가 태어났을 때 테트라사이클린을 주면 가서 짝짓기를 할 것이고, 그렇게 태어난 후손 모기들도 테트라사이클린이 없으면 죽는다. 그러나 이 후손 모기들은 태어났을 때 테트라사이클린 세례를 내려줄 과학자가 없으므로 다음 세대를 남기지 못하고 죽어버리고 만다.

그러나 이 방법은 단기간에만 효과가 있으면서도 비용은 아주 많이 든다. 모든 후손이 죽어버리게 하는 유전자를 도입하면, 그런 유전자는 개체가 죽을 때 사라져버린다. 몇 세대가 지나면 모기의 숫자는 곧 다시 많아진다. 즉 모기의 숫자를 계속 줄이려면 조심스럽게 유전자를 변환시킨 모기들을 계속 투입해야 한다는 뜻이다. 하지만 유전자 드라이브가 있다면 사정이 달라진다. 유전자 드라이브란 다음과 같은 역할을 한다.

엄마와 아빠가 서로를 매우 사랑하면, 그들은 방의 불을 끄고 서로의 DNA를 결합한다. 모든 일이 엄청나게 잘못되어버리면, 아기가 태어난다. 자, 이제 코털 색깔을 결정하는 유전자가 단 하나라고 가정해보자.[52] 엄마는 아기에게 검은색 코털 유전자를 주고 아빠는 주황색 코털 유전자를 준다. 후에 이 아기는 엄마와 아빠가 준 유전자의 영향에 따른 코털 색을 가진 자손들을 낳을 것이다.

그러나 이제 아빠가 준 주황 코털 유전자가 보통 유전자가 아니라고 가정해보자. 이 유전자는 코털의 색깔을 주황색으로 결정할 뿐만 아니라, 배우자의 코털 색깔 유전자를 파괴해버린다. 이런 일이 일어나면 파괴된 유전자가 주황색 코털 유전자를 복사한 상태로 DNA가 고정된다. 따라서 이제 아기는 아빠가 준 주황색 코털 유전자만 2개 가지고 있고, 엄마가 준 검은색 코털 유전자는 가지고 있지 않게 된다.

---

52 실제로는 그렇지 않다.

이상한 미래 연구소

이다음에 무슨 일이 일어날까? 일단 아기는 틀림없이 주황색 코털 유전자를 가지게 된다. 그러나 그때…, 좀 더 불길한 일이 일어난다. 주황색이 모든 것을 차지해버린다. 이 아기의 모든 형제도 주황색 코털을 가지게 되고, 아기의 자손들도 모두 주황색 코털을 가지게 될 것이다. 그리고 그들의 자손들도 모두! 이렇게 이 유전자는 모든 구성원에게 '전파'될 것이다. 주황색 코털이 전혀 매력적이지 않은데도 이런 일은 일어난다. 아기가 빨간 코에 너무 못생겨서 자손을 별로 갖지 못한다고 해도, 여전히 그들은 모두 이기적 유전자를 가지게 될 것이다.

따라서 유전자 드라이브는 합성 생물을 전체 개체에 퍼트릴 수 있다는 의미다. 하버드대학의 조지 처치George Church 박사와 동료들은 모기들에게 말라리아 저항성을 가진 여러 가지 유전자 드라이브를 주입했다. 계절마다 유전자 변환 모기를 방출해야 하는 대신, 말라리아 저항 유전자 드라이브를 가진 모기를 1번 방출하는 것으로도 큰 효과를 볼 수 있다. 말라리아 저항성이 짝짓기 대상에게 덜 매력적으로 보이게 하더라도, 이 유전자를 가진 모기의 수가 시간이 지남에 따라 기하급수적으로 증가하므로 결국 유전자가 전체 모기에게 전파될 것이다.

처치 박사는 그들의 목표가 말라리아의 완전한 퇴치라고 말했다. 그러나 하나의 종 전체를 멸종시키기 위해 변형된 DNA를 가진 생명체를 자연 생태계에 방출하는 건 일종의 과학적 문제를 야기할 수 있다. 그 생명체가 기생충 같은 해로운 동물인 경우에도 말이다. 미국 국립 과학 아카데미의 전문 위원회는 이 방법의 가능성을 믿고 허가를 내주었으나, 이 모기들을 야생에 방출하기 전에 이 분야에서 더 많은 연구를 할 것을 요구했다.

질병 진단하고 치료하기

개가 집으로 뛰어 들어올 때, 진흙에서 굴렀는지 다람쥐를 잡아먹었는지 당신

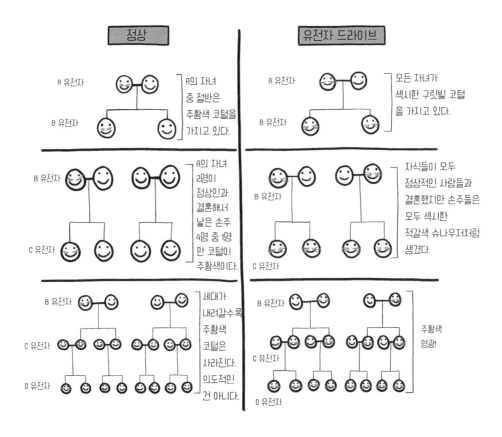

정상

A 유전자 — A의 자녀 중 절반은 주황색 코털을 가지고 있다.

B 유전자

B 유전자 — A의 자녀 2명이 정상인과 결혼해서 낳은 손주 4명 중 1명만 코털이 주황색이다.

C 유전자

B 유전자 — 세대가 내려갈수록 주황색 코털은 사라진다. 의도적인 건 아니다.

C 유전자

D 유전자

유전자 드라이브

A 유전자 — 모든 자녀가 섹시한 구릿빛 코털을 가지고 있다.

B 유전자

B 유전자 — 자식들이 모두 정상적인 사람들과 결혼했지만 손주들은 모두 섹시한 적갈색 슈나우저처럼 생겼다.

C 유전자

B 유전자

C 유전자 — 주황색 영광!

D 유전자

에게 말하지 않는다. 그러나 당신은 여러 방법으로 그것을 알아낼 수 있다. 개의 몸에는 그날 있었던 일들을 알려주는 흔적들이 남아 있고, 냄새와 모습을 통해서도 추정할 수 있다. 일부 과학자들은 세균의 경우에도 이런 것이 가능하지 않을까 생각하고 있다. 세균들에게 우리의 소화기관을 통과하는 마술 같은 여행을 시킬 수 있다면 대단히 유용할 것이다. 세균들이 여행을 하면서 경험한 것들을 작은 스크랩북으로 만들어, 밖으로 나왔을 때 그것을 의료진에게 보여줄 수 있을 것이다. 그다지 보기 좋은 장면은 아니겠지만 카메라를 소화기관에 집어넣는 현재의 방법보다는 낫지 않을까 싶다.

하버드 의과대학의 파멜라 실버Pamela Silver 박사와 그의 연구실에서는 아이디어를 하나 떠올렸다. 세균의 DNA에 주변 환경에 대한 정보를 모으고, 후에 그 정보를 회수할 수 있도록 하는 합성 메커니즘을 만들 수는 없을까? 그러니까, 세균으로 하여금 주변 환경을 '관찰' 하게 하고, 후에 그들이 본 것을 우리에게 말해주도록 변화시킬 수는 없을까? 그 대답은 "할 수 있다!"이다. 몰랐다고? 저런.

기본적인 내용은 다음과 같다. 출발할 때 같은 DNA를 가지고 있던 같은 종류의 세포가 주변 환경의 영향으로 다른 특성을 가지게 될 수 있다. 예를 들어, 세포의 DNA에 부착해 유전자의 작용을 바꾸는 분자가 있을 수 있다. 어떤 종류의 화학 반응이 특정한 유전자의 발현 빈도를 높이거나 낮출 수도 있다. 또는 세포가 획득한 변화를 자손에게 물려줄 수도 있을 것이다.

이런 변화가 우리가 해독할 수 있는 형태로 남아 있다면, 이것을 통해 세균 세포가 여행하는 동안 본 것을 읽어낼 수도 있지 않을까? 문제는 세균이 이런 목적으로 만들어지지는 않았다는 것이다. 앞에서 이야기했던 개와 마찬가지다. 만약 이 개가 이웃집에 뛰어 들어갔는데, 갑자기 지적 능력을 얻고 돈을 뺏기 위해 이웃 사람을 죽인 후, 인터넷 포커 판에 끼어들어 허풍을 치다가 모든 돈을 날린 다

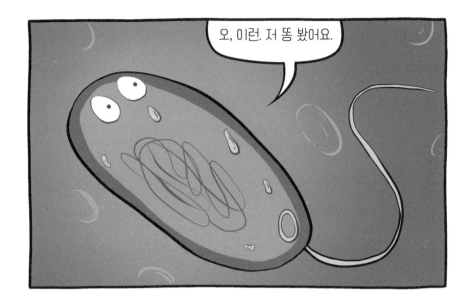

음, 미쳐서 지적 능력을 다시 상실하고 진흙탕에 잠시 뒹굴다가 집으로 왔다고 가정해보자. 음…. 우리가 볼 수 있는 건 카펫에 묻어 있는 진흙뿐이다.

개한테라면 카메라를 매다는 것으로 문제를 해결할 수 있겠지만, 세균에게는 할 수 없다. 세균은 너무 작을 뿐더러 세균들이 다니는 곳에는 사진을 찍을 수 있을 만큼 밝은 햇빛이 비치지 않기 때문이다.

DNA에서는 일종의 화학적 루프[53]를 발견할 수 있다. DNA가 분자를 만들고 이 분자가 DNA에게 다시 같은 분자를 만들라고 지시하는 식이다. 이것은 마치 "이 사인을 읽으면, 이 사인을 복사한 후 그것을 읽어라."라고 쓰여 있는 사인을 만드는 것과 같다. 일단 이런 루프가 작동을 시작하면 사인을 복사하는 일을 영

---

53 꼭 알아야겠다면, 이 루프는 양성 전사 자기조절positive transcriptional autoregulation이라고 부른다.

원히 계속할 것이다.

이론적으로는 이런 화학 루프는 메모리의 기능을 할 수 있다. 사인 비유를 좀 더 해보자. 우리가 머릿속에 다음과 같은 명령이 들어 있는 프로그램을 가지고 있다고 하자. "당신의 바지가 흘러내렸을 때, '이 사인을 읽으면 이 사인을 복사하고, 그것을 읽어라'라고 쓰인 사인을 만들어라." 후에 우리가 당신이 이런 사인을 계속 복사하고 있는 것을 발견한다면, 필요한 조사를 해보지 않고도 당신의 바지가 흘러내렸었다는 사실을 알 수 있을 것이다.

DNA도 비슷한 방법으로 작동한다. 일단 루프가 시작되면 계속 작동한다. 그리고 활성화된 루프는 다음 세대로 전달되기 때문에 이것으로부터 유용한 정보를 얻어낼 시간은 충분하다.

실버 박사의 실험실에서는 이미 이런 실험을 하고 있다. 그들은 합성 DNA 루프를 만들어 세균 DNA에 삽입했다. 세균이 특정한 상태를 경험하면 루프가 활성화된다. 이 루프는 합성을 통해 만들어졌기 때문에, 이 루프가 어떤 화학물질을 만들어낼지도 실험자가 결정할 수 있다. 즉 예를 들면 특정한 빛에 노출시키면 반짝거리게 하는 등의 방법으로 쉽게 검출되는 화학물질을 만들어내도록 할 수 있다는 뜻이다.

이것이 왜 유용한지 이해할 수 있도록 돕기 위해 다음과 같은 예를 들어보겠다. 종양 세포는 종종 반복적인 산소 결핍을 경험한다. 왜냐하면 종양 세포가 너무 빠르게 자라서 충분한 혈액을 공급받지 못하기 때문이다. 그리고 반복적인 산소 결핍이 종양 세포 내부에 감지 가능한 화학 신호를 만든다는 사실이 밝혀졌다. 그래서 실버 박사의 아이디어는 프로그램 가능한 메모리 세포를 몸 안에 주입하고, 얼마 후에 이 세포가 저산소 영역을 감지했는지를 조사한다. 만약 이 세포가 저산소 영역을 감지했다면 고형 종양을 발견했을 가능성이 높다.

이 방법은 아직 초기 단계에 있지만, 임상적 응용 가능성은 아주 크다. 일단 이 방법으로 세포 크기의 프로그램 가능한 센서를 개발하는 방법을 알게 된다면, 세포가 온갖 종류의 물질을 감지하도록 프로그램하는 길이 열리게 될 것이다.

이것을 실버 박사가 수행했던 다른 연구와 결합하면 정말 흥미로운 결과를 만들어낼 수 있을 것이다. 예를 들면 실버 박사와 그의 동료들은 2016년에 "캡슐에 든 물질을 방출하기 위해 세포막을 파괴하는, 조절 가능한 단백질 피스톤A Tunable Protein Piston That Breaks Membranes to Release Encapsulated Cargo"이라는 제목의 논문을 발표했다. 다시 말해 문제가 무엇인지 알아낼 수 있도록 세균을 프로그램할 수 있을 뿐만 아니라, 치료약을 배달시킬 수도 있다는 것이다.

이 방법은 암 치료 의약품의 배달에서부터 과민성 대장 증후군의 치료에 이르기까지, 응용 범위가 매우 넓다. 또한 정확히 표적을 겨냥해 치료할 수 있다. 현재는 장에 염증이 있는 경우 입으로 아스피린을 섭취해 화학물질을 몸 전체에 보낸다. 몸의 대부분에는 염증이 없는데도 말이다. 이론적으로는 염증의 화학적 신호를 감지할 때까지 아스피린을 붙잡고 있는 세균을 만들어낼 수 있다. 실버 박사의 연구가 제안했던 것처럼, 이런 방법이 일반화되면 거의 모든 종류의 의약품을 적절한 목표에 정확하게 배달할 수 있을 것이고, 효과는 최대로 향상시키면서 부작용은 최소로 줄일 수 있을 것이다.

인간이 아닌 동물들의 기관

조금 더 시야를 넓히면 대형 동물을 유전자 합성 방법으로 개량해, 그들이 우리가 좋아하는 무언가를 만들도록 하는 것도 가능할지 모른다. 이후에 나올 바이오 프린팅에 관한 장에서(하지만 아직 거기로 넘어가지는 마시라), 우리는 아무 것도 없는 상태에서 완전한 장기를 빠르게 만들어내는 방법에 대해 이야기할 예정이다. 그러나 동물의 몸은 이미 기관을 만드는 방법을 알고 있다. 따라서 다음 번에 돼지를 볼 때는 베이컨 대신에 신장을 만들어내는 3D 프린터를 연상해보는 것도 좋겠다.

돼지의 기관은 특히 이런 종류의 연구에 가장 적합한데, 크기가 사람의 기관과 비슷하기 때문이다. 제노트랜스플랜테이션xenotransplantation이라는 불길한 이름으로 불리는 기관의 종간 이식은 아직 제대로 성공한 적이 없다.[54] 대부분의 연구는 사람이 아닌 동물들 사이의 기관 이식에 집중해왔는데, 돼지에서 개코원숭이로 이식을 하는 식이었다. 우리는 아직 장기를 이식받은 동물의 면역 체계가 이식된 장기를 공격하지 못하도록 하는 방법은 알아내지 못했으나, 이 분야에서도 약간의 진전은 있었다. 문제가 생기지 않는 하나의 방법은 이식받은 동물의 면역 체계가 이식받은 기관을 자신의 기관으로 '인식'하게 하는 것이다.

그렇게 하려면 말라리아 약품을 만들기 위해 유전자 변환 이스트를 변형했던 것처럼, 돼지의 기관을 '인간화'할 수 있어야 한다. 당신의 면역 체계가 당신이 사람 심장이 아니라 돼지 심장을 받았다고 알아챌 수 있는 이유는, 돼지 심장도 사람이 가지고 있는 것과 유사한 분자를 포함하고 있거나 만들어내지만, 사람의 심장이 아니라는 것을 알아차릴 수 있을 만큼은 사람의 심장 분자와 다르기 때문이다. 앞에서 언급한 돼지의 인슐린이 그런 사례다. 따라서 돼지의 기관을 이식받으려면 돼지의 유전자를 바꿔, 분자적으로 인간의 기관과 매우 유사한 기관을 가진 돼지를 먼저 만들어야 한다.

최근에 과학자들은 돼지의 심장이 개코원숭이의 몸 안에서 2년 동안 살아 있

---

54 흠, 사실 지난 10년 동안 돼지의 심장 혈관이 사람의 심장 혈관을 대체하는 데 사용되었고 결과도 매우 성공적이었다. 그러나 심장 전체를 이식하는 것처럼 규모가 더 큰 일은 훨씬 더 어렵다는 사실이 드러났다.

었다고 발표했다.[55] 이 실험에서는 앞에서 설명한 방법과 면역 반응을 완화시키는 약물을 함께 사용했다. 일부 독자들은 돼지의 심장을 사람의 몸속으로 삽입하는 건 비위가 상한다고 느낄지도 모르겠지만, 그들도 간이 급하게 필요한 응급상황에서는 생각이 달라질 것이다.

좀 더 심각한 염려는 돼지로부터 지금까지 알지 못했던 질병을 얻게 되지 않을까 하는 것이다. 이제네시스eGenesis 사의 루한 양Luhan Yang 박사와 그의 연구실에서는 이 문제를 해결하기 위한 연구를 진행하고 있다. 문제는 돼지가 PERVs라고도 불리는(영어로 perv는 변태라는 뜻의 pervert를 줄인 말이다─옮긴이) '돼지 내성 레트로바이러스porcine endogenous retroviruses'를 가지고 있다는 것이다. PERVs는 돼지 DNA에서 발견되며 사람을 감염시키는 물질을 방출한다. 우리는 몸 안에 PERVs가 들어오는 것을 원치 않으므로,[56] 돼지 PERVs를 잘라내기 위해 CRISPR-Cas9라고부르는 새로운 기술을 사용했다. 이것이 모든 종간 질병 이동의 위험을 없애지는 못하지만, 더욱 두려운 가능성 중 하나를 없애주기는 한다.

연료 만들기

세포는 가장 훌륭한 화학자다.

_파멜라 실버 박사

2009년에 하버드대학의 댄 노세라Dan Nocera 박사는 물을 분해하는 데 사용할

---

55 돼지의 심장을 개코원숭이의 복부에 심기는 했지만 개코원숭이의 심장을 대체한 건 아니었다. 그러나 이것은 올바른 방향으로 나가는 첫 단계라고 할 수 있다.
56 미안합니다.

이상한 미래 연구소

수 있는 비교적 싼 촉매를 발견했다. 약간의 에너지만 있으면 이 촉매는 물 분자를 수소와 산소로 분리할 수 있었다.[57] 이 촉매가 특히 큰 잠재력을 가지는 이유는, 물을 수소와 산소로 분리하면 여기에 많은 에너지를 저장할 수 있기 때문이다. 이 두 원소를 접촉시키고 약간의 에너지를 가하면 커다란 폭발을 일으키면서 다시 물로 돌아간다. 수소 연료 전지는 폭발하는 부분만 빼고, 기본적으로 이 현상을 이용해 에너지를 생산한다.

따라서 열을 이용해 물을 분해하면 값싸고 깨끗한 연료 전지를 만들 수 있고, 에너지가 필요할 때는 분해된 것을 다시 결합하면 된다. 이것이 바로 발전소에서 에너지를 만드는 과정을 단순화한 것이다. 이에 대해 실버 박사는 다음과 같이 설명했다. "자연이 하는 가장 놀라운 일 중 하나인 광합성은 태양 빛을 에너지로 사용해 물질을 만드는 과정입니다. 광합성은 지구 생명체의 기초라고 할 수 있습니다. (…) 광합성에서 가장 핵심적인 반응 중 하나가 물 분해 반응입니다."

그러나 노세라 박사의 연구는 계획대로 진척되지 않았다. 장치는 잘 작동했지만, 수소 연료 전지가 저장할 에너지를 제대로 흡수하지 못했다. 설상가상으로, 전부터 사용해온 태양 전지가 아주 싸졌기 때문에 노세라 박사가 만든 제품이 별다른 관심을 받지 못했다. 다른 모든 사람들에게는 좋은 일이었지만, 노세라 박사에게는 나쁜 소식이었다. 그의 아이디어는 한동안 먼지 쌓인 선반에 잠들어 있어야 했다. 그러나 물의 분해를 이용하는 건 많은 잠재력을 가지고 있었다. 아주 적은 비용으로 물을 분해할 수 있게 되었지만 그것으로부터 에너지를 얻는 건 생각대로 되지 않았다. 그때, 실버 박사가 다른 아이디어를 생각해냈다.

실버 박사의 실험실은 수소와 산소를 받아들여 이산화탄소와 결합시킨 후 이

---

57 실제로는 안정한 상태인 수소와 산소 기체를 얻었지만, 어쨌든 우리 의도는 이해했을 것이다.

소프로판올 isopropanol로 전환할 수 있는 유전자 변형 세균을 만들었다. 이소프로판올은 물에서 분리해낼 수 있는 연료다. 그 결과 금속 촉매, 물, 세균, 이산화탄소를 투입해 난로에 사용할 화학물질을 생산해내는 시스템이 만들어졌다.

사실 생각해보면 이 과정은 좀 야생적이다. 몇 가지 물질과 생명체를 물속에 넣고, 약간의 빛과 열을 더해주면 저장 탱크에 연료가 생기는 것을 볼 수 있다. 이 과정은 생명체가 하는 일을 흉내 낸 것이고, 여기에 필요한 이산화탄소는 공기 중에서 추출했기 때문에 이 연료는 매우 환경친화적이다.

실버 박사는 우리에게 이렇게 말했다. "우리가 한 일은 (…) 이 과정을 가능한 한 최고 효율의 광합성 장치인 조류藻類처럼 만들기 위한 겁니다. 실제로 우리는 이미 조류의 효율을 넘어서고 있어요. 첫 논문에서는 우리가 식물의 효율을 앞질렀다고 말했던 것 같지만, 이제 우리는 조류의 효율까지 앞질렀습니다." 그들은 현재 이 과정을 더 싸게, 더 큰 규모로 만들 수 있을지를 연구하고 있다.

이상한 미래 연구소

또 다른 연구 팀은 수수로 제트 연료를 만들어내는 방법에 대해 연구하고 있다. 잘 모르는 사람을 위해 설명하면, 수수는 북아메리카 전 지역에서 자라고 있는 키가 큰 녹색 식물이다. 이 단단한 식물은 척박한 토양에서도 빠르게 자라고 밀도가 높다.

고등학교 생물 시간에 배운 것이 전혀 기억나지 않는다면, 셀룰로오스는 식물의 구조를 만드는 중요한 화합물이다. 셀룰로오스는 많은 당 분자가 연결되어 만들어진 긴 사슬이다. 이 시점에서 아마 다음과 같은 의문이 드는 사람들도 있을 것이다. "그런데 왜 나무를 핥으면 단 맛이 안 나는 거죠? 내가 지금 모든 종류의 식물을 핥고 있는데 단 맛이 나는 식물은 아직 하나도 없었단 말이에요!"

일단 첫째, 나무는 그만 핥아도 된다. 둘째, 셀룰로오스 사슬은 맛있는 당 분자로 분해되기 아주 어렵다. 셀룰로오스를 분해할 수 있도록 특별하게 만들어진 효소가 없으면 셀룰로오스를 소화시킬 수 없다. 그래서 소가 복잡한 소화기관을 가지고 있는 것이다. 소들은 소화하기 어려운 풀들을 쇠고기로 만드는 신성한 일을 하고 있다.

그러나 우리 일을 소의 내부에서 하는 건 좋은 방법이 아니다. 따라서 조인트 바이오에너지 연구소Joint BioEnergy Institute의 아인드릴라 무크호파드야이Aindrila Mukhopadhyay 박사의 연구 팀은 수수처럼 계속 공급 가능한 식물을 제트 엔진의 전구물질인 d-리모넨으로 전환하는 세균을 만들었다. 그녀의 연구 팀이 만든 유전자 변형 세균은 1차 처리를 마친 수수의 셀룰로오스를 작은 분자인 당으로 분해한 다음 당을 d-리모넨으로 전환한다.

그들은 세균이 곧바로 제트 연료를 뱉어내는 과정에 도달하기를 기대하고 있지만, d-리모넨을 얻은 것만으로도 이미 바이오 제트 연료를 얻는 데 필요한 많은 단계를 줄여놓았다. 그리고 수수가 공기 중에 있는 이산화탄소를 이용해 만든 셀룰로오스가 탄소의 공급원이기 때문에 적어도 이론적으로는 공기 중 이산화탄소의 양을 크게 증가시키지 않으면서 제트 연료를 생산할 수 있다.

이와 같은 바이오 연료는 석유 기반 생산품에 대한 우리의 의존도를 크게 줄일 수 있다. 그러나 현재까지는 가격이 심각한 문제가 되고 있다. 석유 가격이 훨씬 싸기 때문이다. 따라서 우리가 잡초를 이용해 암스테르담으로 날아가기까지는 좀 더 오래 기다려야 할 것 같다.

환경 감시하기

실버 박사는 세포에게 기억할 수 있는 능력을 부여하고, 세포가 몸 안에서 경험한 것을 우리에게 알려줄 수 있도록 했다. 이 같은 일이 열린 환경에서도 가능할까?

라이스대학의 조프 실버그Joff Silberg 박사와 캐리 마시엘로Carrie Masiello 박사는 부부 연구 팀이다. 남편은 합성생물학자고, 아내는 지질학자다. 그러나 두 사람은 차이를 극복하고 사랑에 빠졌다.

마시엘로 박사는 바이오 숯biochar(바이오차)에 대해 연구하고 있다. 바이오 숯은 산소가 없는 환경에서 식물을 높은 온도로 가열할 때 만들어진다. 이것을 만들면 공기 중으로 배출될 탄소를 격리시킬 수 있고, 바이오 숯을 토양에 뿌려 식물의 성장을 돕는 거름으로도 사용할 수 있다. 이것이 어떻게 식물의 성장을 돕는지 자세히는 모르겠지만, 아마도 토양의 미생물 구성을 바꾸기 때문일 것으로 추정하고 있다. 마시엘로 박사는 토양에 살고 있는 미생물이 바이오 숯이 있는 경우와 없는 경우 중 어떤 조건을 더 좋아하는지 알려주기를 바라고 있다. 그녀는 실버그 박사에게 발렌타인데이 선물로 합성 미생물을 만들어달라고 요청했다. 정말이다.

그래서 실버그 박사는 일반적으로라면 토양에 존재하지 않는 기체를 방출하는 미생물을 만들었다. 토양에 이 합성 미생물을 주입하고 방출되는 기체를 조사하면, 이 미생물을 희생시키지 않고도 미생물의 행동을 엿볼 수 있다.

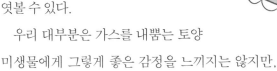

격리되어 있는 탄소를 조사하는 걸 도와줄래요?

왜냐하면 당신은 이미 제 심장을 격리시켰으니까요. 진심이에요.

우리 대부분은 가스를 내뿜는 토양 미생물에게 그렇게 좋은 감정을 느끼지는 않지만, 이 방법은 환경오염 감시에도 사용할 수 있다. 이 연구 팀은 이미 비소와 물이 있을 때 빛이 나는 유전자 변형 세균을 만들었다. 이 세균은 비소가 많으면 많을수록 더 밝게 빛난다. 마치 독성 물질의 존재를 알려주는 경고등과 같다. 이런 기술은 독성 환경을 찾아내거나 감시하는 데 이용될 가능성이 있다. 발전된 합성생물학 덕분에 우리는 이미 "독성 물질을 감지하면 빛나라." 같은 것보다 훨씬 복잡한 임무를 세균에게 부여하고 있다.

이 분야에서의 가장 큰 장애는, 독성이 아주 강한 환경은 세균에게도 해롭다는 것이다. 따라서 경고등이 켜지지 않으면 독성 물질이 없기 때문이라고 생각하기 쉽지만 실제로는 모든 세균이 죽어버렸기 때문일 수도 있다. 과학자들은 이 문제를 해결하기 위해 노력하고 있다. 하나의 아이디어는 독성 환경에 익숙해 있는, 강인한 세균을 이용하는 것이다. 또 다른 아이디어는 "붉은 색은 나쁘다는 의미이고, 녹색은 좋다는 의미이며, 빛이 없는 건 '살고 싶으면 당장 도망쳐!'라는 뜻이다."와 같은 좀 더 복잡한 경고 메커니즘을 만드는 것이다.

만약 사람들이 주위에 합성 세균이 돌아다니는 것을 개의치 않는다면, 어디에서고 계속적으로 환경을 감시할 수 있을 것이다. 만약 특정한 지역의 토양이 녹색으로 빛나기 시작한다면 우리는 그 지역이 비소로 오염되었다는 사실을 알 수 있을 것이다. 파란색 빛으로는 수은 오염을, 노란색 빛으로는 납 오염을 알려줄 수 있다. 그러니 만약 자연이 오색찬란한 빛으로 치장하고 있는 이상한 지역에 가게 된다면, 물을 절대 마시지 마라.

합성 생명체의 일반화

이 모든 이야기가 다 멋지긴 하지만, 그것을 실현하기는 아주 어렵다. 1970년대부터 직접 유전자를 변형하는 방법이 사용되고 있지만 이 방법들은 어렵고, 많은 비용과 시간이 든다. 적어도 이전에는 그랬다. 바로 지난 몇 년 동안에 모든 것을 바꿔놓을 새로운 방법이 시도되기 시작했기 때문이다.

버클리 캘리포니아대학의 제니퍼 다우드나Jeniffer Doudna 박사가 이끄는 연구 팀과 막스 플랑크 감염생물학 연구소Max Planck Institute for Infection Biology의 에마뉘엘 샤르팡티에Emmanuelle Charpentier 박사는 세균의 면역체계가 작동하는 과정에서 나타나는 이상한 행동을 연구해 분자 가위를 만드는 방법을 발견했다. 이 유전자 가위는 CRISPR-Cas9라고 부른다. 이 이름의 앞부분은 '덩어리를 이루고 규칙적인 간격으로 배열된 짧은 회귀성 반복clustered regularly interspaced short palindromic repeats'의 앞 글자들을 모아 만든 줄임말로, 그냥 '크리스퍼'라고 읽으면 된다.

자연적인 세균은 우리처럼 정보 저장 기능을 가지고 있지 않다. 세균은 들을 수도, 볼 수도, 생각할 수도 없다. 그러나 세균은 이전에 만났던 바이러스와 싸울 수 있다. 어떤 방법으로든 세균은 바이러스를 '기억'하고 그들을 공격한다.

이것이 작동하는 방법은 다음과 같다. 세균이 바이러스에 감염되면 바이러스는 세균의 세포벽을 통해 유전 물질을 세균 안에 주입한다. 이 유전 물질은 더 많

은 바이러스를 만들기 위해 세균 세포의 기관들을 접수하려고 한다. 그러나 세균은 캐스^{Cas}라고 부르는 단백질을 가지고 있어 바이러스와 싸울 수 있다. 캐스가 바이러스를 물리치는 데 성공하면 물리친 바이러스의 유전 물질 일부를 흡수해 세균 세포 DNA의 특별한 영역에 넣어둔다. 그래서 세균이 그 바이러스를 기억할 수 있다.

후에 세균이 같은 바이러스와 만나게 되면 보관되어 있는 유전자를 이용해 이 바이러스를 '인식'한다. 그리고 바이러스 단백질의 인식된 지점을 절단해버린다. 복수하기 위해서가 아니다. 누군가가 공격해 올 때 공격자를 조각내버리는 것이 가장 확실한 방어이기 때문이다. 그러나 이것은 사람에게 아주 유용한 도구가 되었다. 캐스는 항상 특정한 유전자 지점을 절단한다. 표적 분자 가위라고 할 수 있는 셈이다.

그리고 여기에는 상당히 재미있는 점이 있다. 건강한 세포에서는 DNA가 절단되면, 절단된 두 끝부분이 서로 다시 연결됨으로써 스스로 복구하려 한다. 그러나 우리는 복구되기 전에 다른 분자를 잘린 부분에 끼워 넣을 수 있다. DNA가 스스로 치료를 끝내면, 짜잔! 우리는 이제 세포의 DNA에서 원하는 지점에 새로운 코드를 끼워 넣은 것이다. 그것도 살아 있는 세포에 말이다.

MIT의 펑 장Feng Zhang 박사가 이끄는 연구 팀과 처치 박사는 CRISPR–Cas9를 쥐와 사람 세포에 사용하는 방법을 연구했다. 2013년경에는 온갖 생명체의 세포 속을 돌아다니면서 마음대로 DNA를 잘라내거나 끼워 넣을 수 있게 되었다. 이제 무엇을 할까? 신 흉내를 내볼까? 과학으로 만든 유전자 가위로 자연에 대한 고대의 가치관을 공격해볼까? 우리가 그런다고 해도 크게 신경 쓰지 마시라!

물론 성경에 나오는 에덴동산 이야기는 우리에게 '이미 존재하는 생명체에게 신 흉내를 내봤자 그들이 항상 바르게 행동하지는 않는다'는 교훈을 주지만, 우리가 아예 생명체를 새롭게 만들 수 있는 능력을 갖게 될 때까지는 자연이 만든 생명체 속 DNA를 가지고 놀 수밖에 없다. 하지만 자연과 꼭 사이좋게 지내야 할 필요도 없다.

가장 단순한 생명체

국립 건강 연구소National Institutes of Health의 프랜시스 콜린스Francis Collins 박사와 인간 게놈을 해독하는 경쟁을 벌였던 J. 크레이그 벤터John. Craig Venter 박사는 지금 더 큰 무언가를 연구하고 있다. 벤터 박사가 어떤 사람인지는 "우리는 무엇을 염려해야 하는가What Should We Be Worried About"라는 글에 대한 그의 반응을 통해 약간이나마 짐작할 수 있다. 그는 이 글에 대해 "과학자로서, 낙천주의자로서, 무신론자로서 그리고 우두머리 수컷으로서, 나는 별로 걱정하지 않는다."라고 시작되는 기사로 답했다.

신의 흉내를 내는 사람이 필요하다면 바로 이런 사람이 적격이다. 그는 우연히도 'J. 크레이그 벤터 연구소'라는 이름이 붙은 곳에서 일하고 있다. 매일 언제나 별로 두려울 것이 없는 우두머리인 것과는 별개로, 벤터 박사의 연구 팀은 가능한 한 가장 단순한 생명체를 만들기 위한 연구를 하고 있다.

그들의 아이디어는 만약 우리가 극도로 단순한 생명체를 가지게 된다면, DNA를 변환시켰을 때 무슨 일이 일어나는지를 비교적 쉽게 알 수 있다는 것이다. 가장 단순한 생명체는 새로운 유전자를 그리기 위한 빈 도화지라고 할 수 있으므로, 과학자들은 그들이 만든 변화의 효과를 빠르게 알아낼 수 있을 것이다.

그들은 미코플라스마 제니탈륨Mycoplasma genitalium이라는 생명체에서 시작했다. 이 생명체에 이런 이름을 붙이게 된 이유는 이것이 사람의 생식기와 요로에서 발견되기 때문이다. 이 생명체는 쉽게 찾아낼 수 있을 뿐만 아니라 아주 짧은 게놈을 가지고 있다. 그들은 유전자를 조금씩 잘라내면서 어떤 유전자가 생명 유지에 핵심적인 역할을 하는지를 알아보았다. 일부 유전자를 제거하면 이 생명체가 죽었지만, 어떤 유전자는 제거해도 죽지 않았다.

많은 연구를 거친 후에, 그들은 슬프게도 그다지 재미있지 않은 이름을 가진 다른 종[58]으로 대상을 바꾸었고, 마침내 딱 473개의 유전자[59]만을 가진 생명체를 만드는 데 성공했다. 인간은 약 2만 개의 유전자를 가지고 있는데 말이다. 벤터의 연구 팀은 이 새로운 생명체의 이름을 미코플라스마 라보라토리움Mycoplasma laboratorium이라고 지었다.

---

58 미코플라스마 미코이데스Mycoplasma mycoides다. 이것은 조금 더 큰 게놈을 가지고 있지만, M. 제니탈륨보다 훨씬 더 빨리 자손을 만들어낸다. 따라서 실험실에서 실험하기에 적당하다.
59 재미있는 사실: 30퍼센트 이상의 유전자는 별다른 기능을 하지 않는다. 그러나 생명체가 생명을 유지하는 데 꼭 필요하다. 따라서 우리의 우두머리 늑대인 벤터 박사가 프로젝트를 지휘한다고 해도, 우리는 여전히 완벽하게 이해하지 못한 언어를 만지작거리고 있는 셈이다.

크레이그 벤터가 바꾸다

기다려봐…. 우리는 곧 제니탈륨을 갖게 될 거야. 그리고 누구의 것보다도 작을 거야.

벤터 박사는 무신론자다. 혹시 하늘에 이 이야기를 듣는 신이 있다면 비웃을 지도 모르겠지만, 그는 이 생명체의 최신 버전에 Syn 3.0이라는 이름을 붙였다. 투자자들은 벌써 Syn 3.0이 그들에게 어떤 이익을 가져올지를 저울질하고 있다.

바이오 해커와 표준 부품

상표가 붙은 생명체들을 만들어내는 비밀스러운 천재들에게 큰 관심이 없다 고? 그렇다면 아마 그런 사람들은 합성 생명체에 대한 풀뿌리 접근이 더 흥미로 울 것이다.

매년 개최되고 있는 국제 유전자 조작 기계International Genetically Engineered Machine(iGEM)라고 부르는 경연대회에는 고등학생을 포함한 많은 학생들이 참여 해 누가 가장 놀라운 유전자 변형 생명체를 만들었는지 겨룬다. 2015년에는 아 이폰에 연결해 중금속 오염과 데이트 강간 약물을 감지할 수 있는 바이오 센서,

이상한 미래 연구소

자신이 들어가 있는 물의 어는 온도를 조절하는 화학물질을 분비하는 생명체, 암의 전이를 빠르고 값싸게 감지하는 시험 방법, 헤로인의 순도를 측정하는 바이오 센서와 같은 것들이 출품되었다.

이 경연대회에 참가한 팀들은 그들이 만든 부품들을 모두 '표준화된 생명체 부품 목록'에 추가했다. 이 목록에 등록된 부품들은 iGEM 경연에 참가하지 않은 사람이라도 누구나 무료로 사용할 수 있고, 새로운 부품을 추가할 수 있다. 다시 말해 이것은 공개된 생명체 레고다. 장비만 있다면 누구나 이 부품들을 주문해 합성 생명체 연구를 할 수 있다.

이것은 '바이오 해커'들 사이에서도 빠르게 성장하고 있다. 따라서 당신의 이웃이 인류의 에너지 위기를 해결하는 사람이 될 수도 있고, 불치병을 치료하는 영웅이 될 수도 있으며, 빛을 내는 바이오 물질로 당신의 피부에 "나를 발로 차주세요!"라고 써넣을 수도 있을 것이다. 당신이 MIT 부근에 산다면 이런 일을 이미 경험하고 있을지도 모르겠지만, 곧 이것은 모든 사람들도 즐길 수 있는 경험이 될 것이다.

우리가 걱정해야 할 문제들

생명의 언어에 손을 댄다. 과연 여기서 무엇이 잘못될 수 있을까? 인터넷 시내 초기에는 '정보로의 자유로운 접근'이 가장 중요한 슬로건이었다. 좋은 말이다. 그러나 그 정보가 '천연두를 제조하는 방법'이라면 문제가 될 수 있다.

궁극적으로, 합성생물학은 인간에게 생명체를 주문 생산할 수 있는 능력을 부여할 것이다. 기술의 가격이 내려가면, 우리가 더 이상 예방접종을 하지 않는 질병을 개인 컴퓨터로 간단하게 다시 불러오는 것도 가능해질 것이다.

천연두를 예로 들어보자. 천연두가 사라지면서 1980년 이후에는 이제 천연두 예방접종을 거의 하지 않게 되었다.[60] 이 질병은 20세기에 약 5억 명의 목숨을 앗아갔다. 그러나 현재 살아 있는 사람의 대부분은 이 질병에 대한 면역력이 없다. 합성 생명체의 제조가 쉬워진다면 못된 생물학자나 불만 많은 괴짜가 이 병을 다시 유행시키는 것을 어떻게 막을 수 있을까?

더 염려스러운 건 천연두 같은 질병을 유발하는 세균의 유전자를 조작해 더 빠르게 전파되고 더 치명적이도록 만들 수 있는 가능성이다. 바이오 해커는 알려진 치료 방법을 교묘하게 피해가는 질병을 만들어낼 수 있을 것이다. 우리는 일부 질병이 인간의 행동에 영향을 준다는 것을 알고 있다. 예를 들면 독감 예방 백신은 분명히 사람을 좀 더 사교적으로 만든다. 아마 질병 자체의 이익을 위해서일 것이다. 따라서 질병 설계자들이 감지하기 힘든 병균을 이용해 사회 전체의 행동을 바꿔놓을 가능성도 있다.

현재 소비자의 주문에 의해 DNA를 만들어주는 회사는 고객들이 보내오는 주문을 면밀하게 검토하고 있다. 그러나 DNA 합성 기술이 싸지면 싸질수록, 이 기술이 집에서도 할 수 있는 일이 되지 않을까?

우리가 바라는 최선은 질병을 만들어낼 수 있는 능력만큼 질병을 치료하는 능력도 향상되는 것이다. 그러나 인간 자신이 전쟁터가 되는 무기 경쟁보다는 어떤 방법으로든 사전에 그것을 막는 편이 나을 것이다. 그나마 생물학 테러가 자주 있는 일이 아니라는 점이 약간의 위안이 된다. 아마 통제가 어렵기 때문일 것

---

60 천연두 균의 샘플이 아직도 러시아와 미국에 있는 질병 연구 센터들에 보관되어 있다. 그런데 한때 이 샘플이 무방비로 방치된 적이 있었다. 미국 질병 통제 센터의 직원이 천연두 균이 든 병을 벽장에 두고 그 사실을 잊었던 것이다. 이 병은 몇 년 후에 회수되었다. 아이고.

이다. 테러는 그 의미상 테러범의 정치적 목적을 달성하기 위한 수단이다. 그러나 자기편 사람들도 감염시키고 죽이는 생명체를 만들려고 하는 사람은 거의 없을 것이다.

생태학자들은 합성 생명체가 사고로 인해 생태계에 어마어마하게 퍼지게 될지도 모른다는 가능성을 염려하고 있다. 만약 우리가 합성 생명체를 이용해 산업용 화학물질을 대량 생산하고 있는데 이런 일이 일어난다면 무서운 결과를 가져올 것이다. 제트 연료를 생산하는 세균을 공장 안에 가지고 있는 건 문제가 되지 않지만, 이 세균이 사고로 강으로 나와 강에서 같은 일을 한다면 어떨까? 우리가 가질 수 있는 희망은 세균을 특수한 조건하에서만 일하도록 설계해서, 야생에서는 제대로 작동하지 않게 하는 것이다. 그러나 세균은 서로 유전자를 교환할 수 있어 빠르게 진화한다. 따라서 과학자들은 합성 세균이 서로 유전자를 교환하지 못하도록 하는 방법을 연구 중이지만, 안전을 완벽하게 보장할 수 있는 방법은 없다.

그리고 앞에서 이야기했던 유전자 드라이브 모기처럼, 야생에 방출하기 위해 만든 생명체는 정말 아무런 문제가 없을까? 실버그 박사는 합성 생명체를 환경에 방출하는 속도에 대해 조건을 달았다. "나는 유전자 조작에 관여하는 사람들이 잠재적 이익만 고려하기 전에, 생태학자들과의 좀 더 많은 상호작용을 통해 그것이 환경에 줄 충격도 충분히 이해할 수 있게 되기를 바랍니다. 왜냐하면 오스트레일리아에서 여러 해 동안 사람들이 얼마나 이상한 짓을 했는지를 보여주는 좋은 예가 있기 때문입니다. 재앙은 이 변화가 생태계 입장에서 무엇을 의미하는지를 충분히 고려해보지 않을 때 찾아옵니다." 오스트레일리아 사람들은 사탕수수를 갉아먹는 딱정벌레를 줄이기 위해 수수두꺼비를 들여왔다. 새로 들어온 두꺼비는 미친 듯이 빠르게 번식해 전 대륙으로 퍼져 나갔다. 이 두꺼비들은 포식자를 죽이는 독을 내뿜었는데, 두꺼비가 확산되면서 자연의 포식자들뿐만 아니라 일부 운 없는 반려동물들까지 죽이고 말았다.

합성 생명체를 우리 몸속에 주입하는 것까지 고려한다면, 이 문제는 모든 사람에게 좀 더 직접적인 문제로 바뀐다. 아주 조심스럽게 설계되었다고 해도 돌연변이를 통해 위험한 생명체로 바뀔 가능성이 있다. 그러나 실버 박사가 지적했듯, 위험한 돌연변이는 이미 우리 몸 안에 살고 있는 자연적인 세균에게도 일어날 수 있는 일이다.

다음 장에서 우리는 CRISPR-Cas9을 사용해 사람의 유전병을 치료하는 것에 대해 이야기할 예정이다. 우리 대부분은 합성 생명체 기술을 이용해 어른의 질병을 치료하는 것에는 별다른 거부감이 없다. 그러나 일부 과학자들은 인간의 배아를 치료하는 데도 CRISPR-Cas9를 사용해 다음 세대로 이어지는 유전자의 변화를 만들자고 제안하고 있다.

일부에서는 치료로 인한 이익이 위험을 능가한다고 주장하고 있다. 그런데, 이렇게 가다가 우리는 대체 어디에서 멈춰야 할까? 만약 우리가 인간 배아를 변형할 수 있다면, 누가 설계된 아기를 만들지 말라고 통제할 수 있는가? 다음 세대나 그다음 세대에는 머리카락, 눈, 피부, 심지어는 지능까지 조정하게 될지도 모른다. 그리고 이 선택권이 모든 사람들에게 주어지지는 않을 것이다. 선택권을 가진 집단과 가지지 못한 집단이 생길 것이고, 한 집단에서는 균일하게 슈퍼 어린이들이 탄생하게 되는 반면 다른 집단에서는 쉽게 고칠 수 있는 유전 질병과 고군분투하게 될 것이다.

이 책을 쓰고 있는 동안, 영국의 과학자들에게는 인간 배아를 수정하는 것이 허용되었다. 미국 과학자들에게는 아직 금지되어 있다. 중국에서는 CRISPR-Cas9이 인간 배아를 수정하는 데 사용되었지만, 그 결과는 절망적이었다. 예상하지 못했던 돌연변이가 나타났을 뿐만 아니라 다른 많은 것들이 잘못되고 말았다. 우리는 아직 스스로도 우리가 하는 일을 정확하게 모르고 있다는 점을 절대 잊지 말아야 한다. 설계된 인간이 성공적으로 만들어진다고 해도, 이들의 유전자가 미래 세대들에게 어떤 영향을 줄지 아직 모르고 있다.

이것이 세상을 어떻게 바꿔놓을까?

지금은 가장 놀라운 시대다. 우리는 더 이상 길고 지겨운 실험의 짐을 지고 있지 않다. 우리를 제한하는 건 상상력뿐이다.

_조지 처치 박사

합성생물학자들은 그들의 지식을 공개해 누구나 접근할 수 있게 되기를 원하고 있다. 한 세대도 안 되는 짧은 시간 동안 우리는 DNA 분자 구조를 궁금해하던 데서 DNA에 들어 있는 유전 정보를 다시 프로그램하는 데까지 왔다. 좀 더 먼 미래에는 이로 인한 여러 결과가 나타나기 시작할 것이다. DNA에 정보를 저장하는 것 같은 일들 말이다.

어떻게 그렇게 할 수 있냐고? 일단 컴퓨터 안에 들어 있는 모든 정보는 0과 1이라는 숫자의 배열이라는 사실을 상기해보자. 비슷하게 DNA는 A, C, T, G라는 글자의 배열이라고 할 수 있다. 어떤 의미에서 DNA는 컴퓨터가 전에 사용했던 자기 테이프를 압축해놓은 것과 같다. 올바른 코드로 DNA를 합성하면 물방울보다도 작은 공간에 100억 기가바이트의 정보를 저장할 수 있다. 영화 〈반지의 제왕〉 시리즈의 복사본을 5,000만 편 저장할 수 있는 용량이다. 또는 윈도우 10 복사본의 절반을 저장할 수 있다. DNA는 극도로 안정된 분자이므로 반감기가 500년이나 된다. 500년이 지나면 정보의 반이 훼손된다는 의미다.

아직 실험실 밖에서는 이것을 할 수 없는데, 사용자 지정 문자열을 DNA에 기록하는 건 아주 비싸기 때문이다. 현재는 알파벳 1글자를 기록하는 데 110원 정도 든다. 참고로, 인간 게놈에는 약 30억 개의 글자가 들어 있다. 과학자들은 DNA 합성에 대한 수요 증가가 가격 하락으로 이어지기를 기대하고 있다. 처치 박사는 인간 게놈 프로젝트의 후속 연구를 제안했다. 이 프로젝트에서는 비용을 낮추기 시작하려는 목적으로, 인간 게놈 전체를 합성할 예정이다.

미래에는 합성 생명체를 우주로 보낼지도 모른다. 이제 우리 모두가 잘 알고 있는 것처럼, 물건을 우주로 보내는 데는 많은 비용이 든다. 물건을 생산하고 쓰레기를 재활용하는 세균이 있다면 제한된 자원을 훨씬 더 잘 활용할 수 있을 것이다. 이것은 우리가 다른 행성이나 위성에 정착하려고 할 경우에 특히 중요하다. 현지 환경에서 일할 수 있도록 특별하게 설계된 합성 세균을 이용하면 필요한 자원을 현지에서 생산할 수 있을 것이다. 그리고 이 세균들은 복제될 수 있으므로 적은 수의 세균만 가져가도 될 것이다.

유전자 변형 식품Genetically modified Organisms(GMOs)은 '프랑켄푸드Frankenfoods'라고도 불리며 아주 나쁜 평판을 얻었다. 우리 의견으로는, 만약 프랑켄푸드가 가난한 사람들에게 더 많은 열량과 비타민을 제공할 수 있다면 이것은 성공적이라고 보아야 한다. 생명공학자들이 당신의 토마토를 건드리지 않기를 바란다고 하더라도, 유전자 변형 식품이 더 나은 의약품과 깨끗한 연료를 제공하는 것까지 거부하지는 않을 것이다.

우리가 더 많이 알게 될수록 합성생물학과 나노기술 사이의 경계는 의미가 없어진다. 우리는 점점 더 작은 기계를 원하고, 생명체는 40억 년 동안 그런 기계를 만드는 방법을 배워왔다.

최근에 과학자들은 새로운 형태의 DNA를 만들었다. 보통의 DNA는 우리가 잘 알고 있듯이 4개의 화학 글자 A, C, T, G를 가지고 있다. 새로운 DNA는 2개의 새로운 글자, X와 Y를 더 가지고 있다. 이건 완전히 낯선 DNA다. 만약 이런 DNA를 다른 행성에서 발견한다면 그것은 너무나 신나는 일일 것이다. 하지만 우리는 이것을 실험실에서 만들어냈다. 이 발견은 그저 멋진 일일 뿐만 아니라, 수많은 가능성을 보여준다. 보통의 DNA는 생명체의 분자 기계를 만드는 벽돌이라고 할 수 있는 아미노산을 20가지 지정할 수 있다. 그러나 이 새로운 DNA는 172가지 아미노산을 지정할 수 있다. 따라서 이런 DNA로 지정할 수 있는 단백질에는 자연이 전에 만든 적 없는 종류가 포함되어 있다.

이것이 합성생물학의 미래다. 우리가 알고 있는 대로 생명체를 바꿀 뿐만 아니라, 우리가 상상하는 대로 생명체를 만들어내는 것 말이다.

⚡주목하기 멸종된 생명체 복원하기

매년 200종에서 2,000종 사이의 생명체가 멸종되고 있다. 이 중 많은 부분은 우리 잘못이다. 비유하자면, 인류는 모든 아름다운 것을 먹어치우고 문명이라는 저속한 풍경을 배설하는 거대한 2개의 턱이다. 하지만 공정하게 말하자면, 문명은 맛있는 나초를 만들어냈다. 뭔가 받았으면 내놓아야 하긴 하니까.

서식지 파괴를 중단하고 빠르게 번식하는 종을 도입할 수도 있다. 물론 지금까지 우리의 기록은 그다지 성공적이지 않았다. 생태계는 복잡하기 때문에 한 종의 멸종은 다른 종의 멸종으로 이어질 수 있다. 생태계에 큰 영향을 주지 않는 아주 작은 생명체라고 해도 마찬가지다. 이 2차적 멸종은 더 많은 멸종을 불러오고, 이 사슬이 계속 이어진다.

그런데 만약 우리가 이 파괴의 물결을 멈추고, 멸종된 종을 다시 복원해낼 수 있다면 어떨까? 멸종된 종의 복원을 연구하고 있는 과학자들의 목표는 현재의 다양성을 갖춘 환경을 건드리지 않은 채로 보존하는 것이다. 그렇다. 생태계를 복원하자는 이야기다. 당신의 기대와는 달리 공룡을 타고 다니자거나 매머드 고기로 만든 햄버거를 먹자는 이야기가 아니다.

자, 좋다. 당신은 오래전에 사라진 동물을 다시 불러오고 싶어 한다. 이것은 영화에서 보여주는 것처럼 쉬운 일이 아니다. 일말의 기회라도 가지려면, 사라진 동물들의 게놈을 가지고 있어야 한다. 인간은 DNA 분자가 유전 정보를 몇 세대밖에 보존할 수 없다는 사실을 알고 있다. 동굴에 살던 우리 조상들이 우리를 위해 매머드 DNA를 기후 변화에도 견딜 수 있는 용기에 넣어 보존했기를 바랄 수는 없다. 그러나 아주 우연한 사고로, 자연이 여기저기에 고대 생명체의 DNA를 보존해놓았다.

이상한 미래 연구소

DNA가 오랫동안 자연 환경에 노출될수록 이것이 가지고 있던 유전 정보는 더 많이 훼손된다. 현재 과학자들은 100만 년 정도 훼손된 DNA는 회복이 불가능하다고 생각한다. 이런 사실은 대부분의 멋진 동물들이 복원될 가능성을 없애버리지만, 우리에게는 아직 많은 가능성이 남아 있다. 마스토돈, 도도, 검치호 그리고 현생 인류의 친척이라고 할 수 있는 네안데르탈인의 복원은 아직 가능할지도 모른다.

우리는 어떻게 하면 애완 매머드를 가질 수 있을지 알아내기 위해 산타크루즈 캘리포니아대학의 베스 셔피로Beth Shapiro 박사와 이야기를 나누었다. 뭐, 생태계를 위해서이기도 하고 말이다.

일단 가능한 한 많은 매머드 게놈을 찾아내야 한다. 하지만 이것은 쉬운 일이 아니다. 러시아의 툰드라 지역에 매머드가 잘 보존되어 있고, 그 매머드에게서 좋은 DNA 샘플을 채취했다고 해도 그 샘플의 아주 적은 부분만 매머드의 DNA일 것이다. 나머지 DNA는 토양에 살고 있는 미생물이나 매머드 사체를 옮길 때 충분한 주의를 기울이지 않은 과학자, 또는 빙하시대에 "미래 유전학자들 망해라!"라고 말하며 죽은 매머드 위에 침을 뱉은 동굴 원시인들의 DNA일 것이다.

따라서 우리는 아주 적은 양의 실제 매머드 DNA를 찾아내기 위해 자료를 선별해야 한다. 그런 다음에는 우리가 찾아낸 DNA가 매머드 게놈의 어느 부분에 해당하는지 알아내야 한다. 인내와 운이 있다면 2만 년에 살았던 매머드의 DNA와 아주 비슷한 DNA를 갖게 될 것이다. 그러나 매머드 DNA 전체를 완전하게 확보하는 건 불가능하다. DNA의 일부가 빠져 있을 수밖에 없다.[61] 그리고 확보

---

61 사실 모든 과학자들이 털북숭이 매머드 게놈의 일부가 빠져 있을 수밖에 없다고 생각지는 않는다. 예를 들면 매머드 복원 연구를 하고 있는 처치 박사는 언젠가 완전한 매머드 게놈을 확보할 수 있을지도 모른다고 생각한다.

한 DNA조차도 너무 적고 흩어져 있어 그것들을 제대로 재구성하기 위해서는 커닝 페이퍼가 필요할 것이다.

그렇다면 아시아 코끼리의 게놈을 커닝 페이퍼로 사용할 수 있지 않을까? 이제 아시아 코끼리의 게놈을 우리가 확보한 매머드의 게놈과 비교해본다. 아시아 코끼리는 매머드와 가장 가까운 종이므로 아시아 코끼리 게놈 전체를 가져와서 매머드의 게놈에 적절하게 이어붙일 수 있을 것이다. 이렇게 만든 게놈은 실제 매머드 게놈과 1퍼센트 정도 다를 수 있겠지만, 어쨌든 우리는 그럴듯한 매머드 게놈을 얻을 수 있을 것이다. 이것은 현재의 기술로 할 수 있는 것보다 훨씬 어려운 일이다. 가까운 미래에 시도될 매머드 복원 작업으로 얻어진 매머드는 우리가 원했던 것보다 훨씬 코끼리를 닮아 있을 것이다.[62]

그러나 이렇게 해서 매머드 DNA를 확보했다고 하자. DNA는 저절로 어른 매머드로 변신하지 않는다. 그것이 가능했다면 훨씬 더 많은 10대 아빠들이 있을 것이다. 이제 매머드의 DNA를 코끼리의 난자에 삽입해 아시아 코끼리가 털북숭이 매머드 아기를 임신하도록 해야 한다. 이 과정 역시 '코끼리 닮음 지수'를 꽤 높일 것이다. 현대 코끼리는 유전자, 먹이, 호르몬 등으로 인해 매머드와 크게 다른 자궁 환경을 가지고 있을 것이기 때문이다.

그리고 태어난 후에도 매머드는 현대 코끼리의 미생물이 필요할 것이다. 셔피로 박사는 이에 대해 다음과 같이 설명했다. "코끼리는 태어나면 약간의 코끼리 똥을 먹습니다. 장에 살면서 코끼리나 매머드가 먹는 먹이를 분해하는 데 도움을 주는 미생물들을 확보하기 위해 코끼리들이 보통 그렇게 하거든요. 그렇게 되면 새로 태어난 매머드는 코끼리의 미생물을 가지게 될 겁니다." 오랫동안 죽

---

62 리터당 '코끼리 닮음 지수'라는 새로운 단위를 사용할 수도 있겠다.

어 있던 매머드여, 지구로 다시 돌아온 것을 환영한다! 매머드 종의 유일한 대표자로 다시 돌아온 것을 환영한다! 그러면 이제 코끼리 똥을 먹거라.

자, 이렇게 해서 우리는 드디어 매머드를 복원했다. 코끼리를 닮은 구석이 있기는 하지만 말이다. 매머드를 100퍼센트 복원하는 것이 목표였다면 이것은 실패로 보아야겠지만, 사라지기 전에 생태계에서 중요한 역할을 했던 동물을 만들어내는 것이 목표였다면 코끼리 닮은 매머드도 성공이라고 할 수 있을 것이다.

셔피로 박사는 다음과 같이 말했다. "생태계적인 복원은 멸종으로 인해 사라졌던 생태계의 상호작용의 복원입니다. 이것은 생태계를 다시 활성화하고 현재 살아 있는 종들의 멸종을 막을 겁니다. 저는 이것을 생태계 복원의 힘이라고 봅니다. 우리는 추운 기후에 적응한 코끼리를 볼 수 없습니다. 그러나 합성생물학을 이용해 그런 코끼리를 만들 수 있어요. 이런 방법으로 생태계가 잃어버렸던 구성 요소를 대체할 수 있고, 시베리아에 있었던 비옥한 초원을 복원할 수 있습니다. 그러면 고비 산양, 야생마, 들소의 서식지가 조성될 겁니다."

여기서 잠시, 미래에 우리 기술이 매머드를 복제할 수 있을 정도로 발전한다고 가정해보자. 이 매머드는 어디에 살아야 할까? 과거 매머드는 시베리아에 살았다. 그러나 시베리아에 사는 사람들이 매머드가 다시 돌아오는 것을 환영할까? 아닐 것이다. 1995년에 회색 늑대가 옐로스톤 국립공원에 돌아왔지만 그 지역에 살고 있던 주민들은 그렇게 기뻐하지 않았다. 오히려 주민들이 가축을 보호하기 위해 늑대에게 총을 쏘는 일 때문에 많은 법적 분쟁이 발생했다.

그러나 사실 시베리아에 매머드가 돌아오기를 기다리고 있는 서식지가 있다. 세르게이 지모프Sergey Zimov 박사가 언젠가 매머드가 뛰어놀기를 바라면서 땅의 일부를 남겨둔 채 기다리고 있기 때문이다. 그가 이 땅을 '플라이스토세 공원Pleistocene Park'이라고 이름 지은 것을 보면 아마 관광도 염두에 두고 있을 것이다.

이 시점에서 당신은 아마 이런 의문을 갖고 있을 것이다. "그렇다면 공룡을 다시 불러오는 방법은 아예 없는 건가요?" 우리는 전문가에게 전화를 걸어 이에 대해 물어보았다.

"컴퓨터를 이용해 우리는 조류 공룡처럼 생긴 것, 즉 살아 있는 모든 새들의 조상의 게놈을 재구성할 수 있었습니다. 그리고 이것은 본질적으로 공룡의 게놈이라고 할 수 있어요. 티라노사우루스 렉스나 브라키오사우루스, 벨로키랍토르의 게놈은 아닐 겁니다. 그들의 DNA는 전혀 가지고 있지 않으니까요. 그러나 이것은 다른 공룡들과 같은 시대에 살고 있던 생명체로, 모든 살아 있는 새의 조상이 되는 공룡일 겁니다. 이제 우리는 합성생물학을 이용해 살아 있는 공룡인 새의 게놈과 컴퓨터로 재구성한 공룡의 게놈을 점차로 교환할 수 있을 거예요."

글쎄, 우리가 어린 시절에 컴퓨터가 재현해낸 새의 조상을 타고 노는 꿈을 꾸지는 않았지만…. 어쨌든 가까이 다가가고 있긴 하다.

이상한 미래 연구소

3부

미래의
당신에게
일어날 일들

당신 몸에서만 고장 나 있는 것들에 통계적으로 접근하기

19세기 이전에는 의학적 치료를 받는 것이 일종의 고통이었다. 마취제는 1잔의 위스키(또는 2잔)였고, 치료제는 피 뽑기나 고슴도치 기름처럼 임상적으로 확인되지 않은 것들이 대부분이었다. 반면 현대의 세상에서 우리는 의사들이 과학 연구자들과 밀접한 관계를 가지고 있다고 믿는다. 연구자들은 어떤 방법이 효과가 있는지 시험하고, 의사들은 환자들에게 치료 방법을 적용할 때 증거의 신뢰성을 따진다.

훌륭한 의사는 우리 몸을 조사하는 '셜록 홈스'라고 할 수 있다. 아프든 그렇지 않든 우리 몸은 항상 내부 상태를 나타내는 작은 단서를 내보내고 있다. 이 단서들 중 일부는 아주 명백하다. 만약 당신 머릿속에 커다란 구멍이 있다면, 의사들은 무엇이 당신을 괴롭히고 있는지 분명하게 알 수 있다.

어떤 경우에는 정확한 상태를 알아내기가 매우 어려울 수도 있다. 예를 들면 전염성 단핵증을 앓고 있는 대부분의 환자들은 다른 정확하지 않은 진단을 거친

후에야 올바른 진단을 받아볼 수 있다.[1] 이것은 의사의 잘못이 아니다. 전염성 단핵증은 오래 지속되는 바이러스성 질병으로 그 증상이 피로감, 두통, 목구멍 염증과 같이 아주 일반적인 것들이다. 많은 사람들이 가지고 있는 경미한 증상이다 보니 다른 흔한 질병과 구별하기 어렵다. 그러나 만약 처음에 의사들이 당신의 혈액에 어떤 분자가 많이 들어 있는지를 확인한다면 감기가 아니라 전염성 단핵증이라고 진단했을 것이다.

의사들이 오랫동안 증상 또는 징후라고 불렀던 것을, 좀 더 컴퓨터화된 연구자들은 '바이오 마커'라고 부른다. 바이오 마커를 폭넓게 정의하면 몸의 내부 상

---

1 그리고 어떤 환자들은 전혀 다른 질병을 가지고 있으면서 전염성 단핵증 진단을 받기도 한다. 우리는 4개월 동안 여러 번 전염성 단핵증 진단을 받았지만 결국에는 2차 매독에 걸렸다는 사실이 밝혀진 환자의 사례를 알고 있다. 저런.

이상한 미래 연구소

태를 나타내는 모든 것이라고 할 수 있다. 일반적으로는 내부에서 뭔가가 잘못되어가고 있다는 것을 나타내는 정보다. 대부분의 바이오 마커는 전통적인 증상뿐만 아니라 우리 몸의 화학적 신호도 포함한다. 그러나 일부 연구자들은 당신이 어떤 웹사이트를 검색하는지 또는 어떤 영상을 인터넷에 올리는지와 같은 행동 패턴까지도 포함할 수 있도록 바이오 마커의 정의를 넓혀야 한다고 주장하고 있다. 말하자면 "몸 상태가 어떤가요?"라는 이름의 컴퓨터 모델이 있는 경우, 바이오 마커는 이 모델이 질문의 답을 찾아내는 데 도움이 되도록 당신이 모델에 입력하는 모든 내용이 되는 것이다.

과학과 의학이 협력해 현대 의학을 만들어냈던 것처럼 의학과 분자 분석, 데이터과학, 기계 학습이 결합하면 정밀의학이라고 부르는 새로운 패러다임을 만들어낸다. 미래에는 수천 가지 바이오 마커를 이용해 빠르고 정확한 의학 진단이 가능해질 것이고, 환자 개인에게 특화된 치료가 가능해질 것이다. 그러면 우리는 더 오래, 더 건강하게 살 수 있게 된다. 또한 만약 진단 시스템이 충분히 싸지고 쉬워지면 '내 오른쪽 엉덩이에 있는 혹이 암인 건 아닐까?' 하고 걱정하면서 시간을 보낼 필요가 없을 것이다. 질병의 진단과 치료를 컴퓨터를 이용해 할 수 있게 되면 의료비가 크게 낮아질 것이라는 점은 말할 필요도 없다.

단 1방울의 피에도 엄청나게 많은 정보가 들어 있다. 심장병과 관련된 화학적 바이오 마커가 포함되어 있을 수도 있고, 찾아내지 못한 고형 암에서 나온 유전 정보도 들어 있을 수 있다. 그린가 하면 자신이 생각하는 것보나 너 많은 스트레스를 받고 있다는 것을 나타내는 호르몬 바이오 마커가 들어 있을 수도 있다.

이런 미묘한 바이오 마커에 대해 충분히 이해하게 되면 더 나은 진단뿐만 아니라 더 나은 치료법도 제공할 수 있다. 암은 우리가 찾아낼 수 있는 특정한 유전자 돌연변이를 가지고 있다. 암을 일으키는 돌연변이를 찾아내면 이 암에 특화된 가장 좋은 치료법을 찾아낼 수 있고, 또는 선반을 뒤져 다른 병의 치료법들 중에 이 암을 치료하는 데 효과가 있는 방법을 찾아내 사용할 수도 있을 것이다. 가장 최근의 방법으로는 아마 유전자 돌연변이에 의해 발생하는 모든 질병에 적용될 수 있는 일반적인 치료법을 고안해내는 것도 가능할지 모른다.

사람 몸의 다양성과 복잡성에 대한 더 많은 자료가 확보되고, 그런 자료들을 더 잘 분석할 수 있게 되면 컴퓨터가 질병을 정확하게 진단하고, 이상적인 치료 방법을 선택해주게 될 것이다. 이런 꿈은 아주 먼 미래에나 가능할 것처럼 보이지만 사람 몸의 복잡성에도 한계는 있다.[2] 최근 이루어지고 있는 진전들은 우리가 결승선에 더 가까이 다가가도록 돕고 있다.

현재 우리는 어디까지 왔을까?

지난 50년 동안 이 분야에 얼마나 많은 변화가 있었는지 알아보기 위해 이 책의 저자 중 한 사람인 켈리가 MD 앤더슨 암 센터MD Anderson Cancer Center의 존 멘덜슨John Mendelsohn 박사를 인터뷰했다.

그냥 가상적으로 이렇게 상상해보자. 당신은 멘덜슨 박사에 대해 사전조사를 하지 않았다. 왜냐하면 믿음직한 동료가 정밀의학에 대해 이야기해줄 수 있는 가장 적합한 사람으로 그를 언급했기 때문이다. 당신이 그 정도로 멍청하다고 해도, MD 앤더슨 암 센터에 도착한 후 그의 사무실이 '존 멘덜슨 교수 센터 빌

---

2 좋다. 사실 사람의 몸은 50년 전에 우리가 생각했던 것보다 훨씬 더 복잡하다. 그러나 성능이 좋은 컴퓨터와 뛰어난 연구자가 있기 때문에 우리는 더 나은 질병의 지도를 그릴 수 있을 것이고, 더 좋은 치료법을 찾아낼 수 있을 것이다.

딩'에 있다는 사실을 알게 되면 멘덜슨 박사가 얼마나 중요한 사람인지 금방 알아차릴 것이다. 어디까지나 가상적인 상황을 이야기하는 것이다. 그런 다음에는 놀란 마음으로 정신없이 구글에서 '존 멘덜슨'을 검색해서 그가 사실 MD 앤더슨 암 센터의 전 학장이라는 사실을 알아낼 것이다. 아마 그때쯤이면 당신은 가상적

켈리, 멘덜슨 박사를 방문하다:

그래서, 인류가 가진 어떤 고대의 골칫거리에 대해 연구하고 계십니까?

편형동물 행동에서 보이는 특정한 이론적 지식이 부족해요.

좋은 일이군요!

으로 숨을 크게 들이마시고, 당신의 가상적인 겨드랑이가 땀에 젖어 있다는 사실을 발견할 것이다. 그러고는 굳게 마음을 다잡고 그의 방문을 두드릴 것이다.

다행스럽게도 멘델슨 박사는 친절하고 사교적인 사람이다. 그는 켈리가 하고 있는 일에 대해 잠시 이야기를 나눈 다음, 세상을 구하는 데 사용했어야 할 30분의 시간을 켈리에게 할애해주었다. 정말 감사 드린다.

멘델슨 박사가 태어났을 때는 과학자들이 유전 물질이 DNA로 이루어졌다는 것조차 몰랐다. 그리고 그가 의과대학을 다닐 때 사용하던 교과서에 실려 있던 단백질 구조에 대한 설명은 완전히 엉터리였다. 젊은 연구자였을 때, 그가 1번의 실험에서 얻을 수 있었던 자료의 양은 현대의 기준에서 보면 원시적이었다.

"인간 게놈 하나의 염기서열을 밝혀내면 50억 개의 정보를 얻을 수 있습니다. 내가 처음 연구를 시작했을 때는 연구 결과를 1장의 종이에 인쇄할 수 있었어요. 그리고 얼마 후에는 많은 종이가 필요했죠. 그러나 50억 개의 정보는 인쇄할 수도 없고 머리로 분석할 수도 없습니다. 오늘날 MD 앤더슨 암 센터에서 우리는 암을 유발하는 유전적 이상 현상을 찾아내기 위해 매년 수천 명의 환자들에게서 암 세포를 얻어 DNA 염기서열을 해독해내고 있습니다."

의학이 점점 개인화되면서, 개인의 몸이 바로 자료의 샘이 되고 있다. 개인에게서 얻은 자료를 단순히 결합하기만 해도 질병의 진단과 치료가 가능해질지 모른다. 그러나 정밀의학이 가지고 있는 가능성을 제대로 이용하기 위해서는 오랫동안 많은 사람들로부터 자료를 모으고, 이 자료들을 분석해야 한다. 이것은 컴퓨터과학자들과 통계학자들이 그들의 분야에서 많은 기술적 혁신을 이루어낸 후에야 가능할 것이다.

국립 건강 연구소는 최근에 정밀의학 계획 집단 프로그램Precision Medicine Initiative Cohort Program을 시작했다. 이 프로그램은 100만 명이 넘는 참가자로부터 건강과 주변 환경에 관한 정보를 수집할 예정이다. 여기에는 그들의 '-omes'에 관한 자료도 포함되어 있다.

여기서, 이 장에서 등장한 여러 가지 '-omes'에 대해 알려주겠다. 우선 omes의 정의를 빠르게 짚고 넘어가자. 과학자들이 단어 끝에 '-ome'을 붙이면 그것은 '…와 같은 모든 것'이라는 의미다. 따라서 유전학자geneticist는 특정한 유전자를 연구하는 반면 유전과학자genomicist는 유전에 관한 모든 것을 연구한다.[3] 이렇게 말하면 그냥 유전과학자가 더 똑똑한 것처럼 들릴지도 모르겠지만, 유전학자와 유전과학자 사이에는 심리학자와 사회학자 사이에서와 비슷한 차이가 있다.[4] 접미사 '-ome'는 그저 현재 유행하고 있는 작명법일 뿐이다.

국립 건강 연구소는 개인의 게놈과 미생물, 건강과 관련된 다른 여러 가지 정보들을 수집할 것이다. 그런 다음 오랫동안 그들의 건강에 어떤 변화가 있는지를 추적해 그 자료들을 의사들에게 제공할 예정이다. 의사들은 이 자료들을 분석해 질병과 유전자, 환경 요소들 사이의 관계를 밝혀내게 된다. 이것은 실로 거대한 자료 모음이 될 것이다.

불행하게도 얼마나 엄청난 양의 자료가 존재하든, 그것이 우리에게 바로 결과를 알려주지는 않는다. 미국의 제약회사 파이저Pfizer의 샌디프 메논Sandeep Menon 박사가 염려하는 바도 이것이다. "우리가 수집하는 자료의 양은 기하급수적으로 증가하고 있습니다. 그리고 (…) 그것을 올바로 분석할 수 있는 능력을 가진 사

---

3 이 접미사는 꽤 유용하다. 그러나 '-omicist'를 붙이면 그럴듯해 보인다는 이유로 남용되는 경향도 있다. 심지어 데이비스 캘리포니아대학의 조너선 아이젠Jonathan Eisen 박사는 자신의 웹사이트 "생명의 나무The Tree of Life"에 '좋지 않은 모든 것badomics'와 관련된 이야기로 채워진 항목까지 가지고 있다. 여기에는 사전에도 없는 영양분 대사 같은 모든 것nutrimetabonome과 발효 같은 모든 것fermentome, 그리고 미신을 좋아하는 사람들을 위해 의식 같은 모든 것consciousome 등의 단어들을 사용하고 있다.
4 심리학자는 개인에 대해 엉터리 소리를 하고, 사회학자는 집단에 대해 엉터리 소리를 한다.

람의 수는 아주 적습니다. 솔직히 말해 수요가 공급보다 훨씬 큰 상황입니다."

메논 박사는 뛰어난 생물통계학자다. 그는 지구상에서 가장 큰 제약 회사의 부사장이고, 생물통계학 연구 및 자문 센터Biostatistics Research and Consulting Center의 책임자다. 심지어 그는 생명통계학이 "발전하고 있는 최신 기술과 어깨를 나란히 하기 위해 자료의 홍수를 헤쳐 나가는 도전"이라고 설명했다. 메논 박사가 염려하는 점은 자료를 제대로 다룰 줄 모르는 분석자들이 많다는 것이다. 그는 자료를 분석할 때 많은 실수가 벌어지고 있으며, 이런 실수들은 이 분야의 발전을 저해할 뿐만 아니라 잠재적으로 환자들에게 해를 끼칠 수 있다고 생각한다.

많은 정보를 분석하는 어려움에도 불구하고, 여러 분야에서 진전이 이루어지고 있다. 정밀의학 분야는 전체를 한꺼번에 살펴보기에는 너무 방대하기 때문에, 우리는 정밀의학이 어떤 일을 할 수 있는지 보여줄 몇 가지 구체적인 예시만을 선정해 다룰 생각이다.

유전 질병

유전자 해독 기술의 빠른 발전으로, 게놈의 염기서열을 밝혀내는 비용이 크게 낮아졌다. 한때는 1명의 게놈 염기서열을 읽어내는 데 수백억 원이 들었지만 이제는 수백만 원이면 된다. 그러나 문제를 진단하는 것과 그것을 해결하는 건 크게 다른 문제다.

유전자 이상으로 인한 질병은 특히 치료하기 어렵다. 언론에서 무엇을 말하고 있든, 실제로는 서류를 편집하는 것처럼 개인의 DNA를 편집할 수는 없다. 우리 몸을 이루고 있는 거의 모든 세포는 DNA 사슬을 포함하고 있다. 게놈을 바꾸려면 몸속의 모든 세포를 바꾸거나, 적어도 질병과 관련이 있는 모든 세포를 바꿔야 한다.

예를 들어 낭성 섬유증cystic fibrosis이라고 부르는 유전병이 있다. 이 병에 걸리면 몸이 내부 장기에 끈적끈적한 점액을 많이 만들어낸다. 폐 속에 끈적끈적한 점액이 생기면 호흡이 어려워지고 감염의 위험도 높아진다. 췌장 안에 점액이 생겨도 문제다. 영양분 흡수가 어려워지기 때문이다. 한때는 낭성 섬유증의 진단을 받으면 곧 20대까지 살기 어렵다는 뜻이었다.

치료 방법의 발달로 현재는 환자들이 30대나 40대까지 생존하는 것이 가능해졌지만, 낭성 섬유증에 대한 치료는 주로 유전적인 근원을 없애는 것이 아니라 점액이 일으키는 문제를 해결하는 것으로 이루어졌다. 이 문제가 어려운 이유 중 하나는 환자들이 가지고 있는 질병이 낭성 섬유증 하나가 아니라는 것이다. 낭성 섬유증은 수많은 유전자 돌연변이 중 어떤 것의 결과로도 나타날 수 있다.

최근 아이바카프토ivacaftor라고 불리는 약물이 개발되면서 낭성 섬유증을 유발하는 특정한 유전자 변이를 치료하고 있다. 이 약물의 목표가 되는 특정한 변이는 낭성 섬유증 환자의 약 5퍼센트에게서 발견된다. 따라서 이것은 낭성 섬유증의 일반적 치료 방법이라고 할 수는 없다. 그러나 정밀의학 패러다임에서는 궁극적으로 모든 가능한 변이를 치료할 수 있는 방법을 개발하는 것이다. 인간이 태어나면 바로 유전자 이상을 파악하고 어떤 치료법을 사용해야 하는지 알아낸다. 그렇게 된다면 올바른 방법으로 치료를 받을 수 있을 뿐만 아니라 잘못된 치료 과정을 피해갈 수 있게 될 것이다.

그러나 이것은 여전히 문제의 증상만을 더 깊은 수준에서 완화하는 방법이다. 우리가 아예 모든 세포의 손상된 코드만 바로잡을 수는 없을까?

앞 장에서 우리는 CRISPR-Cas9이라는 유전자 편집 기술에 대해 이야기했다. 이 기술이라면 과학자들이 낭성 섬유증을 유발하는 유전자 변이를 실제로 고칠 수 있게 해줄지도 모른다. 참, CRISPR가 무엇인지를 기억하지 못하는 사람들을 위해 다시 설명하겠다. CRISPR는 세포의 DNA 일부를 잘라내고 다른 DNA로 대체하는 기술이다. 따라서 이론적으로는 낭성 섬유증을 앓고 있는 사람의 세포에서 변이된 부분을 잘라내고 정상적인 부분을 삽입하는 것이 가능하다.

CRISPR는 이미 실험실에 있는 내장 섬유 샘플을 대상으로 시험되었다. 의학 연구실이 얼마나 재미있는 곳인지를 짐작할 수 있을 것이다. 실제 환자에게 이 기술을 응용할 수 있는 방법을 알아내기 위해서는 아직 넘어야 할 장애물들이 많다. 과학자들은 변이된 유전자를 수정하려다가 다른 유전자를 손상하지 않을까 걱정하고 있다. 한꺼번에 수조 개의 세포를 편집하므로 너무 많은 실수가 있어서는 안 되기 때문이다.

그러나 CRISPR의 멋진 점 중 하나는 이것이 유전자 이상을 치료할 일반적인 도구라는 것이다. 하나 또는 그 이상의 유전자 변이에 의해 발생한 모든 질병은

이 표적 유전자 편집 방법으로 치료가 가능하다. 만약 CRISPR가 유전자 문제의 특효약이라는 사실이 확인된다면 우리는 이것을 헌팅턴 병, 겸상적혈구빈혈증, 알츠하이머 병과 같은 유전 질병을 향해 발사할 수 있을 것이다.

암을 진단하고, 치료하고, 관리하기

1. 진단

2027년에 일어날 로봇 반란에서 비밀 안드로이드를 찾아내 죽이는 일이 어려운 것과 마찬가지로, 암 세포만 죽이는 일도 매우 어렵다. 보통 세포와 똑같이 생겼기 때문이다.

암 세포는 우리 자신의 세포가 이상하게 변한 것이다. 이 세포는 원래 우리 몸의 유용한 기능을 위해 일해야 했지만, 이상한 변이를 가지고 태어났거나 살아가는 동안에 변이가 발생해 해야 할 일을 하는 대신 자신을 계속해서 복제하고 있다. 고형 암인 경우에는 기본적으로 계속 번식하는 나쁜 세포들로 이루어진 독립 국가를 몸속에 가지고 있는 셈이다.

암 세포를 포함해, 변이된 세포들은 우리 몸 안에서 계속 생겨난다. 일반적인 상황에서는 우리의 면역체계가 이들을 찾아내 죽인다. 문제는 때때로 아주 희귀한 세포가 만들어진다는 것이다. 이들은 다음과 같은 특징을 가진다. 첫째, 통제할 수 없을 정도로 계속 분열한다. 둘째, 감지되지 않도록 스스로를 감추거나 자신을 죽이지 않도록 면역 세포를 속임으로써 면역체계의 공격을 피해간다.

따라서 암 진단을 받을 때쯤 당신은 이미 매우 위험한 세포 집단을 가지고 있다. 그 시점에서는 실패한 면역체계를 대신해서 의학이 관여해야 한다. 그러나 암 세포를 잡는 일은 쉽지 않다. 역사적으로, 가장 찾아내기 쉬운 암은 백혈병이었다. 백혈병은 혈액에 생기는 병이고 숨길 수 없는 백혈구 축적을 남기기 때문이다.[5] 고형 암, 특히 작은 고형 암은 훨씬 찾아내기 어렵다. 의사들이 유방 검진을 주기적으로 받으라고 권하는 이유도 이 때문이다. 단단한 종양이 몸의 물렁물렁한 부분에 숨어 있으면 찾아내기 어렵다.

초기 진단은 치료가 용이하다는 것 이상의 의미를 가진다. 많은 치명적인 암이 위험한 이유는 이들이 특별히 공격적이기 때문이 아니라, 너무 늦어 치료하기 어렵게 될 때까지 증상이 거의 나타나지 않기 때문이다. 국립 암 연구소National Cancer Institute에 따르면 폐암을 초기에 진단하면 5년 생존율이 55퍼센트나 된다. 그러나 대부분의 사람들은 초기에 진단을 받지 못한다. 반 이상의 폐암 환자들이 다른 장기로 암이 전이될 때까지 진단을 받지 못한다.[6] 이 단계가 되면 5년 생존율이 약 5퍼센트밖에 안 된다.

따라서 우리는 가능하면 빨리 암을 발견하기를 원한다.[7] 그리고 백혈병만이 유일하게 혈액에 바이오 마커를 남기는 암이 아니라는 사실이 밝혀졌다. 모든 종류의 암은 마이크로RNA라고 부르는 작은 분자를 찾아내 진단할 수 있다.

앞 장에서 우리는 DNA가 어떻게 단백질을 합성하는지를 대략적으로 설명했다. 그리고 실제 단백질 합성 과정은 우리가 설명한 것보다 훨씬 더 복잡하다고 했다. 마이크로RNA가 가세하면 이 과정이 한층 더 복잡해진다. 마이크로RNA

---

5 사실 백혈병을 나타내는 영어 단어 leukemia는 '하얀 피'라는 뜻의 그리스어에서 유래했다.
6 암이 전이할 때는 암 세포의 일부가 원래 종양에서 떨어져 나와 다른 곳에서 종양을 만들어낸다.
7 여기에는 조금 미묘한 점이 있다. 엄밀히 따지자면, 우리는 가능한 한 빨리 암을 찾아낼 수 있기를 원하지만 동시에 이 암이 얼마나 나쁜 암인지에 대해서도 알고 싶어 한다. 예를 들면 일부 전립선암은 아주 느리게 자라기 때문에 이 암이 문제가 되기 훨씬 전에 자연적인 원인으로 사망할 가능성이 크다. 남은 생애 동안 암이 당신의 목숨을 빼앗아 가지 않을 것이라는 사실을 안다면, 당신은 발기부전과 실금의 위험을 무릅쓰고 불쾌한 치료를 받지는 않으려 할 것이다. 일부 의사들은 이런 모든 자료들이 과잉진료로 이어질까 걱정하기도 한다.

에 대해서는 누구도 아직 충분하게 이해하지 못하고 있다. 그러나 이것이 하는 중요한 일 중 하나는 유전자 발현이라고 부르는 과정에 관여하는 것이다.

다음과 같이 생각해보자. 당신은 붉은색으로 빛나는 코를 갖게 하는 유전자를 가지고 있다. '갖게 한다'는 표현이 적절하지 않은 것 같아 좀 더 구체적으로 설명하겠다. 당신의 DNA는 합성되면 자동적으로 코끝으로 가서 붉은색으로 빛나는 단백질을 만들게 되어 있는 유전 정보를 가지고 있다. 코가 얼마나 붉은지는 이 단백질이 얼마나 많이 만들어지느냐에 달려 있다. 마이크로RNA가 바로 여기에 관여한다. 붉은색 코를 만드는 당신의 유전 정보는 단백질을 '10번 만들고' 끝내는 것으로 되어 있다. 마이크로RNA는 이 10번을 더 큰 수로 바꾸기도 하고 더 작은 수로 바꾸기도 한다. 그렇게 되면 약간 운 듯한 연한 붉은색의 코를 가지게 될 수도 있고, 생생한 붉은색으로 혈색 좋게 빛나는 코를 가질 수도 있다.

자, 여기까지는 좋다. 그런데 그래서 어쨌다는 걸까? 의학에게는 다행스럽게도, 이 작은 마이크로RNA는 혈액 안에서 발견된다. 특히 특정한 마이크로RNA 조각을 찾아내 이들의 함유량 변화를 알아내면 암의 종류뿐만 아니라 암이 어느 단계까지 진행되었는지도 알 수 있다.

예를 들어, 한 연구에 의하면 4가지 특정한 마이크로RNA의 수준은 폐 선암을 가진 환자가 장기적으로(평균 4년 이상) 생존할 수 있는지, 아니면 짧은 기간만(9개월 정도) 생존할 수 있는지를 나타낸다. 이런 종류의 정보는 환자나 의사가 얼마나 공격적으로 암을 치료해야 하는지를 결정하는 데 도움을 준다. 그리고 환자가 남은 시간을 어떻게 살아가야 할지를 결정하는 데도 도움을 준다.

이론적으로는 혈액이나 다른 체액 안에 어떤 마이크로RNA가 있는지 알면 우리 몸에 어떤 질병이 있는지도 알아낼 수 있다. 우리 몸이 하는 거의 모든 것에 반응해 새로운 단백질이 만들어지므로, 단백질은 우리 몸에서 무엇이 잘못되어가고 있는지를 알려주는 중요한 정보원이 될 수 있다.

그러나 실제로 우리 몸 안에서 무엇이 잘못되고 있는지를 알아내기란 대단히 어렵다. 다음에 혹시 읽을거리를 찾고 있다면 마이크로RNA 자료집인 미르베이스miRBase(mirbase.org)를 고려해보기 바란다. 이 책을 쓰고 있을 때 살펴본 바로는 여기서 2,000가지 마이크로RNA 분자를 추적하고 있었다.

또 다른 흥미로운 분자로, '순환하는 종양 DNAcirculating tumor DNA'를 줄여서 ctDNA라고 부르는 것이 있다. 최근에 발견된 이 분자는 암 진단에 중요하게 사용될 가능성이 있다. 간단하게 말해, 어떤 형태의 고형 암을 가지고 있는 경우 암세포의 DNA 일부가 혈액 속으로 들어간다. 이것이 우리에게 크게 좋은 점은 아니지만, 의사에게는 2가지 이유로 아주 유용하다. 첫째, 고형 암이 검사로부터 숨기 어렵게 만든다. 둘째, 위험한 수술을 거치지 않고도 진단된 암의 유전자 분석을 할 수 있다.

최근의 연구는 1기 비소세포 폐 암종을 가지고 있는 경우, 혈액 내의 ctDNA를 이용해 50퍼센트의 진단 성과를 올릴 수 있었다. 2기의 경우에는 100퍼센트 진단이 가능하다는 사실을 보여주었다. 이 단계에서는 이미 암이 폐에서 림프절로 전이되긴 했지만 다른 장기로는 전이되지 않은 상태다. 보통의 경우에는 3기나 4기에 이르기 전에는 이 암을 찾아내지 못한다. 이렇게 늦게 발견하면 5년 생존율이 크게 낮아진다. 그러나 ctDNA나 마이크로RNA과 같은 암 표지를 발견한다고 해도 암에 대한 모든 것을 알아내기는 쉬운 일이 아니다.

우리는 암을 폐암, 뼈암, 뇌암처럼 발견된 장소에 따라 분류하는 경향이 있다. 그러나 이것은 암을 분류하는 좋은 방법이 아니다. 유방암의 유형 2가지는 서로 완전히 다른 유전자 변이에 기인한 것일 수 있다. 하나는 치명적일지 모르지만 하나는 치료가 가능하다.

암 세포는 일단 존재하면 변이를 중단하지 않는데, 이런 특성이 일을 더 복잡하게 만든다. 암 세포가 변이를 계속함에 따라 우리 몸 안에서는 적자생존의 경쟁이 벌어진다. 그 결과 유전자적으로 다양한 위험한 종양들이 만들어진다.

한 사람의 몸속에서 생긴 암이라고 해도 유전적으로 다양하다는 점 때문에 암 치료가 아주 어렵다. 종양이 줄어들게 하는 약물을 가지고 있는 경우에도 암 세포 중 일부 형태만 줄어들게 할 수 있다. 따라서 종양이 축소되었다면 모든 암 세포가 줄어든 것이 아니라 그 약물에 취약한 특정한 형태의 암 세포만 줄어들었을 수 있다는 것이다. 남아 있던 암 세포가 훨씬 공격적인 암이 되어 후에 다시 돌아올 수 있다.

더 걱정스러운 점은 약물 요법이나 방사선 요법으로 치료하는 경우 치료 과정에서 또 다른 변이가 생길 수 있다는 것이다. 이 치료 과정을 겪어야 하는 것만으로도 아주 고통스러운 일인데, 그 이유 중 하나는 약물과 방사선이 암 세포만을 표적으로 하고 있지 않기 때문이다. 예를 들면 전통적인 약물 요법은 아주 빠르게 분열하는 세포를 목표로 한다. 그러나 당신의 다른 세포들 중에도 빠르게 분열하는 세포가 있다. 예를 들면 위벽 세포 같은 것들이다. 따라서 이것은 마치 도시의 불량배들을 척결하기 위해 검은 콧수염을 하고 있는 사람을 모조리 죽이는 것과 같다. 이런 방법으로 악한들을 몰아내는 데는 성공하겠지만 마을에서 가장 맛있는 커피를 만드는 친절한 훈남도 죽이게 된다. 가치 있는 교환이라고? 아마도. 그러나 확실히 즐거운 경험은 아닐 것이다.

암을 물리치기 위해서는 초기에 정확한 치료 방법을 알아내 암 세포가 너무 많이 변이할 시간을 주지 말아야 한다. 이것은 암을 조기에 발견하기 위해 해마다 혈액 검사를 해서 몸속에서 어떤 변이가 일어나고 있는지를 알아내야 한다는 의미다. 이것이 중요한 이유는 정확한 치료법을 선택할 수 있게 해주기 때문이다.

잘못된 치료법을 시행하면 고통이 따를 뿐만 아니라 위험을 초래할 수도 있다. 암과 관련된 모든 종류의 변이를 알아내야 그에 알맞도록 정확하게 조합된 약물을 이용해 치료할 수 있다.

2. 치료

암 세포가 위험한 이유 중 하나는 이들이 우리의 면역체계를 피해 가기 때문이다. 마치 양심이 없는 살인 로봇이 사람의 흉내를 낼 수 있는 능력을 가지고 있는 경우와 같다. 그렇다면 경찰을 훈련시켜 이들을 알아볼 수 있도록 하면 어떨까? 예를 들면 "인간, 확인."이라고 계속 말하면서 로비스트처럼 행동하는 사람을 자세히 관찰하도록 하는 것이다. 이와 비슷하게 우리의 면역체계가 교활한 암 세포를 찾아내 죽이도록 가르칠 수는 없을까?

이 방법은 다음과 같이 작동한다. 환자에게서 약간의 혈액을 채취한다. 그리고 그 혈액에서 T세포라고 부르는 면역 세포를 찾아낸다. 우리가 관심을 가지고 있는 T세포는 항원이라고 부르는 세포의 표면 구조를 인지한다. 이를 통해 세포가 어떤 형태의 항원을 가지고 있는지를 알아낸 뒤 그 세포를 죽여야 할지를 결정한다. 만약 암 세포가 가지고 있는 항원을 알고 있다면 우리는 T세포에게 그 세포를 찾아내 죽이도록 가르칠 수 있다.

왜 T세포냐고? 이에 대한 대답은 하버드 의과대학과 매사추세츠 종합병원에 근무하고 있는 마르셀라 마우스Marcela Maus 박사에게서 들을 수 있었다. "면역요법에서 T세포가 특히 중요한 이유는 2가지입니다. (…) 이들은 다른 세포를 죽일 수 있는 능력을 가지고 있어요. (…) 그리고 (…) 그들에게는 기억할 수 있는 능력도 있습니다. 이 세포들은 수명이 매우 길고, 어떤 것을 1번 보면 두 번째는 훨씬 빠르게 그것을 알아볼 뿐만 아니라 더 빨리 죽일 수 있죠."

T세포에게 CD19라고 부르는 분자를 찾아내도록 가르친 경우가 특히 성공적이었다. 이 분자는 B세포라고 부르는 백혈구에서 발견된다. 백혈병과 림프종은 종종 이 백혈구를 지나치게 많이 만들어내 사람을 죽인다.

이 방법의 단점 중 하나는 종종 T세포가 모든 B세포를 죽여버린다는 것이다. 암이 아닌 것까지 말이다. B세포도 면역체계의 일부이므로, 모든 B세포가 죽으면 일시적으로 면역 무방비 상태가 된다. 딱히 우리가 기대했던 결과는 아니지만, 대개의 경우 감염과 싸우는 것이 혈액 암과 싸우는 것보다 낫다.

그러나 암일 가능성이 있는 세포 형태를 모두 죽이는 방법으로 치료할 수 없는 종양은 어떻게 할 것인가? 뇌 안에 있는 종양을 제거하기 위해 뇌 세포를 모두 죽이는 건 너무 공허한 승리가 아닐까?

마우스 박사는 좀 더 정교한 접근 방법을 도입했다. 그녀는 T세포가 '표피 성

장 인자 수용체 변이 III'라는 그럴듯한 이름을 가진 항원을 공격하도록 가르쳤다. 우리는 앞으로 줄여서 EGFRvIII라고 부르도록 하겠다. 정상적인 뇌 세포는 EGFRvIII를 가지고 있지 않지만, 일부 종양 세포는 이것을 가지고 있다. 따라서 다행히 종양이 이 수용체를 가지고 있다면 이 암 세포를 찾아내 죽이도록 T세포를 프로그램할 수 있다.

마우스 박사의 연구는 아직 초기 단계지만, 면역요법이 미래에는 여러 종류의 종양을 정밀하게 공격할 수 있는 좋은 방법이 될 것이라는 희망을 우리에게 안겨주고 있다.

3. 관리

치료법이 효과가 있으면 암이 차도를 보이기 시작한다. 그러나 남은 생애 동안에도 계속 관리해주어야 한다. 암에 걸려 치료했다는 것 자체가 미래의 암 발병 위험을 내포하고 있기 때문이다. 정밀의학 기술은 이러한 환자들을 관리하는 더 좋은 방법을 제공한다.

예를 들면 암이 차도를 보인 후에도 ctDNA를 주시해 암의 재발 여부를 확인할 수 있다. 그리고 ctDNA의 유전자형을 계속 분석해 변이가 일어났는지, 아니면 특정한 형태의 변화가 있는지를 감시할 수 있다. 만약 ctDNA 표지가 갑자기 좀 더 공격적인 암의 징후를 나타내기 시작한다면 가장 바람직한 치료 방법을 강구해야 할 것이다.

이 새로운 기술은 빠르게 발전하고 있다. 그리고 우리는 현재 대변과 소변, 다른 체액에서도 ctDNA를 찾아낼 수 있다. 이것은 곧 암을 관리하는 훨씬 더 좋은 방법을 제공하게 될 것이다. 그리고 주사기로 우리 몸을 찌르는 대신 대변을 찔러서 암을 감시할 수 있다면 훨씬 편리하지 않을까?

메타볼롬

의학에서 어려운 일 중 하나는 특정 환자가 약물에 어떻게 반응할지를 알아내는 것이다. 이 사람에게는 잘 듣는 약품이 저 사람에게는 효과가 없을 수 있다. 이런 현상의 일부는 환자의 '메타볼롬metabolome'으로 설명할 수 있다. 메타볼롬은 모든 종류의 대사물질을 가리킨다. 다시 말해 우리 몸이 작동할 수 있게 하는 모든 작은 분자들(당이나 비타민 같은 것들)을 말한다. 메타볼롬은 간단한 시스템이 아니다. 인간 메타볼롬 데이터베이스(hmdb.ca)는 현재 4만 2,000가지의 대사물질을 추적하고 있다. 4만 2,000가지 유형의 작은 분자들이다. 여기에는 단백질이나 단백질과 상호작용하는 다른 큰 분자들은 포함되지 않는다. 이 분자들은 우리 몸이 치즈버거를 에너지와 근육으로 계속 변환해서 우리가 더 많은 치즈버거를 먹을 수 있도록 해준다.

인간마다 메타볼롬은 아주 다양하다. 그래서 친구는 자기 전에 에스프레소 2잔을 연거푸 마시고도 잘 자지만 당신은 커피를 마시면 밤에 잠을 잘 수 없는 것이다. 사람마다 커피의 화학물질을 다른 방법으로 처리하기 때문이다. 이런 차이는 당신 몸의 내부 상태를 알려준다. 예를 들면 우리는 70년 전부터 누군가의 포도당 수준을 측정하면 그 사람이 당뇨병을 가지고 있는지 알 수 있다는 사실을 알고 있었다. 포도당 대사 작용이 원활하지 않으면 포도당 수준이 올라간다. 그러나 우리 몸속에는 4만 2,000가지나 되는 대사물질이 떠돌아다니고 있으므로, 대사 능력에 따라 대사물질이 사람마다 어떻게 다른지 정확하게 알면 더 많은 정보를 얻을 수 있을 것이다.

예를 들면 자살 충동을 느끼는 우울증 환자는 어떤 약물 처방에도 반응하지 않는다. 대사 작용과 관련된 물질이 적절한 약물의 흡수를 방해하거나 바꾸어놓았을 가능성이 크다. 하지만 정밀의학 패러다임에서는 환자가 무엇을 대사할 수 없는지를 알아낼지도 모른다.

대사 작용과 관련된 정보는 영양분의 섭취에도 도움을 줄 것이다. 한 사람에게는 독이 되는 것이 다른 사람에게는 아무런 효과가 없을 수도 있다. 이것은 독성 물질이 아주 맛있는 무언가일 때 특히 중요하다. 예를 들면 어떤 사람들은 저콜레스테롤증을 유발할 수 있는 조건을 가지고 있다. 그들의 혈액 속에 적절한 양의 콜레스테롤이 포함되어 있지 않다는 뜻이다. 즉 그들은 보통 사람들에게는 좋지 않다고 알려진 콜레스테롤을 많이 포함하고 있는, 맛있는 음식을 많이 먹어도 된다. 아마도 담배를 더 많이 피우거나 술을 많이 마셔도 괜찮은 유전자가 있을지도 모른다. 아니면 유리를 씹어 먹을 수 있는 유전자라든지.[8] 바꾸어 생각

8 절대 유리를 씹지 마시오!

이상한 미래 연구소

하면, 환자를 정밀하게 관찰하면 그 환자가 어떤 음식이나 활동을 하지 말아야 하는지 알 수 있다는 것이다. 건강한 사람의 경우에도 마찬가지다. 어쩌면 우리에게 브로콜리를 먹이려고 했던 엄마가 틀렸을 수도 있다.[9]

　자신의 메타볼롬을 아는 것은 의학적으로 위험한 상태에 있는 사람에게 특히 중요하다. 이상적으로는 부작용의 가능성이 조금이라도 있는 약물은 가능한 한 가장 적은 양으로 투여해야 한다. 그러나 환자가 특수한 메타볼롬을 가지고 있는 경우에는 적은 양이라도 많은 양과 같은 효과가 나타날 수 있고, 많은 양도 전혀 효과가 없을 수 있다. 환자를 위해 약물을 선택할 때 그 약물이 환자에게 어떻게 작용할지 안다면 고통스러운 시행착오 과정을 피해 올바른 약물을 바로 선택할 수 있을 것이다.

우리를 죽이려고 하는 다른 것들

　앞에서 우리가 한 이야기의 대부분은 암과 유전자에 관한 내용이었다. 이런 질병들에 우리가 가장 맞서 싸우기 힘들기 때문이다. 우리는 현재 이 질병들과의 싸움에서 중요한 승리들을 얻고 있다. 그러나 정밀의학 기술은 암뿐만 아니라 다른 모든 질병에도 적용할 수 있어야 한다.

　예를 들면 스트레스와 고혈압은 심장비대증을 일으킬 수 있다. 이것은 위험할 정도로 심장 근육이 굵어지는 병이다. 이 병에 걸리면 피로감이나 두통과 같은 증상이 나타나고, 갑작스러운 죽음에 이를 수도 있다. 심상 근육은 단백질로 이루어져 있으므로, 우리는 심장비대증을 나타내는 마이크로RNA가 있을 것이라고 쉽게 추정할 수 있다. 실제로 심장비대증과 관련된 여러 가지 형태의 마이크

---

9 물론 엄마는 틀리지 않았다.

로RNA가 발견되었다. 혈액 속에서 이런 마이크로RNA를 찾아내면 비침습적인 방법으로 어떤 종류의 심장비대증에 노출되어 있는지 알 수 있다. 즉 심장이 정지하기 전에 그것을 예측할 수 있을지 모른다는 의미다. 세계적으로 심장질환이 가장 인간의 목숨을 많이 앗아가는 질병이기 때문에 이 분야에서는 작은 진전도 큰 의미가 있다.

혈액 안에 포함된 화학물질을 세밀하게 감시할 수 있는 이 능력은 위험한 치료를 받고 있는 환자들에게도 도움이 될 것이다. 예를 들어 심장병 전력이 있는 환자에게 항암 치료를 해야 한다고 가정해보자. 항암 치료는 심장 정지의 위험을 증가시키고, 일단 심장마비가 발생하면 그때는 이미 너무 늦었을 것이다. 마이크로RNA 분석을 통해 항암제가 심장 근육에 주는 영향을 실시간으로 감시할 수 있다면 올바른 선택을 하는 데 큰 도움이 될 것이다. 또 다른 최근 연구는 뇌졸중 가능성을 나타내는 마이크로RNA도 있다는 것을 알아냈다. 또한 환자가 뇌졸중에서 회복되는 동안 뇌가 어떤 상태인지를 알려줄 수 있는 마이크로RNA도 있다.

분자 바이오 마커는 크론병이나 알츠하이머와 같은 다른 질병 가능성을 알려줄 수 있고, 심지어는 어떤 종류의 독감에 걸릴 가능성이 있는지도 알려줄 수 있다. 실제로 지난 몇 년 동안 전립선암에서 우울증에 이르기까지 다양한 질병의 가능성을 미리 알아내는 방법을 다룬 많은 논문이 있었다. 구글 스콜라에 가서 'microRNA profile'이라고 검색해보라. 우리는 이제 많은 질병을 찾아낼 수 있을 뿐만 아니라 이런 질병에 걸릴 가능성까지 알아낼 수 있다.

일부 연구자들은 분자나 임상에 관해서뿐만 아니라 행동과 관해서도 알고 싶어 한다. 거의 스토커들이나 관심 있어 할 만한 정보들이다. 어떤 텔레비전 프로그램을 시청하고 있는지, 어떤 웹사이트를 방문했는지와 같은 것들 말이다. 이 정보들이 그 사람이 어떤 형태의 질병에 걸렸는지를 알려주는 단서가 될 수도 있기 때문이다.

예를 들어 하버드대학의 앤드루 리스Andrew Reece 박사와 버몬트대학의 크리스토퍼 댄포스Christopher Danforth 박사는 어떤 사람이 인스타그램에 올려놓은 사진의 밝기나 색깔을 이용해 그가 우울증을 앓고 있는지 여부를 판단하는 방법을 알아냈다. 우울증을 가지고 있는 사람이 올려놓은 인스타그램 사진은 그렇지 않은 사람이 올려놓은 사진보다 푸른색과 회색이 많고, 전체적으로 어둡다. 이런 큰 규모의 정보를 좀 더 민감한 바이오 마커와 연결하면 정신 상태를 더 잘 분석할 수 있고, 따라서 치료가 용이해질 것이다.

이런 종류의 행동 관찰이 많은 사람들에게 시행되면 정신 질환과 관련된 놀라운 행동 패턴을 새로 발견할 수도 있을 것이다. 당신이 느끼는 불안감이 어색함 때문이라고 생각할지도 모르겠지만, 실제로는 페이스북에서 친구들의 활동을 계속 확인했기 때문일 수도 있다. SNS 강박증은 특정한 유전자의 작은 결함보다는 발견하기가 쉽지만, 의사에게 꼭 공유해야 할 정보는 아니다. 아마 임상적으로 중요성이 확인되지 않은 개인과 집단의 행동은 수없이 많을 것이다. 몸에 지니고 다닐 수 있는 컴퓨터가 일반화되면 좀 더 많은(그리고 정직한) 정보를 의사에게 전해줄 수 있을 것이다. 미래에 치과에 가서 의사와 화기애애하게 대화를 나누고 있을 때, 몸에 부착되어 있는 컴퓨터가 당신이 치실을 사용하는 횟수를 사실대로 이야기하는 당황스러운 장면을 상상해보자.

그렇다. 여기에는 사생활 침해의 문제가 관련되어 있다. 그러나 미래에는 당신이 무엇을 읽었는지, 어떤 운동을 하는지부터 당신의 오줌 분자들에 이르기까지, 당신의 모든 것에 대한 정확한 정보를 확보하는 것이 현재나 미래의 건강 문제를 예측하는 데 큰 도움이 될 것이다.

우리가 걱정해야 할 문제들

미래에도 중요한 문제는 비용일 것이다. 앞에서 이야기했던 치료약 아이바카 프토는 미국에서 불과 수천 명의 사람들에게만 필요하다. 여기에는 규모의 경제 가 적용되지 않는다. 그래서 이 질병의 치료에는 매년 3억 3,000만 원 정도가 필 요하다. 약물을 생산하는 획기적으로 저렴한 방법을 찾아내지 못하면 소수의 환 자를 위한 약품의 가격을 크게 내리는 건 아주 어려울 것이다.

또 다른 염려스러운 일은 이 모든 자료들이 사람의 정신 건강에 영향을 줄 수 있다는 것이다. 당신 주변에도 건강염려증에 걸린 삼촌이 있지 않은가? 그들이 이제 자신의 몸에 대해 백과사전에 실린 것만큼의 정보를 가지고 있고, 47가지 질병에 걸렸다는 증거를 가지고 있다고 가정해보자. 그렇다. 이 모든 걱정거리 들은 넘치는 자료들 때문이다.

그리고 사생활 침해의 문제가 있다. 이 문제에 대해 더 자세하게 알아보기 위 해 우리는 라이스대학의 커스틴 매튜스Kirstin Matthews 박사와 대니얼 와그너Daniel Wagner 박사와 이야기를 나누었다. 우리는 이 두 사람을 매우 좋아한다. 그들은 20살 된 학생들에게 윤리를 가르치려고 노력하고 있는데, 우리는 이것이 유머 감각이 풍부하지 않으면 할 수 없는 일이라는 사실을 잘 알고 있다.

매튜스 박사는 다음과 같이 설명했다. "정밀의학이 제대로 작동하고, 유용하 게 쓰이기 위해서는 우리의 유전적 특질을 의료 기록과 연결해야 합니다. 즉 우 리가 살아가는 동안에 일어나는 모든 일들은, 우연한 사고 때문이든 환경 때문 이든 유전적인 요인 때문이든 (…) 일단 발생하면 더 이상 익명이 보장되지 않는 다는 뜻입니다."

따라서 우리를 고용하려는 사람이나 건강 제품을 판매하는 회사, 또는 보험사가 우리가 어떤 사람인지, 정신 건강에 이상이 있는지, 또는 다른 질병으로 고통받고 있는지를 알아낼 수 있다. 이런 사람들이 건강 정보에 접근할 수 없는 경우에도 단지 소셜미디어에 올라와 있는 정보를 분석하는 것만으로도 정신 건강에 관한 정보를 알아낼 수 있을 것이다. 인스타그램 사진에서 우울증을 알아낼 수 있는 사람들은 당신이 트위터에 올린 내용에서도 우울증이나 외상 후 스트레스

장애를 알아낼 수 있을 것이다. 이런 분석은 공식적인 진단 결과가 나오기 몇 달 전에도 임상 결과를 예측할 수 있도록 해준다. 당신의 공공 행동이 개인적인 건강 정보를 노출할 수도 있다.

생명 보험이나 건강 보험은 누가 질병에 걸릴지, 언제 죽을지 모르기 때문에 필요하다. 이에 대해 많이 생각해보지 않았겠지만 보험은 확률을 바탕으로 하는 사회적 장치다. 1,000명의 부부가 생명 보험에 든다면 매년 그중 누구는 예상치 못한 원인으로 죽는다. 일찍 배우자를 잃은 사람은 자신이 낸 보험금보다 더 많은 돈을 받는다. 배우자가 오래 사는 사람은 받는 것보다 더 많이 내야 하지만, 배우자가 더 오래 살아 있다는 것이 금전적 손실을 보상해준다. 한마디로 말해 보험은 운 좋은 사람들이 운 나쁜 사람들을 도와주는 제도다.

의학이 점점 더 개인화되면 이런 제도는 점점 유지하기 어려워질 것이다. 보험에 들려는 모든 사람이 유전자 정보를 등록해야 하는 시대가 올 것이다. 좋은 유전자를 가지고 있는 사람들은 적은 보험료를 낼 것이고, 불리한 유전자를 가지고 있는 사람들은 더 많은 보험료를 내야 할 것이다. 그렇게 되면 운이 좋은 사람은 더 운이 좋아지고, 운이 없는 사람들은 더 운이 나빠진다.

이런 위험을 줄이기 위해 미국 의회는 2008년에 유전 정보 차별 금지법을 통과시켰다. 유전자 정보를 이용해 개인을 차별하는 것을 금지하겠다는 의미다. 사용자는 의학적으로 문제가 될 수 있는 유전자를 가지고 있다는 이유로 노동자를 해고할 수 없다. 그리고 같은 이유로 보험회사가 보험 가입을 거절할 수 없다.

그러나 우리 모두는 의학 관련 정보가 넘쳐나는 세상에서 살아가는 것이 어떤 의미를 가지는지를 알아내기 위해 고민해야 할 것이다. 와그너 박사는 이렇게 말했다. "이것은 자료를 보호하는 문제가 아니라 자료의 영향력으로부터 사람들을 보호하는 문제입니다." 예를 들면 당신에게 유전적으로 공격 성향이 있는 경

우, 당신이 가지면 안 되는 직업이 있을까? 그리고 당신의 주변 사람들에게는 그런 사실을 알 권리가 있을까?

미국 정부가 모든 유전 정보 차별을 불법화한 건 아니다. 깃허브GitHub라는 회사가 만들어 배포한 '제네틱 액세스 컨트롤Genetic Access Control'이라는 이름의 어플리케이션을 예로 들어보자. 이 어플리케이션은 '23앤드미23andMe'라는 회사가 가지고 있는 유전자 자료에 접근해서, 이것을 이용해 웹사이트에 들어오는 사람들을 제한할 수 있었다. 23앤드미는 개인들의 게놈 유전자 염기서열을 분석해주는 사기업이다. 제네틱 액세스 컨트롤의 개발자는 이 어플리케이션을 여성들만 접근 가능한 웹사이트처럼 '안전한 공간'을 만드는 좋은 목적으로 사용할 수 있을 거라고 제안했다. 그러나 이런 어플리케이션이 악의적으로 사용될 것이라는 점은 쉽게 예상할 수 있다. 이것을 이용해 특정한 피부색을 가진 사람들만 들어올 수 있는 웹사이트나 유전자 결함이 없는 사람들만 방문할 수 있는 웹사이트를 만들 수도 있을 것이다. 게다가 아무리 선의적인 사용이라도 문제가 있을 수 있다. 개인의 특징은 유전자에 의해 결정되기도 하지만 문화적인 방법으로 결정되기도 하기 때문이다. 전형적인 여성의 몸을 가지고 있으면서도 XY 염색체를 가지고 있는 사람들이나 유전적으로 여성이라고 할 수 없는 사람들을 어떻게 해야 할지와 같은 문제들이 먼저 해결되어야 할 것이다. 23앤드미는 이 어플리케이션이 자신들의 자료에 접근하는 것을 곧바로 차단했다. 그러나 미래에 이 같은 문제가 다시 나타나리라고 쉽게 예상할 수 있다.

또한 단순히 당신 혼자의 유전 정보만 노출되는 것이 아니다. 우리는 유전자의 반을 어머니에게서 받고 반은 아버지에게서 받았다.[10] 따라서 개인의 게놈 정보를 공개하면 부모님의 게놈 반씩을 공개하는 것이 된다. 실제로 개인의 유전자 자료를 공유하면 그 사람과 가까운 모든 친척들의 익명성이 일정 부분 위태로워진다. 나의 쌍둥이가 행정 관청에 근무하고 있는데, 내가 정신분열증의 위험이 있는 유전자를 가지고 있다는 사실을 알게 되었다고 가정해보자. 내게 그 정보를 공개할 사회적 책임이 있는 것일까? 아니면 그 사실을 숨겨야 하는 가족으로서의 의무가 더 중요할까?

이렇듯 정밀의학의 잠재력은 무궁무진하다. 그러나 그만큼 우리가 치러야 할 대가도 클 것이다. 정밀의학 시대로 들어가는 이 시점에, 우리는 고도로 기술집약적인 사회에서 프라이버시가 어떤 의미를 가지는지에 대해 깊이 생각해볼 필요가 있다.

그러나 일부 사람들은 프라이버시 문제가 생물학적 자료에서 발견될 새로운

---

10 당신의 유전자 정보를 보고 즐겁지 않은 사실을 알게 될 수도 있다는 점을 주의해야 한다. 예를 들면 당신을 길러준 아버지가 생물학적 아버지가 아니라는 사실 같은 것들 말이다.

이상한 미래 연구소

의학적 사실보다 중요하지 않다고 생각한다. 처치 박사는 개인 게놈 프로젝트 The Personal Genome Project[11]를 시작했다. 이것은 공개된 게놈 자료의 저장소 역할을 할 것이다. 이 프로젝트에 참가하는 사람들은 명시적으로 익명을 약속받지 못한다. 그리고 실제로 웹사이트에서 작성하는 문서에는 개인 자료가 유전자 자료와 연계되어 있다고 명시하고 있다. 따라서 누군가가 마음만 먹는다면 특정 유전자 자료가 당신 것인지를 알아내기가 그리 어렵지 않을 것이다.

우리에게 개인 게놈 프로젝트에 대해 이야기해준 사람은 로봇 건축을 다룬 장에서 등장했던 키팅 박사였다. 로봇 주택 건축 트럭에 대한 연구를 하고 있던 키팅 박사는 뇌종양 진단을 받았다. 그는 종양 제거 수술을 받았고, 종양의 게놈을 분석했다. 여러 가지 방침과 이유로 그는 자신의 종양에 대한 의료 자료나 연구 자료에 접근하기가 어려웠다. 그 후 그는 의료 자료 공개를 옹호하는 사람이 되었고, 의료 공동체와 환자 자신도 의료 자료에 접근할 수 있어야 한다고 생각하고 있다.

키팅 박사는 개인 게놈 프로젝트를 적극적으로 지지한다. "당신의 게놈을 제공하려면 먼저 시험을 거쳐야 합니다. (…) 당신이 앞으로 짊어져야 할 부담을 이해하고 있다는 사실을 확실하게 하기 위한 겁니다. 나는 이런 접근에 찬성합니다. 지금 우리 자료를 공유하면 10년 안에 유전학 전반에 걸쳐 큰 발전이 가능할 것이기 때문입니다. 그러나 문서에 서명하기 전에 다음의 내용을 읽어보아야 합니다. '나는 범죄자들이 나의 DNA 일부를 복사해 범죄에 이용할 수도 있다는 사실을 알고 있습니다. 나는 미래에 나를 공격하기 위한 맞춤 바이러스가 만들

---

11 개인 게놈 프로젝트는 이제 오픈 휴먼 파운데이션Open Humans Foundation의 일부다. 사람들은 이 웹사이트(OpenHumans.org)를 통해 많은 자료를 올릴 수 있고, 이 자료를 연구자들과 공유할 수 있다.

어져 오직 나만을 목표물로 할 수 있다는 사실을 알고 있습니다. 나는 이 정보가 유출되어 우리 가족에게 돌아와 그들이 알고 싶어 하지 않는 것을 알게 될 수도 있다는 사실을 알고 있습니다.' 당신은 이런 내용을 이해하고, 그런 다음에 문서에 서명해 제출할 수 있습니다. (…) 이것은 개인의 자료이고, 그것을 제공하는 건 개인의 선택입니다. 따라서 여기에 참여한 모든 사람들이 각자 자신들이 져야 할 부담을 이해하는 일이 매우 중요하죠. 그러나 내 생각에 여기서 창출될 수 있는 잠재적 이익은 그런 말도 안 되는 잠재적 위험보다 훨씬 큽니다. 나는 이것이 의학의 미래라고 확신합니다."

이것이 세상을 어떻게 바꿔놓을까?

중기적으로 보자면 정밀의학 기술을 사용하기 위해서는 매우 큰 비용을 지불해야 할 것이다. 그러나 장기적으로는 질병이 심해지기 전에 질병을 탐지하고, 즉시 올바른 치료법을 선택하며, 증세 완화를 위한 치료 대신 유전적 원인을 치료하고, 컴퓨터 관련 산업으로 하여금 적은 비용에 더 많은 제품을 제공할 수 있도록 해 의료비용을 절감할 수 있을 것이다.

페이스북은 사용자들이 자신에 관한 자료를 제공하는 대가로 많은 서비스를 제공하고 있다. 의료 자료의 경우에도 자료 제공자와 생명 기술을 파는 회사 사이에 이와 비슷한 거래가 가능할 것이다. 실제로 구글의 모기업인 알파벳Alphabet 은 베이스라인 스터디Baseline Study라고 부르는 곳에 상당한 투자를 했다. 이곳은 질병과 관련 있는 바이오 마커를 찾아내는 일을 한다. 우리는 그들의 장기적인 사업 구상까지는 알지 못하지만, 만약 그들의 목표가 소화 과정에 대한 '구글 스트리트 뷰'를 만드는 것이라면 사람들은 그들이 필요로 하는 모든 자료를 제공할 준비를 해야 할 것이다.

정밀의학이 가장 큰 영향을 줄 분야에 임상시험을 하는 방법도 포함되어 있을 것이다. 예를 들어 익스플로다놀exploionol이라는 암 치료 약물이 있다고 하자. 임상시험에서 이 약물을 투여한 환자들 중 6분의 5가 완치되었는데, 6분의 1은 이 약물로 치료를 받다가 갑자기 폭발했다고 하자. 아마 미국 식품의약국과의 다음 회의에서 좀 당황스러울 것이다.

그런데 당신이 폭발 가능성이 있는 환자와 폭발 가능성이 없는 환자 사이에 뭔가 다른 점이 있다는 것을 알아냈다고 가정해보자. 폭발 가능성이 있는 환자는 모두 특정한 마이크로RNA 바이오 마커를 가지고 있었다. 이제, 당신은 이전에는 어떤 환자를 죽일지 몰라 사용할 수 없었던 약물을 안심하고 사용할 수 있게 되었다. 결과적으로 많은 사람들의 암을 치료할 수 있게 될 것이다. 또한 만약 인구의 6분의 1을 폭발시켜 버리고 싶다면 폭탄이 아니라 알약으로 그 일을 할 수 있을 것이다.

게놈, 마이크로바이옴, 메타볼롬을 포함해 여러 가지 'ome'을 갖게 됨으로써 우리는 아주 특정한 부류의 환자들을 임상시험에 이용할 수 있게 될 것이다. 이것은 3가지 면에서 큰 도움이 된다. 첫째, 더 적은 수의 환자로 훨씬 더 의미 있는 임상시험을 할 수 있다. 둘째, 안전하다고 판단되는 모든 환자, 심지어는 대부분의 환자에게 약물이 효과가 있어야 할 필요가 없다. 셋째, 안전을 이유로 사용하지 않고 있던 오래된 약물을 다시 가져와 특정한 환자들에게만 사용할 수 있다.

예를 들면 라임병[12]의 백신이 있다는 사실을 아는 사람은 드물다. 이 백신이

---

12 진드기에 물려서 보렐리아 균에 감염되었을 때 발생하는 질병(옮긴이).

일부 환자들에게서 관절염과 비슷한 부작용을 나타낸다는 것이 보고되면서 더 이상 사용되지 않기 때문이다. 그래서 농담 같지만 2016년 기준으로 애완견은 라임병 백신을 맞을 수 있지만 당신의 아들은 백신을 맞을 수 없다. 가능한 일인지는 모르겠지만 만약 이 백신이 특정한 사람들에게 부작용을 일으키는 특성이 무엇인지를 알아낼 수 있다면 백신을 맞으면 안 되는 사람들을 가려낼 수 있을 것이고, 따라서 많은 사람들이 이 중요한 백신을 이용해 라임병을 예방할 수 있을 것이다.

실제의 경우에는 이것이 조금 더 복잡하다. 이 백신에 부작용을 나타냈던 사람들이 그저 위약 효과가 더 잘 듣는 사람들일 수도 있다. 그러나 지금까지 부작용에 대한 우려 때문에 시장에서 사용되지 못했던 약품이 많다는 점을 고려해볼 때, 이런 일은 가능한 결과 중 하나일 뿐이다. 또한 더 나은 생물통계분석이 가능해진다면 현재 사용되고 있는 약물이 다른 난치병을 치료하는 데 사용될 수도 있을 것이다. 현재 새로운 약물을 개발하는 데 25억 달러가 사용되고 있지만 대부분의 약물은 환자에게 사용되지 않는다.

이 문제와 관련되어 우리가 읽은 책 중 하나는 대체의학에 대한 이야기로 시작했다. 우리의 의구심이 점점 커질 때쯤 저자는 곧 '약물유전학에서 CYP2C19의 응용'이나 '형광 직접 보합법'과 같은 주제로 옮겨 갔다. 이런 주제로 옮겨 가기 전, 저자는 재미있는 사실을 지적했다. 효과를 제대로 알 수 없는 대체의학 시술자들이 준비해놓는 1가지 설명은 그들이 '환자에게 맞는 특수한 치료 방법을 사용한다는 것'이라는 점이었다.

예를 들어 타로 점은 작은 결점을 가지고 있다. 전혀 맞지 않는다는 것이다. 그러나 그들은 "당신의 문제는 이것입니다."라고 말하지 않고 "당신과 같은 사람들에게는 이런 것이 문제입니다."라고 말해 그 결점을 보완한다. 마술사처럼 놀라운 치료 방법을 알고 있다고 주장하는 사람들은 "나는 무엇이 잘못되었는지 알고, 그것을 바로잡을 수 있다!"고 큰소리친다. 그러나 의학은 증거를 바탕으로 하므로 항상 무엇이 잘못되고 있는지를 알 수는 없다. 그리고 안다고 해도 항상 그것을 치료할 수 있는 것도 아니다. 정밀의학은 마술사들과 같이 모든 질병을 치료할 수 있는 시대를 과학적인 방법으로 실현할 수 있을지 모른다.

아홉 번째: 바이오 프린팅

아직 소주 2병밖에 안 마셨는데, 왜 벌써 그만 마셔? 그냥 간을 하나 새로 인쇄해버리면 되잖아!

어느 날 아침, 당신이 잠에서 깼는데 무력감과 통증을 느꼈다. 몇 번의 구토를 끝내고 난 후 거울을 보니 눈과 피부가 노란색으로 변해 있다. 아들을 불러 급히 병원으로 간다. 몇 시간 후 의사가 들어와 당신을 심각한 얼굴로 바라본다. "환자 분에게는 새로운 간이 필요합니다."

그 말을 듣고 당신은 이렇게 생각한다. "간을 구하는 게 뭐 그리 어렵겠어? 간 가진 사람이 한둘도 아닌데." 간호사를 바라본다. "아니요…. 쉽지 않아요." 이번 에는 의사를 바라본다. "아니요…. 연세가 너무 많습니다." 아들을 바라보는 당 신의 눈에 눈물이 반짝인다. 아들은 머리를 흔든다. "그러니까 어릴 때 야구 시합 에 더 많이 오지 그랬어요, 아빠."

더 이상 다른 방법이 없어 보인다. 당신은 12만 2,000명 이상이 등록되어 있는 장기 이식 명단에 이름을 올린다.[13] 다행스럽게도 간 이식을 원하는 환자는 1만 5,000명밖에 안 된다. 주거지, 건강 상태, 나이와 같은 조건들에 따라 달라지겠지만 간을 이식받기 위해서는 최소 몇 달에서 길게는 3년까지 기다려야 할 것이다. 대개의 경우 간은 위급한 환자에게 먼저 제공되기 때문에, 우선권을 가지려면 상태가 훨씬 나빠질 때까지 기다려야 한다. 아니, 그렇다고 해서 간을 빨리 이식받겠다고 술을 마시면 안 된다.[14]

장기 이식 대상자 명단에 등록되었다고 해서 제때에 간을 이식받을 수 있는 건 아니다. 매년 8,000명이 이식받을 장기를 기다리다가 죽고 있다. 그러나 비교적 부유한 미국 시민이라면 다른 선택도 가능하다. '의료 관광객'이 되어, 돈을 받고 자신의 간을 제공해줄 사람들이 사는 나라로 가는 것이다.

당신에게 간의 출처가 중요할 수도 있고, 어쩌면 당신은 그런 것에는 신경 쓰지 않을지도 모르겠다. 예를 들어 어떤 나라에서는 그 간이 방금 사형당한 죄수에게서 나온 간일 수도 있다. 심지어 당신이 장기 매매를 받아들일 수 있고 자발적으로 기증받은 장기라는 이야기를 들었다고 해도, 자발적이라는 말이 무엇을 뜻하는지 정확히 알아보아야 할 것이다. 이런 시스템 속에서 자주 장기를 기증

---

13 만약 당신이 미국에 살고 있다면, 여기서는 동의에 의한 기증만 인정된다. 기증을 하겠다는 동의 없이 사람이 죽으면 장기도 같이 죽는다는 뜻이다. 죽은 다음에 어디로 가든, 장기를 가져갈 수는 없다. 그러니 윤리적 이유로 거부하는 경우가 아니라면 장기 기증에 미리 동의해두는 것을 추천한다.
14 실제로 이런 일 때문에 병원은 심각한 윤리적 갈등을 겪고 있다. 이식할 수 있는 간이 턱없이 부족하므로 일부 병원은 스스로 간 손상을 유발한 환자를 치료해야 하는가의 문제로 고민하고 있다. 그 이유는 이중적이다. 첫 번째는 자신의 몸에 스스로 손상을 입힌 환자보다는 정직한 이유로 장기가 필요해진 환자가 장기 이식에서 우선권을 받아야 하기 때문이다. 두 번째는 알코올 중독인 환자의 경우 이식된 새로운 간을 손상시켜 바로 다시 이 명단에 이름을 올릴 확률이 높기 때문이다. 이런 문제들을 어떻게 다룰 것인지는 어려운 문제지만, 많은 병원들은 장기 기증을 남용하는 환자들을 가려내기 위해 간 이식 환자에게 '6개월 동안의 금주'를 요구하고 있다.

하는 사람들의 대부분은 빚을 갚아야 하는 가난한 사람들이라는 사실이 밝혀졌다. 종종 이런 사람들은 약속했던 것보다 적은 돈밖에 받지 못하고, 노동 시간의 상실과 수술로 인해 건강이 나빠져 더 가난해진다.

따라서 당신은 가족이나 친구들에게 간의 일부를 떼어달라고 부탁한다. 간은 놀라운 회복 능력을 가지고 있는 장기이므로 간 전체가 필요한 건 아니다. "이봐, 간을 아주 조금만 주면 된다고. 응?"

그러나 당신은 이 방법에 실패한다. 이제 20년 전에 중요한 어린이 야구 시합에 참석하지 못한 일을 가슴 깊이 후회하고 있다는 것을 보여준 후에, 당신은 아들에게 간을 기증하라고 설득한다. 그러나 아들의 간은 당신과 맞지 않았다. 역시! 당신은 그때 어린이 야구 시합에 가지 않았어도 되는 거였다. 아들에게 했던 사과는 철회하겠다.

당신이 사망자의 간을 이식받는 데 성공했다고 해도, 남은 평생 동안 비싼 면역 억제제를 맞으며 살아야 할 것이다. 장기가 처음부터 당신의 것이 아니었기 때문에 몸은 이식받은 장기를 적으로 간주한다. 면역체계가 새 장기를 공격하는 것이다. 면역 억제제는 이식받은 간을 유지하는 데는 도움이 되겠지만, 면역 반응을 억제해 감염의 위험을 높일 것이다.

당신은 이제 이런 생각이 든다. '내가 지금까지 많은 세금을 과학 발전에 투자해왔잖아? 실험실 가운을 입고 있는 괴짜들에게 새로운 간을 만들도록 하면 어떨까? 오늘날 3D 프린터가 많이 좋아졌다던데 말이야. 이것으로 건강한 간을 프린트해버릴 수는 없을까?' 당신은 서점에 가서 바이오 프린팅에 관한 책을 산 뒤 서문을 읽어본다.

세포 프린터가 정말 장기 프린터로 발전할 수 있을지는 시간만이 알려줄 것이다. (…)

조직 엔지니어 분야에서 지난 20년 동안 거둔 성과는 고기 맛 젤리 이상의 어떤 것을 만들어내기 위해서였다!

_브래들리 링아이젠Bradley Ringeisen, ed.,《세포와 장기 프린팅Cell and Organ Printing》

'뭔 쓰레기 같은 소린지.'

자, 좋다. 꼭 그렇게 불평할 것만은 아니다. 실제로 연구자들은 이미 사용 가능한 조직을 프린트해내고 있다. 그리고 새로운 바이오 기술은 장기 전체를 프린트하는 방향으로 발전하고 있다.

초기에 시도된 인공 장기를 만드는 방법은 실제 세포를 이용했다. 비교적 단단한 물질을 이용해 골격을 만들고 적절한 세포를 그 위에 뿌린 뒤, 필요한 영양분을 공급하고 장기가 자라도록 했다. 엄청나게 무서운 토마토 농장이라고 보면 된다.

이 방법은 그다지 잘 작동하지 않았다. 세포는 충분히 높은 밀도로 자라지 않았고, 자라는 데 너무 오랜 시간이 걸렸다. 그리고 초기에는 뼈대를 만들기 위해 사용한 재료가 독성을 보였다.

장기는 아주, 아주 복잡하다. 간 세포를 시료용 접시에 뿌려서 간을 얻으려는 건 스테이크 세포를 접시 위에 뿌려서 맛있는 스테이크를 만들려는 것만큼이나 어렵다. 장기의 어떤 부분은 연하고, 어떤 부분은 단단하다. 어떤 부분은 잘 늘어나는 반면 어떤 부분은 잘 늘어나지 않는다.

실험실에서 장기를 만드는 것이 왜 그렇게 어려운지를 이해하기 위해서 세포에 대해 조금 더 알아보자. 우리 몸이 세포와 액체로 이루어졌다고 생각하는 사람들이 많이 있을 것이다. 틀린 말은 아니지만, 아주 많은 것을 간과하고 있다.

새롭게 형성된 하나의 세포가 있다고 생각해보자. 이 세포가 이동하려면 그에 쓸 에너지가 필요하고, 세포에게 어디로 가야 할지를 알려주는 화학 신호가 있어야 한다. 일단 목표 지점에 도달하면, 세포가 무슨 일을 해야 하는지를 알려주는 신호를 주변 환경에서 찾아내야 한다. 그리고 세포가 제자리에 머물러 있으려면 어떤 구조가 필요하다. 그렇지 않으면 그냥 흘러내리는 고기 맛 젤리에 지나지 않을 것이다.

간은 술집에서 '해피 아워(주로 이른 저녁으로, 안주나 주류를 할인해주는 시간-옮긴이)'가 될 때까지 기다리고만 있지 않다. 화학 정보를 주고받고, 죽은 세포를 제거하며, 새로운 세포를 만들어내는 등의 일을 계속 하고 있다. 새로운 세포를 만들기 위해서는 정확한 재료가 있어야 하고, 이 재료들을 정확하게 처리해야 하며, 만들어진 세포를 정확한 환경에 제때 보내야 한다. 이 과정은 건물을 먼저 짓고, 기계를 들여와서, 일할 사람을 고용하고, 공장을 마침내 가동한다기보다는 이 모든 일들을 동시에 진행해서 제품을 완성하는 것이라고 할 수 있다.

이상한 미래 연구소

우리는 라이스대학의 조던 밀러Jordan Miller 박사와 이런 복잡한 구조를 재현하는 문제에 대해 이야기를 나누었다. "과학자들이 접시에서 세포를 배양할 수는 있지만, 놀라운 몸의 구조를 만들기 위해서는 밀도가 높으면서도 간결한 형태의 구조를 만들 수 있어야 합니다. 예를 들면 혈액과 서로 기체를 교환하는 허파의 표면은 테니스 코트의 넓이와 비슷한 면적이 가슴 안에 접혀 들어갈 수 있을 정도로 압축되어 있어요. 우리가 이 놀라운 구조를 만들어내지 않고는 장기의 기능을 재현할 방법이 없는 거죠."

아, 그리고 당신이 장기를 만들기 위해 최선을 다하고 있는 동안에도 시간은 흘러간다. 조직의 일부가 적절한 양분을 공급받지 못하면 몇 시간 안에 죽어버리고 만다. 아주 얇은 조직은 확산에 의해 영양을 공급받을 수 있다(스펀지가 물을 흡수하는 것과 비슷하다). 그러나 조직이 동전보다 더 두꺼워지면 이런 방법은 더 이상 통하지 않는다. 이런 경우에는 바깥쪽은 살아 있는데 안쪽은 죽어 있는

조직이 만들어진다.

모든 조직이 죽지 않도록 유지해야 한다는 점 때문에 조직을 만들어내는 과정이 한층 더 복잡해진다. 실제 사람의 장기에서는 이 문제를 맥관 구조, 즉 혈관을 이용해 해결한다. 혈관에는 우리가 잘 알고 있는 커다란 동맥과 정맥만 있는 것이 아니라 큰 혈관에서 갈라져 나온 아주 작은 혈관들도 있다. 이런 작은 혈관은 모세혈관이라고 부른다. 불행하게도 모세혈관은 너무 가늘어서, 현재의 장기 프린트 기술로는 이것이 큰 혈관에 연결되도록 만들기가 어렵다.

또한 만들어진 장기는 완벽해야 한다. 단 1번이라도 심장이 2분 이상 정지하면 당신은 죽어버린다. 예를 들어 LG유플러스가 정전을 겪을 때마다 모든 인터넷 망이 죽어버린다고 상상해보자. 더 중요한 점은 이것이다. 과연 오작동 가능성이 1퍼센트인 방광을 받아들여 사용할 사람이 있을까?

따라서 새로운 장기를 만드는 데는 많은 제한 조건이 따른다. 많은 다른 형태의 세포를 사용해야 하고, 이들을 많은 다른 방법으로 처리해야 한다. 장기를 만들면서 영양을 공급할 혈관도 동시에 만들어야 하고, 만드는 동안에 세포가 죽지 않도록 모든 과정을 신속하게 진행해야 하며, 조금의 실수도 없도록 모든 과정이 완벽하게 진행되어야 한다!

일부 연구자들은 3D 프린터가 이 모든 문제를 해결할 수 있을 것이라고 생각하고 있다. 3D 프린팅에는 여러 가지 방법이 있다. 이들 중 일부에 대해서는 앞의 장들에서 이미 설명했지만, 그 기본 원리는 다음과 같다. 어떤 방법으로든 한 층 위에 다른 층을 만들고, 그 위에 또 다른 층을 만든다. 이렇게 층을 쌓아가다 보면 3차원 물체가 만들어지는 것이다.

일반적으로 3D 프린팅은 물건을 만드는 전통적인 방법보다 덜 효율적이다. 예를 들면 플라스틱 젓가락을 만든다고 할 때 플라스틱을 젓가락 모양의 형틀에 부어넣는 것이 플라스틱을 한 층씩 쌓아올려 젓가락을 만드는 것보다 훨씬 값싸고 빠른 방법이다.

그러나 3D 프린팅에는 몇 가지 장점이 있다. 전통적인 형틀을 이용하는 방법에서는 다른 형태의 젓가락을 만들려고 할 때마다 비싼 형틀을 새로 만들어야 한다. 그러나 3D 프린터는 기계 장치를 바꾸지 않고도 어떤 형태의 젓가락이든 쉽게 만들 수 있다. 그리고 한 층씩 쌓아 올라가기 때문에 아주 파격적인 형태의 물체를[15] 만들어야 하는 경우에도 일반적인 형태의 물체를 만들 때와 같은 시간이 걸린다.

3D 프린팅은 다른 재료를 연결할 때도 사용할 수 있다. 간단한 탁상용 3D 프린터는 1번에 1가지 색깔의 플라스틱으로만 프린트할 수 있지만, 노즐의 수를 늘리면 더 많은 색깔을 넣을 수 있다. 산업용 3D 프린터는 색깔만 섞을 수 있는 것이 아니라 재료를 추가할 수도 있다. 따라서 금속, 플라스틱, 수지를 비롯한 다른 재료를 이용해 고유한 배열을 만들어낼 수 있다. 손이나 전통적인 제조 방법으로는 가능하지 않은 일이다.

3D 프린터의 또 다른 장점은 특수한 구조를 만들 수 있다는 것이다. 예를 들면 안에 벌집 구조가 들어가 있는 공을 만든다고 가정해보자. 이것은 주입용 형틀을 이용해서는 만들 수 없지만 3D 프린터로는 비교적 쉽게 만들 수 있다.

이런 장점들로 인해 3D 프린팅은 아주 복잡한 구조를 만드는 데 적합하다. 사람의 장기 같은 것 말이다. 이론적으로는 3D 프린터를 이용하면 사람의 장기를 구성하는 데 필요한 세포나 단백질, 화학물질을 비롯한 여러 가지를 쉽게 만들

---

15 손재주 없는 우리 저자들은 아마 한쪽 젓가락 끝에는 이상한 그릇 모양이 달려 있고, 다른 쪽 젓가락 끝에는 가지가 4개인 뿔이 달린 이상한 물건을 만들어버릴지도 모른다.

수 있다.

더 큰 장점은, 각 환자에게 맞춤 주문을 받아 장기를 만들 수 있다는 것이다. 키가 160센티미터인 여성이 키가 180센티미터인 남성과 같은 크기의 심장을 원하지는 않을 것이므로 매우 중요한 점이다.

또한 현장 3D 프린터는 장기를 이식할 환자에게서 채취한 세포를 이용해 장기를 만들어낼 수 있어 유용하다. 예를 들면 어떤 사람에게서 미성숙 줄기세포를 채취해 복제한 후 특정한 장기를 만드는 세포로 만들 수 있다. 그런 다음 이 세포로 만든 장기를 그 환자에게 이식한다면, 그 장기는 일반적인 장기 이식에서 나타나는 거부 반응의 문제가 없을 것이다.

3D 프린터라고 하면 많은 시간을 투자해 고집스럽게 스타워즈 주인공들을 만들어내고 있는 돈 많은 괴짜를 떠올리는 사람들도 있을 것이다. 그러나 이런 사람들은 3D 프린터를 사용하는 사람들의 97퍼센트 정도뿐이다. 나머지 3퍼센트에 해당하는 사람들은 좀 더 잠재력이 있는 프로젝트에 3D 프린터를 이용하고 있다. 그런 사람들 중 생물학적 구조를 만들어내는 데 관심이 있는 사람들이 바이오 프린팅이라고 하는 분야를 개척했다.

3D 바이오 프린팅을 하는 방법에는 여러 가지가 있다. 그중 다음의 2가지가 가장 일반적이다. 짜내는 방법, 레이저를 쏘는 방법. 첫 번째 방법은 케이크를 만들 때 사용하는 짤주머니와 같은 방법으로 작동한다. 이 경우에는 크림 대신 바이오 잉크를 노즐을 통해 부드럽게 짜낸다. 바이오 잉크는 장기를 만드는 데 사용할 세포, 화학물질, 그리고 지지하는 역할을 할 약간의 풀 같은 물질로 이루어진다.

이 방법에서는 바이오 잉크가 가득 들어 있는 튜브에 압력을 가해, 노즐을 통해 짜낸다. 바이오 잉크로 1층씩 쌓아 올리는 동안 컴퓨터로 통제되는 팔이 노즐

을 움직여 적당한 시간에 적당한 위치에 오도록 한다. 비교적 손상되기 쉬운 세포를 부드럽게 짜낼 수 있어 좋다. 그러나 사출 방법을 이용하는 모든 기술에는 사출 속도를 조절하는 문제와 사출구에 물질이 들러붙어 끼는 문제가 따른다. 심장을 이식받을 환자는 의료 기술자가 기계에 낀 조직 샘플을 잡아 빼면서 "난 분명히 인쇄 취소를 눌렀다고, 이 멍청아!"라고 소리치는 모습은 보고 싶지 않을 것이다.

또 다른 문제는 속도다. 프린트하고 있는 세포들에 너무 큰 압력을 가하면 터질 수 있다. 이것은 가해야 하는 압력의 세기가 제한된다는 뜻이며 짜내는 속도도 이에 영향을 받게 된다. 그렇다고 너무 천천히 짜내면 문제가 발생한다. 세포는 오래 살지 못할 뿐만 아니라 지정된 위치에서 벗어나 이동할지 모르기 때문이다. 바이오 잉크 안에 세포를 더 적게 넣고 지지용 풀을 더 많이 넣어볼 수도 있겠지만, 그러면 프린트되어 나온 물질이 고기보다는 고기 젤리에 가까워질 수도 있다.

다음과 같이 생각해보자. 이웃에게 토마토를 빠르게 배달하고 싶은데 토마토를 배달할 수 있는 유일한 방법은 파이프를 통해 토마토를 발사하는 방법뿐이라고 하자. 당신은 토마토를 보호하기 위해 토마토를 젤리 안에 넣어 발사할 수 있다. 그러나 이 젤리 속 토마토를 너무 세게 발사하면 토마토가 이웃 집 벽에 부딪혔을 때 터져버릴 것이다. 사실 그 정도 속도에 도달하려면 튜브 안의 압력을 높여야 하는데, 이 압력으로 인해 약한 토마토는 아마 벽에 닿기도 전에 이미 뭉개져 있을 것이다.

풀 안의 세포도 마찬가지다. 이와 같은 시스템에서는 풀 안에 들어 있는 세포의 밀도와 바이오 잉크가 사출되는 속도 사이에 적당한 타협이 이루어져야 한다. 그렇다면 이 방법 대신에 레이저를 이용하는 방법을 사용하면 어떨까?

레이저 유도하의 전방 전달법laser-induced forward transfer(LIFT)은 기름에 불이 붙었을 때와 같은 원리로 작동한다. 아니, 정말이다. 기름에 불이 붙었을 때 그 위에 물을 부으면 안 된다는 이야기를 들었을 것이다. 이때는 기름의 맨 윗부분이 타고 있다. 여기에 물 1컵을 부으면 2가지 일이 일어난다.

첫 번째는 기름이 물보다 가볍기 때문에 불타는 기름이 물보다 위쪽으로 뜬다. 따라서 불이 꺼지지 않는다. 두 번째로는 물은 섭씨 100도에서 끓고, 기름은 약 315도에서 끓는다. 따라서 마치 표면은 불타는 기름이고, 속은 끓으면서 빠르게 팽창하는 물로 채워진 풍선처럼 변한다. 그 결과 거대한 폭발이 일어나, 불타는 기름 입자가 사방으로 날아가면서 당신의 집을 태워버리고, 주말을 완전히 망쳐버릴 수 있다.

LIFT는 이와 똑같은 원리로 작동하지만 폭발의 규모가 작고 잘 통제된다. 투명한 접시 앞면에 바이오 잉크를 바르고 접시의 뒤쪽에 레이저를 쪼인다. 그렇게 하면 작은 증기 방울이 바이오 잉크 안에서 터진다. 따라서 작은 바이오 잉크 방울이 발사되어 맞은편에 있는 수신 접시에 도달한다. 수신 접시에는 작은 바이오 잉크 점이 만들어진다.

이런 방법으로 레이저를 계속 발사하면 바이오 잉크 점들로 복잡한 형태를 그릴 수 있다. 점점 더 많은 점들로 이루어진 층을 만들면 짤주머니를 사용했을 때와 같이 3차원 형태를 만들 수 있다. 바이오 잉크 점들로 물체를 만드는 것이 그다지 좋은 방법 같지는 않아 보이지만 점들을 아주 작게, 충분히 많이 만들면 픽셀로 이루어진 영상과 같아진다. 수많은 작은 점들이 모여 전체적으로 연속적인 물체를 만들 수 있을 것이다.

다시 한 번 토마토와 젤리의 비유로 돌아가보자. 이 방법은 마치 젤리 속 토마토가 평평한 표면에 매달려 있을 때 그 표면의 일부를 가열해 폭발적으로 젤리와 토마토를 발사하는 것과 같다. 발사 과정에서 토마토가 손상되지만 않는다면, 이 방법으로 토마토를 얼마든지 빠른 속도로 배달할 수 있을 것이다. 아니면 적어도 매달려 있던 표면에 젤리를 아주 빠르게 보충할 수 있을 것이다.

이 방법은 매우 복잡해 보이지만 많은 장점을 가지고 있다. 노즐을 사용하지 않기 때문에 막힐 염려가 없고, 프린트 결과가 매우 정밀하며, 압력을 세밀하게 조절해 세포의 손상을 방지할 수 있다. 그리고 뒷면의 레이저가 이동하는 속도만큼 프린트 속도를 높일 수 있다.

이제 바이오 잉크를 사용하는 방법들에 대해 어느 정도 익숙해졌으므로, 바이오 잉크가 어떻게 만들어지는지에 대해 알아보기로 하자. 대부분의 시스템에서 프린팅에 사용될 바이오 잉크를 만들기 위해서는 여러 가지 교환이 이루어져야 한다. 이해를 돕기 위해 우리가 3D 프린팅으로 맛있는 과자를 만들려 한다고 가

정해보자.[16]

3D 프린팅 장비와 과자를 만드는 재료가 준비되어 있다고 해도, 상점에서 산 과자 반죽을 그대로 3D 프린터 짤주머니에 넣을 수는 없다. 반죽이 분리될 수 있으므로 반죽을 유화시킬 화학물질을 첨가해야 한다. 덩어리는 노즐을 막을 수 있으므로 초콜릿 덩어리, 견과류, 건포도와 같은 딱딱한 재료를 골라내야 한다. 골고루 반죽이 안 되었을 수 있으므로 짤주머니에 넣기 전에 미친 듯이 흔들어서 섞어야 한다. 이런 모든 일이 끝나야 짜내기에 적당한 반죽이 완성된다. 그러나 모양과 맛은 형편없다. 과자를 프린트하는 기본적인 목적은 맛있게 먹으려는 것인데, 이런 조건들이 추가될수록 목적을 달성하기가 점점 더 어려워진다.

마찬가지로 프린트가 잘 되게 하기 위한 물질을 첨가하면 적절한 장기를 만들 가능성이 줄어든다. 쉽게 사출할 수 있으면서도 세포를 보호해주는 겔 상태의 바이오 잉크를 만들기 위해 알긴산염을 첨가한다. 바이오 잉크가 빠르게 증발하지 않도록 글리세린도 첨가한다. 그리고 전체적으로 달콤한 소용돌이 모양을 내고 싶다면 붉은색의 청량음료 가루를 첨가한다.

어떤 물질을 첨가하더라도 이런 것들은 실제 간에 들어 있는 물질들이 아니라는 게 문제다. 첨가물은 독성이 없어야 하고, 목적을 달성한 다음에는 사라져야 한다. 그리고 이 물질들이 사라질 때쯤에는 제대로 된 구조가 만들어져 있어야 한다.

일부 연구자들은 바이오 잉크에 이런 물질들을 첨가하는 대신 프린트된 후에 세포 스스로 이런 화합물들을 만들어낼 수 있는 능력을 이용하는 바이오 프린팅

---

16 사실 이미 시행된 적 있는 일이다. 우리는 아직 이것을 시도해볼 기회를 얻지는 못했지만, 결과는 좋아 보였다.

이상한 미래 연구소

방법을 고안했다. 그러나 이 경우에도 알긴산과 같은 첨가물은 사용한다.

완전한 상태의 바이오 잉크를 만들었다고 해도, 바이오 잉크 하나로는 충분하지 않다. 아니, 어림도 없다. 하나의 장기는 수십 가지 형태의 세포로 이루어져 있고, 이 세포들은 하는 일에 따라 더 세분화된다. 따라서 여러 종류의 잉크가 필요하다. 여러 가지 종류의 잉크를 다른 비율로 배합한 바이오 잉크가 필요하다. 그리고 바이오 잉크를 사출한 다음에는 다른 방법으로 처리해야 한다. 예를 들면 특수한 화학물질을 첨가할 수도 있고, 자외선에 노출시킬 수도 있으며, 적당히 가열할 수도 있다. 그리고 이런 일들을 각기 다른 순서와 다른 세기로 해야 할 때도 있다. 더 골치 아프게 하는 건 젖어 있는 캔버스에 프린트해야 하기 때문에 피를 흘리는 문제가 발생할 수 있다. 정말 말 그대로.

이것만으로도 아직 충분하지 않다. 심각한 문제는 소프트웨어에 있다. 3D 프

좋아요, 당신의 심장 혈관을 인쇄할 시간입니다. 일단 제 애플 II를 부팅할게요. 오, 당신이 '듀란 듀란'을 좋아했으면 좋겠군요.

린팅은 1980년대에 시작되었다. 가장 일반적인 3D 파일은 원래 3D 물체의 표면만을 다룰 수 있도록 설계된 STL 파일이다. 새로운 간의 경우에는 간 안에 들어 있는 물질이 중요하다. 그래서 바이오 프린팅 과학자들은 새로운 파일을 만들었다. 그러나 이것은 아직 능률적이지 못하고, 많은 사람들이 동의한 체계가 아니다. 그런 소프트웨어가 만들어지기 전까지, 우리는 계속 80년대에 묶여 있어야 한다.

그렇다. 바이오 프린팅은 아주 어려운 일이다. 그러나 좋은 소식은 이런 것들이 대부분 해결 가능한 문제들이라는 것이다. 과학자들은 이미 진출을 시작했다. 컴퓨터와 3D 프린터 기술, 장기에 대한 우리의 지식이 발전하면 할수록 우리는 점점 더 바이오 프린팅에 가까이 다가가고 있다.

현재 우리는 어디까지 왔을까?

우리는 지금 1밀리미터 두께의 납작한 세포 판을 프린팅하는 수준이다. 완전한 혈관을 프린트할 수 없어 세포로 들어가고 나오는 모든 일이 확산을 통해 이루어져야 하기 때문에 이보다 더 두껍게 만들 수는 없다. 그러나 이 얇은 판 모양의 장기로 놀라운 일을 할 수 있다는 사실이 밝혀졌다.

가보르 포르가치Gabor Forgacs 박사는 약물 시험을 위해 사람의 조직을 프린트하는 오르가노보Organovo의 설립자다. 개발 중인 약물을 사람에게 시험하기 전에 살아 있는 사람 세포에 먼저 시험하면 많은 생명을 살리면서 많은 돈도 절약할 수 있다. 포르가치 박사는 우리에게 이렇게 말해주었다. "개발 중에 있는 약물이 예를 들어, 사람의 간 일부에 효과가 없으면 그 약물을 환자에게 적용하기 전에 다시 한 번 생각해야 할 겁니다."

이것은 정말로 중요한 일이다. 개발 중인 10가지 약물이 있다면 그중 1가지만 사람을 이용한 임상시험 단계를 통과한다. 만약 실패한 9가지 약물이 임상시험 단계까지 가기 전에 실패할 것이라는 사실을 미리 알아낼 수 있다면, 많은 생명을 구함과 동시에 환자들의 고통도 줄일 수 있고 임상시험에 소요되는 많은 돈을 절약할 수 있을 것이다.

사람 세포로 얇은 판을 만드는 것이 중요한 또 다른 이유가 있다. 대체가 필요한 장기의 대부분이 실제로 아주 얇다. 멀지 않은 장래에, 얇은 장기가 진열된 시장을 걸어가는 자신을 상상해보자. 이쪽에서는 캐디 왕Caddie Wang 박사라는 사람이 새로운 각막을 만들어줄 수 있고, 저쪽에서는 조너선 부처Jonathan Butcher 박사가 심장 혈관 일부를 만들어줄 것이다. 거리 아래쪽에서는 가텐홀름Gatenholm 박사가 연골을 만들어 팔고 있을 것이다. 이런 것들은 모두 아주 유용하지만 동시에 아주 얇다.

그러나 시장의 가장 끝자락에서는 몇몇 장기 전문가들이 두꺼운 장기를 만들기 위해 노력하고 있다.[17] 두꺼운 장기를 프린트하기 전에, 우선 우리는 혈관을 프린트할 수 있어야 한다. 밀러 박사의 실험실에서 혈관을 3D 바이오 프린팅하고 있긴 하지만 그 순서가 반대로 되어 있다. 밀러 박사는 이에 대해 다음과 설명했다. "우리는 일단 당을 프린트한 후 그것을 겔로 둘러쌉니다. 그런 다음에 모든 당을 녹여내 속이 빈 연결 관을 만들고, 이 관을 통해 힐관 세포를 흘려보내 관의 벽에 달라붙도록 하죠." 우리는 지금부터 이 방법을 '지옥에서 온 얼음사탕 패러다임'이라고 부르려고 한다.

---

17 사실 이 비유를 시작할 때는 마지막에 얼마나 이상한 비유가 될지를 전혀 알아차리지 못했다.

이 방법은 다음의 2가지 방법을 이용해 완성될 수 있다. 첫 번째 방법은 오픈 소스로 구할 수 있는 렙랩RepRap이라고 부르는 3D 프린터를 약간 개조해 사용한다. 이 프린터를 개조하는 데는 토스터에서 떼어낸 부품이 사용되기도 했다. 밀러 박사의 토스터가 사람을 살리는 데 사용되고 있는 것이다.[18] 렙랩을 기반으로 하는 모델은 특별히 고안된 설탕 접착제를 사출할 수 있도록 짤주머니 스타일로 설계되었다. 분명히 이것을 궁금해하고 있을 호기심 많은 사람들을 위해 말해주자면, 이 접착제는 정말로 먹을 수 있다.

그들이 사용한 두 번째 방법은 '당 소결'이라고 불린다. 소결이라는 말은 분말 금속 층을 만든 다음, 레이저 등으로 가열해 고형 물체를 만들어내는 과정을 가리킨다. 소결 과정을 정밀하게 통제할 수 있으면 소결을 3D 프린팅에 사용할 수 있다. 움직이는 레이저를 이용해 분말에 모양을 그리고, 그 위에 분말 층을 입힌 다음 다시 모양을 그린다. 짤주머니 방법과 마찬가지로 층들을 쌓아가면 미리 프로그램했던 3D 모양의 물체가 만들어진다. 밀러 박사는 당 분말을 사용했다. 레이저를 쪼이면 당은 서로 달라붙는다. 그리고 충분히 레이저를 쪼이면 정밀한 당 조각을 만들 수 있다.

이 당 소결 방법은 혈관의 구조를 프린트할 때 유용하게 사용될 수 있다. 사출보다 정밀한 3D 물체를 만들어낼 수 있는 방법이기 때문이다. 이것은 밀러 박사가 필요로 하는 복잡한 구조를 만들 때 매우 중요하다. 그리고 사출을 기반으로 하는 3D 프린팅 방법에서는 아래 있는 층이 위에 오는 층들을 지지해야 하므로 공중에 매달려 있는 부분이 있는 물체는 프린트하는 것이 어렵다. 예를 들어 할아버지의 괘종시계를 아래서부터 위로 프린트해 나간다고 가정해보자. 중간에

---

18 하지만 우리 집 토스터는 빵을 더 바삭하게 잘 굽는다.

달린 진자의 아랫부분은 위쪽이 마저 만들어질 때까지 공중에 매달려 있어야 할 것이다. 당 소결 방법에서는 공중에 매달려 있는 부분이 층을 쌓아가는 동안 주변에 있는 당 분말에 의해 지지된다. 일단 구조가 고형화해 스스로 지지할 수 있게 되면, 그때 당 분말은 간단히 날려 보내면 된다.

밀러 박사와 그의 연구 팀은 일부 희망적인 결과를 얻었다. 그들은 조금 더 굵은 혈관을 프린트해보았다. 정말 멋진 점은, 이 혈관들이 인체 안에서 다른 혈관들이 작동하는 것처럼 제대로 움직이고 있다는 것이다. 이들은 혈관을 통해 혈액이 흐를 때 가해지는 정상적인 압력에 잘 견뎠다. 그리고 실핏줄이 자라나기 시작했다. 자체적으로 말이다!

밀러의 실험실에서는 이제 이 기술을 탐구하기 시작했다. 우리가 혈관까지 장착된 간을 충분히 만들어낼 수 있는 세상에 살 수 있기까지는 좀 더 기다려야 할 것이다. 그러나 이것은 더 나은 내일을 위한 중요한 단계다. 미래에는 우리 아이들이 매일 밤 12병의 맥주를 마시면서도 간이 손상될 것을 염려하지 않아도 된다. 그저 친구와 가족이 자신의 음주로 인해 피해를 입지 않을까만 염려해도 될 것이다.

그동안 좀 더 간단한 장기에서는 벌써 재미있는 일들이 일어나고 있다. 예를 들면 연골은 간 조직 같은 것들보다 조금 더 두꺼운 형태로 프린트하는 것이 가능하다. 왜냐하면 일단 연골은 좀 이상하고, 원래 영양분의 흡수나 폐기물의 방출이 혈관보다는 확산을 이용해 천천히 진행되기 때문이다. 프린스턴대학의 마이클 매캘파인Michael McAlpine 박사 연구 팀은 '사이보그 귀'를 3D 프린트로 만들어냈다. 귀에서 살로 이루어진 부분은 송아지에서 채취한 세포를 이용해 만든 연골과 실리콘을 합성했고, 나선형 안테나를 귀 안에 내장해 소리를 들을 수 있도록 했다.

물론 귀는 폐나 심장보다 조금 덜 복잡하다. 그러나 이 방법은 중요한 점을 시사하고 있다. 꼭 자연적인 장기를 완벽하게 복사해야만 성공으로 볼 필요는 없다는 것이다. 사실 장기 복제가 가장 중요한 목표도 아니다.

포르가치 박사는 다음과 같이 말했다. "좋은 소식은 우리 안에 있는 것과 똑같은 구조를 복사할 필요가 없다는 겁니다. 우리 심장이 혈액을 내보내는 가장 좋은 기계라고 누가 말했습니까? 아니면 신장이 독성 물질을 걸러내는 가장 좋은 필터라고 누가 말했습니까? 이 장기들은 매우 정교한 구조를 가지고 있지만 우리 바이오엔지니어들이 흉내 낼 수 있을 정도로 잘 정의된 기능을 하고 있습니다. 우리가 만들어낸 장기들은 우리가 가지고 있는 장기들의 구조와 똑같지 않을 겁니다. 우리가 만든 장기들은 생명체가 배아의 발달 과정을 거치면서 장기를 만들어낼 때와는 다른 방법으로 만들어졌기 때문입니다. 그러나 자연적인 장기보다 낫지는 않다고 해도, 적어도 똑같은 기능을 수행할 수 있습니다."

우리가 걱정해야 할 문제들

우리가 설명한 기술의 위험성에 대해 짚고 넘어가는 것도 매우 중요할 것 같다. 하지만 솔직히, 장기 이식 대기자 명단에 등록된 수십 만 명의 환자들을 살릴 수 있는 합성 장기의 능력에서 윤리적 문제를 찾기란 어려운 일이다. 그러나 여기에도 모든 바이오 기술이 공통적으로 가지고 있는 문제들이 조금 다른 형태로 나타날 수 있다.

예를 들면 돈이 많은 사람이 더 나은 장기를 획득할 수 있는 기회를 더 많이 가지게 될 것이다. 특히 초기 단계에서는 더욱 그럴 것이다. 의료 관광으로 인해 이것은 이미 현실적인 문제가 되고 있다. 현재는 가난한 사람들의 몸이 장기를 프린트하는 기계로 사용되고 있을 뿐이다.

특허 관련 법률이 어떻게 적용될 것인지는 중요한 문제지만 이것은 바이오 프린팅에서만 문제가 되는 건 아니다. 예를 들어 애플에서 개발한 아이리버iLiver가 마이크로소프트에서 개발한 엑스리버X-Liver보다 훨씬 낫다고 하자. 애플은 이 제품을 생산할 수 있는 특허권을 얼마나 오랫동안 가질 수 있을까?

줄기 세포와 관련된 여러 가지 윤리적 문제가 바이오 프린팅에서도 문제가 될 수 있다. 그러나 적어도 현재까지는 그것이 중요한 문제로 대두되지는 않았다. 줄기 세포와 관련된 대부분의 윤리적 문제는 배아 줄기 세포를 사용하는 것과 관련되어 있다. 그러나 바이오 프린팅에 사용할 줄기 세포는 다기능 줄기 세포일 가능성이 높다. 이 줄기 세포는 배아 줄기 세포와 유사하지만 환자에게서 채취한다.

바이오 프린팅에만 해당되는 걱정도 몇 가지 있는데, 우리가 보기에 그다지 심각하지는 않다. 예를 들면 인쇄된 장기가 인쇄 과정에서 세균에 감염될 가능성의 문제다. 이론적으로 이런 세균들이 전에는 경험하지 못했던 세균일 가능성이 있다. 따라서 가능성이 낮기는 하지만 3D 프린트된 장기가 우리 몸에 새로운 질병을 도입할 수도 있다. 그러나 외과적 수술 과정에서 세균을 철저하게 분리하는 것과 같은 방법으로 바이오 프린팅 실험실에서도 인쇄된 장기를 세균으로부터 분리할 수 있을 것이다.

경제학자들이 '도덕적 해이'라고 부르는 사회적인 문제가 대두될 가능성도 배제할 수 없다. 사람들은 나쁘게 행동해도 되는 상황에 처하게 되면 대개의 경우 나쁘게 행동한다는 것이다. 가장 전형적인 예는 은행가들이 자신의 은행에 문제

이상한 미래 연구소

가 생겼을 때 긴급 재정지원을 받을 수 있다는 사실을 안다면 회수 가능성이 낮은 대출을 쉽게 해주는 것이다.

이와 마찬가지로 장기에 대한 염려가 사라지면 성 문제, 약물 남용의 문제 그리고 치즈버거를 먹는 문제에서 좀 더 위험한 행동을 선택할 가능성이 커질 것이다. 아마도 먼 미래에는 이런 것들이 중요한 문제가 될지 모르지만 우리에게는 큰 문제가 될 것 같지 않다. 간 수술을 받는 건 즐겁지도 않고 비용도 만만치 않다. 그리고 간 이식이 필요하다는 것을 알게 되는 과정 역시 즐겁지는 않다.

한마디로 말해, 은행가들이 재정지원을 받기 위해 자신들의 몸을 갈라 열어야 한다면 다음에 위험한 대출을 취급할 때 1번 더 고민할 것이다. 의회가 무분별한 대출로 인한 재정지원을 줄이고 싶다면 이런 방안을 한번 고려해보는 것도 좋겠다.

이것이 세상을 어떻게 바꿔놓을까?

미국에서는 매 시간 필요한 장기를 구하지 못해 누군가가 죽어가고 있다. 그리고 그들은 장기를 기다리는 동안 정상적인 생활을 할 수 없다. 바이오 프린팅은 환자들에게만 도움이 되는 것이 아니다. 사회 전체도 노동력 상실에 의한 손실과 공공 의료 서비스 비용을 줄일 수 있어 큰 이익을 얻을 것이다.

프린트된 장기는 장기 매매 시장을 근절할 것이다. 우리 저자들은 합법적인 장기 매매가 좋은 것인지 나쁜 것인지 단정할 수 없다.[19] 그러나 불법적인 장기

---

19 이런 의견이 말도 안 된다고 생각한다면 이 장의 '주목하기'를 꼭 읽어보기 바란다.

매매기 니쁘디는 건 확실히 알고 있다. 합법적 장기 매매의 문제는 매우 복잡해서, 장기 매매가 인간 생명을 살리는 데 도움이 될 것이라는 주장과 가난한 사람들이 불이익을 받을 것이라는 주장 사이에서 어떤 것이 옳은지를 판단하기 어렵다. 바이오 프린팅은 장기 매매의 필요를 없애 윤리적 논쟁을 끝낼 수 있고, 장기 매매가 범죄에 이용되는 일을 막을 수 있을 것이다. 글쎄, '자연산 장기'만을 고집하는 장기 엘리트주의를 가진 사람이 없다면 말이다.

3D 바이오 프린팅이 가능해지면 기증자의 장기를 받기 위해 3년을 기다려야 했던 것이 옛이야기가 된다. 환자 자신의 세포를 이용해 새로운 장기를 성장시키는 데 필요한 시간만큼만 기다리면 될 것이다. 그리고 시간은 우리가 사는 곳이나 건강 상태와 관계없이 누구에게나 같다. 밀러 박사는 이렇게 말했다. "사전에 대체할 장기를 프린트해 냉동해두었다가 필요할 때 꺼내서 사용할 수도 있을 겁니다."

바이오 프린팅은 자신의 세포를 이용하기 때문에 거부 반응이나 평생 동안 면역 억제제를 복용해야 하는 등의 문제가 발생하지 않는다. 이것이 잘 작동하기만 하면 새로운 장기를 손쉽게 얻을 수 있을 뿐만 아니라 이식한 후의 삶의 질이 좋아질 것이다.

바이오 프린팅이 널리 사용되기 위해서는 의사들이 새로운 기술을 전수받기 위해 새로운 훈련을 받아야 한다. 이것은 새로운 바이오 프린팅 기술을 개발하기 위해서가 아니라 이미 개발된 기술을 편리하게 사용할 수 있도록 하기 위해서다. 모든 환자들은 수술을 받게 되었을 때 수술할 의사가 새로운 기술을 충분히 습득하고 있기를 바랄 테니 말이다.

아마도 가장 중요한 점은 바이오 프린팅이 우리가 그토록 해결되기를 바랐던 다음의 문제에 답변을 내려줄 수 있다는 것이다.

이상한 미래 연구소

⚡주목하기 장기 매칭 시장

　현대의 시장은 아주 단순하게 작동한다. 시장에서 원하는 것을 보면, 그것을 사기 위해 돈을 지불한다. 돈은 범용으로 사용할 수 있는 재화여서 매우 편리하다. 카푸치노를 사고 싶은 경우 바리스타의 집을 청소해주거나 바리스타에게 당근을 1자루 건네주는 대신 간단히 돈을 지불하면 된다. 그러나 남녀 관계나 장기 기증과 같이, 어떤 경우에는 돈을 사용할 수 없다. 아니면 적어도 '돈만을' 사용할 수는 없다. 이런 경우를 '매칭 시장'이라고 부른다. 그리고 이런 경우는 생각보다 자주 발견할 수 있다.

　이런 시장에서 돈을 사용할 수 없는 이유 하나는, 글쎄, 그냥 이상하기 때문이다. 연인에게 다가가서 무릎을 꿇고 "당신의 신체 등급은 8이고 사회성은 7이며,

나의 신체 능급은 5.5이고 사회성은 3이므로 내 평생 수입의 40퍼센트를 주겠다는 계약서를 쓰겠습니다. …저와 결혼해 주시겠습니까?"라고 말한다고 상상해보자.

아니, 정말 그렇게 할 수는 없다. 한번 시도해보면 좋을 것 같긴 하지만, 정말로 하려거든 그 장면을 꼭 녹화해두기 바란다.

아니다. 당신에게 필요한 건 그저 당신에게 잘 '맞는' 사람이다. 따라서 '매칭 시장'이라는 이름이 붙었다. 사랑은 자동차나 샌드위치를 사는 것에 비하면 마술 같은 경험이고 지독한 골칫거리다. 미트볼 샌드위치를 사고 싶을 때마다 샌드위치 가게에서 직원을 위해 시를 지어야 한다고 상상해보자.

가장 눈치 빠른 이여, 그래서 가장 강한 사랑을 하는 이여:
빵을 굽지 마세요, 나는 오래 떠나 있어야 하니까요.

역사적으로 어떤 시장이 돈에 의해 거래되고 어떤 시장이 매칭에 의해 거래되느냐 하는 건 사회적인 상황에 따라 달라지기 때문에 문화권마다 달랐다. 스탠포드대학 교수이자 노벨상 수상자이며《매칭: 숨은 시장을 발굴하는 강력한 힘 Who Gets What and Why》라는 책의 저자인 앨빈 로스Alvin Roth 박사는 매칭 시장이 매칭에 의해 거래가 이루어지는 이유를 설명하기 위해 '혐오'라는 개념을 제안했다.

문화적인 이유로, 또는 생물학적 이유로 돈이 개입되면 혐오스럽게 보이는 거래가 많다는 것이다. 아기를 입양하는 건 좋은 일이다. 그러나 아기를 돈으로 사는 건 이상하다. 사랑에 빠지는 건 좋다. 그러나 사랑을 돈으로 사는 건 이상하다. 다른 많은 것들은 그 중간쯤 어디에 해당한다. 어떤 문화에서는 성행위를 위해 돈을 지불하는 것이 허용되지만 다른 문화에서는 범죄다. 어떤 문화에서는

이상한 미래 연구소

건강보험을 돈을 내고 사야 하지만 어떤 문화에서는 시민의 권리다.

대부분의 문화에서 돈과 장기를 교환하는 건 혐오스러운 일이다. 장기를 기증하는 건 위대한 일이지만 장기를 거래하는 건 그렇지 않다. 장기 기증을 기다리는 사람의 수를 줄이는 것이 목표라면 장기 거래를 이용할 수도 있다. 로스 박사는 매칭 시장을 연구했다. 그리고 그가 이루어낸 가장 큰 성공은 진전된 장기 교환 시장을 제안한 것이다.

장기 교환 시장이 어떻게 작동하는지 이해해보자. 돈이 없고 서로 다른 물건을 원하는 사람들을 연결해주는 웹사이트만 있을 때 어떤 형태의 거래가 가능할까? 당신은 1자루의 옥수수를 가지고 있고, 이 옥수수를 치열을 교정하는 데 사용하고 싶다. 옥수수를 원하는 치과의사가 있다면 아무 문제가 없다. 그러나 옥수수를 원하는 치과의사가 없는 경우에는 제3자가 필요하다. 이 제3자의 이름을 앨리스Alice라고 하자. 당신은 앨리스가 원하는 것을 가지고 있고, 앨리스는 치과의사가 원하는 수술용 장갑을 가지고 있다. 그러면 당신은 앨리스에게 옥수수를 주고, 앨리스는 치과의사에게 수술용 장갑을 주고, 치과의사는 당신의 치열을 교정해주면 된다.

이러한 순환 거래를 '사이클cycle'이라고 부른다. 사이클은 물건을 거래하는 좋은 방법일 뿐만 아니라 아름답기까지 하다. 완전한 순환 거래는 모든 사람이 자기가 원하는 것을 받고, 필요 없는 것을 주는 거래다. 다시 말해 모든 거래가 자발적으로 이루어져 아무도 손해 보는 사람이 없다.

그러나 이것이 그다지 편리하지 않을 수도 있다. 어떤 것을 사고 싶을 때마다 거래 사이클을 찾아내야 하기 때문이다. 어떤 것을 갖고 싶을 때마다 확률이 낮은 우연의 일치를 찾아내는 컴퓨터의 능력에 의존해야 한다. 그러나 아주 많은 사람들이 이 거래에 참가하고, 컴퓨터의 성능이 우수하다면 원하는 거래를 성사

시키기에 충분하고도 남을 우연의 일치를 찾아낼 수 있을 것이다.

이제 장기 거래에 대해 생각해보자. 당신은 신장이 필요하다. 형제들 중 한 사람이 신장을 주려고 했지만 혈액형 때문에 가능하지 않다는 것을 알게 되었다. 그런데 다른 곳에 사는 또 다른 형제도 같은 상황에 놓여 있다. 우연하게도 신장이 필요한 두 사람은 역시 신장이 필요한 다른 사람의 형제에게서 신장을 받을 수 있다! 이제 신장의 교환이 성사될 수 있다. 일반적으로 모르는 사람을 위해서 신장을 기증하는 건 쉬운 일이 아니다. 그러나 이 경우에는 형제가 신장을 기증받을 수 있도록 하기 위해 자신의 신장이 기증하는 것이다. 이 거래를 통해 모든 사람이 원하는 것을 얻었다.

〔 = 정상 작동하는 신장

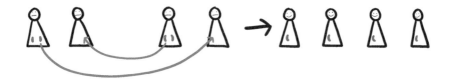

이런 상황은 그렇게 흔하지 않을 것이다. 그러나 12만 명이 대기자 명단에 등록되어 있다면 많은 우연의 일치를 발견할 수 있을지 모른다.

장기 교환은 잠재적인 문제를 부각할 수 있다. 장기 교환에 동의한 사람이 마음을 바꿀 경우에는 어떻게 될까? 예를 들어 앨리스·앤디Andy 부부가 바비Barbie·빌Bill 형제와 신장을 교환하고 싶다고 하자. 빌이 앤디의 신장을 받을 것이라는 가정 하에 앨리스가 바비의 신장을 받았다. 그러나 앨리스가 바비의 신장을 받은 후, 갑자기 앤디가 마음을 바꿔 신장을 주지 않으려고 한다.

이것은 법적 문제가 될 것이다. 앤디에게 손해배상을 요구하는 소송을 할 수도 있다. 그러나 0.4킬로그램의[20] 신체 일부를 요구하는 소송을 할 수도 있을까? 이런 문제를 피해 가는 1가지 방법은 장기를 동시에 교환하는 것이다. 모든 기증자들이 동시에 마취제를 맞은 후 마취가 되자마자 교환이 이루어지면 된다.

하지만 여기에도 문제가 있을 수 있다. 특히 커다란 사이클인 경우에는 더욱 문제가 된다. 5명의 기증자가 관련된 거래인 경우에는 동시에 5팀이 수술을 해야 하고, 장기를 순서대로 잘 교환해야 한다. 실제로 이런 일이 일어나기는 어렵겠지만, 만약 일어난다면 5명을 대기 명단에서 제외할 수 있으므로 커다란 성과라고 할 수 있을 것이다.

그런데 정말 좋은 사람을 발견할 수 있다면 이런 일을 다른 방법으로 가능하게 할 수 있다. 이기적인 우리 저자들에게는 정말 놀랍게도, 아무 조건 없이 자신의 신장을 다른 사람에게 주려는 사람들이 있다. 이런 사람들은 그냥 놀랍기만 한 것이 아니라 약속을 어기는 사람의 문제를 해결할 방법을 제공한다.

다음과 같은 경우를 생각해보자. 천사 같은 기증자인 샐리Sally가 앨리스에게 신장을 준다. 앤디가 바비에게 신장을 주기로 약속했기 때문이다.

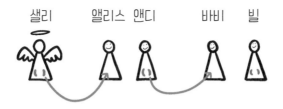

샐리 앨리스 앤디 바비 빌

---

20 뭐, 사실 0.1킬로그램에 가깝지만 그래도 의미는 유효하다(저자는 셰익스피어의 희곡 〈베니스의 상인The Merchant of Venice〉에서의 거래 장면을 인용하고 있다─옮긴이).

그러나 샐리가 앨리스에게 신장을 준 후, 앤디가 사실 신징을 독차지하려는 나쁜 놈이었다는 사실이 밝혀진다.

이것은 그다지 바람직한 상황은 아니다. 그러나 바비와 빌은 이 거래에서 잃은 것도 없고 얻은 것도 없다. 빌은 아직도 2개의 신장을 가지고 있기 때문에 다른 사이클에 가담해 바비에게 신장을 구해줄 수 있다. 앨리스는 이 사건으로 자신이 장기 욕심 많은 멍청이와 결혼했다는 사실을 알게 되기는 했지만 적어도 신장을 얻는 데는 성공했다.

실제의 경우에는 약속을 지키지 않는 일이 거의 일어나지 않는다고 한다. 로스 박사에 의하면 이런 경우는 2퍼센트 정도밖에 안 된다. 이 2퍼센트에는 마음을 바꾼 사람들뿐만 아니라, 약속을 지키려고 했는데 피치 못할 사정이 생겨 신장을 기증하지 못한 경우도 포함되어 있다.

여기서 멋진 점은, 샐리 같은 기증자가 등장하는 순간 신장을 받는 사람들이 다른 사람에게 신장 기증을 약속하는 아주 긴 기증 사슬을 만들 수 있다.

이상한 미래 연구소

이론적으로 보면 이런 기증 사슬은 어떤 사람이 사기를 치거나 피치 못할 일이 일어나기 전까지는 계속 이어질 수 있다. 따라서 여러 팀이 동시에 수술을 받지 않고도 많은 사람들이 신장을 받을 수 있다. 천사 같은 기증자의 입장에서 보면 그 사람은 단지 신장 하나를 기증하는 것이 아니라 긴 신장 교환 사슬을 시작하는 것이다! 미국에서 평균 기증 사슬의 길이는 5명이지만, 70쌍이 포함된 사슬이 만들어진 적도 있었다. 따라서 샐리라는 한 사람이 수많은 사람의 목숨을 살리는 셈이다.

그러나 여기에도 제한이 있다. 여러 가지 종류의 장기 이식이 필요한 사람들이 많음에도 불구하고 매칭 시장은 신장의 교환만을 취급하고 있다. 신장 이식 수술이 비교적 덜 위험하기 때문이다. 예를 들면 간 이식은 신장 이식보다 훨씬 위험하다. 로스 박사에 의하면 100명의 간 기증이 일어날 때 1명은 심각하게 잘못되곤 한다. 반면에 신장 이식의 경우에는 5,000명의 신장 기증 중 1명에서만 합병증이 나타난다. 그래서 간의 교환도 가능하고 실제로 실시되고 있지만, 신장 교환이 훨씬 더 일반적이다.

독자들 중에는 왜 현금으로 장기를 살 수 있는 시장을 만들지 않는지 의아하게 생각하는 사람들도 있을 것이다. 일단 진정하자. 다른 독자들이 마음속으로 도끼눈을 하고 당신을 노려보고 있을 것이다. 사실 많은 사람들이 장기 매매에 대해 불쾌해한다.

그러나 장기 판매 시장에 대해서는 많은 연구가 이루어졌다. 실제로 이란에는 이런 시장이 합법적으로 존재한다. 또한 다른 많은 나라에서는 불법적으로 장기 거래가 이루어지고 있다. 여기서는 이 문제에 대해 더 깊이 들어가지 않으려고 한다. 대신 로스 박사의 생각을 기반으로 하는 사고실험을 제안하겠다.

현재 어떤 사람이 신장 이식을 받으면서 더 이상 투석을 받을 필요가 없게 되었다고 하자. 건강 보험은 이로 인해 약 14억 원을 절약할 수 있다. 이것은 곧 사회 시스템이 신장 기증자에게 10억 원을 지불하고도 많은 돈을 절약할 수 있다는 의미다. 여기에는 투석을 중단하게 됨으로써 높아진 환자의 삶의 질은 계산에 포함하지 않았다.

그리고 기증자는 새로운 신장이 다시 필요할 경우 대기자 명단에서 우선권을 부여하는 등의 특혜를 받을 수 있을 것이다. 로스 박사는 심지어 더 나은 항공 좌석을 제공하거나 국가 유공자처럼 명예 훈장을 달고 다니게 할 수도 있지 않겠느냐고 제안했다.

게다가 간접적인 거래 시스템을 갖추어, 거래 당사자들 사이의 불편함도 어느 정도 해소할 수 있게 되었다고 가정하자. 다시 말해 돈이 많은 사람이 가난한 사람에게 가서 장기를 달라고 할 수 없게 하는 것이다. 장기를 파는 사람은 이타적 장기 기증자와 똑같이 취급받게 될 것이다. 단지 돈이나 혜택을 받는다는 것만 다를 뿐이다. 그들의 장기는 병원이 정한 규칙에 의해 더 필요한 사람에게 제공될 것이다.

즉 장기를 매매하는 시장이 우리가 두려워하는 그런 시장일 필요는 없다. 이것은 어떤 사람이 생명을 구하고 돈을 절약하게 해준 대가로 돈과 사회적 존경, 장기 이식 대기자 명단에서의 우선권을 받는 시스템이다.

아마 지금쯤 당신도 우리의 논리에 취하고 있을 것이다. 약간의 시장 구조 개선과 그것이 가져올 좋은 결과만 알게 돼도 이 시스템에 대한 우려는 점점 사라진다. 시장을 생각할 때 항상 염두에 두어야 할 1가지는 새로운 시스템이 아무리 형편없어 보여도 현재의 시스템보다 낫거나 나쁘거나 둘 중 하나라는 점이다. 합법적인 장기 판매대금 지급소가 흉측스럽게 보일지 모르지만, 이것이 대기자 명단 위에서 수천 명이 죽어가는 것보다 과연 더 나쁠까?

이상한 미래 연구소

우리는 이런 시장에서 어떤 것이 옳은지에 대한 해답을 내릴 수 없다. 장기적으로는 합성 장기가 가능해지고 가격도 싸지길 바란다. 단기적으로는 사회가 가능한 한 윤리적으로 그리고 효율적으로 귀중한 자원을 활용하는 최선의 방법을 찾아내기를 바란다.

열 번째: 뇌-컴퓨터 인터페이스

우리는 40억 년 동안 진화해왔지만 고작 열쇠를 어디에 두었는지조차 기억하지 못한다

뇌에는 생각보다 별 문제가 없다.

어쨌든, 뇌는 편리하다. 뇌에는 양심, 기억, 자의식과 같이 우리가 좋아하는 많은 것들을 집어넣을 수 있다. 그리고 검은 선으로 갈겨 쓰인 몇 줄의 글이 내포하는 의미를 읽어낼 수 있는 능력을 가지고 있다.

그러나 만약 우리가 당신에게 "당신의 뇌에 얼마나 만족하십니까?"라고 질문한다면, 그 대답은 그다지 긍정적이지 않을 것이다. 배우자에 대해 평생 한 번도 불평한 적이 없는 사람이라도, 배우자가 당장 고쳤으면 좋겠다고 생각하는 것을 이야기해보라고 하면 긴 목록을 나열할 것이다. 이처럼 사람들도 자신의 뇌 기능 중에서 바꾸거나 개선하고 싶은 수십 가지 사항들의 목록을 작성할 수 있을 것이다.

아마 당신은 좀 더 똑똑해지고 싶거나 손과 눈을 더 잘 다룰 수 있게 되기를 원할 수 있다. 기억력이 향상되는 것도 좋겠다. 아니면 사실 일부 기억이 제거되기를 원할 수도 있다. 모든 나쁜 감정이 느껴지지 않도록 막아버리는 건 어떨까? 그리고 셰익스피어의 모든 작품을 머릿속에 넣어줄 수 없을까? 아, 맞다! 내 꿈을 녹화할 수는 없을까? 정말 재미있는 꿈이 많거든! 진짜라니까!

이론적으로는 이 모든 일들이 가능하다. 우리보다 더 똑똑한 사람이 존재한다는 건 곧 우리도 더 똑똑해질 수 있다는 의미고, 우리보다 기억력이 더 좋은 사람이 있다는 건 곧 우리의 기억력도 더 좋아질 수 있다는 의미다. 집의 구조에 대한 기억에서부터 저녁놀을 보면서 느꼈던 감정에 이르기까지, 뇌가 하는 모든 기능은 뇌 안에 물리적으로 내재되어 있다. 뇌는 많은 면에서 컴퓨터와 비슷한 물리적 기계다. 그렇다면 컴퓨터를 프로그램하는 것과 같은 방법으로 뇌도 프로그램할 수 있지 않을까?

자, 여기서 우리는 매우 조심해야 한다. 역사적으로 보면 뇌를 그 당시의 가장

앞선 기술과 같은 선상에서 비교하는 경향이 있었다. 뇌는 시계였다가, 수력 시스템이었으며, 엔진이기도 했다.

그러나 뇌를 컴퓨터와 비슷한 어떤 것이라고 생각하는 데는 그럴 만한 이유가 있다. 좀 더 정확하게 이야기한다면 컴퓨터가 뇌와 비슷한 일을 한다고 말할 수 있는 이유가 있다. 시계는 똑똑한 장치이긴 하지만, 여러 가지 일을 할 수 있는 '범용' 기계는 아니다. 시계는 시간만 알려줄 수 있을 뿐이다. 그러나 컴퓨터는, 만약 오래된 폴더형 휴대전화 안에 들어 있는 작은 컴퓨터라고 해도 메모리에 저장된 모든 프로그램을 실행할 수 있다. 뭐, 그런 낡은 컴퓨터로 프로그램을 돌리려면 10년이 걸릴 수도 있겠지만 어쨌든 실행할 수는 있다. 만약 어떤 의미에서 마음도 프로그램이라고 한다면 마음을 평범한 컴퓨터에서 실행하는 것도 가능하지 않을까?

당신의 두 귀 사이에 있는 무게 1.4킬로그램의 물컹물컹한 물질은 수십억 개의 세포와 수조 개의 연결로 이루어진 놀라운 기계다. 그러나 책상 위에 있는 금속과 유리로 이루어진 컴퓨터 역시 놀라운 기계라는 사실을 잊지 말자. 컴퓨터가 가지고 있는 뛰어난 점들 중 하나는 변화가 쉽다는 것이다. 특히 컴퓨터에 저장되어 있는 내용들은 언제나 읽을 수 있고, 업그레이드할 수 있으며, 새로 쓸 수 있다.[21] 과학자들은 뇌에 저장된 내용도 컴퓨터의 경우처럼 직접 바꿀 수 있는 방법을 이미 알고 있다. 책을 가져와, 자리를 잡고 앉아서, 읽으면 된다.

물론 농담이다. 과학자들은 뇌에 직접 변화를 가하고 바로 평가하는 방법에 대해 연구하고 있다. 이것은 놀라울 뿐만 아니라 매우 중요한 일이다. 일부 사람들의 경우에는 몸과 뇌 사이의 협조가 제대로 이루어지지 않아 의사소통에 어려

---

21 여기서 읽고 쓴다는 건 넓은 의미에서 정보를 다운로드하거나 업로드한다는 의미다.

움을 느끼거나 이동이 곤란하다. 보통 사람들과 다른 사고 구조를 가지고 있는 사람들도 있다. 그리고 어떤 사람들은 큰 노력을 들이지 않고도 새로운 지식을 쉽게 이해할 수 있다. 아무런 노력을 하지 않고도 명상법을 배울 수 있는 방법이 있다면 좋지 않을까?

컴퓨터는 명상도 못 하고, 몸도 없다. 그러나 우리 뇌에 부족한 여러 장점들을 가지고 있다. 컴퓨터는 인간을 위해, 인간에 의해 만들어졌다. 따라서 우리는 컴퓨터를 작동시키는 소프트웨어와 하드웨어에 대해 잘 알고 있다. 컴퓨터를 바꾸기가 쉽다는 의미다. 컴퓨터의 성능을 업그레이드하고 싶다고 해서, 컴퓨터를 개조하기 위해 컴퓨터 언어를 처음부터 1년 동안 배워야 할 필요는 없다. 프로세서를 바꾸기만 하면 컴퓨터는 즉시 더 똑똑해진다. 사람의 뇌에도 이런 일이 가능하다면 얼마나 좋을까?

초보적인 단계긴 하지만 이미 가능한 일이다. 그리고 그 방법은 빠르게 발전하고 있다. 최근 급성장하고 있는 뇌-컴퓨터 인터페이스 분야는 놀랍도록 복잡한 과학 그리고 더 나은 뇌를 가지고 싶어 하는 인간의 소박한 필요성이 묘하게 결합되어 있는 분야다. 이 분야에서는 정밀전자공학과 강력한 알고리듬을 이용해 뇌를 읽어내는 방법을 알아내고, 사지가 마비된 사람들의 운동 능력을 되찾아주며, 노인들의 기억력을 다시 불러올 수 있는 방법을 연구하고 있다. 그리고 건강한 사람들이 역사상 어떤 사람들도 가질 수 없었던 능력을 가질 수 있도록 하는 방법을 찾아내는 것도 이들의 연구 목표 중 하나다.

또한 여러 뇌들을 연결해 하나의 거대한 슈퍼 뇌를 만들 수도 있을 것이다. 재미있을 것 같지 않은가?

현재 우리는 어디까지 왔을까?

뇌 읽어내기

뇌를 읽는다는 건 그 사람이 가지고 있는 생각이나 그 사람이 하고 있는 행동을 알아내는 것과 관련이 있다. 예를 들자면 다음과 같은 것들이다. 그 사람이 어떤 단어를 상상하고 있는가? 그 사람이 지금 어떻게 느끼고 있는가? 발을 움직일 생각을 하고 있는가? 아니면 실제로 발을 움직이고 있는가? 뇌를 읽어내는 건 뇌-컴퓨터 인터페이스 분야에서 가장 많이 연구된 부분이다. 다른 부분에 비해 상대적으로 쉽기 때문이다. 개미들의 행동을 관찰하는 것, 즉 그들의 행동을 읽는 건 쉽다. 그러나 개미들이 '안녕'이라는 글자 모양으로 모이게 하는 등 완전히 새로운 일을 하도록 시키는 건 어렵다. 즉 그들이 어떤 행동을 하도록 지시하는 건 아주 어렵다. 비슷하게, 우리가 뇌를 바꾸고 싶다면 우선 뇌가 어떻게 작동하는지 알아야 한다.

뇌와 상호작용하려고 노력할 때, 우리는 처음 보는 컴퓨터를 대하는 과학자의 입장에 놓인다. USB를 연결할 선도 없고, 그런 것이 있다고 해도 그것을 끼울 슬롯이 없다. 슬롯이 있다고 해도 정보가 저장되는 방식을 모른다. 적어도 정확하게는 모른다. 그러나 우리는 뇌가 특정한 신호를 내보낸다는 것과 이 신호가 마음이 하는 일들과 관련되어 있다는 것을 알고 있다.

뇌가 내보내고 있는 신호들 중에서 우리가 관심을 가지고 있는 2가지 중요한 신호는 전기 신호와 대사 신호다.

1. 전기 신호

뇌는 뉴런이라는 세포들로 이루어져 있다. 뉴런들은 서로 끝과 끝이 연결되어 있다. 우리는 뉴런을 종종 뇌 속의 전기 배선이라고 부르기도 한다. 뉴런이 서로 통신하는 중요한 방법 중 하나는 전기 신호를 주고받는 것이기 때문이다. 뉴런은 적은 양의 전기를 저장할 수 있고, 이웃 뉴런에게 신호를 보낼 때 이 전기를 방출(다른 말로는 발사)한다. 많은 뉴런들이 특정한 형태로 전기를 발사하는 것을 우리는 '생각'이라고 부른다. 우리가 '나는 이제 춤추는 파이 그림을 보게 될 거야.'라는 생각을 하는 것은 특정한 뉴런들이 특정한 형태로 전기를 발사하고 있기 때문이다.

다행스럽게도 현대인들은 전기 신호를 측정하는 다양한 방법을 가지고 있다. 그래서 우리는 뇌에 전극을 꽂고 전기 신호를 측정해 당신이 무엇을 생각하고 있는지를 알아낼 수 있다.

2. 대사 신호

대부분의 사람들은 대사 작용이라는 말이 무슨 뜻인지 어느 정도 이해하고 있지만, 이것을 정확하게 정의하기는 쉬운 일이 아니다. 생물학에서 이 말은 아주 넓은 의미로 사용된다. 그러나 기본적으로 대사 작용은 화학물질을 우리 몸에 유용하도록 바꾸는 작용이다. 예를 들면 우리 몸은 당의 일종인 글루코오스를 ATP라고 부르는 화학물질로 바꾼다. ATP는 몸에서 일어나는 여러 가지 반응에 필요한 에너지를 만들어내는 데 사용된다. 그리고 우리에게 익숙한 화학물질인 에탄올은 대사 작용에 의해 인생의 나쁜 선택들로 변환된다.

대사 작용은 화학물질의 변화를 가져오기 때문에 우리가 감지할 수 있는 효과를 남긴다. 만약 10명의 사람들이 우습게 생긴 식물과 수경재배 장비를 들고 집으로 들어갔다가 빈손으로 나왔다면 당신은 그 집에서 무언가가 자라고 있을 것이라고 추정할 수 있다. 이와 마찬가지로 산소를 많이 포함하고 있는 혈액이 뇌의 특정한 부분으로 들어갔다가 산소를 포함하지 않은 혈액으로 나오는 것을 측정했다면 이 부분에서 뭔가 진행되고 있다고 추정할 수 있을 것이다.

물론 뇌에서 강력한 신호를 감지했다고 해도 우리는 아직 그 신호의 정확한 의미를 알지 못하는 경우가 대부분이다. 스페인어로 된 책을 읽을 수는 있지만 그 내용은 알 수 없는 것과 마찬가지다. 뇌를 읽고 싶다면(그리고 그 신호를 이용하려면) 우리가 측정한 신호를 번역할 수 있어야 한다. 우리는 상관관계를 이용해 이것을 할 수 있다.

예를 들어, 만약 당신이 철학적 유물론자인 '춤추는 파이'를 볼 때마다 당신 뇌 속 특정한 그룹의 뉴런들이 전기 신호를 낸다고 가정해보자. 이런 경우 우리는 이 뉴런들이 존재론적 불안의 문제를 해결하는 것과 관련이 있다고 추정할 수 있을 것이다. 아니면 그냥 파이 때문이든가. 좀 더 현실적으로는 오른팔을 움직일 때마다 특정한 그룹의 뉴런이 전기 신호를 낸다면, 우리는 오른팔을 움직이라는 뇌의 명령을 나타내는 전기 신호를 찾아냈다고 할 수 있다. 이런 종류의 정보는 의수를 만드는 데 매우 유용하다. 또한 침울한지, 화가 났는지, 행복한지, 슬픈지, 집중하고 있는지, 산만한지와 같은 미묘한 감정 변화를 나타내는 신호를 감지할 수도 있다.

자, 그렇다면 뇌를 읽는 방법 중 우리가 이미 알고 있는 것들을 알아보자. 비위가 약한 독자들을 위해 가장 덜 침습적인 방법을 먼저 설명하고, 점점 강도를 높여가겠다. 따라서 독자들은 편안한 마음으로 코끼리 열차에서 내려 뇌 마을의 이곳저곳을 둘러보는 기회를 가질 수 있을 것이다.

비침습적인 방법: 전자기적 뇌 읽기

뇌를 읽는 가장 고전적인 방법은 뇌파측정기electroencephalogram (EEG)를 이용하는 것이다. 대개의 경우 전극이 가득 꽂혀 있는 둥근 모자를 쓰고 검사를 받는데, 전도성 겔을 머리에 바르기도 한다. 뇌가 전기 신호를 내면 뇌파측정기가 이 신호를 감지해 그 결과를 메모리에 저장하거나 프린터로 출력한다.

뇌파측정기는 팔을 올리는 행동을 할 때 5만 개 정도의 뉴런이 내는 신호를 감지한다. 이때 뉴런들은 일정한 간격으로 반복되는 순환 패턴의 신호를 내보낸다. 왜 적은 수의 뉴런들이 흩어져서 행동하지 않고, 많은 뉴런들이 함께 행동하는지는 아직 알 수 없다. 그러나 이런 일은 뇌에서 일반적으로 일어난다. 다행스럽게도 이렇게 많은 수의 뉴런이 함께 행동해 강한 전기 신호를 발생하기 때문에 뇌 밖에서도 비교적 값싼 장비를 이용해 이 신호를 감지할 수 있다.

뇌파측정기에는 많은 장점이 있다. 가장 큰 장점은 이 장치를 이용하기 위해 수술이나 최신식 장비가 필요하지 않다는 것이다. 그리고 전기 기반으로 작동하는 모든 감지 장치와 마찬가지로 매우 우수한 시간 해상도temporal resolution를 가지고 있다. 즉 당신이 무언가를 생각하고, 뇌가 신호를 내보내고, 뇌파측정기가 신호를 잡아내는 것이 몇 분의 1초 밖에 안 될 정도로 아주 짧다. 사용자들이 실시간으로 컴퓨터와 통신하기를 원하는 뇌-컴퓨터 인터페이스에서 이런 장점은 매우 중요하다.

반면 뇌파측정기의 가장 큰 단점은 공간 해상도spatial resolution가 나쁘다는 것이다. 전기 신호를 감지할 수 있지만 이 신호가 정확하게 어디에서 왔는지는 알 수 없다. 왜 그럴까? 그 이유는 두개골 표면에서 전기 신호를 감지하기 때문이다.

100만 마리의 고양이가 들어 있는 거대한 구를 가지고 있다고 가정해보자. 구의 표면 곳곳에 음향 감지기를 부착해놓았다. 이제 당신과 이야기하려는 친구는 아무도 없기 때문에 밖에서 방해하는 소리는 없다. 1마리의 고양이가 울 때는 소리가 너무 약해 감지할 수 없다. 그러나 고양이들이 파티를 시작해 여러 마리의 고양이가 동시에 울기 시작하면, 그 소리를 감지할 수 있다. 소리가 전달되는 데도 시간이 필요하기 때문에 고양이 울음소리가 여러 감지기들에 도달하는 데 걸리는 시간은 다를 것이다.

이상한 미래 연구소

감지기의 배치 상태와 구의 내부 구조에 대한 자료를 이용해 신호를 분석하면 고양이의 파티가 정확하게 어디에서 시작되었는지 알 수 있다. 그러나 다음의 이유로, 오류가 발생할 수 있다. 첫 번째, 여러 개의 고양이 파티가 동시에 열렸을 수 있다. 그리고 어떤 고양이들은 파티와 관계없이 혼자 울고 있을 수도 있다. 게다가 고양이 울음소리가 거대한 구 내부와 가장자리를 통해 전파되는 동안 왜곡될 수도 있다. 따라서 "고양이 파티는 바로 이곳에서 시작되었어!"라고 말하는 대신 "고양이 파티는 이 부근에서 시작되었을 거야."라고 말할 수밖에 없다. 이와 마찬가지의 문제로 뇌파측정기도 "뇌의 이 부분이 활동적이다."라고 말할 수밖에 없다. 이 정도의 정보를 확보하는 데도 여러 가지 기술적인 어려움을 극복해야 한다.

그리고 또 한 가지, 당신의 얼굴이 아주 문제다. 두개골도 문제다. 눈을 깜빡이는 것 같은 작은 움직임을 위해 얼굴도 전기 신호를 이용한다. 이런 신호도 중요하지만 뇌를 읽는 데는 아무런 도움이 되지 않는다. 이런 신호들로 인해 깨끗한 뇌파를 읽어내기가 어렵다. 두피에 땀이 날 수도 있고, 두피를 씰룩거릴 수도 있다. 이것 역시 뇌파 신호를 어지럽힌다.

그러나 간단하고 편리하다는 이유로, 뇌파측정기는 현재 뇌-컴퓨터 인터페이스 연구에 가장 많이 이용되고 있다. 이 장치는 값이 쌀 뿐만 아니라 머리에 구멍을 내야 하는 탐침도 필요하지 않다. 그러면서도 뇌가 내는 신호를 상당히 잘 감지한다.

뇌파측정기의 단점을 보완해줄 수 있는 장치가 자기뇌파측정기magnetoencephalography(MEG)다. 뇌에 흐르는 전류는 자기장을 만들어낸다. 이 자기 신호는 전기 신호보다 훨씬 약하지만, 별다른 왜곡 없이 두개골을 통과할 수 있다는 장점이 있다.

이론적으로는 사기뇌파측정기를 이용하면 지나치게 침습적이지 않으면서도 아주 정밀한 신호를 얻을 수 있다. 그러나 실제로는 모든 자기뇌파측정기가 대단히 크고, 디자인의 한계로 인해 머리에서 약간 떨어진 곳에 설치할 수밖에 없다. 따라서 자기뇌파측정기가 정밀한 공간 해상도를 가질 정도로 뇌에 가깝게 다가가지 못한다.

자기뇌파측정기의 진짜 장점은 뇌파측정기를 보완할 수 있는 뉴런 신호를 감지할 수 있다는 것이다. 사실, 신경과학자들은 때로 뇌를 표면이 매끄러운 원통형으로 나타내지만 이것은 그다지 정확하지 않다. 뇌는 울퉁불퉁하고 물컹물컹하다.

그렇기 때문에 뇌의 어떤 부분은 뇌파측정기가 수집한 자료를 이용해 분석하는 것이 쉽고, 또 어떤 부분은 자기뇌파측정기로 수집한 자료를 분석하는 것이

이상한 미래 연구소

좋다. 따라서 분석의 측면에서 보면 2가지를 함께 사용하는 것이 좋다. 그러나 뇌-컴퓨터 인터페이스 측면에서 보면 꼭 그렇지 않다. 자기뇌파측정기를 인터페이스에 이용하기 위해서는 매우 민감한 초전도 양자 간섭계인 '스퀴드'라는 장비가 필요하다. 스퀴드에 대해서는 '들어가며'에서 잠깐 언급했었다. 구글에서 들어가 "MEG the SQUID"를 검색하면 오징어가 주인공인 만화 대신에 뇌 영상 관련 정보가 뜨는 것은 MEG가 자기뇌파측정기이기 때문이다.

스퀴드는 액체 헬륨으로 냉각해야 하는데, 이것은 돈이 많이 든다. 그리고 이 장비는 자기장에 매우 민감하기 때문에 이 장비를 설치한 방을 지구의 자기장으로부터 완전히 차폐해야 한다. 한마디로 말해 가까운 장래에 당신이 이 장비를 가지고 다니면서 사용할 가능성은 크지 않다.

비침습적인 방법: 대사적 뇌 읽기

혹시 당신이 병원에서 시끄러운 소리가 나는 좁은 관 안에 들어가 본 경험이 있다면, 자기 공명 영상 장치 속에 들어갔다 나왔거나 이제 막 세상에 태어나고 있는 중이었을 것이다. 자기 공명 영상 장치Magnetic Resonance Imaging(MRI)는 우리 몸의 특정 부분과 전자기적으로 접속해 얻어낸 신호로 몸속 영상을 만들어낸다. 고전적인 MRI 시스템에서는 조직에 포함되어 있는 물의 밀도 차이를 감지한다. 종양은 건강한 조직보다 물을 덜 포함하고 있기 때문에 이것은 암을 찾아내는 데 매우 유용한 정보가 된다.

최근에는 과학자들이 fMRI라는 특수한 형태의 MRI를 개발했다. 여기서 f는 '기능적'이라는 뜻의 영어 단어 functional의 첫 글자다. 사실 이 이름은 개발자가 마치 원래 MRI를 조롱하려고 했던 것처럼 들리지만, 실제로는 뇌가 작동하는 모습을 볼 수 있다는 의미다. fMRI는 산소를 포함한 혈액과 산소를 포함하지 않은 혈액이 전자기 신호에 다르게 반응한나는 사실을 이용한다. 작동하고 있는 뉴런들은 작동을 중지한 상태의 뉴런들보다 더 많은 산소를 사용한다. 상대적으로 산소를 많이 포함하고 있는 혈액과 상대적으로 산소를 적게 포함하고 있는 혈액을 조사하면 뇌의 어느 부분이 가장 활동적인지를 알아낼 수 있다. 이것을 이용하면 해상도가 높은 뇌의 영상을 얻을 수가 있다.

이 장비 자체는 복잡하지만 원리는 매우 간단하다. 소의 사진을 보여주었을 때 갑자기 특정한 뉴런들이 많은 산소를 흡수했다면 이 뉴런들은 소에 반응하고 있을 가능성이 크다. 또는 10년 전에 가장 좋아했던 가수가 누구냐고 물었을 때 특정한 뉴런들이 많은 양의 산소를 소비했다면, 이 뉴런들은 아마 부끄러운 감정과 관련되어 있을 가능성이 높다.

fMRI의 가장 큰 단점은 크기가 매우 크고 비싸다는 것이다. 자기뇌파측정기와 마찬가지로 이 장비도 연구 목적으로는 문제가 없지만, 우리 주변에서 쉽게 사용하기 위해서는 중요한 기술적 개선이 이루어져야 할 것이다.

또 다른 대사 측정 장치인 근적외선 분광 장치functional near-infrared spectroscopy (fNIRS)가 fMRI의 대체 장비로 유력하게 거론되고 있다. 아마 당신도 어린아이였을 때 손전등 불빛에 손을 비춰본 적이 있을 것이다. fNIRS는 신경과학자들이 바로 그런 일을 하는 장치다. 이 장치를 이용하면 근적외선에 뇌를 비춰볼 수 있다. 근적외선이 뇌를 통과할 때, 산소를 포함하고 있는 혈액과 산소를 포함하고 있지 않은 혈액에 아주 약간 다르게 흡수된다. 머리의 반대편에 있는 감지기에서는 흡수되지 않고 통과한 빛을 측정한 후, 그 결과를 분석해 현재 뇌의 어느 부분이 산소를 많이 사용하고 있는지를 알아낸다.

감지기와 컴퓨터가 점점 더 작아지고 값이 싸지고 있어 fNIRS는 뇌-컴퓨터 인터페이스를 위한 뇌 읽기의 좋은 출발점이 될 수 있을 것이다. 이 장비는 전극들

이 꽂혀 있는 샤워 모자를 쓰고 머리에 축축한 전도성 겔을 발라야 하는 뇌파측
정기보다 명백히 편리하다.

fNIRS의 가장 큰 한계는 빛이 뇌를 모두 관통할 수 없다는 것이다. 실제로 빛
이 통과할 수 있는 거리는 3센티미터 정도밖에 안 된다. 따라서 이 장비는 뇌 가
장자리의 기능을 조사하는 데만 사용할 수 있다. 그러나 어쨌든 우리가 관심을
가지고 있는 많은 일들은 뇌의 바깥쪽 부분에서 이루어진다. 뇌의 안쪽은 숨을
쉬는 것과 같은 기본적인 기능을 주로 담당하고 있다.

가장 흥미 있는, 그러나 가장 덜 개발된 대사 장치는 기능적 자기 공명 분광 장
치functional magnetic resonance spectroscopy (fMRS)다. 이 장치가 작동하는 원리는 기본적으
로 fMRI와 같다. 그러나 최근에 이루어진 신호 처리 기술의 발전으로 이 장치를
이용해 훨씬 더 많은 정보를 얻을 수 있게 되었다.

아마 상상했겠지만, 우리 뇌는 산소를 나르는 일 외에도 나른 일을 많이 하고 있다. 실제로 뇌에서는 수천 가지의 화학물질이 여러 가지 용도로 사용되고 있다. 현재 fMRS를 이용하면 이런 화학물질 중 일부를 감지할 수 있다. 따라서 fMRS는 '어디에서' 흥미로운 일이 벌어지고 있는지를 알려줄 수 있을 뿐만 아니라, 그곳에서 '어떤' 일이 벌어지고 있는지에 대한 단서도 제공할 수 있다. fMRS는 당신의 두 귀 사이에서 일어나고 있는 일들을 더 자세하게 이해할 수 있도록 해줄 것이다.

그러나 이 최첨단 장비인 fMRS 역시 현재의 기술 상태에서는 크기가 매우 크고 값이 비싼 장비다. 그리고 우리가 아직 언급하지 않았던 다른 문제도 있다. 이 것은 모든 대사 측정 장비가 가지고 있는 공통적인 문제이기도 하다. 앞에서 우리는 뇌파측정기가 시간 해상도는 좋은 데 반해 공간 해상도는 좋지 않다고 했었다. 다시 말해 어떤 것을 언제 생각했는지는 상대적으로 정확하게 알아낼 수 있지만, 뇌의 어느 부분에서 그런 생각을 하게 하는지에 대해서는 정확하게 알 수 없다.

대사 측정 장치는 이와 반대다. 어디에서 일이 벌어지고 있는지는 정확하게 알아낼 수 있지만 언제 그 일이 일어났는지는 대략적으로만 알 수 있다. "여기 니체를 연구하는 '춤추는 파이' 그림이 있다." 당신이 이 문장을 다 읽었을 때, 니체 철학자 파이와 관련된 뇌 내부의 대사 작용도 끝난다. 이와 관련된 전기적 과정은 이 문장의 첫 번째 글자를 읽기도 전에 일어난다. 그러나 대사 과정은 대개 3~6초가 걸리며 긴 경우에는 30초가 걸리기도 한다.

이것은 2가지 이유 때문에 결과에 나쁜 영향을 준다. 첫 번째로는 자료가 시간적으로 퍼지기 때문에 연구자가 흐릿한 신호를 얻게 된다. 당신이 속한 무리의 도덕성을 초월하는 '춤추는 파이'를 본 후, 어쩌면 당신은 예전에 먹었던 추억의

파이를 기억해낼 수도 있다. 이것은 다른 대사 신호를 내보내 처음 신호를 서서히 사라지도록 할 것이기 때문에 결국 뭐가 뭔지 알 수 없게 만든다.

두 번째로 뇌-컴퓨터 인터페이스 사용자들에게는 이것이 말도 안 되게 엄청난 지연이다. 만약 당신이 로봇 손을 이용해 케첩을 입 쪽으로 가져가려 한다고 생각해보자. 3초에서 30초 사이의 지연은 심각한 문제가 될 수 있다. 케첩 수염을 만들고 싶지 않다면 말이다.

자, 좋다. 이런 장비들은 모두 뇌를 읽는 데 신사적인 장비들이다. 그러나 좀 더 직접적인 접근 방법을 사용할 수는 없을까?

어느 정도 침습적인 방법: 표면에 접촉해서 뇌 읽기

솔직히 머리의 바깥쪽에서만 보고 뇌 안에서 일어나는 일을 과학적으로 예측한다는 건 쉽지 않은 일이다. 답답하게 그럴 것 없이, 뇌 표면에 직접 감지기를 접촉할 수는 없을까?

사실, 가능하다! 이런 방법을 피질 뇌파 기록법electrocorticography (ECoG)이라고 부른다. 간단하게 말하자면 머리 표면이 아니라 '뇌'의 표면에 접촉해 뇌파를 측정하는 뇌파측정기라고 할 수 있다. 따라서 걸리적거리는 머리카락, 피부, 뼈, 체액 같은 여러 가지 장애물을 피해 뇌파를 측정할 수 있다.

이 장비를 이용하면 뇌파측정기가 측정한 것보다 훨씬 자세한 정보를 얻을 수 있다. 실제로 ECoG는 이미 팔의 3차원 운동을 예측하는 데 사용되었고, 장애를 가진 환자들이 마우스 커서나 심지어 로봇 팔을 정확하게 조정할 수 있게 해주었다. 단점은? 뇌에 전극을 붙여야 한다는 것이다.

현대적인 방법을 이용해 수술하면, 환자가 회복하고 나서 이 기기들이 겉으로 최소한만 드러나게 할 수 있다. 대부분의 기기들을 피부 아래 삽입하기 때문

이상한 미래 연구소

이다. 정수리 밖으로 도선이 몇 가닥 나와 있을 뿐이다. 아마 당신이 그런 사람을 길거리에서 보았다고 해도 그리 놀랄 필요 없을것이다.

신경과학자들의 바람과는 달리 ECoG는 심각한 질병을 앓고 있는 환자에게만 사용하도록 인식되어 있다. 따라서 이와 관련된 연구는 대부분 간질 치료를 위해 전극을 이미 심어놓은 환자들을 대상으로 이루어지고 있다. 우리가 읽은 여러 책들은 뇌 수술 사이에 용맹스럽게도 번거로운 신경심리학 실험을 하도록 허락한 사람들의 이야기를 들려주고 있었다.

ECoG가 질병의 치료에서는 중요한 역할을 할지 모르지만, 당신이 비디오 게임을 하거나 꿈을 다운로드하는 데 이것을 사용할 수는 없다. 그러나 뇌-컴퓨터 인터페이스를 연구하고 있는 많은 과학자들은 궁극적으로 ECoG가 그런 일을 가능하게 할 방법이라고 생각하고 있다. 이 방법은 상당히 침습적이고 위험하다. 그러나 일단 위험한 단계를 지나가기만 하면 적어도 수십 년 동안 뇌에 부착되어 있으면서 뇌에 대한 많은 자료를 제공해줄 것이다. 머리에 전극을 심는다는 것이 거북하게 느껴지겠지만, ECoG는 뉴런 활동의 감시를 향한 길의 중간 단계라고 할 수 있다.

그렇다면 당신은 이제 다음 질문이 궁금해졌을 것이다. 과연 남아 있는 단계는 무엇일까?

매우 침습적인 방법: 안에 들어가서 뇌 읽기

ECoG로 얻은 것보다 더 나은 정보를 원한다고 생각해보자. 뇌의 표면에 전극을 접촉시키는 것보다 더 침습적인 방법에는 여러 가지가 있다. 이런 방법들은 피질 내 신경 기록이라고 부른다. 이 표현은 꽤 적절한데, 바로 당신의 뇌 안에 탐지 장치를 삽입하는 방법이기 때문이다. 이들 중 가장 고전적인 방법은 유타 어레이Utah Array다.

　이것은 그다지 유쾌한 방법은 아니다. 기본적으로는 상대적으로 뻣뻣한 도선이 배열되어 있는 정사각형 판인데, 도선의 끝이 뇌의 전기 신호를 감지하는 전극 역할을 한다. 이 전극들은 당신의 뇌로 삽입되기 전에 항염 코팅 처리가 된다. 뇌에 달라붙어 염증을 유발하는 것을 최소화하기 위해서다. 유타 어레이의 장점 중 하나는 시간이 지남에 따라 기술의 개발로 성능이 개선되었다는 것이다. 핀을 좀 더 균일하게 만들 수 있게 되고, 핀의 수를 늘릴 수 있게 됨에 따라 점점 더 나은 자료를 수집할 수 있게 되었다. 컴퓨터 칩의 경우와 비슷하지만 이 경우에는 뇌 속 바늘에 해당하는 셈이다.

　유타 어레이와 비슷하지만 조금 더 진전된 방법이 미시간 어레이Michigan Array다. 이것은 작은 포크를 뇌에 심는 것이라고 생각하면 된다. 포크의 가지에는 유타 어레이에서 바늘의 끝부분이 했던 것과 같은 일을 하는 여러 전극이 달려 있다. 미시간 어레이의 장점 중 하나는 포크의 가지를 늘리기보다는 가지에 부착하는 전극의 수를 늘려 기능을 향상시킬 수 있다는 것이다. 따라서 기술이 발전하면 적은 손상으로 더 많은 정보를 수집할 수 있을 것이다.

　이런 종류의 뇌 신호 측정기가 수집한 자료는 특정한 뉴런이나 작은 그룹의 뉴런들에서 어떤 일이 일어나고 있는지를 알려주기 때문에 특히 중요하다. 가장 큰 단점은 뇌에 무언가를 찔러 넣어야 한다는 것이 아니라, 신호의 질이 빠르게 저하된다는 것이다. 왜냐하면 뇌가 금속이나 실리콘으로 이루어진 물질이 자신의 안에 들어와 있는 것을 싫어하기 때문이다. 감지기를 뇌 안에 심으면, 뇌가 면역 반응을 시작해 상처 조직과 비슷한 신경 조직으로 감지기를 둘러싼다. 따라서 1년이나 2년이 지나면 절반 이상의 전극이 신호를 감지하지 못하게 된다. 이것은 마치 사용법을 배우고 있는 동안에 천천히, 그러나 꾸준히 성능이 저하되

고 있는 컴퓨터를 쓰는 것과 같다.

이 문제를 해결하는 방법 1가지는 신경영양적인 전극을 사용하는 것이다. 이것은 유리로 만든 원뿔 표지판과 비슷한데, 단지 크기가 작을 뿐이다. 너비가 200분의 1센티미터 정도밖에 안 되는 원뿔에 신경영양 화학물질이 가득 차 있다(즉 뉴런이 그곳에서 자랄 수 있다). 화학물질 안에는 전극이 들어 있다. 뇌에 심은 후에 뉴런이 자라나 틈새를 메우게 되고 핀들은 이 뉴런을 감지한다. 뇌 탐침이 설치되어 있다는 점을 제외하면 이것은 마치 작은 비밀 정원과 같다.

전극의 수가 제한되기 때문에 이것이 수집할 수 있는 정보의 양은 유타 어레이나 미시간 어레이로 수집할 수 있는 정보의 양보다 적다. 그러나 신경영양 시스템은 사용기간이 훨씬 연장되어, 환자의 뇌 안에서 4년 동안이나 작동하는 모습을 보여주었다. 이 방법은 비교적 새롭기 때문에 이것이 좀 더 진전된 침습요법

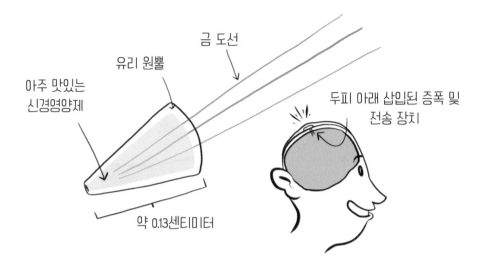

아주 맛있는
신경영양제

유리 원뿔

금 도선

두피 아래 삽입된 증폭 및
전송 장치

약 0.13센티미터

으로 발전할 것인지는 아직 알 수 없다.

　뇌 안에 전극을 심는 이 모든 방법은 전극을 심을 때뿐만 아니라 장기적인 손상을 조직에 가한다는 심각한 문제를 가지고 있다. 젤리가 가득 들어 있는 통에 가는 빗살을 가진 빗을 꽂아놓았다고 생각해보자. 아무리 조심스럽게 젤리를 들고 다닌다고 해도, 시간이 지남에 따라 젤리가 흔들리면서 빗을 꽂을 때 젤리에 생긴 손상이 더 심해질 것이다. 실제 뇌 조직의 경우에는 손상과 함께 염증도 생긴다. 심각한 질병을 앓고 있는 환자의 경우에는 이 정도의 부작용은 감수할지 모르겠지만, 당신이 일종의 미래형 사이보그 뇌를 원하는 경우에는 아예 시작도 하지 않을 것이다.

　이런 문제를 해결하는 1가지 방법은 유연한 전극을 사용해 핀이 뇌와 함께 움직이도록 하는 것이다. 문제는 핀이 자꾸 흔들거리며 움직이면 이것을 물렁물렁한 뇌에 박아 넣기가 어렵다. 따라서 뇌에 삽입할 때는 단단하다가 뇌 안의 환경

　　　　　　　　　　　　　　　　　　　　　이상한 미래 연구소

에 노출되면 유연해지는 물질이 필요하다. 또한 이 물질은 정보를 표면으로 보내줄 전극을 가지고 있어야 한다. 이런 실험이 실험실에서는 이미 이루어졌지만, 사람에게는 아직 적용하지 못하고 있다.

뇌를 읽어내는 모든 방법이 가지고 있는 일반적인 경향은 자료의 질과 침습 정도 사이에 절충점을 찾아야 한다는 것이다. 뇌파측정기는 적어도 머리에 구멍을 내는 것에 비하면 비교적 편리하지만 잡음 대 신호의 비율은 좋지 않다. 침습적인 핀 어레이는 질 높은 자료를 제공해주지만 뇌에 손상을 입힌다. ECoG는 그 중간이다. 한마디로 침습적일수록 더 좋은 자료를 얻을 수 있다는 의미다.

이것은 뇌 읽기를 이해하는 좋은 방법이다. 하지만 절충해야 할 또 1가지가 있다. 그것은 신호의 너비와 깊이 사이의 절충이다. 뇌에 삽입한 핀을 이용하면 뇌의 작은 부분에서 나오는 신호를 잡을 수 있다. 반면에 EEG는 뇌 전체에서 나오는 신호를 감지한다. 따라서 다음과 같은 일이 일어난다. 지구에서 무슨 일이 벌어지고 있는지 알고 싶어 하는 외계인이 있다고 가정해보자. 이 외계인이 미국 뉴저지에 있는 작은 마을의 세밀한 사진을 원할까, 아니면 지구 전체를 찍은 사진을 원할까? 뇌-컴퓨터 인터페이스 측면에서 보면 상당히 결정하기 어려운 문제다.

이상적인 뇌-컴퓨터 인터페이스는 뇌 전체의 세밀한 정보를 필요로 할 것이다. 이를 위해 뇌 전체에 작은 센서를 심는 '뉴럴 더스트neural dust'라는 이름의 제안서가 보고되기도 했다. 우리가 그 실험의 첫 대상자가 되지만 않는다면, 아주 놀라운 제안이다.

뇌 업그레이드하기

우리가 당신의 뇌를 업그레이드할 수 있을까? 정말, 당신의 뇌에는 좀 심각한 문제들이 몇 개 있다. 고등학교 시절의 그 창피한 사건들을 전부 기억하고 있지 않은가? 그런데 왜 그런 것은 잘도 기억하면서 열역학 법칙 3가지는 기억하지 못하는 것일까?[22]

좋다. 우리는 지능 지수를 높이거나 기억력을 더 좋게 만들고, 한잔 더 하자는 권유를 뿌리칠 수 있는 능력을 기르는 것만이 뇌 업그레이드와 관련된 문제가 아니라는 사실을 알고 있다. 이에 대해서는 뒤에서 다시 이야기하겠지만 뇌가 이미 가지고 있는 심각한 문제는 완화하고, 좋은 것들은 강화해야 할 것이다. 그리고 아마 새로운 기술을 배우는 능력을 배가할 수도 있을 것이다.

뇌와 관련된 문제를 해결하기 위해 사용하는 방법 중에는 뇌심부 자극술deep brain stimulation이라는 것이 있다. 이것은 지금까지 사용해온 전기 자극 치료법을 개선해 뇌의 특정 부분을 자극하도록 한 방법이다. 뇌심부 자극술에서는 수술을 통해 전극을 뇌에 삽입한 다음, 피부 아래 심어놓은 전지에 연결해 뇌에 전기 자극을 가한다.

기본적으로는 가는 탐침을 뇌에 심는다. 그리고 탐침 끝에는 전지로 작동하는 전극이 달려 있다. 이 장치가 활성화되면 전극이 주변 지역에 높은 주파수의 전기 신호를 계속적으로 보낸다. 이것이 왜 유용한지 알아보기 위해 다음과 같은 예를 들어보자. 어떤 사람에게서 뇌경색이 곧 발생할 것이라고 가정하자. 대개의 경우 뇌경색은 뇌의 작은 부분에서 시작되어 다른 곳으로 확대된다. 마치 작은 폭풍이 큰 폭풍으로 자라나는 것과 비슷하다. 왜 그런 일이 일어나는지는 아직 잘 알지 못하지만, 전기 자극을 가하는 뇌심부 자극술은 뇌 전체가 경색에 이르기 전에 폭풍을 멈추게 할 수 있다.

---

22 하! 역시 당신도 피해 가지는 못했다. 3가지가 아니라 4가지다.

전기 자극을 이용하는 방법은 여러 가지 질병의 치료에 오래전부터 사용된 덕분에 이제 잘 정립되어 있다. 우리는 플로리다대학의 아이세귈 귄두즈Aysegul Gunduz 박사로부터 이에 대한 설명을 들었다. 그녀는 뇌심부 자극술을 연구하면서 자신이 경험했던 것을 다음과 같이 이야기했다. "뇌심부 자극술 연구 팀과 일하기 시작했을 때 나는 그들이 실제로 '뇌심부 자극기'를 뇌에 심은 후 그들을 집으로 돌려보내는 것을 보고 깜짝 놀랐습니다. 이것은 실제로 허용되는 의료 행위입니다. 재미있는 것은 뇌심부 자극술이 이 질병들의 증상을 어떻게 개선하는지 아직 모르고 있다는 거죠."

맞다. 머리 안에 심어놓은 전기 탐침이 질병을 치료하는 방법에 대해 우리가 알고 있는 것의 대부분은 시행착오를 통해 알아낸 것이다. 아마도 이 글을 읽은 독자들은 "뭐? 시행착오? 이 위험한 방법으로?"라고 하면서 황당해할 것이다. 뭐, 뇌에 전극을 찔러 넣는 치료에서 시행착오가 이상적인 경험적 방법은 아니

겠지만 여기에는 윤리적 문제가 관련되어 있다.

뇌심부 자극술은 코감기로 병원을 방문했을 때 의사가 일반적으로 행할 수 있는 치료 방법은 아니다. 전통적인 치료 방법으로 증상이 개선되지 않는 뇌경색 임박 증상, 자살 충동을 느끼는 우울증 등 심각한 질병을 앓고 있는 경우에만 사용된다. 이런 환자들에게는 뇌심부 자극술로 얻을 수 있는 잠재적 이익이 이 치료법 사용에 따른 대가에 비해 훨씬 크다. 그러나 우리는 사람의 뇌에 대해 완전히 이해하지 못하고 있기 때문에 이런 환자들을 치료하면서 뇌에 대해 배우고, 환자가 앓고 있는 질병에 대해 배운다.

그럼에도 불구하고 이 치료법은 넓은 범위의 질병에 효과적인 것으로 보인다. 예를 들면 귄두즈 박사는 파킨슨병 환자가 일시적으로 움직일 수 없게 되는 '보행 동결'을 치료하는 데 뇌심부 자극술을 사용하려고 시도하고 있으며, 투렛 증후군을 앓고 있는 환자가 반복적인 경련을 멈추게 하는 데도 뇌심부 자극술을 사용하려 하고 있다.

조금 이상해 보이기는 하지만 이 방법은 현재 매우 일반적인 치료법이 되었으며 나름대로의 장점을 가지고 있다. 일단 이 치료법에 사용되는 간단한 장치들의 수명이 길어 환자의 몸 안에서 수십 년 동안 작동할 수 있다.[23] 그리고 우리가 앞으로 이 치료법을 더 많이 이용할수록 그 작동 원리에 대해 더 많이 이해하게 될 것이다.

전기 자극의 또 다른 장점은 적어도 약물이나 정신과적인 치료에 비해 수술 후

---

23 이 점이 처음에는 좀 이상하게 들릴지도 모른다. 앞에서 이야기했던 첨단 장치들이 불과 몇 달밖에 제대로 작동하지 못했던 것을 기억한다면 더욱 그럴 것이다. 그러나 이 장치는 미세한 신호를 잡으려고 하는 것이 아니라 전기 신호를 발사하기만 한다. 따라서 뇌가 전극 주변에 상처 조직을 만드는 것이 큰 문제가 되지 않고, 장치가 상처 조직에 둘러싸인 경우에도 잘 작동한다.

즉시 효과를 볼 수 있다는 것이다. 이것은 위험한 뇌 질환을 앓고 있는 환자들에게는 매우 큰 장점이다. 그리고 이 치료법이 실제로 효과가 있는지도 쉽게 알 수 있다. 이것은 자원해서 뇌에 전기 자극을 받기 원하는 사람들의 경우에 특히 중요하다.

뉴로페이스NeuroPace라는 회사는 뇌경색의 징후를 감시하기 위해 ECoG 형태의 임플란트를 이용하는 'RNS 시스템'이라는 장비를 개발했다. 이 장치는 아주 작게 만들 수 있어 다른 사람이 환자가 그것을 사용하고 있는지를 구별할 수 없을 정도다. 간질로 인한 전기적인 폭풍이 시작되면 이 장치가 목표 지점에 전기적 자극을 가한다.

RNS 시스템은 모든 환자에게 사용할 수 없고, 적어도 5년마다 뇌 수술을 통해 전지를 갈아주어야 한다. 그리고 비교적 간단한 뇌심부자극기와 달리 보안 검색 장치가 RNS 시스템을 갑자기 작동시킬 수 있다. 보안 검색 과정에서 갑작스러운 전기 쇼크가 일어난다면 이 과정의 효율을 적어도 10퍼센트는 떨어뜨릴 것이니 문제가 될 수 있겠다.

다른 연구자들은 경두개 자기 자극transcranial magnetic stimulation이라고 부르는 덜 침습적인 방법에 대해 연구하고 있다. 이것은 강력한 자기장을 이용한다는 것 외에는 뇌심부 자극술과 비슷하지만, 머리에 구멍을 뚫을 필요가 없다. 현재까지 이 방법은 고통을 완화시키는 데 효과가 있는 것으로 나타났으며, 우울증 치료에도 효과가 있을 것으로 보인다. 뇌심부 자극술과 마찬가지로 이 방법 역시 아직은 예리하지 못하다. 과학자들이 문제와 관련이 있는 지점을 찾아내면 그 지점을 향해 자기장을 발사하는 식이다. 현재까지 일부에서 치료 효과가 있는 것으로 알려졌지만 아직 연구가 진행 중이다.

하지만 당신이 그다지 당신 뇌의 문제를 고치고 싶지 않다고 하자. 당신은 건

강한 뇌를 그저 좀 낫게 만들고 싶다. 이건 아주 쉬운 일이다. 적당한 운동을 하고, 잘 먹고, 스트레스를 받지 않고, 더 열심히 공부하면 뇌는 더 좋아진다.

농담이다. 우리가 당신의 게을러터진 뇌를 컴퓨터로 더 낫게 만들어줄 수 있냐고? 그 대답은 "아마도."이다.

우리는 워싱턴대학의 에릭 루스하르트Eric Leuthardt 박사를 만났다. 루스하르트 박사는 신경외과 의사 겸 신경과학자다. 왜냐하면 당신도 알고 있듯, 모든 달걀을 한 바구니에 담으면 안 되니까 말이다. 그는 뇌의 기능을 보강하는 기술도 성형수술과 같은 길을 걸을 것이라고 생각하고 있다.

초기에는 성형수술의 목적이 대부분 자연적인 이유거나 사고·전쟁에 의해 생긴 심한 피부 손상을 치료하는 것이었다. 그러나 일단 많은 사람들이 성형수술을 받아들이게 되자 성형수술의 목적이 치료에서 미용으로 바뀌게 되었다.

이상한 미래 연구소

루스하르트 박사는 다음과 같이 제안했다. "작은 장치를 뇌에 심으면 당신의 집중도가 증가한다고 가정해봅시다. 예를 들어 작은 골무 같은 것을 두개골 안에 심으면 집중력도 높아지고 반응에 걸리는 시간도 줄어든다고 말이죠. (…) 월스트리트에서 일하고 있는 중개인이 이 골무를 이용하면 오랫동안 중개 일을 더 잘해서 수백만 달러를 더 벌 수도 있을 겁니다."[24]

뇌에 끼우는 골무에 대해 별 관심이 없는 사람들을 위해 알려주자면, 이미 외부 자기적 자극이 인식 능력과 기억력을 향상시킬 수 있다는 연구 결과가 있다. 아마도 사람들이 뇌에 전기장이나 자기장을 걸어 학습 능력과 인식 능력을 향상시켰다는 뉴스를 들은 적이 있을 것이다. 이것이 사실일 수도 있다. 그러나 최근에 발표된 논문에 의하면 이런 효과를 주장하는 증거들이 서로 섞였다는 이의가 제기되기도 했다.

비슷한 방향의 가장 최근 연구들을 보면, 뇌에서 기억과 관련된 부분에 뇌심부 자극술을 시행하면 학습 능력이 향상된다. 이런 연구들은 다른 이유로 이미 뇌에 전극이 심어져 있던 환자들을 대상으로 시행되었다.

여러 증거에 따르면 자극을 가한 후 단순한 공간 정보를 기억하는 능력이 향상되었다. 그저 버거킹에 가는 길을 더 잘 기억하게 되는 것만으로는 머리에 전극을 꽂는 수고를 보상받을 수 없다. 그러나 이런 결과들은 전기를 이용해 진정한 의미의 학습 능력을 향상시키는 것이 가능하다는 사실을 암시하고 있다. 정확한 것은 시간을 들여 더 많은 연구를 통해 밝혀내야 할 것이다.

그러나 이런 일이 가능하다고 해도 또 다른 문제가 있다. 중추신경 각성제인 암페타민을 복용하면 공부가 더 잘 된다는 상당히 믿을 만한 증거가 있지만 의사

---

24 우리는 월스트리트 중개인의 두개골을 여는 것에 대해 윤리적인 꺼림칙함을 전혀 느끼지 않는다.

들이 그 약을 복용하라고 권하지는 않는다. 혈입 성승이나 시력 쇠퇴, 조울증과 같은 부작용이 약으로 인해 얻을 수 있는 이익보다 크기 때문이다. 전자기적 뇌 자극을 이용한 뇌 기능 향상의 경우에는 장기적으로 어떤 영향이 나타날지 아직 모르고 있다. 따라서 당신은 가까운 미래에 대형 마트에서 신경 자극 헬멧을 살 수는 없을 것이다.

당신 뇌의 하드웨어를 약간 '업그레이드'하는 방법으로 접근해볼 수도 있다. 뇌가 이미 하고 있는 일을 좀 더 효과적으로 할 수 있도록 도와주는 방법이다. 살 아가다 보면 때때로 당신이 정보를 평소보다 더 빨리 받아들이는 것 같은 느낌을 받을 때가 있다. 그런가 하면 정보가 머리로 들어오다가 튕겨져 나가는 것 같을 때도 있다. 어떤 때는 특히 강한 의욕이 생기기도 하고, 사랑에 충만하거나 학문 에 대한 욕구가 생길 때도 있다.

문제는 우리 자신이 어떤 마음 상태에 있는지 항상 알 수는 없다는 것이다. 그 러니 만약 이유가 뭐든 간에 당신이 오늘 오후 1~2시에 학습 능력이 최대가 되 는 상태에 있었다고 하자. 그러나 그 시간에 비디오 게임을 하고 있었기 때문에 그런 사실을 알아차리지 못하고 지나갔다. 또는 오늘 오후 2~3시에 운동을 할 수 있는 가장 좋은 심리적 상태에 있었다고 하자. 그러나 그 시간 역시 비디오 게 임을 하고 있어 그런 사실을 알아차리지 못하고 지나갔다.

만약 우리의 정신 상태를 감지할 수 있고, 그것에 관심을 가지게 된다면 어떨 까? 우리 뇌의 특정한 패턴을 조사하는 장비를 가지고 있어 특정한 시간에 어떤 일을 잘 할 수 있을 것이라는 정보를 알려준다고 가정해보자. 그렇게 되면 우리 는 언제 시를 써야 하고, 언제 문서 작업을 해야 할지를 알 수 있을 것이고, 언제 가 셰익스피어 작품을 읽기에 적당한 시간인지, 언제 느긋하게 쉬며 텔레비전을 보아야 할지도 알 수 있을 것이다.

　당신에게서 특정 뇌파가 감지된다면 그것은 곧 당신의 뇌가 새로운 것을 학습하기에 적당한 상태라는 뜻을 나타낸다는 확실한 증거가 있다. 그러나 이런 것들이 인간에게서 어떻게 작용하는지를 알려주는 증거에는 제약 조건이 많다. 우리가 발견한 가장 믿을 수 있는 연구는 토끼에서 특정한 뇌파가 감지될 때까지 기다렸다가 학습시키면 토끼의 학습 속도가 2배에서 4배까지 증가한다는 사실을 보여주었다.

　다시 말해 토끼가 최대의 학습 효과를 올릴 수 있는 심리적 상태가 존재하는 것처럼 보인다. 사람에게서도 마찬가지일까? 현재로서는 알 수 없다. 약간의 예외를 제외하면 사람은 토끼보다 조금 더 복잡하다. 그리고 토끼를 이용한 실험의 경우 학습이 아주 간단했다.

뇌에 기록하기

우선, 우리는 가까운 장래에 셰익스피어 전집이나 미적분학, 또는 쿵푸를 뇌에 업로드할 수는 없을 것이다. 뇌에 어떤 것을 업로드하기는 아주 어렵다. 그 이유는 뇌가 어떤 것을 기억하는 방법이 우리가 생각하는 방법과 다르기 때문이다. 한마디로 말해 우리가 무엇을 경험하면, 뉴런에 특정한 패턴이 만들어진다. 우리가 기억을 불러올 때는 (말하자면) 이 패턴이 재생된다. 만약 사람이 쿵푸를 업로드하기 편리하도록 뇌를 설계했다면 우리의 모든 기억이 특정한 뉴런 덩어리에 저장되어 있을 것이고, USB 슬롯도 있을 것이다. 불행하게도 자연은 주변장치를 사용할 수 있도록 우리를 진화시키지 않았다.

아, 다음으로 이야기할 것은 사실 우리가 이미 뇌에 기록을 할 수 있다는 점이다. 이 게으른 양반아! 독자 여러분은 방금 뇌에 "이봐, 이 책에서 지금 나를 게으른 양반이라고 불렀어."라고 기록했다. 듣는 것, 냄새 맡는 것, 보는 것, 만지는 것과 같은 모든 감각은 뇌에 기록하는 방법이다.

대부분의 사람들의 경우에는, 아니, 일부 사람들의 경우에는(그리고 나이가 많은 사람들의 경우에는 대부분) 이런 기록 메커니즘이 쇠퇴한다. 아직 우리가 뇌 기록 전문가는 아니지만, 오래된 감각기관을 수선하는 방법은 알고 있다. 다른 것은 몰라도 손상된 시력과 청력은 우리가 알아낸 기술을 이용해 재생할 수 있다.

시력은 안내 섬광phosphene이라는 것을 이용해 재생할 수 있다. 안내 섬광은 빛이 전혀 없는 곳에서도 빛이 번쩍거리는 것처럼 느끼는 것을 말한다. 안구에 갑작스럽게 큰 압력이 가해질 때 종종 안내 섬광을 느낄 수 있다. 예를 들어, 이 책의 저자 중 한 사람은 뒤에서 아내 켈리에게 달려와 손으로 켈리의 눈을 (물론 부드럽게) 누르면서 "안내 섬광! 안내 섬광!" 하고 외치는 놀이를 좋아한다. 켈리도 분명 갑작스럽게 눈앞에서 빛이 번쩍이는 것을 즐기고 있다.

이상한 미래 연구소

전기를 이용해서도 이런 효과를 만들어낼 수 있다는 것이 밝혀졌다. 따라서 과학자들은 안내 섬광을 이용해 화소를 나열함으로써 빛을 만들어낼 수 있는 장치를 시각 장애인의 안구에 심는 방법을 알아냈다. 이것은 일반적인 의미의 '보는 것'과는 다르지만 얼굴의 윤곽을 파악하기에는 충분하다. 어떤 사람은 이것을 이용해 빈 주차장에서 운전을 한 적도 있다.

청력도 인공 와우cochlear implant라고 부르는 장치를 이용해 재생할 수 있다. 뉴스를 통해 인공 와우에 대한 이야기를 들은 사람들은 이것을 아주 좋은 보청기 중 하나라고 생각할지 모른다. 그러나 이 장치는 우리가 알고 있는 보청기와는 전혀 다른 방법으로 작동한다. 귀 가까이에 있는 작은 마이크가 소리를 수신해 피부 아래 있는 수신기에 전달한다. 수신기는 소리들 중에서 의미 있는 소리(예를 들면 배경 음악보다는 누군가 당신에게 말하는 소리)만 걸러내 전기 신호로 바꾼 다음 달팽이관으로 전달한다.

인공 와우를 이용하면 아무것도 들을 수 없었던 환자들도 소리를 들을 수 있다. 훈련이 필요하기는 하지만 이것이 청력을 재생시키는 훌륭한 장치라는 사실이 밝혀졌다. 우리는 인공 와우를 이식한 환자가 어떤 소리를 듣게 되는지를 시뮬레이션한 소리를 들어 보았는데, 마치 오래된 카세트테이프에 녹음된 소리를 재생한 것과 비슷했다. 아주 인상적인 경험이었다.

뇌에 정보를 기록하는 또 다른 흥미로운 방법이 있다. 인공 해마 이식hippocampal prosthesis이라고 부르는 이 방법은 쿵푸와 관련된 모든 정보를 뇌에 업로드해 즉시 쿵푸를 배우게 할 수 있는 것에 가장 가까운 방법이다. 일부 연구자들이 알츠하이머나 치매와 같은 질병으로 기억 능력이 상실된 사람들을 치료하기 위해 인공 해마를 연구하고 있다.

우리가 어떤 것을 기억할 때, 해마라는 기관을 통해 기억이 저장된다. 해마는 단기 기억을 장기 기억으로 바꾸어준다. 만약 이 과정에 문제가 생기면 새로운 장기 기억이 만들어지지 않는다. 할머니들이 소녀 시절에 있었던 일들은 소상하게 기억하면서도 오늘이 자신의 생일임은 전혀 기억하지 못하는 것은 이런 현상 때문이다.

인공 해마는 뇌의 신호를 가로채 처리한 다음 장기 기억에 저장한다. 그러나 장기 기억도 신경퇴화에 의해 손상될 수 있다. 인공 해마가 하는 일은 신호를 가공해 그 결과를 적절한 장소로 보내 실제로 기억을 만드는 일이다.

이렇게 말하니 마치 우리가 직접 뇌에 기록하고 있는 것처럼 들릴 수도 있다. 그러나 우리는 우리가 무엇을 기록하고 있는지 모른다. 신호를 받아 처리해 다른 곳으로 전달하기는 하지만 그것이 무엇인지는 모르고 있는 것이다. 이 분야의 연구를 주도하고 있는 서던캘리포니아대학의 시어도어 버거Theodore Berger 박사는 이 과정을 '스페인어와 프랑스어를 전혀 할 줄 모르면서 스페인어를 프랑스어로 번역하는 것'과 같다고 설명했다.

만약 당신이 '그 언어를 하지 못하면서' 장기 기억 저장소에 기억을 주입할 수 있다면 매우 편리할 것이다. 한 뇌의 기억을 다운로드해 다른 뇌에 업로드할 수 있다는 의미이기 때문이다. 그러나 현재로서는 기억과 관련된 많은 것을 이해하지 못하고 있고, 우리가 기억을 처리하는 방법은 이런 일을 하기에는 너무 단순하다.

우리가 걱정해야 할 문제들

어휴, 뇌를 수정하는 것과 관련된 문제는 너무 많다. 먼저, 뇌는 단순한 기계가 아니다. 따라서 뇌를 업그레이드하는 것 역시 간단한 문제가 아니다. 예를 들어 유전자 조작을 통해 태어난 쥐의 기억력이 더 좋다는 일부 증거가 있지만 이런 쥐들이 만성 두통에 시달린다는 증거도 있다. 뇌가 작동하는 방법을 수정하면 우리가 원하지 않는 결과가 나타날 수도 있다.

또한 원하지 않는 결과가 알려져 있더라도 경쟁심 때문에 자신의 뇌를 수정하려고 하는 사람들이 있을 것이다. 대학에서 연구하고 있는 사람들 4명 중 1명은 뇌 기능을 강화하는 약물의 사용을 받아들이고 있다. 이런 약물의 사용은 개인의 건강을 해칠 뿐만 아니라 사회 전체에 위험한 움직임을 만들어낼 수 있다. 어떤 사람이 일을 더 빨리 하기 위해 암페타민을 복용하면 다른 사람들은 이제 암페타민과 경쟁해야 하니 말이다.

이 문제는 아직 심각한 단계가 아니다. 그 이유 중 하나는 현재 사용 가능한 약물들이 사용자들에게 실제로 큰 도움이 되는지가 명확하지 않기 때문이다. 하루에 2시간만 자는 사람이 그렇지 않은 사람들보다 생산성이 높을 것이라는 사실은 확실하지만, 얼마나 높은지는 알 수 없다. 그러나 만약 새로운 기술이 지적 능력에 더 큰 영향을 줄 수 있다면 결국은 많은 사람들이 그 기술의 사용자가 될 것이다.

뇌-컴퓨터 인터페이스 시대에 위협을 느낄 사람들은 고도로 숙련된 노동자들만이 아니다. 다음을 생각해보자. 사용자는 고용한 노동자의 뇌에 저장된 자료에 어떤 권리를 가질까? 만약 우리가 체내 주입물을 통해 누군가를 추적할 수 있다면, 근무하는 동안에 회사가 사원들의 생각을 추적해도 될까? 고객을 직접 대면하는 회사는 이미 사원들에게 좋은 기분으로 일하라고 요구할 권리를 가지고 있다. 좋은 기분을 신경 수준에서 조절할 수 있다면 회사는 사원이 어떤 상태에서 일하고 있는지 파악할 권리가 있을까?

뇌에 심는 전자 장치를 노동자들에게 도움이 되도록 사용하는 방법 중 하나는 뇌의 집중도를 높일 수 있도록 작업 중 실수를 감지해 자극을 주는 장치를 사용하는 것이다. 이런 기계는 작업장의 안전 수준을 높이겠지만, 전기 자극을 이용해 뇌의 집중도를 높이는 것에 대해 노동자들이 어떻게 생각할지는 모르겠다.

뇌를 컴퓨터와 연계하면 심각한 프라이버시의 문제가 야기될 수도 있다. 몸에 부착된 치료용 장치들은 대개 외부 세계와 무선으로 통신한다. 이것은 해킹의 문제를 불러올 수 있다. 뇌에 심는 장치일 경우 해커가 원격으로 그 사람을 죽일수도 있고, 상처를 입힐 수도 있다. 해커가 뇌심부 자극기에 접속해 그 사람의 기분을 통제할 수도 있고, 인간성을 바꿔놓을 수도 있다.

더 일반적으로는 사람들이 당신의 뇌-컴퓨터 인터페이스에 어떤 권리를 요구할 수 있는지에 대해 질문을 던질 수 있다. 예를 들면 수능을 보는 학생이 사전을

이상한 미래 연구소

검색할 수 있는 뇌-컴퓨터 인터페이스 장치를 가지고 있는 경우 그런 사실을 감독관에게 알려야 할까? 만약 학생에게 체내 주입물이 있는 경우, 그것이 정말 중요할까?

뇌를 수정하는 것과 관련해 사회적으로 불편한 측면 중 하나는 '현재 존재하는 여러 단체에 어떤 영향을 줄 것인가?'다. 시각 장애인들이나 청각 장애인들은 그들만의 단체를 가지고 있다. 청각 장애인들의 경우에는 그들만의 언어도 가지고 있다. 신경 이식물이 사람들에게 시각과 청각을 돌려준다면, 오랫동안 지속되면서 독특한 역할을 해온 이런 단체들의 존재 이유가 사라질 것이다. 실제로 청각 장애인 단체의 많은 회원들이 바로 이런 이유로 인공 와우 이식을 반대하는 집회를 가졌다.

문화적인 이유로 '바람직하지 않다'고 생각되는 행동이 교정될 수 있다면 어떨까? 그렇다. 당신 주변에도 행동 교정이 필요한 사람이 있을 것이다. 그러나 행동을 교정하는 기술은 어느 특정한 시점에 가능해질 것이고, 그렇다면 그 시기에 바람직하지 않다고 생각되는 행동을 교정하게 될 것이다.

동성애는 이제 더 이상 질병으로 인식되지 않지만, 과거에는 오랫동안 질병이라고 여겨졌다. 실제로 1972년에 로버트 히스Robert Heath 박사는 뇌파측정기와 전기 자극기를 이용해 동성애자를 양성애자로 바꾸는 실험을 했다. 뇌를 수정하는 기술이 일반화되면 인간의 뇌를 바꾸어 우리가 나중에 가치 있거나 윤리적으로 괜찮다고 판단될 수 있는 특성을 제거해버릴지도 모른다.

뇌-컴퓨터 인터페이스가 일반화되면 제기될 가장 일반적인 문제에 대해 생각해보자. 뇌-컴퓨터 인터페이스가 우리가 현재 알고 있는 인간성을 말살시키지는 않을까? 1만 년 전에 태어난 건강한 아기를 오늘날로 데려온다고 해도 적응하는 데 큰 문제는 없을 것이다. 인간 뇌의 기본적인 하드웨어는 호모사피엔스가 지구상에 나타난 이후 큰 변화가 없었기 때문이다. 뇌-컴퓨터 인터페이스는 뇌의 하드웨어를 변화시키는 첫 번째 시도가 될 것이다. 그리고 두 귀 사이에 있는 컴퓨터를 바꿔보려는 초기의 시도는 틀림없이 가장 서툰 작업일 것이다.

일단 뇌를 수정하는 능력을 갖게 되면 그런 능력은 빠르게 발전할 것이다. 우리는 뇌를 수정할 수 있는 능력을 이용해 더 똑똑한 뇌를 갖게 될 것이고, 더 똑똑해진 뇌는 더 나은 뇌-컴퓨터 인터페이스 기술을 개발할 것이다. 따라서 뇌는 더 똑똑해질 수 있을 것이다. 이런 일은 계속 반복된다. 결국 우리 모두는 육체에서 분리된 초뇌를 가진 인간이 될 것이다. 실망스러운 결과다. 그렇게 되면 더 이상 예능이나 드라마를 보고 즐기는 현재의 우리가 아닐 것이기 때문이다.

이것이 세상을 어떻게 바꿔놓을까?

뇌-컴퓨터 인터페이스 기술이 일반화되면 여러 산업 분야에서도 이 기술을 이용할 것이다. 이상적인 뇌-컴퓨터 인터페이스는 사람들을 더 똑똑하게, 더 나은 기억력을 가질 수 있게, 더 집중할 수 있게, 더 나은 창의력을 가질 수 있게 만들 것이다. 뇌-컴퓨터 인터페이스를 생각하면, 아마 가장 먼저 영화 속에서 사이보그로 인해 벌어졌던 나쁜 일들을 떠올릴 것이다. 그럼에도 불구하고 갑자기 기억력이 좋아질 수 있는 기회가 있다면 우리 중 누구든 그 기회를 잡으려 하지 않을까?

가까운 장래에는 뇌-컴퓨터 인터페이스를 대부분 뇌의 능력을 강화하는 데보다 질병을 치료하는 데 사용할 것이다. 그러나 손상된 뇌를 고치기 위해서는 뇌를 이해해야 하고, 뇌를 더 많이 이해하게 되면 자연스럽게 뇌를 강화하는 것으로 옮겨 간다.

아마 당신은 텔레파시를 이용해 우리의 생각을 컴퓨터에 전달하는 미래의 모습을 상상했겠지만, 이런 장비가 개발된다면 우선 질병의 치료를 위해 사용될 것이다. 새롭게 연구되는 분야 중에 신경 보장구라는 것이 있다. 신경 보장구는 뇌의 신호를 의족이나 의수와 같은 보장구에 전달하는 장치다. 현재는 의족에 대한 연구가 집중적으로 이루어지고 있다. 의족이 의수보다 훨씬 간단하기 때문이다.

신경 보장구는 손실된 팔다리를 대체하는 로봇 팔다리의 가장 완전한 형태다. 실제 팔다리와 똑같은 일을 할 수 있기 때문이다. 가장 발전된 현대 의족은 걷거나, 뛰거나, 달리거나, 펄쩍 뛰는 것과 같은 여러 가지 걸음걸이 중에서 인간이 어떤 것을 하고 싶어 하는지를 감지해 그렇게 걸을 수 있도록 한다. 그러나 아직은 살과 뼈로 이루어진 실제 다리와 같이 자연스럽게 움직이지는 못한다. 따라서 실제 다리로 할 수 있는 여러 가지 복잡한 운동을 할 수는 없다.

과학자들은 이런 보장구로부터 받은 피드백을 뇌에 전달하는 방법을 알아냈다. 걸을 때 발을 볼 필요가 없다는 사실을 우리는 당연하게 받아들인다. 직접 보지 않고도 발이 공간의 어디에 있는지를 감지할 수 있고, 다리 근육의 수축과 이완을 느낄 수 있다. 발을 다쳤을 때 그것을 알 수 있는 이유도 발이 보내는 신호가 뇌에 전달되기 때문이다. 이론적으로는 뇌-컴퓨터 인터페이스가 뇌에서 보장구로, 보장구에서 뇌로 신호를 전달할 수 있다.

로봇 팔을 사용하고 싶어 하지 않는 환자는 뇌-컴퓨터 인터페이스를 이용해 마비된 팔을 움직일 수 있을 것이다. 마비는 종종 척추 손상으로 일어난다. 척추는 뇌와 조직을 연결하는 신호의 고속도로로, 척추가 손상되면 뇌에서 사지로 향하는 신호가 차단된다. 척추 손상으로 팔을 움직일 수 없는 환자의 몸속에서도 뇌는 신호를 쉴새 내보내고 있다. 문제는 뇌가 내보낸 신호가 팔에 도달하지 못한다는 것이다. 그렇다면 우리가 뇌의 신호를 받아 직접 팔에 전해주면 되는 것 아닐까?

최근에 개발된 뉴로브리지Neurobridge라고 부르는 기술이 그런 일을 한다. 먼저 유타 어레이를 환자의 운동 피질에 심고, 무선으로 팔뚝에 부착된 여러 개의 전기 자극기와 연결한다.[25] 인내를 가지고 연습하면 손과 손가락을 움직일 수 있다. 비록 그 움직임이 완전하지 않고, 팔의 피드백을 뇌에 전달할 수는 없지만 장기적으로는 뉴로브리지가 마비된 사지를 치료하는 일반적인 치료법으로 자리잡을 수도 있다.

질병 치료에 이용되는 것 외에도 뇌-컴퓨터 인터페이스는 이미 오락용 소프트웨어에 널리 사용되고 있다. 시중에 나와 있는 다양한 게임들은 대부분 비교적 간단한 기술을 사용하고 있다. "스로우 트럭스 위드 유어 마인드Throw Trucks with Your Mind"라는 제목으로 출시된 게임은 플레이어를 가상 투기장에 넣고 상대방에게 물건을 던지도록 해 승패를 결정하는 게임이다. 가상의 물건을 던지는 데 필요한 에너지는 평온한 상태에서 나오는 뇌파에서 얻어야 한다. 게임을 만든 사람이 목표했던 대로 이 게임이 불안과 주의결핍 증상에 대한 새로운 치료법이 될지, 아니면 그저 가상적인 트럭을 던지면서 스트레스를 푸는 것으로 끝나게 될지는 시간이 지나보아야 알 수 있을 것이다.

또 다른 제안은 컴퓨터가 사람의 마음 상태를 파악할 수 있도록 해 통신 능력을 향상시키려는 것이다. 예를 들면 음성 인식 장치가 "나는 케이트가 필요해!"

---

25 자극기를 왜 손이 아니라 팔뚝에 부착할까? 기본적으로 손은 팔뚝에 의해 통제되는 커다란 불가사리 모양의 도구이기 때문이다. 직접 확인해보기 바란다. 한쪽 팔을 들고 손에서 힘을 뺀 후, 다른 쪽 손을 이용해 팔뚝을 압박해보자. 힘을 뺀 손이 움직일 것이다.

이상한 미래 연구소

라는 말과 "나는 케이크가 필요해!"라는 말을 구별하는 데 어려움을 느낄 때, 간단한 뇌-컴퓨터 인터페이스가 그 사람이 케이트와 사랑에 빠져 있는지 아니면 배가 고픈지 파악해 음성 인식에 도움을 줄 수 있도록 하자는 것이다.

일부 과학자들은 사이버 신경 연결에 대해 연구하고 있다. 한 실험에서는 동물들의 뇌를[26] 뇌-컴퓨터 인터페이스를 통해 연결했다. 그 결과 뇌와 뇌 사이의 연결이 만들어졌다. 우리는 이 실험실 쥐들이 말 그대로 그들의 생각을 교환했는지는 알 수 없지만 연결된 뇌들이 일을 더 효과적으로 할 수 있도록 협력하는 것처럼 보였다. 미래 어느 시점에는 다른 사람과 오락을 위해서나 사업을 위해서 말 그대로 '마음을 모으는 것'이 가능할 것이다.[27] 많은 사람들이 참여해 단체로 이런 실험을 한다면 그야말로 악몽과 같을 것이 틀림없다.[28]

와드스워스 센터Wadsworth의 거윈 샤크Gerwin Schalk 박사는 경험을 보다 깊이 있게, 보다 자세하게 교류할 수 있는 세상을 꿈꾸고 있다. 그는 다른 사람들과 경험을 공유하기 위해 손가락이라는 뚱뚱한 살덩어리 토막을 이용해 그 내용을 타이핑해야 한다는 건 바보 같은 짓이라고 생각하고 있다. 뇌가 연결되면 좀 더 개인적인 경험도 공유할 수 있을 것이다. 예를 들면 어떤 것을 경험하는 그 순간에 다른 사람과 연결해 그 사람도 같은 것을 보고, 냄새 맡고, 느끼게 할 수 있다.

"그런 세상은 컴퓨터가 바꾸어놓은 세상과는 다른 새로운 세상이 될 겁니다. 그렇게 되면 인간의 의미가 완전히 달라지지 않을까요? (⋯) 우리의 생각이 곧바로 어떤 클라우드에 모여 있게 되는 거예요. 이는 모든 통신 장벽을 완전히 제

---

26 우리는 이 실험에 대해 윤리적으로 완전히 마음이 편하지 않다.
27 또는 전쟁의 목적으로. 미군도 뇌와 뇌 사이의 통신에 관심을 가지고 있다. 말하지 않고 통신할 수 있는 병사들은 그들의 위치나 공격 계획을 들킬 가능성이 적기 때문이다.
28 "좋아요, 여러분! 이 문제에 대해 브레인스토밍 해봅시다!"

서하므로 사회 사체가 하나의 초인간 또는 모든 사람들에게 내재되어 있는 어떤 것이 됩니다. (…) 우리 생활에 이것보다 큰 영향을 줄 만한 어떤 것도 상상할 수가 없네요."

우리가 모두 '대형 뇌' 같은 무언가에 연결될 것이라고 확신할 수는 없다. 혼자만 간직하고 싶은 생각이 많으니 말이다. 물론 샤크 박사는 이러한 연결 상태를 계속 유지하는 건 문제가 될 수 있다고 지적했다. "아내와 소파에 나란히 앉아서 '아, 아내와 이혼하고 싶다.'고 생각한다고 가정해봅시다. 갑자기 아내가 남편의 이런 생각을 읽어낼 수 있게 된다면 과연 즐거운 일이 벌어질까요?" 맞다. 전혀 즐거울 일이 없다.

뇌-컴퓨터 인터페이스는 이런 이상한 특징을 가지고 있다. 우리는 뇌-컴퓨터 인터페이스를 통해 개인들이 선택적으로 경험을 공유할 수 있게 되는 것은 바라

　　　　　　　　　　　　　　　　　이상한 미래 연구소

면서도 우리의 경험이 전체 사회에 공개되는 것은 두려워하고 있다.

이 책에서 소개한 모든 기술들 중에서 뇌-컴퓨터 인터페이스가 그 영향을 예측하기 가장 어렵다. 핵융합 원자로나 우주 엘리베이터가 만들어진다고 해도 핵융합 원자로를 운영하는 것은 사람이고, 우주 엘리베이터가 지구 궤도로 실어나르는 것도 사람이다. 다시 말해 그것들이 어떤 용도로 사용될지를 알고 있다. 그러나 뇌와 컴퓨터에 연결되어 서로를 수정할 수 있게 되면 사람들이 더 이상 우리가 알고 있는 사람이 아닐 것이다. 이것은 인류의 끝이며, 새로운 시작이다.

⚡주목하기 필 케네디 박사의 이상한 연구

우리는 이 부분을 켈리와 루스하르트 박사의 인터뷰로 시작하겠다. 사실 이 인터뷰는 인터넷 화상 전화를 이용해 이루어졌지만, 극적인 효과를 위해 차가운 대리석 벽으로 둘러싸인 어두운 성 안의 방에서 진행되었다고 상상해보자. 이 방에는 이상한 생물 표본들과 가죽으로 제본한 학술서적들이 흩어져 있다. 필요하다면 번쩍거리는 번갯불을 더해도 좋겠다.

루스하르트 박사: 기술은 문제가 되지 않습니다. 사실 그렇게 많은 돈이 필요하지도 않아요. 만약 내게 충분한 돈이 있다면 오늘 당장 그걸 만들 겁니다. (…) 문제는 사람들이 여기에 투자할 의지가 있느냐, 실제로 이걸 개발하려고 할 것인가, FDA가 승인해줄 것인가, 이런 것들이 더 큰 문제죠. 내 생각에 우리는 우리가 생각하는 것보다 훨씬 이것에 가까이 와 있어요. 이것을 막고 있는 건 빌어먹을 공무원들이에요.

켈리: 놀라운 일이네요. 저는 우리가 장애가 없는 사람을 위한 신경 보장구에 그렇게 가까이 와 있는 줄 몰랐습니다. 사람들에게 신경 보장구를 달아보라고 하면 사람들이….

루스하르트 박사: 그러니까 내 말은, 어디까지나 참고로 하는 말이지만, 재미있는 이야기가 있어요. 필 케네디 말입니다. (…) 그 사람은 뇌-컴퓨터 인터페이스를 심었어요. 뇌-컴퓨터 인터페이스를 갖고 있다니까요. 그는 사실 지극히 정상적인 건강한 과학자예요. 작년인가, 재작년인가에 카리브해에 있는 벨리즈까지 가서 자기 자신에게 뇌-컴퓨터 인터페이스를 이식하는 수술을 받았죠.

켈리: 그래서 어떻게 되었나요?

루스하르트 박사: 내 생각에 그는 자신의 뇌를 연구하려는 과학적인 이유로 그렇게 한 것 같아요. 이 장치는 기본적으로 그의 언어 중추로부터 나오는 신호를 기록할 수 있고, 그것을 통해 여러 가지를 통제할 수 있었어요. 사실 그 장치를 제거할 때 좀 문제가 있었죠. 하지만 잘 제거했어요. 그는 뇌-컴퓨터 인터페이스를 가지기 원했던 정상적인 사람이었죠.

신경외과 의사들에게 '정상적'인 것은 독자들이 생각하는 '정상적'인 것과는 많이 다른 모양이다. 그러나 이런 모험은 천재가 지불해야 할 대가였다. 어떤 경우든 필 케네디 박사의 이름은 우리에게 경종을 울리고 있다. 그는 우리가 앞의 뇌 읽기 부분에서 설명했던 '신경에 연결하는 전극'을 개척한 사람이다.

그러나 사실 케네디 박사의 이야기는 인터뷰에서 소개된 것보다 조금 더 복잡했다. 그는 어떤 의미에서는 틀림없이 극단적인 사람이었다. 그는 미국에서는 허용되지 않는 수술을 받기 위해 벨리즈로 가서 약 2,750만 원을 지불하고 자기 뇌의 운동 중추에 전극을 심어 뇌와 컴퓨터 인터페이스를 실현했다.

뇌-컴퓨터 인터페이스를 실제로 만들겠다는 케네디 박사의 결정은 쉽게 내려진 것이 아니었다. 그리고 실제로 최초로 사이보그가 되는 과정 역시 쉽지 않았다. 그의 중요한 연구 목표는 감금 증후군을 앓고 있는 환자를 돕는 것이었다. 이 질병을 앓고 있는 사람들은 몸의 일부분을 움직일 수 없거나, 눈을 깜박거리고 그르렁거리는 것 같은 최소한의 운동만 할 수 있다. 이 질병에 대해 들어본 적이 없는 사람들도《잠수종과 나비The Diving Bell and the Butterfly》29라는 책에 대해서는 들어본 적이 있을 것이다. 이 책은 감금 증후군을 앓고 있던 장도미니크 보비Jean-Dominique Bauby가 1년 넘게 눈의 깜박임만을 이용해 불러준 내용을 기록해 만든 것이다.

뇌-컴퓨터 인터페이스에 대한 연구의 대부분은 보비와 같은 환자들이 좀 더 자유롭게 의사소통을 할 수 있도록 하는 데 초점을 맞추었다. 케네디 박사의 신경 탐침 연구도 몇몇 환자들이 컴퓨터 커서를 움직이거나 글자를 선택하는 데 도움을 주었다. 그러나 미국 식품의약품국FDA은 이 분야에서 약 30년 동안 연구한 케네디 박사가 더 이상 환자를 받지 못하도록 했다.

케네디 박사는 연구비를 조달하기 어려워졌고 연구 주제를 찾기도 힘들게 되었다. 그러자 케네디 박사는 그의 평생 연구가 수포로 돌아갈까 염려하게 되었다. 그래서 그는 자신의 돈으로 스스로 환자가 되어 수술을 받기로 결정했다. 그

---

29 이 책을 원작으로 해 2007년에 제작된 프랑스 장편 영화가 〈잠수종과 나비〉라는 제목으로 우리나라에서도 상영되었다(옮긴이).

는 미리 유언장을 썼고, 회사에 뇌-컴퓨터 인터페이스를 제공해달라고 요청했다. 그러고는 규제가 심하지 않은 벨리즈로 가서 수술을 받았다.

2번의 수술을 거치고, 결과는 성공적인 것처럼 보였다. 케네디 박사는 일시적으로 말하는 능력을 상실했다. 아마 FDA가 염려했던 이유도 이런 것 때문이었을 것이다. 그러나 그는 이런 부작용에 대해 그다지 염려하지 않았다고 주장했다. 결국 그는 뇌수술의 개척자들에게 큰 도움을 주었다. 그는 점차 부작용에 익숙해졌고 이런 수술의 개척자가 되었다. 아마 그는 정말로 부작용이 두렵지 않았을지도 모르겠다. 의학 연구를 위해 자신의 돈을 투자해 의학적 규제가 조금 더 느슨한 나라로 가서 자신의 뇌에 전극을 심는다는 건 누구나 할 수 있는 일이 아니니까.

그는 자신의 뇌를 이용해 많은 실험을 했다. 스스로 단어를 생각하고 말하면서 어떤 뉴런들이 활동적으로 바뀌는지를 관찰했다. 그가 얻은 자료는 대단히 유용했다. 그러나 불행하게도 수술 부위가 제대로 봉합되지 않았다. 그래서 1달 동안의 연구가 끝난 후, 그는 미국에서 수술을 통해 뇌에 심었던 장비들을 제거해야 했다. 이 이야기의 가장 극적인 반전은, 이 수술에 보험금이 지급되었다는 것이다.

케네디 박사는 자신이 한 일이 가치 있는 일이었다고 믿고 있다. 그의 헌신에 대해 우리가 할 수 있는 일은 경의를 표하는 것뿐이다. 그리고 가능하다면 그가 보험사를 대체 어떻게 설득했는지 알고 싶다.

열한 번째: 결론

더 먼 미래에 등장할 기술들,
또는 잃어버린 장들의 공동묘지

이 책을 쓰기 전에는, 우리도 대중을 대상으로 한 과학책을 읽으면서 사소한 오류에 대해 불평하던 사람들이었다. 축구장에서 나초를 먹으면서 선수들에게 욕설을 날리는 사람들의 괴짜 버전이라고 보면 된다. 그러나 펭귄 출판사의 좋은 사람들이 우리가 던진 공을 받았을 때, 마치 우리가 잡은 손 안에서 치즈를 올린 나초가 부서지고 실제 축구선수들이 착용하는 장비가 그 자리에 들어온 것 같았다. '성공한 덕후'로서 자부심을 느낀다.

정보와 유머를 올바로 조화시키기 위해 최선을 다했지만, 이 책을 쓰는 동안 우리의 가장 큰 두려움은 누군가 내용이 정확하지 않다고 지적할지 모른다는 것이었다. 그러나 우리가 이 책에 담으려고 계획했던 정보의 양을 생각하면(그리고 이보다 훨씬 많은 양이 압축되어 이 책에 들어갔거나 버려졌다) 어딘가에 오류가 있을 가능성을 피할 수는 없다.

따라서 만약 과학적 사실에 오류가 발견된다면 우리에게 알려주기 바란다. 가

406   이상한 미래 연구소

장 좋은 방법은 친구들과 가족들에게 긴 휴가를 가기 때문에 연락이 안 될 것이라고 이야기해놓고, 우리 집으로 와서 계단을 내려와 어두운 지하실로 들어오는 것이다. 거기에 맛있는 과자도 있다. 약속한다.

처음 이 책을 구상할 때는 새롭게 등장하고 있는 많은 기술들을 빠르게 둘러볼 수 있도록 하는 책을 만들기로 했다. 새로운 것에 열광하는 '덕후'들을 위한 일종의 샘플러 같은 책이었다. 그러나 책을 준비하면 할수록, 적은 분량으로 써야 한다는 제한이 있으면 새로운 기술들을 전혀 다룰 수 없다고 깨닫게 되었다. 솔직히 이 책에서 다룬 주제들이 간단하게 요약된 버전을 원한다면 그냥 위키피디아를 찾아보는 편이 더 좋을 것이다. 우리는 더 깊이 있는 내용을 더 자세하게 다루고 싶었다. 그리고 과학과 관련된 이야기를 하거나 이해하기 힘든 글을 읽다가 마주치는 이상한 이야기들도 들려주고 싶었다. 그러니까 새로운 기술을 다룬 샘플러인데, 아주 큰 애피타이저가 포함되어 있다고 생각하면 좋겠다.

우리가 각 장의 분량을 늘림에 따라, 처음 생각했던 주제들 중 대부분이 일찌감치 제외되었다. 일부는 합쳐져서 큰 주제를 가진 하나의 장이 되었다. 그러나 그중에는 우리가 아끼고 사랑해서 키웠지만 결국 안락사를 시킬 수밖에 없었던 장들도 있었다.

이 책을 마무리하면서, 우리가 본문에서 다룰 수 없었던 주제들이 영원한 어둠 속에 묻히기 전에 구글 드라이브 폴더라는 무덤에서 나와 잠시 햇빛을 즐길 수 있는 기회를 가질 수 있도록 하는 것이 좋겠다는 생각이 들었다.

여기 잃어버린 장들의 공동묘지가 있다.

무덤 1: 우주 태양광 발전소
간단히 말하면 우주에 엄청나게 큰 태양 전지판을 설치하고 이 태양 전지판이 태양으로부터 받은 에너지를 지구로 전송하는 것이다. 우주에 태양 전지판을 설치하면 여러 가지 장점이 있다. 우주에는 밤이 없다. 따라서 해가 진 다음을 대비해 에너지를 저장할 필요가 없고, 해가 진 다음에 다른 태양 전지판으로 바꿀 필요가 없다. 또한 태양 전지판을 태양 가까이 이동시키면 같은 면적으로도 더 많은 에너지를 받을 수 있다.[30] 수신 장치가 있는 곳이라면 지구 어디에라도 에너지를 보낼 수 있다. 그리고 친환경적이다. 거대한 태양 전지판을 우주에 올려놓기 위해 많은 로켓 연료를 연소해야 한다는 점을 제외하면 말이다.[31]

그렇다면 무엇이 문제냐고? 정말 엄청나게 많은 비용이 든다. 지붕에 설치하는 비교적 가벼운 태양 전지판의 무게는 약 9킬로그램 정도 된다. 현재의 발사 비용을 이용해 계산하면 이 전지판을 지구 궤도로 올리는 데는 약 2억 2,000만 원이 든다. 우주 엘리베이터가 설치된다는 시나리오 하에서도 0.45킬로그램을 지구 궤도로 올려 보내는 데 약 27만 원이 들기 때문에 1개의 태양 전지판을 올려 보내는 데는 약 550만 원이 필요할 것이다. 여기에는 우주에서 작동할 수 있는 태양 전지판을 만드는 데 드는 비용은 포함되어 있지 않다.[32] 반면 지구에서 만든 태양 전지판 하나의 가격은 22만 원 정도다. 그리고 태양 전지판의 가격은 계속 빠르게 하락하고 있다.

그렇다면 왜 우리는 우주 태양광 발전소를 심각하게 고려해보지도 않는 걸까? 《우주 태양광 발전 사례The Case for Space Solar Power》의 저자 존 맨킨스John Mankins는

---

30 그 이유를 알 수 없다면 전등에서 1미터 떨어져 있을 때 더 많은 빛을 받는지, 아니면 10미터 떨어져 있을 때 빛을 더 많이 받는지 스스로 실험해보기 바란다.
31 저렴한 우주여행을 다룬 장에서 이야기했던 기술들이 이 문제를 일부 완화할 수 있을 것이다.
32 1가지 해결 방법은 우주에서 태양 전지판을 만드는 것이다. 소행성 광산을 이야기할 때 언급했던 엘비스 박사는 태양 전지판을 만드는 데 필요한 많은 재료를 소행성에서 구할 수 있다고 주장했다. 따라서 소행성에서 재료를 구해 우주에서 태양 전지판을 만든 다음 지구 궤도로 가져올 수 있다. 너무 많이 돌아가는 방법 같아 보이긴 하지만 언젠가는 실현될 것이다.

이상한 미래 연구소

우주에 설치된 태양 전지판은 지상에 설치된 태양 전지판보다 단위면적당 40배나 많은 에너지를 생산할 수 있을 것이라고 주장했다. 우주에는 지상에서와는 달리 계절과 밤과 낮, 기후 변화가 없기 때문이다.

우주는 우주 쓰레기나 방사선과 같은 나름대로의 문제를 가지고 있기 때문에 이것이 공정한 비교라고 할 수는 없다. 맨킨스가 한 계산은 사람들이 우주 태양 전지판에 관심을 갖도록 하려는 것이었다. 그렇다면 별로 나쁘지 않은 비교다. 40대 1이라는 비교 수치가 사실이라고 가정하더라도 앞에서 이야기했던 설치 비용을 감안할 때 우주 태양광 발전소가 경제성이 있는가 하는 것이 문제다.

맨킨스가 제시한 가장 긍정적인 수치가 사실이고, 초현대적인 우주 엘리베이터를 가지고 있다고 해도 40배의 효율을 위해 20배의 비용을 지불하는 것이 된다. 괜찮은 거래다. 그러나 우리가 9만 9,000킬로미터의 우주 밧줄을 건설할 수 있을 때쯤에는 이미 태양 전지판의 가격이 50퍼센트 이하로 하락할 것이다. 따라서 우주여행이 매우 저렴해지는 미래에도 우주에 태양광 발전소 하나를 짓는 것보다 미국 애리조나에 태양광 발전소를 40개 만드는 편이 더 쉽고 더 저렴할 것이다.

그리고 애리조나에 있는 태양광 발전소는 관리하기도 훨씬 쉽다. 뭐, 좋다. 한여름에 피닉스에 가는 건 차가운 우주 공간보다 별로 나을 것이 없을지도 모른다. 그러나 적어도 애리조나에는 숨 쉴 공기가 있고, 강한 중력이 작용하고 있으며, 위험한 방사선이 없고, 세계에서 가장 큰 긴 뿔이 달린 소 대가리 모양의 식당이 있다.[33] 애리조나에서는 태양 전지판에 먼지가 묻으면 우주 로봇이나 우주 청소기 없이 고무 청소기로 닦아내면 된다.

---

33 인구가 295명인 애리조나 아마도Amado시에 있다.

우주에서 넓은 태양 전지판을 수리하기 위해서는 뛰어난 성능을 가진 우수 로봇이 있어야 한다. 아니면 칠흑 같은 어둠 속 여기저기 별들이 박혀 있는 우주의 혹독함을 잘 견뎌낼 수 있도록 훈련받은 우주 비행사들이 필요하다. 그래야 그들이 태양 전지판을 하루 종일 닦도록 할 수 있을 테니 말이다.

어쩌면 이 책에서 이야기했던 기술을 이용한 로봇을 구할 수도 있을 것이다. 그러나 자체적으로 작동하는 수리 로봇 무리를 가지고 있다고 해도 그들에게 세계에서 가장 큰 나무 화석을 가지고 있는[34] 애리조나의 태양 전지판을 수리하도록 시키는 편이 더 좋을 것이다.

우주 태양 전지판의 장점 중 하나는 아주 먼 미래에 가능해질 우주여행에 유용하게 이용될 수 있다는 점이다. 태양 부근에 있는 태양 전지판에서 에너지를 모아 우주에 있는 우주선에 보내는 것이다. 태양으로부터는 많은 양의 에너지를 얻을 수 있기 때문에 장기적으로 이런 일이 실제로 가능할 것이다. 그러나 그때가 되면 수리용 로봇들이 타고 있는 거대한 장치를 지구 궤도에 올려놓을 수 있을 것이기 때문에 더 좋은 선택지가 생길지도 모른다.

우리는 이 책을 위해 먼 미래에나 가능한 여러 가지 기술들을 검토했고, 그 기술들 중 일부는 실현되지 않을 것이 확실했다. 적어도 우리가 찾아낸 형태로는 실현되지 못할 것이다. 그러나 우주 태양광 발전소는 가장 이상적인 조건 하에서도 바람직하지 않아 보였다. 우리의 에너지 수요가 아주 많이 증가하고, 우리가 재생에너지만 사용하기로 결정한다면 언젠가는 지구 에너지원이 고갈되겠지만 그런 일이 일어날 것 같지는 않다. 현재 사용되고 있는 태양 전지판의 효율을 감안하면 전 세계 에너지 수요는 사하라 사막의 10퍼센트만 태양 전지판으로 덮

---

34 인구가 5053명인 애리조나 홀브룩Holbrook시에 있다.

어도 충당할 수 있다.[35] 그리고 사람들은 태양 전지판이 사막에 만들어주는 그림 자에 감사할 것이다. 우주 태양 발전의 가능성을 높게 보고 있는 사람들도 많지 만 우리는 여전히 비관적이다.

무덤 2: 첨단 보장구

첨단 보장구란 무엇일까? 보장구는 의수나 의족, 휠체어, 목발과 같이 몸의 기 능을 대신하거나 도와주는 모든 장치를 의미한다. 그러나 여기서 우리가 관심을 가지고 있는 건 나무나 금속으로 만든 보장구가 아니라 실제 팔다리와 거의 같은 작용을 할 수 있도록 하는 의지prosthetic limbs다. 여기에는 강하면서도 유연한 재료 에서부터 운동을 예측할 수 있는 컴퓨터가 장착된 의지, 앞에서 설명했던 신경 보장구에 이르기까지 많은 것이 포함된다.

---

35 사하라에 있는 발전소에서, 예를 들면 캐나다까지 전기를 보내는 동안에 소실되는 에너지는 계산 하지 않았다. 그러나 실제의 경우에는 태양 전지판이 전 세계에 건설될 것이다. 여기서는 우리 주장 의 근거를 보여주기 위해 극적인 예를 든 것뿐이다.

컴퓨터를 사용하지 않는 현재의 보장구들도 이미 매우 놀랍다. 첨단 새료와 디자인으로 인해, 단순해 보이는 장치도 많은 기능을 가지고 있으면서 아름답기까지 하다. 그리고 3D 프린터는 사용자에 적합한 보장구의 제작을 가능하게 하고 대량 생산으로 만들어진 보장구에 복잡한 디자인을 추가하는 것도 가능하게 했다.

컴퓨터를 이용하는 보장구 역시 매우 훌륭하다. 앞에서 언급했던 것처럼 일부 의족은 조깅, 달리기, 계단 오르기, 깡충깡충 뛰기, 문 워킹 등 다양한 걸음걸이 중에서 어떤 걸음걸이로 걸으려고 하는지를 정확하게 파악하고 그에 따라 적절하게 반응한다. 아직 완벽하지는 않지만 예전 의족에 비하면 커다란 발전이다.

컴퓨터를 사용하는 보장구의 단점들 중 하나는 이것을 충전해야 한다는 것이다. 보장구를 사용하고 있는 사람들에게는 너무 당연한 일이지만, 보장구를 직접 사용하지 않는 우리는 미처 깨닫지 못하고 있던 사실이다. 스마트 의족을 사용하고 있는 경우 매일 밤 그것을 벗고, 충전기에 연결해야 한다. 그런 사람들은 휴대전화를 충전하려는데 빈 콘센트를 찾지 못해 불평하는 사람들로 인해 마음이 상할 수도 있다.

보장구를 발전시키는 것은 생각보다 어렵다. 예를 들어 다리의 실제 운동은 보이는 것보다 훨씬 복잡하다. 의족을 하고 걷기가 어려운 이유 중 하나는 의족의 강도가 항상 일정하기 때문이다. 우리 걸음걸이를 생각해보자. 특정한 걸음걸이를 선택할 경우 다리의 강도가 자동적으로 그에 맞도록 바뀐다. 무릎을 고정하고 걸어보라. 멋있어 보일지는 모르지만 느리고 고통스러울 것이다. 무릎을 전혀 사용하지 않고 걸어보자. 그렇게 걷다가 넘어져 혹시 코가 깨졌다고 해도 우리 저자들에게 손해배상을 청구하는 소송을 하지는 않았으면 좋겠다.

걷거나 뛰거나 점프할 때는 그에 알맞은 강도가 필요하다. 우리는 이런 것을

이상한 미래 연구소

걸음마를 배울 때부터 익혔다. 따라서 아무 생각 없이 걸어도 발의 강도가 걸음걸이에 따라 달라진다. 사실 놀라운 일이다. 걸을 때 무릎과 발목이 협력해 다리에 알맞은 탄력을 만들어주기 때문에 관절을 다칠 염려가 없고, 다리가 앞으로 나가는 데 필요한 에너지 일부를 이 탄력으로부터 얻을 수 있다. 다리는 피드백을 통해 걸으면서 느끼는 감각을 뇌로 전달한다. 따라서 어른이 되어서 다리에 문제가 생긴 경우에도 빠르게 적응할 수 있다. 이런 종류의 피드백이 의족에도 적용되고 있지만 아직 이와 관련된 기술은 매우 초보 수준이다.

그리고 발목이 있다. 우리는 정말 놀라운 발목을 가지고 있다. 예를 들어 달릴 때는 발목을 똑바로 세우지 않고 바깥쪽으로 약간 기울인다. 빨리 가면 갈수록 기우는 정도가 커진다. 발목 아랫부분은 어떤 축으로도 움직일 수 있고, 모든 위치에서도 고정시킬 수 있는 놀라운 능력을 가지고 있다. 다른 방향으로는 움직일 수 없고 앞뒤로만 움직일 수 있는 발목을 가지고 축구를 한다고 생각해보자. 그런 발목을 가지고는 볼링을 하기도 어려울 것이다. 그리고 최악의 단점은, 발목이 없다면 빅토리아 시대 신사가 추파를 던지는 멋진 자세를 취할 수도 없을 것이다.

우리는 아직 손은 언급조차 하지 않았다. 손은 보장구의 마지막 목표다. 의수에는 아주 많은 것들이 필요하다. 어떤 것을 가리키는 단순한 동작을 하는 데도 모든 손가락 관절, 손목, 팔꿈치, 어깨를 사용해야 한다. 손을 이용해 적당한 힘으로 물건을 쥐거나 움직이는 것도 쉬운 문제가 아니다. 당신이 만약 손을 잃으면(예를 들어 아버지와 결투를 했는데 검에 잘려 나갔다든가) 의수를 이용하려고 하겠지만, 앞 장에서 이야기했던 것처럼 손가락을 움직이는 근육은 팔뚝에 있다.

손과 팔뚝을 잃으면 인공 손을 움직이기 위한 기계적인 근육을 인공 팔뚝 안에 넣으면 된다. 그러나 손만 잃은 경우에는 손을 움직이는 기계적인 근육까지 손

안에 넣어야 힌다. 그렇게 되면 전지와 작동 장치를 위한 공간을 확보하기가 어려워진다. 〈스타워즈〉에서 다스 베이더Darth Vader가 루크 스카이워커Luke Skywalker의 손을 잘랐을 때, 그는 무심한 관객이 느낀 것보다 훨씬 더 나쁜 놈이었다. 루크의 팔뚝이 아니라 손만 잘라버림으로써 그가 좀 더 복잡한 의수를 필요로 하도록 만든 것이다. 역시 검은 제국의 힘이다.

미래의 보장구에는 아마도 뇌에서 신호를 받아 직접 보장구로 전달하는 신경 보장구가 주로 사용될 것이다. 앞 장에서 이야기했던 것처럼 우리는 신경 보장구로 가고 있다. 그러나 아직은 매우 침습적인 방법을 이용하지 않고는 잘 작동하지 않는다. 인공 팔다리의 발전 과정을 생각해보면 가까운 미래에 실제 팔다리와 똑같이 자연스럽게 움직일 수 있는 의지를 갖게 되기는 쉽지 않을 것이다. 그러나 보장구 분야에서의 작은 발전도 많은 사람들에게 훨씬 나은 삶을 제공할 수 있을 것이다. 그리고 먼 미래에는 2개의 팔이나 다리가 아니라 더 많은 팔이나 다리를 가질 수도 있고, 우리의 팔다리와는 전혀 다른 새로운 종류의 의지를 가질 수도 있을 것이다. 모든 사람들에게 촉수를!

그렇다면 왜 이 장을 무덤에 넣어버려야 했냐고? 우리는 보장구와 관련된 내용을 더 자세하게 다루면 독자들을 지루하게 만들지 않을까 염려했다. 또한 대부분의 독자들이 발목의 다양한 자유도에 대해 자세하게 알고 싶어 하지는 않을 것이라고 생각하게 되었다. 더 중요한 것은 이 분야에서 이루어진 가장 흥미 있는 발전이 뇌-컴퓨터 인터페이스 부분에서 다룬 내용과 중복된다는 점이었다. 신경 보장구 기술은 독립적인 연구 분야로 취급되기도 하지만 때에 따라서는 뇌-컴퓨터 인터페이스의 한 분야로 취급되기도 한다. 따라서 망설여지기는 했지만 이 내용은 무덤 속에 재우기로 했다.

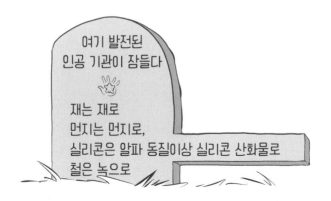

여기 발전된
인공 기관이 잠들다

재는 재로
먼지는 먼지로,
실리콘은 알파 동질이상 실리콘 산화물로
철은 녹으로

무덤 3 : 상온 초전도체

이 장이 매우 흥미로운 이유 중 하나는 대부분의 사람들이 초전도체에 대해 알고 있는 사실을 넘어설 수 있는 기회를 제공하기 때문이다. 즉 에너지의 손실 없이 전류가 흐를 수 있다는 것 말고 또 다른 초전도체의 특징에 대해 이야기할 수 있다.

손실 없는 에너지 전송은 우리가 생각하고 있는 것만큼 놀라운 성질은 아닐지 모른다. 모든 전선을 손실 없는 전송으로 바꾼다면 약 10퍼센트의 에너지를 절약할 수 있다. 코웃음을 치고 우습게 생각할 일은 전혀 아니다. 그러나 냉각할 필요가 없는 초전도체가 있다고 해도, 10퍼센트의 에너지를 절약하기 위해서 현재 사용하는 모든 전선을 제거한 후 초전도체 전선을 다시 설치해야 한다고 생각해보자.

게다가 우리가 알고 있는 모든 고온 초전도체 재료는 다루기 쉬운 형태가 아니다. 만약 당신이 고온 초전도체 재료를 야외에서 발견한다면 그냥 이상한 종류의 암석이라고 생각할 것이다. 반면 현재 전선으로 사용하고 있는 구리는 쉽게 긴 도선으로 늘릴 수 있다. 언젠가 사람에게 익숙한 온도에서 작동하는 초전도체를 발견한다고 해도 쉽게 구부러지는 금속을 가지고 일하는 것처럼 쉽지는 않을 것이 틀림없다.

그러니 초전도체를 이용해 전력 수송을 하는 건 포기해야겠다.[36] 그러나 초전도체 마을에서 벌어지는 일들 중에 우리가 관심을 가져야 하는 일이 그것만은 아니다. 이 이상한 물체는 마이스너 효과Meissner effect와 플럭스 피닝flux pinning(자기력선 포획이라고도 한다)이라는 놀라운 성질 2가지를 가지고 있다.

우리는 지금 잃어버린 장들의 공동묘지에 있으므로 모든 내용을 상세하게 다룰 수 없다. 마이스너 효과에 대해서도 간단히 설명하기로 하자. 정상 상태의 물체를 초전도 상태로 변할 수 있을 정도로 충분하게 냉각하면 초전도 상태로 변하면서 물체 내부로부터 자기장을 밀어낸다. 냉각되지 않은 초전도체 위에 보통의 자석을 얹어놓고 온도를 점점 낮춰보자. 온도가 전이온도 이하로 내려가고 물체가 초전도체로 바뀌면 자석이 갑자기 튕겨져 나간다! 왜 그럴까? 자석의 주위에는 자기장이 만들어져 있는데, 초전도체가 방금 설명한 것처럼 자기장을 '마이스너'해버리기[37] 때문이다.

다음은 플럭스 피닝이다. 2형(Type II) 초전도체라고 부르는 특정한 형태의 초전도체에서는 마이스너 효과가 반만 나타난다. 이런 초전도체는 자기장을 완전히 밀어내지 않고 여기저기서 자기장이 안으로 침투하도록 허락한다. 이런 이상한 성질로 인해 자석이 멀리 달아나지 않고 초전도에서 일정한 거리에 잡혀 있게

---

36 우리의 이런 주장에 대한 강한 반론 중 하나는, 만약 전력 수송에 손실이 전혀 없다면 발전소와 사용자가 어디에 있든 문제가 없어진다는 의미로 받아들여야 한다는 것이다. 거리가 전혀 중요하지 않기 때문이다. 사막과 같이 멀리 떨어진 곳에 발전소를 지어야 하는 재생에너지에서는 이 점이 특히 중요하다.
37 사실 이런 말은 없다.

된다.

마이스너 효과와 자기장 포획을 결합하면 정말 이상한 일들이 벌어진다. 자석과 초전도체를 함께 냉각해보자. 일정 온도 이하가 되면 자석이 멀리 달아나려고 하지만 플럭스 피닝으로 인해 그럴 수 없다. 그 결과 자석이 초전도체 위에 떠 있게 된다. 목줄에 묶인 강아지나 마찬가지다. 강아지는 계속 멀리 가려고 하지만 목줄이 잡고 있기 때문에 일정한 거리에 머물러 있을 수밖에 없다. 이런 현상을 자기부상이라고 부른다.

자석은 단순히 초전도체 위에 떠 있는 것이 아니다. 그 자리에 고정되어 있다. 두 물체를 옆으로 돌려놓아도 두 물체 사이의 거리는 일정하게 유지된다. 두 물체를 뒤집을 수도 있다. 마치 두 물체는 서로 밀어내지만 보이지 않는 끈으로 연결되어 있는 것 같다.

이 성질은 여러 가지로 응용될 수 있다. 이제 우리는 절대 닳아 없어지지 않는 연결선을 갖게 된 셈이다. 연결된 두 물체가 실제로 직접 접촉하지는 않기 때문이다. 또한 이제 우리는 초전도체 위에 떠 있는 자석을 영원히 회전시킬 수 있다. 자석과 초전도체가 직접 접촉하지 않아 두 물체 사이에 마찰력이 작용하지 않기 때문이다.[38] 따라서 우리는 회전하고 있는 자석으로부터 후에 에너지를 회수할 수 있다. 자기부상은 에너지를 저장하는 데도 이용할 수 있다는 것이다.

자기부상은 아주 빠르게 달리는 기차에도 이용된다. 저렴한 우주여행 이야기를 할 때도 언급했던 자기부상열차는 이미 여러 곳에 설치되어 운행되고 있다. 그러나 아직은 설치와 운행비용이 비싸다. 자기부상열차에서는 기차와 철로가 실제로 접촉하지 않기 때문에 마모나 균열이 생기지도 않으며, 바퀴와 철로 사

---

38 사실 주변이 완전한 진공이 아니라면 약간의 마찰은 있을 것이다.

이의 마찰로 인해 속도가 줄어들지도 않는다.

상온 초전도체는 초전도체 상태를 유지하기 위해 액체 냉매나 냉각장치를 사용하지 않아도 된다. 따라서 자기부상 열차의 운행비용을 크게 줄여줄 것이다. 초전도체를 이용하면 마찰로 인한 열이 발생하지 않으므로 과열 방지를 위해 사용했던 냉매나 냉각장치의 사용도 줄일 수 있을 것이다.

현재나 가까운 미래에는 초전도체를 만들기 위해서는 액체 냉매가 필요하다. 1980년대 이후 영하 180도 부근에서도 초전도체로 변하는 고온 초전도체가 발견되었다. 따라서 비교적 값이 싼 냉매를 사용하는 것이 가능해졌다. 최근에는 이 온도가 영하 70도 정도까지 높아졌다. 성능이 좋은 냉장고로 만들 수 있는 온도다. 적당한 시기에 남극 지방에 가도 경험할 수 있다. 그러나 그런 온도에서 작동하는 초전도체는 깊은 해구에서나 경험할 수 있는 높은 압력이 가해져야 작동한다.

그리고 재미있는 사실은 이런 초전도체에 사용되는 물질이 황화수소라는 것이다. 황은 썩은 달걀과 같은 냄새가 나는 원소다. 따라서 가장 온도가 높은 초전도체도 아마 가장 고약한 냄새가 나는 물체일 가능성이 있다.

우리는 이 내용을 2가지 이유로 무덤 안에 묻어버리기로 했다. 첫 번째는 우리가 설명하려고 하는 과학적 설명에 난해한 양자역학이 필요했기 때문이다. 따라서 자세한 내용을 생략한다고 해도, 독자들의 뇌에 많은 부담을 줄 것 같아 걱정이 되었다. 그렇지 않아도 생각할 것이 많은데 말이다. 두 번째는 우리가 사람들을 인터뷰하면서 전반적으로 받은 인상 때문이었다. 그들은 상온 초전도체가 발견된다고 해도 그것이 널리 사용될 가능성에 대해서는 비관적이었다. 우리는 데이비스 캘리포니아대학의 인나 비식Inna Vishik 박사와 인터뷰했다. 그녀는 새로운 물질의 응용 가능성에 대해 예측하기가 어렵다는 사실을 인정하면서도 초전도체의 온도를 높이는 건 실제로 뭔가 멋진 물건을 만들기보다는 연구 목적으로 더

가치가 있을 거라고 말했다.[39]

이테르븀 바륨 구리 산화물에 대해 연구하고 있으면서 자랑스럽게 자신이 이테르븀 바륨 구리 산화물에 대해 연구하고 있다고 말했던 연구자에 대한 아주 재미있는 이야기를 '주목하기' 부분에 넣으려고 준비했었기 때문에 이 이야기를 묻어버린 것은 아쉬운 일이다.

무덤 4: 양자 컴퓨터

오, 양자 컴퓨터여. 잠시 관에서 일어나 나오라.

우리를 거의 망가뜨려버린 자여.

---

39 우연히 우리는 모든 과학자에 대해 새로운 면을 알게 되었다. 심지어 양자 효과에 대해 연구하고 있는 과학자들도 인간이라는 사실이었다. 그녀는 이제 기억하는 사람도 없을 1989년 리처드 프라이어Richard Pryor와 진 윌더Gene Wilder의 코미디 〈악마는 보지도 말고, 듣지도 말라See No Evil, Hear No Evil〉에 대해 언급했다. 이 코미디에서는 마지막에 동전과 관련이 있는 반전이 있는데 이 동전이 사실은 상온 초전도체라는 것이다. 그녀는 스포일러에 대해 사과했다. 하지만 비식 박사님, 이미 늦었습니다.

다른 어느 장보다도 자료 조사에 많은 시간을 들인 이 장도 결국은 버려야 했다. 가장 끔찍한 점은 우리가 이 장을 무덤에 묻은 이유를 설명할 수 없다는 것이다. 양자 컴퓨터와 관련해서는 어려움이 많았다. 자료를 찾았는데 잘못된 내용인 경우도 많고, 옳다고 하기 어려울 정도로 간단하게 요약되어 있는 경우도 많았다.

대개 양자 컴퓨터라고 하면 다음 시대의 컴퓨터나 마술같이 빠른 속도를 가진 컴퓨터, 또는 다중우주나 평행우주와 같이 무한히 많은 우주들과 동시에 통신이 가능한 컴퓨터 등으로 인식되어 있다. 이런 생각이 전혀 근거가 없는 것은 아니지만 오히려 양자 컴퓨터가 오해를 받도록 만들기에는 충분했다.

양자 컴퓨터를 제대로 이해하기 위해서는(그리고 우리는 사실 거의 아마 좀 희미하게 대략적으로 아는 수준에 와 있다) 비트 수준에서 컴퓨터가 어떻게 작동하는지 알아야 하고, 양자역학을 정확하게 이해해야 한다. 그리고 이런 것들을 이해한다고 해도 즉시 그것들을 결합해 양자 컴퓨터의 수수께끼를 풀 수 있는 것은 아니다.

따라서 이 장을 쓰면서 우리는 0과 1의 조합이 어떻게 비디오 게임을 만들어내고 모든 종류의 노래를 만들어내며 사람처럼 보이는 챗봇을 움직이게 하는지 설명해야 했고, 양자의 모든 이상한 현상들까지 설명해야 했다. 여기에는 음수, 심지어 복소수까지 포함하는 확률의 일반 규칙과 같은 것들도 포함되었다. 우리는 슈뢰딩거 고양이 사고실험을 설명하는 어려움을 겪어야 했고, 꽃목걸이처럼 계속 이어지는 고양이들의 삶과 죽음을 설명해야 했다. 만약 고양이 A가 살아 있고 고양이 B가 죽어 있다면, 고양이 C는… 등등. 이 장의 3분의 2 정도를 쓰고 나서 보니 이미 다른 장보다 훨씬 더 길어진 상태였다. 그리고 우리가 '유머'라고 부르는 것들이 아직 하나도 포함되어 있지 않았다. 따라서 슈뢰딩거의 고양이와는 달리, 이 장은 영원히 죽어버리게 되었다.

아쉬운 점은 우리가 이 분야와 깊은 사랑에 빠져버렸다는 것이다. 사람들이 양자 컴퓨터를 거론하는 것은 대부분 양자 컴퓨터가 일반적인 디지털 자료의 코드를 깨버릴 수 있기 때문이다. 그러나 양자 컴퓨터에는 다른 많은 가능성이 있다. 예를 들면 원자 크기 물체의 행동을 계산하거나 검색할 수 있는 특정한 형태의 데이터베이스를 만드는 것 같은 일이다. 이런 가능성은 과학 연구에서 매우 중요하다.

그리고 양자 컴퓨터는 '존재한다'는 것이 무엇인지에 대한 우리의 이해에도 큰 영향을 줄 것이다. 양자 컴퓨터의 작동 원리는 실제로 여러 우주와 관련이 있거나, 적어도 관련이 있어 보이기 때문이다. 이 분야의 권위자인 스콧 에런슨Scott Aaronson 박사는[40] 양자 컴퓨터를 개발하기 위해서는 양자역학에서 이야기하고 있는 것들을 실제로 받아들여야 한다고 말했다. 대중 과학 서적들에서 나오는 모든 지식은 그저 이론적이거나 재미를 위해 만들어낸 이야기가 아니라는 것이다. 입자가 동시에 2군데에 존재할 수 있다거나, 측정하기 전까지는 결정되지 않은 상태에 있다는 이야기들 말이다. 양자 컴퓨터에서는 이런 이상한 일들이 잉크젯 프린터로 인쇄되어 손에 들고 있을 수 있는 구체적인 결과를 만들어낸다.

실제로 이 분야를 처음 시작한 사람이라고 할 수 있는 데이비드 도이치David Deutsch 박사는 우리 우주에서 양자 컴퓨터에서만 작동되는 알고리듬이 존재한

---

40 에런슨 박사는 친절하게도 우리와 여러 번 긴 대화를 나누었으며 그의 블로그 '슈테틀—옵티마이즈드Shtetl-Optimized'는 매우 유익했다. 조너선 다울링Jonathan Dowling 박사도 그의 귀중한 시간을 우리에게 할애해주었다. 그는 널리 알려지지는 않았지만 놀라운 책《슈뢰딩거의 킬러 앱Schrödinger's Killer App》을 썼다. 이 두 연구자는 다중우주의 모든 정의에 대항하는 명랑한 사람들이며, 뛰어난 과학자들이자 놀라운 작가들이다.

다는 사실[41]은 무한 우주의 존재를 증명한다고 믿고 있다. 그는 《실재의 구조The Fabric of Reality》라는 제목의 책에서 다른 과학자들에게 현재 우리가 사용하고 있는 컴퓨터로는 할 수 없는 아주 큰 수의 인수분해를 성공적으로 해내는 특수한 방법을 설명해보라고 요구했다. "그러니까 우리 눈에 보이는 우주가 물리적 실재의 확장이라면, 물리적 실재는 그런 큰 수의 인수분해에 필요한 자원은 전혀 가지고 있지 않을 겁니다. 그러면 누가 계산을 했을까요? 어떻게, 그리고 어디에서 계산이 이루어졌을까요?" 존재론적인 측면에서 전체 우주에 대한 우리의 이해를 함축하는 수학, 물리학 문제를 풀어줄 양자 컴퓨터가 가능해진다면, 그건 정말 아름다운 일일 것이다.

___

41 아직 실용적인 양자 컴퓨터는 개발되지 않았지만, 아주 작은 발전들이 실제로 이루어지고 있다! 양자 비트를 이용해 계산을 해서 결과를 얻었다는 것이다. 그러나 지금까지 양자 컴퓨터를 이용해 할 수 있는 것은 21을 소인수분해하면 3과 7이 된다는 것 정도다.

이상한 미래 연구소

공동묘지를 떠나며

지금 이 책을 읽고 있는 독자가 젊다면 아마 본문에서 소개한 여러 가지 기술 혁명들 중 많은 것들이 실현되는 광경을 직접 목격할 수 있을 것이다. 즉 이런 기술 혁명을 위해 일하겠다는 의지만 있으면 혁명에 동참할 수 있다는 의미다. 이 책에서 이야기한 사람들 대부분은 유명 인사들이 아니다. 그들은 이 책의 저자 중 한 사람인 켈리와 마찬가지로 대학에서 일하는 사람들이고, 역시 켈리와 마찬가지로 사실 확인을 중요하게 생각하는 사색가들이다. 그들과 접촉해보라! 어떤 날에는 전형적인 과학도라도 회색 사무실에서 일하는 조금은 외로운 사람이 되어 있을 것이다. 쿠키 하나로도 그들의 관심을 끌 수 있다. 그렇게 비싼 쿠키가 아니어도 된다. 작은 냉장고 안에 있는 초콜릿 쿠키 하나가 2050년에 당신을 화성에 데려다줄지도 모른다.

다른 책들과는 달리, 우리는 미래에 대한 철학이나 미래에 대한 비전을 제시하려고 하지 않았다. 우리 생각으로는 그런 것은 가능하지도 않고 필요하지도 않다. 대신 지금 현재 우리보다 훨씬 똑똑한 사람들이 뉴런 수준에서 우리 생각을 읽어내는 방법이나 외계 광물을 사용할 수 있는 방법을 찾아내기 위해 노력하고 있다는 사실을 아는 것만으로도 충분하다.

《중간에 서다The Go-Between》라는 책에서 L. P. 하틀리Leslie Poles Hartley는 "과거는 다른 나라다."라고 말했다. 그것이 사실이라면 미래 역시 다른 나라다. 우리는 현재라고 부르는 작은 나라 안에서 살아가고 있다. 우리는 생각할 수 있는 만큼 멀리 내다볼 수 있다. 그러나 결국은 미래의 커브길이 멀어져 사라지고, 좁다란 지평선만 남을 것이다.

그러나 이것은 얼마나 놀라운 지평선인가?

⚡주목하기 거울 인간

좋다, 드디어 책이 끝났다. 아무도 날 보고 있지 않겠지? 이제 거울 인간에 대해 이야기해보자. 거울 인간에 대해 들어본 적이 없다고? 잠깐 차를 돌려야겠다.

생명체는 수많은 작은 분자들로 이루어져 있고, 작은 분자들은 DNA·RNA·단백질과 같이 더 큰 분자들을 만든다. 일부 분자들은 '카이랄성chirality' 이라는 성질을 가지고 있다. 카이랄성이라는 말은 손을 나타내는 그리스어에서 유래했다. 카이랄성을 가지고 있는 분자는 거울 대칭인 분자를 가지고 있다.

자, 복잡하지만 거울 대칭을 이해하기 위해 한번 당신 손을 바라보자. 두 손은 정확하게 같아 보인다. 그러나 왼손을 어떻게 돌려도 오른손과 똑같아 지지는 않는다. 손바닥을 위로 향하게 하면 왼손 엄지손가락은 좌측을 가리키고, 오른손 엄지손가락은 우측을 가리킨다. 두 손은 똑같은 부분을 가지고 있지만 이들은 모두 거울을 중심으로 뒤집어져 있다.

두 분자가 서로 다른 분자의 거울 대칭이라고 할 때, 두 분자 중 하나를 왼손잡이라고 한다면 다른 하나는 오른손잡이라고 할 수 있다.[42] 흥미로운 점은 생명체가 특정한 일을 할 때 특정한 카이랄성을 선호한다는 것이다. 예를 들면 아미노산(이전 장에서 단백질 벽돌을 만드는 데 사용되는 재료라고 했었다)의 거의 대부분은 왼손잡이다. 왜 자연이 오른손잡이 아미노산을 싫어하는지는 많은 토론의 주제가 되고 있지만, 우주에서 발견된 아미노산들도 왼손잡이인 경우가 많다.

그러나 자연 법칙은 무시해버리자. 실험실에서 완전히 반대되는 카이랄성을

---

42 어떤 분자가 왼손잡이고, 어떤 분자가 오른손잡이인지는 편광이 이 분자를 통과하는 동안 어떤 방향으로 회전하느냐에 의해 결정된다.

가지고 있는 분자들을 이용해 거울 생명체를 만드는 것을 불가능하게 하는 '물리' 법칙은 없다. 처치 박사를 포함한 일부 과학자들은 간단한 거울 생명체를 만드는 연구를 하고 있다. 그리고 언젠가 점점 더 큰 거울 생명체를 만들 수 있게 되기를 바라고 있다.

거울 생명체를 만들어 뭘 하냐고? 글쎄, 일단 1가지 이유는 그냥 멋지기 때문이다! 또한 당신이 귀여운 고양이처럼 생긴 생명체를 만들어냈는데 이 고양이가 지구상에 살고 있는 다른 모든 생명체와 완전히 다른 생명체라고 생각해보자. 이 고양이는 어쩌면 지구뿐만 아니라 우주의 다른 모든 생명체와 전혀 다른 생명체일 수도 있다. 그럴 때 이 거울 생명체는 소화를 시키려면 거울 먹이를 먹어야 할 것이다. 그런 생명체는 포식자들도 소화할 수 없을 것이다.

가장 좋은 점은[43] 거울 생명체는 질병에 걸리는 일이 없을 것이다. 모든 살아 있는 기생충이나 병균은 정상적인 생명체에게 전염될 수 있도록 진화해왔기 때문이다. 이런 일이 가능하다면 이제 1단계 발전해, 거울 인간을 만들 수도 있을 것이다. 거울 인간은 수세기 동안 인간을 괴롭혀온 질병에 무적일 것이다. 말라리아? 문제없다. 폐결핵? 참, 나.

그러나 여기에도 단점이 있다. 그들은 거울 음식이 필요하고 거울 미생물이 필요하다. 그리고 거울 질병이 나타나면 거울 약품이 필요할 것이다. 그리고 아기를 낳고 싶다면 거울 배우자를 만나야 한다.

그렇다면 정상 인간과 거울 인간 사이의 사랑은 어떻게 될까? 다른 카이랄성을 가지고 있는 사람들로 이루어진 커플도 잘 지낼 수 있겠지만 자손을 낳을 수는 없을 것이다. 카이랄성이 다른 사람의 유전 물질은 섞일 수 없기 때문이다. 우

---

43 저자 중 한 사람이 기생충학자이기 때문이다.

리는 카이랄성 차별주의자들이 아니다. 우리는 서로 다른 카이랄성을 가진 사람들이 어울리는 일이 좋다고 생각한다. 우리가 염려하는 것은 그들의 자손이다. 그들의 자손들은 존재할 수 없을 가능성이 크기 때문이다.

카이랄성이 반대인 사람들은 우리 눈에는 비슷하게 보이겠지만 사실은 다른 종에 속한다. 유전적으로 고립된 사람들은 처음에는 비슷한 특성을 가지고 있지만 시간이 감에 따라 점점 다른 신체적, 정신적 특성을 가진 사람들로 변해간다. 오랜 세월이 흘러가기 전에 비교적 질병에 취약한 정상적인 카이랄성을 가지고 있는 우리들이 반대 카이랄성을 가지고 있는 사람들이 볼 때 꾸물거리는 좀비 떼처럼 보이게 될지도 모른다.

아, 이 장이 왜 공동묘지에 들어가게 되었느냐고? 이 책을 처음 쓸 때는 거울 생명체가 합성 생명체의 한 부분으로 포함될 예정이었다. 그러나 자료를 조사한 후 거울 생명체의 유용성에 대해 의문이 생기기 시작했다. 전혀 다른 형태의 생명체를 만들어 질병에 걸리지 않게 하는 건 너무 멀리 돌아가는 것 같아 보였다. 그리고 이 분야는 합성 생명체에 열광적인 소수의 괴짜들에 의해 제시되는 아이디어로, 그다지 과학적 분야 같아 보이지는 않았다. 언젠가는 거울 미생물이 연구에 도움을 주게 될지도 모른다. 예를 들면 거울 천연두균을 이용하면 과학자들이 감염될 것을 염려하지 않고 연구할 수 있다. 그러나 그것도 아주 먼 미래에나 가능할 것이다.

거울 생명체가 갈 곳이 없다고 해도 거울 분자는 아직 놀랍다. 소화할 수 없는 맛있는 설탕을 만들 수 있다면 어떨까? 길버트 레빈Gilbert Levin이라는 과학자는 1980년대에 이런 생각을 했고, 실제로 영양가는 없지만 감미료 역할을 하는 거울 설탕을 발명했다. 불행하게도 가격이 아주 비싸 결코 유행이 될 수 없었다.

1990년대에 올레스트라Olestra라는 유사 기름 제품이 시장에 출시되었다. 올레스트라는 칼로리가 높은 기름을 사용하지 않고도 맛있고 바삭한 감자 칩을 만드는 데 사용되었다. 그러나 단점은 올레스트라로 만든 제품을 먹은 사람들 중에 (혐오 사례에 주의하시라!) 항문으로 기름이 새어나오는 경우가 있었다. 비위가 약한 독자들에게는 미안하다. 이로 인해 올레스트라는 대부분 시장에서 퇴출되었다. 우리도 거울 설탕을 먹었을 때 어떤 부작용이 나타날지 모른다.

우리가 궁금했던 조금 덜 역겨운 사실은, 맛을 내는 거울 분자에 반응하는 방법을 보고 거울 인간을 구별해낼 수 있을까 하는 것이었다. 사실 유대식 호밀빵의 고유한 맛을 내는 데는 캐러웨이 씨앗이 사용되는데, 이 씨앗 속에서 맛을 내는 분자가 바로 스피어민트에서 민트 맛을 내는 분자의 거울 분자다. 우리는 거울 인간이 유대식 호밀빵을 먹고 스피어민트 빵(신이여, 이런 것이 존재하기나 한다면)의 맛을 느끼는지 알고 싶다.

호기심을 해결하기 위해, 우리는 플로리다대학의 냄새와 맛 센터Center for Smell and Taste의 책임자인 스티븐 멍거Steven Munger 박사와 이야기를 나누었다. 우선 그는 정중하게 우리가 잘못된 질문을 하고 있다는 것을 일깨워주었다. 올바른 질문은 캐러웨이나 스피어민트의 맛이 다르게 느껴질 것인가가 아니라, 냄새가 다르게 느껴질 것인가가 되어야 한다는 것이었다. "맛은 입에서만 느낍니다. 우리는 단맛, 신맛, 쓴맛, 짠맛, 감칠맛 (…) 그리고 아마도 지방의 맛까지 느낄 수 있죠. 풍미는 맛과 냄새를 합한 겁니다. 많은 향신료의 경우 (…) 풍미에 더 많은 영향을 주는 건 냄새입니다." 가만히 생각해보니 이것은 우리가 전혀 깨닫지 못하고 있던 사실이었다.

그러나 우리는 아직 첫 질문의 답을 듣지 못했다. 거울 인간이 우리와 나란히 걷고 있을 때 맛있는 호밀빵을 이용해 거울 인간을 찾아낼 수 있는지에 대해서였다. 결론은 '예측하기 어렵다.'였다. 사실 생각하기도 어려운 일이었다. 거울 인간이 거울 분자의 냄새를 맡기 위해서는 냄새를 맡는 신경이 거울 대칭으로 이루어져 있어 스피어민트 분자와 결합한 후 "나는 캐러웨이의 냄새를 맡았다!"는 신호를 뇌로 보내야 한다. 이론적으로는 가능할지도 모르겠지만 실제로 이런 일이 일어날지는 확실하지 않다. 멍거 박사는 "결국 가장 중요한 것은, 이 모든 것이 전부 추측에 불과하다는 겁니다."라고 말했다. 이 말을 할 때 그는 자신이 왜 이 딴 대화에 참여하게 되었는지 의아해했을 것이다.

그러니까 우리가 말하려고 하는 건 뭐냐면, 만약 당신에게 호밀빵에서 치약 냄새가 나서 역겹다고 하는 친구가 있다면 그가 비밀리에 처치 박사가 연구실에서 만든 거울 인간이 아니라고 100퍼센트 장담할 수 없다는 것이다.

이상한 미래 연구소

감사의 글

놀랍도록 다양한 과학자들, 의사들, 엔지니어들이 세상을 더 좋은 곳으로 만들기 위해 사용해야 할 귀중한 시간을 우리에게 할애해주었다. 이것이 그들에게나 사회에게나 좋은 일이라고는 할 수 없겠지만 우리에게는 고마운 일이었다. 이 전문가들 중 많은 사람들은 이 책의 내용 중에서 그들과 관련된 부분을 친절하게 읽고 조언해주었으며, 몇몇 사람은 전체를 읽어주기도 했다. 따라서 우리는 특별히 다음 분들에게 깊은 감사를 전한다.

아이세귈 귄두즈, 거윈 샤크, 에릭 루스하르트, 베스 셔피로, 조지 처치, 조프 실버그, 파멜라 실버, 라몬 곤잘레스Ramon Gonzalez, 마르셀라 마우스, 스티븐 키팅, 커스틴 매튜스, 대니얼 와그너, 존 멘덜슨, 샌디프 메논, 조던 밀러, 가보르 포르가치, 앨빈 로스, 에릭 드메인, 신시아 성, 스카일라 티비츠, 세리나 부스, 앨런 크레이그, 케이틀린 피셔, 가이아 뎀프시, 조너선 벤투라, 저스틴 워펄, 커스틴 피터슨, 크리스토퍼 윌리스Christopher Willis, 베흐록 코시네비스, 리처드 헐, 대니얼 브루너, 브루스 립슐츠, 알렉스 웰러스타인, 로버트 콜라신스키Robert Kolasinski, 마거릿 하딩Margaret Harding, 페르 피터슨Per Peterson, 제시카 러버링Jessica Lovering, 제이슨 덜레스, 론 터너, 미헐 판펠트, 필 플레이트, 대니얼 파버, 제임스 핸슨James Hansen, 마틴 엘비스, 캐런 대니얼스Karen Daniels, 스티븐 멍거, 브라이언 캐플런Bryan Caplan, 노아 스미스, 인나 비식, 케빈 링겔먼Kevin Ringelman, 존 티머John Timmer, 조너선 다울링, 앨런 윈필드, 앤드루 리스, 제프리 립턴, 데이비드 화이트, 아인드릴라 무크호파드야이, 스리다르 라메시Sridhar Ramesh, 게하르트 샬, 닉 마테오Nick Matteo, 신티 리Cin-Ty Lee, 데이나 글라스Dana Glass, 오마르 렌테리아Omar Renteria, 하비에르 오마르 가르시아Javier Omar Garcia, 그렉 리버먼Greg Lieberman, 브라이언 피카드Brian Pickard, 마이클 존슨Michael Johnson, 스콧 이건Scott Egan, 스콧 솔로몬, 폴 로비넷, 패트리샤 스미스, 마틴 와이너, 알렉산더 로더러Alexander Roederer, 릭 칸스키Rick Karnesky, 렛 얼레인Rhett Allain, 알렉산드르 볼론킨, 로이드 제임스Lloyd James, 제임스 로이드James Lloyd, 앤 창Ann Chang, 숀 레너드Sean Leonard, 스콧 에런슨, 로즈메리 모스코Rosemary Mosco, 애런 서볼치Aaron Sabolch, 조 배트위니스Joe Batwinis, 에밀리 라크다왈라Emily Lakdawalla, 스티븐 캐빈스Steven Cavins, 제이콥 스텀프Jacob Stump, 린다 노비츠키Linda Novitski, 제임스 애슈비James Ashby, 이언 맥내브Ian McNab, 제니퍼 드러먼드Jennifer Drummond, 제임스 크럽초James Cropcho, 다니엘라 러스, 쿠르트 슈벵크, 채드 존스Chad Jones, 제임스 레드펀James Redfearn, 케빈 베리Kevin Berry, 리처드 프렌즐로Richard Prenzlow.

이 책에서 발견되는 모든 오류에 대한 책임은 전적으로 저자들에게 있다. 아니, 잠깐. 아니다. 오류는 모두 필 플레이트 박사의 책임이다. 좋았어!

또한 우리가 난처한 상황에 있을 때, 우리를 이끌어주고 우리가 익숙하지 않은 분야의 기본 개념을 이해하는 데 도움을 준 트위터와 페이스북 팔로어들에게 감사드린다. 우리가 개인적으로 감사드려야 할 사람들이 너무나 많지만 이렇게

이상한 미래 연구소

지면을 통해 인사를 대신한다. 만약 우리가 왜 그렇게 이상하고 구체적인 질문들을 많이 했는지 궁금하다면, 그건 바로 여러분이 답을 가지고 있었기 때문이다.

특히 편집자인 버지니아 스미스 윤스Virginia Smith Younce에게 특별한 감사 인사를 드린다. 그녀는 우리가 자랑스러워할 수 있는 형태로 이 책을 진화시켜주었다. 또한 우리를 실제보다 훨씬 똑똑하게 보이도록 해준 카피에디터 제인 캐볼리나Jane Cavolina에게도 감사드린다. 더불어 우리가 한심할 정도로 어려움을 겪고 있던 기술적인 부분을 해결해준 프로덕션에디터 메건 게리티Megan Gerrity에게도 감사드린다. 펭귄의 고문인 캐런 메이어Karen Mayer에게도 감사드리며 부디 그녀가 가족에게 복수할 수 있는 기회를 만나길 바란다.

우리의 대변인인 콘텐트 하우스의 마크 새피언Mark Saffian과 게르네르트 컴퍼니의 세스 피시맨Seth Fishman에게 감사드린다. 역시 대변인은 친한 친구에게 맡겨야 인생이 훨씬 쉬워진다. 켈리는 커피를 마시면서 책을 쓰기에 특별히 훌륭한 장소였던 오하이오 볼링 그린에 있는 '생각을 위한 마당Grounds for Thought' 커피숍에 감사하고 싶다고 한다.

마지막으로 우리는, 이 책으로 인해 우리의 마음과는 달리 많은 시간을 함께하지 못했음에도 불구하고, 놀랍도록 행복하고 즐거운 시간을 보내준 우리 딸 에이다에게 감사한다. 시도 때도 없이 소리 지르고 울었어도 에이다를 사랑했겠지만, 에이다의 달콤한 표정과 이가 보이도록 크게 짓던 웃음이 바로 우리가 이 일을 할 수 있는 힘이 되었다. 그리고 언젠가 우리 딸이 2016년을 떠올린다면 아마 '만화와 포장음식의 나날들'일 것이다. 사랑한다, 아가야.

끝으로, 우리를 도와주었지만 위에 미처 감사를 드리지 못한 사람이 있다면 정중히 사과드린다.

Aaronson, Scott. *Quantum Computing Since Democritus* (Cambridge : Cambridge University Press, 2013)

  The Scott Aaronson Blog, "Shtetl-Optimized." (2016). scottaaronson.com/blog.

Adams, James. *Bull's Eye: The Assassination and Life of Supergun Inventor Gerald Bull* (New York : Crown, 1992)

Akhtar, Allana. "Holocaust Museum, Auschwitz Want Pokémon Go Hunts Out." *USA Today* (2016/07/12). usatoday.com/story/tech/news/2016/07/12/holocaust-museum-auschwitz-want-pokmon-go-hunts-stop-pokmon/86991810.

Alloul, H., et al. "La Supraconductivité dans Tous Ses États." supraconductivite.fr/fr/index.php.

American Society of Plastic Surgeons. "History of Plastic Surgery." (2016). plasticsurgery.org/news/history-of-plastic-surgery.html.

APMEX. "Platinum Prices." Apmex.com (2016). apmex.com/spotprices/platinum-price.

Artemiades, P., ed. *Neuro-Robotics: From Brain Machine Interfaces to Rehabilitation Robotics* (New York : Springer, 2014).

Autor, David H. "Why Are There Still So Many Jobs? The History and Future of Workplace Automation." *Journal of Economic Perspectives 29* (2015) : 3~30.

Babb, Greg. "Augmented Reality Can Increase Productivity." *Area Blog* (2015). thearea.org/augmented-

이상한 미래 연구소

reality-canincrease-productivity.

Badescu, Viorel. *Asteroids: Prospective Energy and Material Resources* (Heidelberg and New York: Springer, 2013).

Ball, Philip. "Make Your Own World With Programmable Matter." *IEEE Spectrum* (2014/05/27). spectrum.ieee.org/robotics/robotics-hardware/make-your-own-world-with-programmable-matter.

Baran, G. R., Kiani, M. F., and Samuel, S. P. *Healthcare and Biomedical Technology in the 21st Century: An Introduction for Non-Science Majors* (New York: Springer, 2013).

Barfield, Woodrow. *Fundamentals of Wearable Computers and Augmented Reality, Second Edition* (Boca Raton, Fla.: CRC Press, 2015).

Barr, Alistair. "Google's New Moonshot Project: The Human Body." *Wall Street Journal* (2014/07/27). wsj.com/articles/google-to-collect-data-to-define-healthy-human-1406246214.

Bedau, Mark A., and Parke, Emily C. *The Ethics of Protocells: Moral and Social Implications of Creating Life in the Laboratory* (Cambridge, Mass: MIT Press, 2009).

Bentley, Matthew A. *Spaceplanes: From Airport to Spaceport* (New York: Springer, 2009).

Berger, T. W., Song, D., Chan, R. H. M., Marmarelis, V. Z., LaCoss, J., Wills, J., Hampson, R. E., Deadwyler, S. A., and Granacki, J. J. "A Hippocampal Cognitive Prosthesis: Multi-Input, Multi-Output Nonlinear Modeling and VLSI Implementation." *IEEE Transactions on Neural Systems and Rehabilitation Engineering 20* (2012): 198~211.

Bernholz, Peter, and Kugler, Peter. "The Price Revolution in the 16th Century: Empirical Results from a Structural Vectorautoregression Model." Faculty of Business and Economics, University of Basel. Working paper (2007). https://ideas.repec.org/p/bsl/wpaper/2007-12.html.

Bettegowda, C., Sausen, M., Leary, R. J., Kinde, I., Wang, Y., Agrawal, N., Bartlett, B. R., Wang, H., Luber, B., Alani, R. M., et al. "Detection of Circulating Tumor DNA in Early- and Late-Stage Human Malignancies." *Science Translational Medicine 6*, no.224 (2014):224ra24.

Blundell, Stephen J. *Superconductivity: A Very Short Introduction* (Oxford and New York: Oxford University Press, 2009).

Boeke, J. D., Church, G., Hessel, A., Kelley, N. J., Arkin, A., Cai, Y., Carlson, R., Chakravarti, A., Cornish, V. W., Holt, L., et al. The Genome Project-Write. *Science 353*, no.6295 (2016):126~127.

Bolonkin, Alexander. *Non-Rocket Space Launch and Flight* (Amsterdam and Oxford: Elsevier Science, 2006).

Bonnefon, J.-F., Shariff, A., and Rahwan, I. "The Social Dilemma of Autonomous Vehicles." *Science 352*, no.6293 (2016):1573~1576.

Bornholt, J., Lopez, R., Carmean, D. M., Ceze, L., Seelig, G., and Strauss, K. "A DNA-Based Archival Storage System." *Proceedings of the Twenty-First International Conference on Architectural Support* (2016):637~649.

Bostrom, Nick, and Cirkovic, Milan M. *Global Catastrophic Risks* (Oxford and New York: Oxford University Press, 2011).

Botella, C., Bretón-López, J., Quero, S., Baños, R., and García-Palacios, A. "Treating Cockroach Phobia with Augmented Reality." *Behavior Therapy* 41, no.3 (2010):401~413.

Boyle, Rebecca. "Atomic Gardens, the Biotechnology of the Past, Can Teach Lessons About the Future of Farming." *Popular Science* (2011/04/22). popsci.com/technology/article/2011-04/atomic-gardens-biotechnology-past-can-teachlessons-about-future-farming.

Brell-Cokcan, S., Braumann, J., and Willette, A. *Robotic Fabrication in Architecture*, Art and Design 2014 (New York: Springer, 2016).

Brentjens, R. J., Davila, M. L., Riviere, I., Park, J., Wang, X., Cowell, L. G., Bartido, S., Stefanski, J., Taylor, C., Olszewska, M., et al. "CD19-Targeted T Cells Rapidly Induce Molecular Remissions in Adults with Chemotherapy-Refractory Acute Lymphoblastic Leukemia." *Science Translational Medicine 5*, no.177 (2013):177ra38.

British Medical Association. "Boosting Your Brainpower: Ethical Aspects of Cognitive Enhancements. A Discussion Paper from the British Medical Association." Discussion paper (London: British Medical Association, 2007). repository.library.georgetown.edu/handle/10822/511709.

Broad, William J. "Useful Mutants, Bred with Radiation." *New York Times* (2007/08/28). nytimes.com/2007/08/28/science/28crop.html.

Brown, Julian. *Minds, Machines, and the Multiverse: The Quest for the Quantum Computer* (New York: Simon and Schuster), 2000.

Buck, Joshua. "Grants Awarded for Technologies That Could Transform Space Exploration." NASA press release. (2015/08/14). nasa.gov/press-release/nasa-awards-grants-for-technologies-that-could-transform-space-exploration.

Callaway, Ewen. "UK Scientists Gain Licence to Edit Genes in Human Embryos." *Nature 530*, no.7588 (2016):18.

Campbell, T. A., Tibbits, S., and Garrett, B. "The Next Wave: 4D Printing—Programming the Material World." Atlantic Council (2014/05). atlanticcouncil.org/images/publications/The_Next_Wave_4D_Printing_Programming_the_Material_World.pdf.

Carini, C., Menon S. M., and Chang, M. *Clinical and Statistical Considerations in Personalized Medicine* (London: Chapman and Hall/CRC, 2014).

Carney, Scott. *The Red Market: On the Trail of the World's Organ Brokers, Bone Thieves, Blood Farmers, and Child Traffickers* (New York: William Morrow, 2011).

Centers for Disease Control and Prevention. "CDC Media Statement on Newly Discovered Smallpox Specimens." CDC News Releases (2014/07/08). cdc.gov/media/releases/2014/s0708-nih.html.

Chandler, Michele. "Alphabet, Apple in Tech Health Care 'Convergence.'" *Investor's Business Daily* (2016/01/21). investors.com/news/technology/alphabet-google-looking-to-health-care-for-new-medical-products.

Cheng, H.-Y., Masiello, C. A., Bennett, G. N., and Silberg, J. J. "Volatile Gas Production by Methyl Halide Transferase: An In Situ Reporter of Microbial Gene Expression in Soil." *Environmental Science & Technology 50*, no.16 (2016), 8750~8759.

Cho, Adrian. "Cost Skyrockets for United States' Share of ITER Fusion Project." American Association for the Advancement of Science. *Science* (2014/04/10). sciencemag.org/news/2014/04/cost-skyrockets-united-states-share-iterfusion-project.

Church, George M., and Regis, Ed. *Regenesis: How Synthetic Biology Will Reinvent Nature and Ourselves* (New York: Basic Books, 2014).

Clayton, T. A., Baker, D., Lindon, J. C., Everett, J. R., and Nicholson, J. K. "Pharmacometabonomic Identification of a Significant Host-Microbiome Metabolic Interaction Affecting Human Drug Metabolism." *Proceedings of the National Academy of Sciences 106*, no.34 (2009), 14728~14733.

Clery, Daniel. *A Piece of the Sun: The Quest for Fusion Energy* (New York: Overlook Press, 2013).

Clish, Clary B. "Metabolomics: An Emerging but Powerful Tool for Precision Medicine." *Cold Spring Harbor Molecular Case Studies 1*, no.1 (2015).

Cohen, D. L., Lipton, J. L., Cutler, M., Coulter, D., Vesco, A., and Lipson, H. "Hydrocolloid Printing: A Novel Platform for Customized Food Production." Paper presented at the Solid Freeform Fabrication Symposium, Austin, Texas (2009/08). 3~5.

Cohen, Jean-Louis, and Moeller, G. Martin. *Liquid Stone: New Architecture in Concrete* (New York: Princeton Architectural Press, 2006).

Cohen, Jon. "Brain Implants Could Restore the Ability to Form Memories." *MIT Technology Review* (2013). technologyreview.com/s/513681/memory-implants.

Colemeadow, J., Joyce, H., and Turcanu, V. "Precise Treatment of Cystic Fibrosis—Current Treatments and Perspectives for Using CRISPR." *Expert Review of Precision Medicine and Drug Development 1*, no.2 (2016), 169~180.

Complete Anatomy Lab. "The Future of Medical Learning." Project Esper. 2016. completeanatomy.3d4medical.com/esper.php.

Computer History Museum. "Timeline of Computer History : Memory & Storage." 2016. computerhistory.org/timeline/memory-storage.

Conant, M. A., and Lane, B. "Secondary Syphilis Misdiagnosed As Infectious Mononucleosis." *California Medicine 109*, no.6 (1968), 462~464.

Cong, L., Ran, F.A., Cox, D., Lin, S., Barretto, R., Habib, N., Hsu, P.D., Wu, X., Jiang, W., Marraffini, L.A., et al. "Multiplex Genome Engineering Using CRISPR/Cas Systems." *Science 339*, no.6161 (2013), 819~823.

Construction Robotics. Home of the Semi-Automated Mason (2016). construction-robotics.com.

Contour Crafting. "Space Colonies." Contour Crafting Robotic Construction System (2014). contourcrafting.org/spacecolonies/.

Cooper, D. K. C. "A Brief History of Cross-Species Organ Transplantation." *Proceedings of Baylor University Medical Center 25*, no.1 (2012), 49~57.

Craig, Alan B. *Understanding Augmented Reality: Concepts and Applications* (Amsterdam : Morgan Kaufmann, 2013).

Craven, B. A., Paterson, E. G., and Settles, G. S. "The Fluid Dynamics of Canine Olfaction : Unique Nasal Airf low Patterns As an Explanation of Macrosmia." *Journal of the Royal Society Interface 7*, no.47 (2010), 933~943.

Cullis, Pieter. *The Personalized Medicine Revolution: How Diagnosing and Treating Disease Are About to Change Forever* (Vancouver : Greystone Books, 2015).

Daniels, K.E. "Rubble-Pile Near Earth Objects : Insights from Granular Physics." In *Asteroids*, edited by V. Badescu (Berlin and Heidelberg : Springer, 2013), 271~286.

DAQRI. "Smart Helmet." (2016). http://daqri.com/home/product/daqri-smart-helmet.

Delaney, K., and Massey, T. R. "New Device Allows Brain to Bypass Spinal Cord, Move Paralyzed Limbs." Battelle Memorial Institute press releases (2014). www.battelle.org/newsroom/press-releases/new-device-allows-brain-to-bypass-spinal-cord-move-paralyzed-limbs.

Delp, M. D., Charvat, J. M., Limoli, C. L., Globus, R. K., and Ghosh, P. "Apollo Lunar Astronauts Show Higher Cardiovascular Disease Mortality : Possible Deep Space Radiation Effects on the Vascular

이상한 미래 연구소

Endothelium." *Scientific Reports* 6 (2016), 29901.

Department of Health and Human Services. "Becoming a Donor." (2011). www.organdonor.gov/becomingdonor/index.html.

"The Drug Development Process—Step 3: Clinical Research." Food and Drug Administration (2016). www.fda.gov/ForPatients/Approvals/Drugs/ucm405622.htm.

(2011). "Fiscal Year 2015: Food and Drug Administration, Justification of Estimates for Appropriations Committees." (Silver Spring, Maryland: Food and Drug Administration, 2015). www.fda.gov/downloads/AboutFDA/ReportsManualsForms/Reports/BudgetReports/UCM388309.pdf.

Department of Labor, Bureau of Labor Statistics. "Industry Employment and Output Projections to 2024." Monthly Labor Review (2015/12). www.bls.gov/opub/mlr/2015/article/industry-employment-and-output-projections-to-2024.htm.

"Industries at a Glance: Construction: NAICS 23." (2016). www.bls.gov/iag/tgs/iag23.htm#fatalities_injuries_and_illnesses.

Department of State. "Treaty on Principles Governing the Activities of States in the Exploration and Use of Outer Space, Including the Moon and Other Celestial Bodies." Bureau of Arms Control, Verification, and Compliance (2004). www.state.gov/r/pa/ei/rls/dos/3797.htm.

de Selding, Peter B. "SpaceX Says Reusable Stage Could Cut Prices 30 Percent, Plans November Falcon Heavy Debut." *Space News* (2016/03/10). spacenews.com/spacex-says-reusable-stage-could-cut-prices-by-30-plans-first-falcon-heavy-in-november.

Deutsch, David. *The Fabric of Reality: The Science of Parallel Universes—and Its Implications* (New York: Penguin Books, 1998).

Donaldson, H., Doubleday, R., Hefferman, S., Klondar, E., and Tummarello, K. "Are Talking Heads Blowing Hot Air? An Analysis of the Accuracy of Forecasts in the Political Media." Hamilton College paper, *Public Policy 501* (2011). hamilton.edu/documents/An-Analysis-of-the-Accuracy-of-Forecasts-in-the-Political-Media.pdf.

Dondorp, A. M., Nosten, F., Yi, P., Das, D., Phyo, A. P., Tarning, J., Lwin, K. M., Ariey, F., Hanpithakpong, W., Lee, S. J., et al. "Artemisinin Resistance in Plasmodium falciparum Malaria." *New England Journal of Medicine 361*, no.5 (2009), 455~467.

Doursat, R., Sayama, H., and Michel, O. *Morphogenetic Engineering: Toward Programmable Complex* Systems (Heidelberg and New York: Springer, 2012).

Dowling, Jonathan P. *Schrödinger's Killer App: Race to Build the World's First Quantum Computer* (Boca Raton,

Fla.: CRC Press, 2013).

Driscoll, C.A., Macdonald, D.W., and O'Brien, S.J. "From Wild Animals to Domestic Pets, an Evolutionary View of Domestication." *Proceedings of the National Academy of Sciences 106*, supplement 1 (2009). 9971~9978.

Drummond, Katie. "Darpa's Creepy Robo-Blob Learns to Crawl." Wired (2011/12/02). wired. com/2011/12/darpa-chembot.

Duan, B., Hockaday, L. A., Kang, K. H., and Butcher, J.T. "3D Bioprinting of Heterogeneous Aortic Valve Conduits with Alginate/Gelatin Hydrogels." *Journal of Biomedical Materials Research 101A*, no.5 (2013), 1255~1264.

Dunn, Nick. *Digital Fabrication in Architecture* (London: Laurence King Publishing, 2012).

Eccles, R. "A Role for the Nasal Cycle in Respiratory Defence." *European Respiratory Journal* 9 (1996), 371~376.

Eisen, J. A. *The Tree of Life Blog*. "#badomics words." (2016). phylogenomics.blogspot.com/p/my-writings-on-badomicswords.html.

El-Sayed, *Ahmed F. Fundamentals of Aircraft and Rocket Propulsio*n (New York: Springer, 2016).

Engber, Daniel. "The Neurologist Who Hacked His Brain—And Almost Lost His Mind." *Wired* (2016/01/26). wired.com/2016/01/phil-kennedy-mind-control-computer.

Environmental Protection Agency "Sources of Greenhouse Gas Emissions." (2016). epa.gov/ghgemissions/sourcesgreenhouse-gas-emissions.

EUROFusion. "JET: Europe's Largest Fusion Device—Funded and Used in Partnership." (2016). euro-fusion.org/jet.

Everett, Daniel L. *Don't Sleep, There Are Snakes: Life and Language in the Amazonian Jungle* (New York: Vintage, 2009).

Fitzpatrick, Michael. "A Long Road for High-Speed Maglev Trains in the U.S." *Fortune* (2014/02/06). fortune.com/2014/02/06/a-long-road-for-high-speed-maglev-trains-in-the-u-s.

Francis, John. "Diving Impaired: Nitrogen Narcosis." ScubaDiving.com (2007/03/14). scubadiving. com/training/basic-skills/diving-impaired.

Frederix, M., Mingardon, F., Hu, M., Sun, N., Pray, T., Singh, S., Simmons, B. A., Keasling, J. D., and Mukhopadhyay, A. "Development of an E. coli Strain for One-Pot Biofuel Production from Ionic Liquid Pretreated Cellulose and Switchgrass." *Green Chemistry 18*, no.15 (2016), 4189~4197.

Freidberg, Jeffrey P. Plasma *Physics and Fusion Energy* (Cambridge: Cambridge University Press, 2008).

Fusor.net.

Futron Corporation. "Space Transportation Costs: Trends in Price Per Pound to Orbit 1990–2000." (Bethesda, Md.: Futron Corporation, 2002).

Garcia, Mark. "Facts and Figures." NASA (2016). nasa.gov/feature/facts-and-figures.

Gasson, Mark N., Kosta, E., and Bowman, Diana M. *Human ICT Implants: Technical, Legal and Ethical Considerations* (The Hague, The Netherlands: T.M.C. Asser Press, 2012).

Gay, Malcolm. *The Brain Electric: The Dramatic High-Tech Race to Merge Minds and Machines* (New York: Farrar, Straus and Giroux, 2015).

General Fusion. *Rethink Fusion Blog*. generalfusion.com/category/blog.

Gleick, James. "In the Trenches of Science." *New York Times Magazine* (1987/08/16). nytimes.com/1987/08/16/magazine/in-the-trenches-of-science.html.

Glieder, A., Kubicek, C. P., Mattanovich, D., Wilhschi, B., and Sauer, M. *Synthetic Biology* (New York: Springer, 2015).

Glover, Asha. "NRC's 'All or Nothing' Licensing Process Doesn't Work, Former Commissioner Says." Morning Consult.com (2016/04/29). morningconsult.com/alert/nrcs-nothing-licensing-process-doesnt-work-former-commissionersays.

Goodman, Daniel, and Angelova, Kamelia. "TECH STAR: I Want To Punch Anyone Wearing Google Glass in the Face." *BusinessInsider* (2013/05/10). businessinsider.com/meetup-ceo-scott-heiferman-on-google-glass-2013-5. (참고: 이 페이지에 있던 동영상은 더 이상 재생되지 않습니다.)

Graber, John. "SpriteMods.com's 3D Printer Makes Food Dye Designs in JELLO." *3D Printer World* (2014/01/04). 3dprinterworld.com/article/spritemodscoms-3d-printer-makes-food-dye-designs-jello.

Gramazio, Fabio, and Kohler, Matthias, ed. "Special Issue: Made by Robots: Challenging Architecture at a Larger Scale." *Architectural Design 84*, no.3 (2014), 136.

Grant, Dale. *Wilderness of Mirrors: The Life of Gerald Bull* (Scarborough, Ont.: Prentice Hall, 1991).

Green, Keith Evan. *Architectural Robotics: Ecosystems of Bits, Bytes, and Biology* (Cambridge, MA: MIT Press, 2016).

Greenpeace. "Nuclear Fusion Reactor Project in France: An Expensive and Senseless Nuclear Stupidity." Greenpeace International press release (2005/06/28). www.greenpeace.org/international/en/press/releases/2005/ITERprojectFrance.

Gribbin, John. *Computing with Quantum Cats: From Colossus to Qubits* (Amherst, N.Y.: Prometheus Books,

2014).

Guger, C., Müller-Putz, G., and Allison, B. *Brain-Computer Interface Research: A State-of-the-Art Summary 4* (New York: Springer, 2016).

Hall, Loura. "3D Printing: Food in Space." NASA (2013/07/28). nasa.gov/directorates/spacetech/home/feature_3d_food.html.

Hall, Stephen S. "Daniel Nocera: Maverick Inventor of the Artificial Leaf." Innovators. *National Geographic* (2014/05/19). news.nationalgeographic.com/news/innovators/2014/05/140519-nocera-chemistry-artificial-leaf-solar-renewableenergy.

Hammond, A., Galizi, R., Kyrou, K., Simoni, A., Siniscalchi, C., Katsanos, D., Gribble, M., Baker, D., Marois, E., Russell, S., et al. "A CRISPR-Cas9 Gene Drive System Targeting Female Reproduction in the Malaria Mosquito Vector Anopheles gambiae." *Nature Biotechnology 34*, no.1 (2016), 78~83.

Hannemann, Christine. *Die Platte Industrialisierter Wohnungsbau in der DDR* (Braunschweig/Wiesbaden: Friedr, Vieweg & Sohn Verlagsgesellschaft mbH, 1996).

Hardesty, Larry. "Ingestible Origami Robot." *MIT News* (2016/05/12). news.mit.edu/2016/ingestible-origami-robot-0512.

Harris, A. F., McKemey, A. R., Nimmo, D., Curtis, Z., Black, I., Morgan, S. A., Oviedo, M. N., Lacroix, R., Naish, N., Morrison, N. I., et al. "Successful Suppression of a Field Mosquito Population by Sustained Release of Engineered Male Mosquitoes." *Nature Biotechnology 30*, no.9 (2012), 828~830.

Harris, A. F., Nimmo, D., McKemey, A. R., Kelly, N., Scaife, S., Donnelly, C. A., Beech, C., Petrie, W. D., and Alphey, L. "Field Performance of Engineered Male Mosquitoes." *Nature Biotechnology 29*, no.11 (2011), 1034~1037.

Hartley, L. P. *The Go-Between* (New York, CA: NYRB Classics, 2002).

Harwood, W. "Experts Applaud SpaceX Rocket Landing, Potential Savings." *CBS News* (2015/12/22). cbsnews.com/news/experts-applaud-spacex-landing-cautious-about-outlook.

Hassanien, A. E., and Azar, A. T. *Brain-Computer Interfaces: Current Trends and Applications* (New York: Springer, 2014).

Hawkes, E., An, B., Benbernou, N. M., Tanaka, H., Kim, S., Demaine, E. D., Rus, D., and Wood, R. J. "Programmable Matter by Folding." *Proceedings of the National Academy of Sciences 107*, no.28 (2010), 12441~12445.

Heaps, Leo. *Operation Morning Light: Inside Story of Cosmos 954 Soviet Spy Satellite* (N.p: Paddington, 1978).

Henderson, D. A., and Preston, Richard. *Smallpox: The Death of a Disease-The Inside Story of Eradicating a*

이상한 미래 연구소

Worldwide Killer (Amherst, N.Y: Prometheus Books, 2009).

Hill, Curtis. *What If We Made Space Travel Practical-Stimulating Our Economy with New Technology* (N.p.: Modern Millennium Press, 2013).

Hoyt, Robert. "WRANGLER: Capture and De-Spin of Asteroids and Space Debris." NASA (2014/05/30). nasa.gov/content/wrangler-capture-and-de-spin-of-asteroids-and-space-debris.

Hrala, Josh. "This Robot Keeps Trying to Escape a Lab in Russia." *Science Alert* (2016/06/29). sciencealert.com/thesame-robot-keeps-trying-to-escape-a-lab-in-russia-even-after-reprogramming.

Hu, Z., Chen, X., Zhao, Y., Tian, T., Jin, G., Shu, Y., Chen, Y., Xu, L., Zen, K., Zhang, C., et al. "Serum MicroRNA Signatures Identified in a Genome-Wide Serum Microrna Expression Profiling Predict Survival of Non-Small-Cell Lung Cancer." *Journal of Clinical Oncology 28*, no.10 (2010), 1721~1726.

Hutchison, C. A., Chuang, R.-Y., Noskov, V. N., Assad-Garcia, N., Deerinck, T. J., Ellisman, M. H., Gill, J., Kannan, K., Karas, B. J., Ma, L., et al. "Design and Synthesis of a Minimal Bacterial Genome." *Science 351*, no.6253 (2016), aad6253.

iGEM (2016). igem.org/Main_Page.

Illusio, Inc. "Augmented Reality Goes Beyond Pokemon Go into Plastic Surgery Imaging." Illusio press release (Updated 2016/08/05). www.newswire.com/news/augmented-reality-goes-beyond-pokemon-go-into-plastic-surgeryimaging-13533198.

Innovega Inc. (2015). innovega-inc.com.

Interlandi, Jeneen. "The Paradox of Precision Medicine." *Scientific American* (2016/04/01). scientificamerican.com/article/the-paradox-of-precision-medicine.

International Space Elevator Consortium. "Space Elevator Home." (2016). isec.org.

ITER. "The Way to New Energy." (2016). iter.org.

Jafarpour, F., Biancalani, T., and Goldenfeld, N. "Noise-Induced Mechanism for Biological Homochirality of Early Life Self-Replicators." *Physical Review Letters 115*, no.15 (2015), 158101.

Jain, Kewal K. *Textbook of Personalized Medicine* (New York: Humana Press, 2015).

JAXA. "3-2-2-1 Settlement of Claim between Canada and the Union of Soviet Socialist Republics for Damage Caused by Cosmos 954.'" Japan Aerospace Exploration Agency (Released on 1981/04/02). www.jaxa.jp/library/space_law/chapter_3/3-2-2-1_e.html.

Jella, S. A., and Shannahoff-Khalsa, D. S. "The Effects of Unilateral Forced Nostril Breathing on Cognitive Performance." *International Journal of Neuroscience 73*, no.1－2 (1993a), 61~68.

Jinek, M., Chylinski, K., Fonfara, I., Hauer, M., Doudna, J. A., and Charpentier, E. "A Programmable Dual-RNA-Guided DNA Endonuclease in Adaptive Bacterial Immunity." *Science 337*, no.6096 (2012), 816~821.

Johnson, Aaron. "How Many Solar Panels Do I Need on My House to Become Energy Independent?" Ask an Engineer, MIT School of Engineering (2013/11/19). engineering.mit.edu/ask/how-many-solar-panels-do-i-need-my-house-become-energy-independent.

Johnson, L. A., Scholler, J., Ohkuri, T., Kosaka, A., Patel, P. R., McGettigan, S. E., Nace, A. K., Dentchev, T., Thekkat, P., Loew, A., et al. "Rational Development and Characterization of Humanized Anti-EGFR Variant III Chimeric Antigen Receptor T Cells for Glioblastoma." *Science Translational Medicine 7*, no.275 (2015), 275ra22~275ra22.

Josephson, B. "Brian Josephson's home page." Cavendish Laboratory, University of Cambridge (2016). www.tcm.phy.cam.ac.uk/~bdj10.

Josephson, B. "Brian Josephson on the Memory of Water." *Hydrogen2Oxygen* (2016/10/06). hydrogen2oxygen.net/en/brian-josephson-on-the-memory-of-water.

Kaiser, Jocelyn, and Normile, Dennis. "Chinese Paper on Embryo Engineering Splits Scientific Community." *Science* (2015/04/24). sciencemag.org/news/2015/04/chinese-paper-embryo-engineering-splits-scientific-community.

Kareklas, K., Nettle, D., and Smulders, T. V. "Water-Induced Finger Wrinkles Improve Handling of Wet Objects." *Biology Letters 9*, no.2 (2013), 20120999.

Kaufman, Scott. *Project Plowshare: The Peaceful Use of Nuclear Explosives in Cold War America* (Ithaca, N.Y.: Cornell University Press, 2012).

Kharecha, P. A., and Hansen, J. E. "Prevented Mortality and Greenhouse Gas Emissions from Historical and Projected Nuclear Power." *Environmental Science & Technology 47*, no.9 (2013), 4889~4895.

Khoshnevis, Behrokh. "Contour Crafting Simulation Plan for Lunar Settlement Infrastructure Build-Up." NASA Space Technology Mission Directorate (2013). nasa.gov/directorates/spacetech/niac/khoshnevis_contour_crafting.html.

Kipper, Greg, and Rampolla, Joseph. *Augmented Reality: An Emerging Technologies Guide to AR* (Amsterdam and Boston, Mass.: Syngress, 2012).

Kirsch, Scott. *Proving Grounds: Project Plowshare and the Unrealized Dream of Nuclear Earthmoving* (New Brunswick, N.J.: Rutgers University Press, 2005).

Kolarevic, Branko, and Parlac, Vera. Building Dynamics: Exploring Architecture of Change. London and

New York: Routledge, 2015.

Kotula, J. W., Kerns, S. J., Shaket, L. A., Siraj, L., Collins, J. J., Way, J. C., and Silver, P. A. "Programmable Bacteria Detect and Record an Environmental Signal in the Mammalian Gut." *Proceedings of the National Academy of Sciences 111*, no.13 (2014), 4838~4843.

Kozomara, Ana, and Griffiths-Jones, Sam. "miRBase: Annotating High Confidence MicroRNAs Using Deep Sequencing Data." *Nucleic Acids Research 42*, no.D1 (2014), D68~D73.

Kremeyer, K., Sebastian, K., and Shu, C. "Demonstrating Shock Mitigation and Drag Reduction by Pulsed energy Lines with Multi-domain WENO." Brown University. brown.edu/research/projects/scientific-computing/sites/brown.edu.research.projects.scientific-computing/files/uploads/Demonstrating%20Shock%20Mitigation%20and%20Drag%20Reduced%20by%20Pulsed%20Energy%20Lines.pdf

LaFrance, Adrienne. "Genetically Modified Mosquitoes: What Could Possibly Go Wrong?" *Atlantic* (2016/04/26). theatlantic.com/technology/archive/2016/04/genetically-modified-mosquitoes-zika/479793.

Lawrence Livermore National Laboratory. "Lasers, Photonics, and Fusion Science: Bringing Star Power to Earth." lasers.llnl.gov/.

LeCroy, C., Masiello, C. A., Rudgers, J. A., Hockaday, W. C., and Silberg, J. J. "Nitrogen, Biochar, and Mycorrhizae: Alteration of the Symbiosis and Oxidation of the Char Surface." *Soil Biology and Biochemistry 58* (2013), 248~254.

Lefaucheur, J.-P., André-Obadia, N., Antal, A., Ayache, S. S., Baeken, C., Benninger, D. H., Cantello, R. M., Cincotta, M., de Carvalho, M., De Ridder, D., et al. "Evidence-Based Guidelines on the Therapeutic Use of Repetitive Transcranial Magnetic Stimulation (rTMS)." *Clinical Neurophysiology* 125, no.11 (2014), 2150~2206.

Levin, Gilbert V. Sweetened Edible Formulations. U.S. Patent Application US 05/838,211 (filed 1977/09/30). 4262032A. Google Patents. google.com/patents/US4262032.

Lewis, John S. *Asteroid Mining 101: Wealth for the New Space Economy* (Mountain View, Calif.: Deep Space Industries, 2014).

Liang, P., Xu, Y., Zhang, X., Ding, C., Huang, R., Zhang, Z., Lv, J., Xie, X., Chen, Y., Li, Y., et al. "CRISPR/Cas9-Mediated Gene Editing in Human Tripronuclear Zygotes." *Protein and Cell 6*, no.5 (2015), 363~372.

Lipson, Hod, and Kurman, Melba. *Fabricated: The New World of 3D Printing* (Indianapolis, Ind.: Wiley,

2013).

Lockheed Martin. "Compact Fusion." (2016). lockheedmartin.com/us/products/compact-fusion.html.

Lowther, William. *Arms and the Man: Dr. Gerald Bull, Iraq and the Supergun* (Novato, Calif.: Presidio Press, 1992).

Maeda, Junichiro. "Current Research and Development and Approach to Future Automated Construction in Japan." In *Construction Research Congress: Broadening Perspectives*, 1–11 (Reston, Va.: American Society of Civil Engineers, 2005). Published online 2012/04/26.

Mahaffey, James A. *Fusion* (New York: Facts on File, 2012a).

MakerBot. "Frostruder MK2." Thingiverse (2009/11/02). thingiverse.com/thing:1143.

Mali, P., Yang, L., Esvelt, K. M., Aach, J., Guell, M., DiCarlo, J. E., Norville, J. E., and Church, G. M. "RNA-Guided Human Genome Engineering via Cas9." *Science 339*, no.6121 (2013), 823~826.

Malyshev, D. A., Dhami, K., Lavergne, T., Chen, T., Dai, N., Foster, J. M., Corrêa, I. R., and Romesberg, F. E. "A Semi-Synthetic Organism with an Expanded Genetic Alphabet." *Nature 509*, no.7500 (2014), 385~388.

Mankins, John. *The Case for Space Solar Power* (Houston, Tex.: Virginia Edition Publishing, 2014).

Mann Library. "Fast and Affordable: Century of Prefab Housing. Thomas Edison's Concrete House." Cornell University (2006). exhibits.mannlib.cornell.edu/prefabhousing/prefab.php?content=two_a.

Mannoor, M. S., Jiang, Z., James, T., Kong, Y. L., Malatesta, K. A., Soboyejo, W. O., Verma, N., Gracias, D. H., and McAlpine, M. C. "3D Printed Bionic Ears." *Nano Letters 13*, no.6 (2013), 2634~2639.

Mark Foster Gage Architects. "Robotic Stone Carving." mfga.com/robotic-stone-carving.

Markstedt, K., Mantas, A., Tournier, I., Martínez Ávila, H., Hägg, D., and Gatenholm, P. "3D Bioprinting Human Chondrocytes with Nanocellulose–Alginate Bioink for Cartilage Tissue Engineering Applications." *Biomacromolecules 16*, no.5 (2015), 1489~1496.

Mars One. mars-one.com.

Mayo Clinic Staff. "Transcranial Magnetic Stimulation-Overview." Mayo Clinic (2015). mayoclinic.org/tests-procedures/transcranial-magnetic-stimulation/home/ovc-20163795.

McCracken, Garry, and Stott, Peter. *Fusion: The Energy of the Universe* (Cambridge, Mass.: Academic Press, 2012).

McGee, Ellen M., and Maguire, Gerald Q. "Becoming Borg to Become Immortal: Regulating Brain Implant Technologies." *Cambridge Quarterly of Healthcare Ethics 16*, no.3 (2007), 291~302.

이상한 미래 연구소

McNab, I. R. "Launch to Space with an Electromagnetic Railgun." *IEEE Transactions on Magnetics 39*, no.1 (2003), 295~304.

Menezes, A. A., Cumbers, J., Hogan, J. A., and Arkin, A. P. "Towards Synthetic Biological Approaches to Resource Utilization on Space Missions." *Journal of the Royal Society Interface 12*, no.1~2 (2015), 20140715.

Miller, Jordan S. "The Billion Cell Construct: Will Three-Dimensional Printing Get Us There?" *PLoS Biology 12*, no.6 (2014), e1001882.

MIT Technology Review (2012/11), 115, 108. technologyreview.com/magazine/2012/11/.

Moan, Charles E., and Heath, Robert G. "Septal stimulation for the Initiation of Heterosexual Behavior in a Homosexual Male." *Journal of Behavior Therapy and Experimental Psychiatry 3*, no.1 (1972), 23~30.

Mohan, Pavithra. "App Used 23andMe's DNA Database to Block People From Sites Based on Race and Gender." Fast Company (2015/07/23). fastcompany.com/3048980/fast-feed/app-used-23andmes-dna-database-to-block-people-from-sites-based-on-race-and-gender.

Mohiuddin, M. M., Singh, A. K., Corcoran, P. C., Hoyt, R. F., Thomas III, M. L., Ayares, D., and Horvath, K. A. "Genetically Engineered Pigs and Target-Specific Immunomodulation Provide Significant Graft Survival and Hope for Clinical Cardiac Xenotransplantation." *Journal of Thoracic and Cardiovascular Surgery 148*, no.3 (2014), 1106~1114.

Molloy, Mark. "Hiroshima Anger Over Pokémon at Atom Bomb Memorial Park." *Telegraph* (2016/07/28). telegraph.co.uk/technology/2016/07/28/hiroshima-anger-over-pokemon-at-atom-bomb-memorial-park.

Moniz, E. J. "U.S. Participation in the ITER Project." (Washington, D.C.: United States Department of Energy, 2016). science.energy.gov/~/media/fes/pdf/DOE_US_Participation_in_the_ITER_Project_May_2016_Final.pdf.

Moravec, H. *Mind Children: The Future of Robot and Human Intelligence* (Cambridge, Mass.: Harvard University Press, 1990).

Moser, M.-B., and Moser, E. I. *The Future of the Brain: Essays by the World's Leading Neuroscientists* (Princeton, N.J.: Princeton University Press, 2014a).

  The Future of the Brain: Essays by the World's Leading Neuroscientists (Princeton, N.J.: Princeton University Press, 2014b).

Moskvitch, K. "Programmable Matter: Shape-Shifting Microbots Get It Together." *Engineering and Technology Magazine 10*, no.5 (2015). eandt.theiet.org/content/articles/2015/05/programmable-matter-shape-shifting-microbots-get-it-together.

Mourachkine, Andrei. *Room-Temperature Superconductivity* (Cambridge, U.K.: Cambridge International Science Publishing, 2004).

Mukherjee, Siddhartha. *The Emperor of All Maladies: A Biography of Cancer* (New York: Scribner, 2011).

Muller, Richard A. *Energy for Future Presidents: The Science Behind the Headlines* (New York: W. W. Norton, 2013).

Mullin, Rick. "Cost to Develop New Pharmaceutical Drug Now Exceeds $2.5B." *Scientific American* (2014/11/24). www.scientificamerican.com/article/cost-to-develop-new-pharmaceutical-drug-now-exceeds-2-5b/.

Murphy, Sean V., and Atala, Anthony. "3D Bioprinting of Tissues and Organs." *Nat Biotech 32*, no.8 (2014), 773~785.

Naboni, Roberto, and Paoletti, Ingrid. *Advanced Customization in Architectural Design and Construction* (New York: Springer, 2014).

Naclerio, R. M., Bachert, C., and Baraniuk, J. N. "Pathophysiology of Nasal Congestion." *International Journal of General Medicine 3* (2010), 7~57.

NASA. "A Natural Way To Stay Sweet." NASA Spinoff (2004). spinoff.nasa.gov/Spinoff2004/ch_4.html.

"Welcome to the Dawn Mission." NASA Jet Propulsion Laboratory. N.d. dawn.jpl.nasa.gov/mission.

National Academies of Sciences, Engineering, and Medicine. *Gene Drives on the Horizon: Advancing Science, Navigating Uncertainty, and Aligning Research with Public Values* (Washington, D.C.: National Academies Press, 2016).

National Cancer Institute. "SEER Stat Fact Sheets: Cancer of the Lung and Bronchus." (2013). seer.cancer.gov/statfacts/html/lungb.html.

National Institutes of Health. "Precision Medicine Initiative." (2015). www.nih.gov/precision-medicine-initiative-cohort-program.

NeuroPace, Inc. "The RNS System for Drug-Resistant Epilepsy." NeuroPace, Inc. (2016). neuropace.com.

New Age Robotics. "Milling & Sculpting." (2016). robotics.ca/wp/portfolio/milling-sculpting.

Newman, A. M., Bratman, S. V., To, J., Wynne, J. F., Eclov, N. C. W., Modlin, L. A., Liu, C. L., Neal, J. W., Wakelee, H. A., Merritt, R. E., et al. "An Ultrasensitive Method for Quantitating Circulating Tumor DNA with Broad Patient Coverage." *Nature Medicine 20*, no.5 (2014), 548~554.

Northrop, Robert B., and Connor, Anne N. *Ecological Sustainability: Understanding Complex Issue* (Boca Raton, FL: CRC Press, 2013).

Obed, A., Stern, S., Jarrad, A., and Lorf, T. "Six Month Abstinence Rule for Liver Transplantation in Severe Alcoholic Liver Disease Patients." World Journal of Gastroenterology 21, no.14 (2015), 4423~4426.

offensive-computing (아이디). "Genetic Access Control." (2015). https://github.com/offapi/rbac-23andme-oauth2.

Orlando, L., Ginolhac, A., Zhang, G., Froese, D., Albrechtsen, A., Stiller, M., Schubert, M., Cappellini, E., Petersen, B., Moltke, I., et al. "Recalibrating Equus Evolution Using the Genome Sequence of an Early Middle Pleistocene Horse." *Nature 499*, no.7457 (2013), 74~78.

Open Humans. openhumans.org.

Organovo. "Bioprinting Functional Human Tissue." (2016). organovo.com.

Owen, David. *The Conundrum* (New York: Riverhead Books, 2012).

Paddon, C. J., Westfall, P. J., Pitera, D. J., Benjamin, K., Fisher, K., McPhee, D., Leavell, M. D., Tai, A., Main, A., Eng, D., et al. "High-Level Semi-Synthetic Production of the Potent Antimalarial Artemisinin." *Nature 496*, no.7446 (2013) 528~532.

Pais-Vieira, M., Chiuffa, G., Lebedev, M., Yadav, A., and Nicolelis, M. A. L. "Building an Organic Computing Device with Multiple Interconnected Brains." *Scientific Reports* 5 (2015), 11869.

Pelt, Michel van. *Rocketing into the Future: The History and Technology of Rocket Planes* (New York: Springer, 2012).

Space Tethers and Space Elevators (New York: Copernicus, 2009).

Peplow, Mark. "Synthetic Biology's First Malaria Drug Meets Market Resistance: Nature News & Comment." *Nature 530*, no.7591 (2016), 389~390.

Perez, Sarah. "Recognizr: Facial Recognition Coming to Android Phones." ReadWrite (2010/02/24). readwrite.com/2010/02/24/recognizr_facial_recognition_coming_to_android_phones.

Personal Genome Project. "Sharing Personal Genomes." Personal Genome Project: Harvard Medical School. personalgenomes.org.

Phillips, Tony. "The Tunguska Impact-100 Years Later." NASA Science (2008). science.nasa.gov/science-news/science-at-nasa/2008/30jun_tunguska.

Phipps, C., Birkan, M., Bohn, W., Eckel, H.-A., Horisawa, H., Lippert, T., Michaelis, M., Rezunkov, Y., Sasoh, A., Schall, W., et al. "Review: Laser-Ablation Propulsion." *Journal of Propulsion and Power*

26, no.4 (2010), 609~637.

Pino, R. E., Kott, A., Shevenell, M., ed. *Cybersecurity Systems for Human Cognition Augmentation* (New York: Springer, 2014).

Piore, Adam. "To Study the Brain, a Doctor Puts Himself Under the Knife." *MIT Technology Review* (2015/11/09). technologyreview.com/s/543246/to-study-the-brain-a-doctor-puts-himself-under-the-knife.

Pleistocene Park. "Pleistocene Park: Restoration of the Mammoth Steppe Ecosystem." (2016). pleistocenepark.ru/en.

Poland, Gregory A. "Vaccines Against Lyme Disease: What Happened and What Lessons Can We Learn?" *Clinical Infectious Diseases 52*, supp. 3 (2011), s253~s258.

Polka, Jessica K., and Silver, Pamela A. "A Tunable Protein Piston That Breaks Membranes to Release Encapsulated Cargo." *ACS Synthetic Biology 5*, no.4 (2016), 303~311.

Post, Hannah. "Reusability: The Key to Making Human Life Multi-Planetary." SpaceX (2015/06/10). spacex.com/news/2013/03/31/reusability-key-making-human-life-multi-planetary.

Powell, J., Maise, G., and Pellegrino, C. *StarTram: The New Race to Space* (N. p.: CreateSpace Independent Publishing Platform, 2013).

Rabinowits, G., Gerçel-Taylor, C., Day, J. M., Taylor, D. D., and Kloecker, G. H. "Exosomal MicroRNA: A Diagnostic Marker for Lung Cancer." *Clinical Lung Cancer 10*, no.1 (2009), 42~46.

Reaction Engines Limited. reactionengines.co.uk.

Reardon, Sara. "New Life for Pig-to-Human Transplants." *Nature 527*, no.7577 (2015), 152~154.

Reece, Andrew G., and Danforth, Christopher M. "Instagram Photos Reveal Predictive Markers of Depression." arXiv:1608.03282 [physics] (2016), 34.

Reece, A. G., Reagan, A. J., Lix, K. L. M., Dodds, P. S., Danforth, C. M., and Langer, E. J. "Forecasting the Onset and Course of Mental Illness with Twitter Data." arXiv:1608.07740 [physics] (2016), 23.

Reiber, C., Shattuck, E. C., Fiore, S., Alperin, P., Davis, V., and Moore, J. "Change in Human Social Behavior in Response to a Common Vaccine." *Annals of Epidemiology 20*, no 10 (2010), 729~733.

Reid, G., Kirschner, M. B., and van Zandwijk, N. "Circulating microRNAs: Association with Disease and Potential Use As Biomarkers." *Critical Reviews in Oncology/Hematology 80*, no.2 (2011), 193~208.

Reiss, Louise Z. "Strontium-90 Absorption by Deciduous Teeth." *Science 134*, no.3491 (1961), 1669~1673.

Riaz, Muhammad U., and Javaid, Zain. *Programmable Matter: World with Controllable Matter* (Saarbrücken,

이상한 미래 연구소

Germany: Lambert Academic Publishing, 2012).

Richter, B., and Neises, G. "'Human' Insulin Versus Animal Insulin in People with Diabetes Mellitus." Cochrane Database of Systematic Reviews (2002), CD003816.

Ringeisen, B., Spargo, B. J., and Wu, Peter K. *Cell and Organ Printing* (Dordrecht, Germany: Springer, 2010).

Ringo, Allegra. "Understanding Deafness: Not Everyone Wants to Be 'Fixed.'" Atlantic (2013/08/09). theatlantic.com/health/archive/2013/08/understanding-deafness-not-everyone-wants-to-be-fixed/278527.

Robinette, Paul. "Developing Robots That Impact Human-Robot Trust In Emergency Evacuations." PhD thesis. Georgia Institute of Technology (2015).

Romanishin, J. W., Gilpin, K., and Rus, D. "M-Blocks: Momentum-Driven, Magnetic Modular Robots," 4288~4295.

IEEE/RSJ International Conference on Intelligent Robots and Systems (Piscataway, N.J.: IEEE Publishing, 2013).

Rose, David. *Enchanted Objects: Innovation, Design, and the Future of Technology* (New York: Scribner, 2015).

Roth, Alvin E. *Who Gets What—and Why: The New Economics of Matchmaking and Market Design* (Boston: Eamon Dolan/Mariner Books, 2016).

Rubenstein, M. "Emissions from the Cement Industry." *State of the Planet*. Earth Institute. Columbia University (2012/05/09). blogs.ei.columbia.edu/2012/05/09/emissions-from-the-cement-industry.

Rubenstein, M., Cornejo, A., and Nagpal, R. "Programmable Self-Assembly in a Thousand-Robot Swarm." *Science 345*, no. 6198 (2014), 795~799.

Sandia National Laboratories. "Sandia Magnetized Fusion Technique Produces Significant Results." (2014/09/22). share.sandia.gov/news/resources/news_releases/mag_fusion/#.V8GkOpMrJE5.

"Z Pulsed Power Facility." Z Research: Energy. 2015. www.sandia.gov/z-machine/research/energy.html.

Schafer, G., Green, K., Walker, I., King Fullerton, S., and Lewis, E. "An Interactive, Cyber-Physical Read-Aloud Environment: Results and Lessons from an Evaluation Activity with Children and Their Teachers," 865~874. In *Proceedings of the 2014 Conference on Designing Interactive Systems* (New York: ACM, 2014).

Schulz, A., Sung, C., Spielberg, A., Zhao, W., Cheng, Y., Mehta, A., Grinspun, E., Rus, D., and Matusik, W. "Interactive Robogami: Data-Driven Design for 3D Print and Fold Robots with Ground Locomotion." 1:1. In *SIGGRAPH 2015: Studio* (New York: ACM, 2015).

Schwenk, Kurt. "Why Snakes Have Forked Tongues." Science 263, no.1573 (1994), 1573 – 77.

Seife, Charles. *Sun in a Bottle: The Strange History of Fusion and the Science of Wishful Thinking* (New York: Viking, 2008).

Seiler, Friedrich, and Igra, Ozer. *Hypervelocity Launchers* (New York: Springer, 2016).

Selectbio. "Caddie Wang's Biography." 3D-Printing in Life Sciences. Selectbio Sciences (2015). selectbiosciences.com/conferences/biographies.aspx?speaker=1340332&conf=PRINT2015.

Self-Assembly Lab. selfassemblylab.net/index.php.

Sepramaniam, S., Tan, J.-R., Tan, K.-S., DeSilva, D. A., Tavintharan, S., Woon, F.-P., Wang, C.-W., Yong, F.-L., Karolina, D.-S., Kaur, P., et al. "Circulating MicroRNAs as Biomarkers of Acute Stroke." *International Journal of Molecular Sciences 15*, no.1 (2014), 1418~1432.

Serafini, G., Pompili, M., Belvederi Murri, M., Respino, M., Ghio, L., Girardi, P., Fitzgerald, P. B., and Amore, M. "The Effects of Repetitive Transcranial Magnetic Stimulation on Cognitive Performance in Treatment-Resistant Depression. A Systematic Review." *Neuropsychobiology 71*, no.3 (2015), 125~139.

Sercel, Joel . "APIS (Asteroid Provided In-Situ Supplies): 100MT Of Water from a Single Falcon 9." NASA (2015/05/07). nasa.gov/feature/apis-asteroid-provided-in-situ-supplies-100mt-of-water-from-a-single-falcon-9.

Servick, Kelly. "Scientists Reveal Proposal to Build Human Genome from Scratch." *Science* (2016/06/02). sciencemag.org/news/2016/06/scientists-reveal-proposal-build-human-genome-scratch.

Shapiro, Beth. *How to Clone a Mammoth: The Science of De-Extinction* (Princeton, N.J.: Princeton University Press, 2015).

Shine, Richard, and Wiens, John J. "The Ecological Impact of Invasive Cane Toads (bufo marinus) in Australia." *Quarterly Review of Biology 85*, no.3 (2010), 253~291.

Shreeve, James. *The Genome War: How Craig Venter Tried to Capture the Code of Life and Save the World* (New York: Knopf, 2004).

Silverstein, Ken. "How the Chips Fell." *Mother Jones 22* (1997), 13~14.

Simberg, Rand E., and Lu, Ed. *Safe Is Not an Option* (New York: Interglobal Media LLC, 2013).

Small, E. M., and Olson, E. N. "Pervasive Roles of microRNAs in Cardiovascular Biology." *Nature 469*, no.7330 (2011), 336~342.

Smith, Dan. "DARPA's 'Programmable Matter' Project Creating Shape-Shifting Materials." *Popular Science* (2009/06/08). popsci.com/military-aviation-amp-space/article/2009-06/mightily-morphingpowerful-range-objects.

Snir, A., Nadel, D., Groman-Yaroslavski, I., Melamed, Y., Sternberg, M., Bar-Yosef, O., and Weiss, E. "The Origin of Cultivation and Proto-Weeds, Long Before Neolithic Farming." *PLOS ONE 10*, no.7 (2015), e0131422.

Snyder, Michael. *Genomics and Personalized Medicine: What Everyone Needs to Know* (Oxford and New York: Oxford University Press, 2016).

Somlai-Fischer, A., Hasegawa, A., Jasinowicz, B., Sjölén, T., and Hague, U. "Reconfigurable House." (2008). http://house.propositions.org.uk.

Spaceflight101. "Falcon 9 v1.1 & F9R—Rockets." (2016a). spacef light101.com/spacerockets/falcon-9-v1-1-f9r/.

"Soyuz FG—Rockets." (2016b). spaceflight101.com/spacerockets/soyuz-fg.

Spröwitz, A., Moeckel, R., Vespignani, M., Bonardi, S., and Ijspeert, A .J. "Roombots: A Hardware Perspective on 3D Self-Reconfiguration and Locomotion with a Homogeneous Modular Robot." *Robotics and Autonomous Systems 62*, no.7. (2014), 1016～1033.

Stull, Deborah. "Better Mouse Memory Comes at a Price." *Scientist* (2001/04/02). the-scientist. com/?articles.view/articleNo/13302/title/Better-Mouse-Memory-Comes-at-a-Price.

Suthana, Nanthia, and Fried, Itzhak. "Deep Brain Stimulation for Enhancement of Learning and Memory." *NeuroImage 85*, part 3, (2014), 996～1002.

Swan, P., Raiit, D., Swan, C., Penny, R., and Knapman, J. *Space Elevators: An Assessment of the Technological Feasibility and the Way Forward* (Paris and Virginia: Science Deck Books, 2013).

Syrian Refugees. "The Syrian Refugee Crisis and Its Repercussions for the EU." 2016. syrianrefugees.eu.

Talbot, David. "A Prosthetic Hand That Sends Feelings to Its Wearer." *MIT Technology Review* (2013/12/05). technologyreview.com/s/522086/an-artificial-hand-with-real-feelings.

Tan, D. W., Schiefer, M. A., Keith, M. W., Anderson, J. R., Tyler, J., and Tyler, D. J. "A Neural Interface Provides Long-Term Stable Natural Touch Perception." *Science Translational Medicine 6*, no.257 (2014), 257ra138.

Tang, Y.-P., Shimizu, E., Dube, G. R., Rampon, C., Kerchner, G. A., Zhuo, M., Liu, G., and Tsien, J. Z. "Genetic Enhancement of Learning and Memory in Mice." *Nature 401*, no.6748 (1999), 63～69.

Throw Trucks With Your Mind! throwtrucks.com.

Tidball, R., Bluestein, J., Rodriguez, N., and Knoke, S. "Cost and Performance Assumptions for Modeling Electricity Generatin Technologies." Fairfax, Va.: National Renewable Energy Laboratory,

2010. nrel.gov/docs/fy11osti/48595.pdf.

Tinkham, Michael. *Introduction to Superconductivity: Second Edition* (Mineola, N.Y.: Dover Publications, 2004).

Tomich, Jeffrey. "Decades Later, Baby Tooth Survey Legacy Lives On." *St. Louis Post-Dispatch* (2013/08/01). stltoday.com/lifestyles/health-med-fit/health/decades-later-baby-tooth-survey-legacy-lives-on/article_c5ad9492-fd75-5aed-897f-850fbdba24ee.html.

Torella, J. P., Gagliardi, C. J., Chen, J. S., Bediako, D. K., Colón, B., Way, J. C., Silver, P. A., and Nocera, D. G. "Efficient Solar-to-Fuels Production from a Hybrid Microbial – Water-Splitting Catalyst System." *Proceedings of the National Academy of Sciences 112*, no.8 (2015), 2337~2342.

Trang, P. T. K., Berg, M., Viet, P. H., Mui, N. V., and van der Meer, J. R. "Bacterial Bioassay for Rapid and Accurate Analysis of Arsenic in Highly Variable Groundwater Samples." *Environmental Science & Technology 39*, no.19 (2005), 7625~7630.

Treisman, M. "Motion Sickness: An Evolutionary Hypothesis." *Science 197*, no.4302 (1977), 493~495.

UN Habitat. "World Habitat Day: Voices from Slums—Background Paper." United Nations Human Settlements Programme (2014). unhabitat.org/wp-content/uploads/2014/07/WHD-2014-Background-Paper.pdf.

United Network for Organ Sharing. "Data." (2015). unos.org/data.

U.S. Congress. House (2008). *Genetic Information Nondiscrimination Act of 2008*. H.R. 493. 110th Cong. *Congressional Record 154*, no.71, daily ed. (2008/05/01), H2961~H2980. www.congress.gov/bill/110th-congress/house-bill/493.

⸻ (2015). *U.S. Commercial Space Launch Competitiveness Act*. H.R. 2262.114th Cong., 1st sess. *Congressional Record 161*, no.78, daily ed. (2015/05/20), H3403~H3410. www.congress.gov/bill/114th-congress/house-bill/2262.

Van Nimmen, Jane, Bruno, Leonard C., and Rosholt, Robert L. *NASA Historical Data Book, 1958-1968. Vol I: NASA Resources* (Washington, D.C.: NASA, 1976). history.nasa.gov/SP-4012v1.pdf.

Vasudevan, T. M., van Rij, A. M., Nukada, H., and Taylor, P. K. "Skin Wrinkling for the Assessment of Sympathetic Function in the Limbs." *Australian and New Zealand Journal of Surgery 70*, no.1 (2000), 57~59.

Venter, J. C. *Life at the Speed of Light: From the Double Helix to the Dawn of Digital Life* (New York: Penguin Books, 2014b).

⸻ *What—Me Worry?*, 200~207. In *What Should We Be Worried About?: Real Scenarios That Keep Scientists Up*

이상한 미래 연구소

at Night, edited by J. Brockman (New York: Harper Perennial, 2014a).

Vrije Universiteit Science. "Robot Baby Project by Prof.dr. A.E. Eiben on evolving robots / The Evolution of Things." (2016/05/26). youtube.com/watch?v=BfcVSb-Q8ns.

Wang, Brian. "$250,000 Slingatron Kickstarter." *NextBigFutur*e (2013/07/29). nextbigfuture. com/2013/07/250000-slingatron-kickstarter.html.

Wei, F., Wang, G.-D., Kerchner, G. A., Kim, S. J., Xu, H.-M., Chen, Z.-F., and Zhuo, M. "Genetic Enhancement of Inflammatory Pain by Forebrain NR2B Overexpression." *Natural Neuroscience 4*, no 2 (2001), 164~169.

Werfel, Justin. "Building Structures with Robot Swarms." O'Reilly.com (2016). oreilly.com/ideas/ building-structures-withrobot-swarms.

Werfel, J., Petersen, K., and Nagpal, R. "Designing Collective Behavior in a Termite-Inspired Robot Construction Team." *Science 343*, no.6172 (2014), 754~758.

White, D. E., Bartley, J., and Nates, R. J. "Model Demonstrates Functional Purpose of the Nasal Cycle." *BioMedical Engineering OnLine* 14:38 (2015).

Whiting, P., Al, M., Burgers, L., Westwood, M., Ryder, S., Hoogendoorn, M., Armstrong, N., Allen, A., Severens, H., Kleijnen, J., et al. "Ivacaftor for the Treatment of Patients with Cystic Fibrosis and the G551D Mutation: A Systematic Review and Cost-Effectiveness Analysis." *Health Technology Assessment* 18, no.18 (2014), 130.

Wikipedia. "Nitrogen Narcosis." (2016). en.wikipedia.org/w/index.php?title=Nitrogen_ narcosis&oldid=735322553.

Wittmann, J., and Jäck, H.-M. "Serum microRNAs as Powerful Cancer Biomarkers." *Biochimica et Biophysica Acta* (BBA)-Reviews on Cancer 1806, no.2 (2010), 200~207.

Wolpaw, Jonathan, and Wolpaw, Elizabeth Winter. *Brain-Computer Interfaces: Principles and Practice* (Oxford and New York: Oxford University Press, 2012).

World Health Organization. "Global Insecticide Resistance Database." (2014). who.int/malaria/areas/ vector_control/insecticide_resistance_database/en.

"10 Facts On Malaria." (2015). who.int/features/factfiles/malaria/en.

World Nuclear Association. "Peaceful Nuclear Explosions." (2010). world-nuclear.org/information- library/non-powernuclear-applications/industry/peaceful-nuclear-explosions.aspx.

Wrangham, Richard. *Catching Fire: How Cooking Made Us Human* (New York: Basic Books, 2010).

Yang, L., Güell, M., Niu, D., George, H., Lesha, E., Grishin, D., Aach, J., Shrock, E., Xu, W., Poci,

J., et al. "Genome-Wide Inactivation of Porcine Endogenous Retroviruses (PERVs)." *Science 350*, no 6264. (2015), 1101~1104.

Yim, M., White, P., Park, M., and Sastra, J. (2009). *Modular Self-Reconfigurable Robots*, 5618~5631. In *Encyclopedia of Complexity and Systems Science*, edited by Robert A. Meyers (New York : Springer, 2009).

Zewe, Adam. "In Automaton We Trust." (2016). Harvard Paulson School of Engineering and Applied Sciences. seas.harvard.edu/news/2016/05/in-automaton-we-trust.

Zhu, L., Wang, J., and Ding, F. "The Great Reduction of a Carbon Nanotube's Mechanical Performance by a Few Topological Defects." *ACS Nano 10*, no.6 (2016), 6410~6415.

이상한 미래 연구소

옮긴이 곽영직

서울대 물리학과와 미국 켄터키대학원을 졸업했다. 2017년까지 수원대학교 물리학과 교수로 재직했으며 2006년부터 2011년까지 자연대학장, 2012년부터 2015년까지 대학원장을 역임했다. 저서로 《물리학이 즐겁다》《교양 과학 고전》《곽영직의 과학캠프》《양자역학으로 이해하는 원자의 세계》《세상을 바꾼 열 가지 과학 혁명》《과학자의 철학 노트》 등이 있으며, 역서로 《빅뱅 이전》《즐거운 물리학》《한 권으로 끝내는 물리》《누구나 알아야 할 모든 것 발명품》《빅퀘스천 과학》《힉스 입자 그리고 그 너머》 등이 있다.

이상한 미래 연구소

초판 1쇄 발행일 2018년 8월 30일
초판 3쇄 발행일 2021년 12월 30일

지은이 잭 와이너스미스, 켈리 와이너스미스
옮긴이 곽영직

발행인 박헌용, 윤호권
편집 최안나 **디자인** 전경아
발행처 ㈜시공사 **주소** 서울시 성동구 상원1길 22, 6-8층(우편번호 04779)
대표전화 02-3486-6877 **팩스(주문)** 02-585-1755
홈페이지 www.sigongsa.com / www.sigongjunior.com

ⓒ 잭 와이너스미스, 켈리 와이너스미스, 2018

이 책의 출판권은 (주)시공사에 있습니다. 저작권법에 의해
한국 내에서 보호받는 저작물이므로 무단 전재와 무단 복제를 금합니다.

ISBN 978-89-527-9343-0 03400